普通高等教育"十三五"规划教材

水工钢结构

（第五版）

武汉大学　范崇仁　主编

U0283408

中国水利水电出版社
www.waterpub.com.cn

·北京·

内 容 提 要

本书为高等学校水利水电工程建筑专业及相关专业教材，全书共分为八章及十一个附录。主要内容有：绪论，钢结构的材料和计算方法，钢结构的连接，钢梁，钢柱与钢压杆，钢桁架，平面钢闸门，预应力钢结构概述。各章后面附有思考题和习题。本次修订主要根据国家标准 GB 50017—2017《钢结构设计标准》和水利行业标准 SL 74—2013《水利水电工程钢闸门设计规范》更新书中相关内容。

本书除作为教材外，尚可供水利工程技术人员参考。

图书在版编目（CIP）数据

水工钢结构 / 范崇仁主编. -- 5版. -- 北京：中
国水利水电出版社，2019.9（2023.5重印）
普通高等教育"十三五"规划教材
ISBN 978-7-5170-8000-8

Ⅰ．①水… Ⅱ．①范… Ⅲ．①水工结构－钢结构－高
等学校－教材 Ⅳ．①TV34

中国版本图书馆CIP数据核字（2019）第205555号

书　　名	普通高等教育"十三五"规划教材 **水工钢结构（第五版）** SHUIGONG GANGJIEGOU
作　　者	武汉大学　范崇仁　主编
出版发行	中国水利水电出版社 （北京市海淀区玉渊潭南路 1 号 D 座　100038） 网址：www.waterpub.com.cn E-mail：sales@mwr.gov.cn 电话：（010）68545888（营销中心）
经　　售	北京科水图书销售有限公司 电话：（010）68545874、63202643 全国各地新华书店和相关出版物销售网点
排　　版	中国水利水电出版社微机排版中心
印　　刷	清淞永业（天津）印刷有限公司
规　　格	184mm×260mm　16 开本　19.25 印张　468 千字
版　　次	1980 年 6 月第 1 版第 1 次印刷 2019 年 9 月第 5 版　2023 年 5 月第 4 次印刷
印　　数	14001—20000 册
定　　价	**55.00 元**

第五版前言

本书是在前四版的基础上，根据 GB 50017—2017《钢结构设计标准》和行业标准 SL 74—2013《水利水电工程钢闸门设计规范》而修订的第五版本。

本书的第一版至第三版均由武汉大学、大连理工大学和河海大学三校合编。原参编者和主审都为该书付出了大量劳动，倾注了大量心血，使得该书在行业内获得好评，并两次获得全国优秀教材二等奖。由于他们年事已高，从第四版开始本书已经仅由武汉大学承担修订工作。本次修订的分工如下：范崇仁教授修订第一、二、三、四、五、六、七各章及附录，陈思作教授修订第四章，许凯副教授（武汉科技大学）编写第八章。范崇仁担任全书主编，许凯担任副主编。

本次修订加强了钢结构材料性能部分的讲述，在钢结构计算方法方面删去了与结构计算距离较远的可靠度概率部分，协调了疲劳计算与新规范的关系，形象地解释了焊接残余应力形成的原因，理顺了组合梁腹板屈曲后的强度计算方法。新增了第八章预应力钢结构的相关内容，以扩大读者在钢结构领域中的视野。

本书从 1980 年开始发行至今，发行量已经超过十六万册。这些均得到各兄弟院校和有关工程单位的大力支持，提出过许多宝贵意见，对提高本书质量起到积极作用。在此，一并致谢。本书还有很大的改进与提升空间，希望读者对本书的问题继续提出宝贵意见，编者不胜感激。

编者

2019 年 3 月

第一版前言

本书是根据水电部 1978—1981 年教材出版规划组织编写的。主要适用于水利水电工程建筑专业、农田水利工程专业以及港口与航道工程专业，同时兼顾水利水电工程施工等水利类其他专业和海洋石油建筑工程专业的使用。本书内容在讲授时可根据各专业的教学大纲及教学实际情况予以取舍。

本书共分九章和十二个附录，主要分为两大部分：基本部分为钢结构设计的基本知识、设计基本理论、基本构件和连接的计算与构造设计；专业结构物设计部分包括有平面钢闸门、弧形钢闸门、人字钢闸门以及钢引桥的结构设计。为了加深对设计原理、计算方法和构造处理的理解及应用，书中编写了适量的设计例题，并附有施工图，可供课程设计参考。此外，针对海洋石油建筑专业的教学需要，在第五章的第六节还编入了"管节点设计"。

本书中采用的基本符号、计算的基本规定、各种构件和连接的计算与构造要求等，主要依据全国通用设计规范《钢结构设计规范》(TJ 17—74)(试行) 以及水电部的《水利水电工程钢闸门设计规范》(SDJ 13—78)(试行)，并参考了我国其他有关规范。

本书插图中的长度单位若未加说明，则均为毫米。

本书由武汉水利电力学院、大连工院和华东水利学校三校合编。参加编写的有：武汉水利电力学院范崇仁（绪论、第六章）、周世植（第四章、第七章）；大连工学院陈继祖（第二章、第五章）、陆文发（第九章）；华东水利学院俞良正（第一章、第三章）、陶碧霞（第一章、第八章）。本书由范崇仁担任主编，由天津大学王象篯担任主审。

在编写本书过程中得到各兄弟院校和工程单位的大力协助和热情支持。插图承各校的同志积极协助描绘，顺此一并致谢。对于书中存在的错误和缺点，希望读者批评指正。

编者

1979 年 7 月

第二版前言

本书是根据水利电力部水利类教材编审委员会的决定对原出版的《水工钢结构》教材的修订本。本书主要适用于高等院校水利水电工程建筑专业、农业水利工程专业以及水利水电工程施工专业等水利类其他专业的使用。尚可供有关的工程技术人员参考使用。

本书共分六章和绪言以及十二个附录，内容分两大部分：基本部分为钢结构设计的基本知识和基本理论，基本构件和连接的计算与构造设计；专业结构物设计部分为平面钢闸门。为了加深对设计原理、计算方法和构造处理的理解和应用，书中编写了设计例题，可供作课程设计时参考。

本书主要根据原书几年来教学实践经验，从教学实际需要出发，着重反映了国内外近年来有关的研究成果。全书中采用的基本符号、基本术语、计量单位、计算的基本规定、各种构件和连接的计算与构造等，主要根据国家标准《钢结构设计规范》（GBJ 17—86）送审稿以及水电部的《水利水电工程钢闸门设计规范》（SDJ 13—78）（试行）。

本书由武汉水利电力学院、大连工学院和河海大学三校合编。参加编写的有：武汉水利电力学院范崇仁（绪论、第六章）、周世植（第四章）；大连工学院陈继祖（第二章、第五章）；河海大学俞良正（第三章）、陶碧霞（第一章）。本书由范崇仁担任主编、由天津大学王象篪、清华大学赵文蔚担任主审。

原书从1980年出版以来，曾经3次印刷，得到各兄弟院校和有关工程单位的大力支持，提出不少宝贵意见，对修订本教材，提高教材质量起到了积极作用，在此一并致谢。对本书中存在的错误和缺点，希望继续提出指正。

编者

1986 年 12 月

第三版前言

本书是根据水利部 1990—1995 年高等学校水利水电类专业教材编审出版规划对原出版的第二版《水工钢结构》教材修订的第三版本。本书主要作为高等院校水利水电工程建筑专业、农田水利工程专业以及水利水电工程施工专业等水利类其他专业教材。还可供有关工程技术人员参考。

本书共分六章和绪论及十二个附录。内容分两大部分：基本部分为钢结构设计的基本知识和基本理论，基本构件和连接的计算与构造设计；专业结构物设计部分为平面钢闸门。为了加深对设计原理、计算方法和构造处理的理解和应用，书中编写了设计例题、思考题和习题，可供在学习时及课程设计时参考。

本版主要根据原版本十余年来教学实践，从教学实际需要出发，增加了反映国内外近年来有关的研究成果。全书中采用的基本符号、基本术语、计量单位、计算的基本规定、各种构件和连接的计算与构造等，主要依据是国家标准《钢结构设计规范》（GBJ 17—88）以及原水利电力部的《水利水电工程钢闸门设计规范》（SDJ 13—78）。

本书由武汉大学、大连理工大学和河海大学三校合编。参加编写的有：武汉大学范崇仁（绪论、第二章、第五章、第六章）、周世植（第四章）；大连理工大学陈继祖（第二章、第五章）；河海大学俞良正（第三章）、陶碧霞（第一章）。本书由范崇仁教授主编，由天津大学王象篯教授主审。

原书从 1980 年出版以来，曾经修订一次，共 5 次印刷，均得到各兄弟院校和有关工程单位的大力支持，提出不少宝贵意见，对修订本教材，提高教材质量起到了积极作用，在此一并致谢。对于本书中存在的错误和缺点，希望继续提出指正。

编者
1993 年 1 月

第四版前言

本书是根据新的国家标准 GB 50017—2003《钢结构设计规范》和行业标准《水利水电工程钢闸门设计规范》2006 年送审稿而修订的第四版本。

本书长期作为我国高等院校水电工程建筑专业以及其他的相关专业教材。本书共分七章及十二个附录，内容分两大部分：基本部分为钢结构设计的基本知识和基本理论，基本构件和连接的设计与计算；专业结构物设计部分为平面钢闸门设计。全书各章附有思考题和习题。在二十余年的教学实践中，通过 4 次修订，保留了本书少精得体，善教易学以及"水、土"兼容体系的特色，同时也不断反映国内外这些年来在本领域内的研究成果。

本书第三版由武汉大学、大连理工大学和河海大学三校合编，原参编者和主审都为本书倾注了大量劳动和心血，使得该书曾两次获得全国优秀教材部级二等奖。目前由于他们年事日高，这次修订仅由武汉大学承担：范崇仁教授修订第一、二、三、六、七各章及附录，陈思作教授修订第四、五两章。本书由范崇仁主编。

原书从 1980 年出版以来，这是第 4 次修订，共进行了 17 次印刷，印数 11 万余册。这些均得到各兄弟院校和有关工程单位的大力支持，提出过许多宝贵意见，对提高本教材质量起到积极作用。在此，一并致谢。对于本书中的缺点和错误，希望继续提出指正，编者不胜感激。

编者

2007 年 11 月

目 录

第一章 绪 论

第一节 水工钢结构课程的性质和任务

用型钢或钢板制成基本构件，根据使用要求，通过焊接或螺栓连接等方法，按照一定规律组成的承载结构叫钢结构。钢结构在各项工程建设中的应用极为广泛，如钢桥、钢厂房、钢闸门、各种大型管道容器、高层建筑和塔桅结构等。由此可见，钢结构是结构工程中按材料划分出来的一门学科。这门学科主要是建立在建筑材料、材料力学、结构力学和其他有关工程力学及工程实践知识的基础上，按照结构物使用的目的，在预计的各种荷载作用下，在预定的使用期间，不致使结构失效。因此，在进行钢结构设计时就必须考虑具体的材料性能，综合运用上述的力学知识，研究结构在使用环境和荷载作用下的工作状况，才能设计出既安全适用，又经济合理的结构。

还必须指出，设计工作者不仅要具有扎实的工程力学基础，还要具有丰富的工程实践经验。能够进行全面规划，做出合理的总体部署和合理的结构选型等。然后才能进行设计，并确定必要的制造工艺要求和安装方法等。

本课程的任务是阐述常用的结构钢的工作性能、钢结构的连接设计、钢结构各类基本构件的基本设计原理以及结合水利工程专业的要求讲述平面钢闸门的设计原理和方法。通过对本课程的学习，应具备钢结构的基本知识，掌握正确的设计原理和方法，能够对钢梁、钢柱、钢桁架等基本构件以及平面钢闸门进行设计，并为设计其他类型的钢结构打下基础。

第二节 钢结构的特点

钢结构与钢筋混凝土结构、木结构和砖石结构等相比，具有以下特点。

1. 钢结构自重较轻

虽然钢的密度 ρ 很大（$\rho = 7850 \text{kg/m}^3$），但其强度更高，故构件所需要的截面积较小。钢材容重与其设计强度的比值相对也较小，所以自重较轻，便于运输和安装。特别适用于大跨度和高耸结构，也更适用于活动结构，以减少驱动力，如水工中的各类钢闸门。

2. 钢结构工作的可靠性较高

由于钢的组织均匀，其物理力学特性接近各向同性，而且弹性模量大（$E = 206 \times 10^3 \text{N/mm}^2$），具有较大的抵抗变形的能力。它又是一种理想的弹塑性材料，最符合一般变形固体力学对材料性能所作的基本假定。因此，理论计算结果比较符合实际材料的工作状况，结构的安全度比较明确。

3. 钢材的抗振性、抗冲击性好

钢材不仅强度高，而且一般具有良好的塑性和韧性，故钢材本身的抗振性和抗冲击性较高，同时还由于钢结构自重轻，所以引起的振动惯性力也较小。

4. 钢结构制造的工业化程度较高

由于钢结构的制造必须采用机械和严格的工艺，从而具备成批生产和高精度的特点，是目前工业化程度最高的一种结构，具有生产效率高、速度快、质量高的特点。

5. 钢结构可以准确快速地装配

由于钢结构自重较轻，加工精度高，并可以在现场直接用焊接或螺栓将其连接起来，安装迅速，施工周期短，部件便于更换。

6. 容易做成密封结构

易于用钢板做成密封结构，如管道和各种容器。

7. 钢结构易腐蚀

尤其是水工钢结构，容易腐蚀的缺点比较突出。为了防止锈蚀，初建时需要除锈，采取油漆或镀锌等防锈措施，而且建成后需要定期维护。在水工钢闸门上也可以采用电化学效应的阴极保护法，同时还可以采用耐候钢。

8. 钢结构耐火性差

虽然钢材在200℃以内的强度和弹性模量变化很小，但当温度高于300℃时，钢的强度和弹性模量会显著下降，达到500～600℃以上时钢材即失去承载能力。因而接近高温的结构需要采取隔热措施，例如当温度达到150℃时，应在结构或其构件外面包以石棉、混凝土或含有蛭石的水泥浆层。

9. 在低温或某些条件下易发生脆性断裂

第三节　钢结构的应用

一、钢结构在建筑工程中的应用

钢结构在建筑工程中得到非常广泛的应用，诸如下述。

1. 工业厂房结构

特别是重型工业厂房结构，如冶金工业、重型机械制造工业的各种厂房。随着轻型钢结构的发展，其他许多屋面轻或吊车负荷小的工业厂房也都采用钢结构。

2. 大跨度房屋的屋盖结构

如大型体育馆、展览馆、候车厅、影剧院、飞机库和飞机装配车间等。

3. 高层房屋钢结构

中国第一座超过100m的高层房屋钢结构是1987年深圳发展中心大厦，高165m。1996年深圳地王大厦高325m，连同天线高384m，地上81层，地下3层；1999年上海金茂大厦高420.5m，目前，武汉市即将完工的武汉绿地中心大楼，楼高480～500m，号称华中第一高楼。

4. 塔桅结构

如无线电广播塔、电视塔、高压线路塔、环境气象塔以及高耸的烟囱等。采用钢结构可以减轻自重,不仅架设安装方便,同时对承受风荷载和地震作用有利。如广州电视塔,设计高度600m,塔身高450m,桅杆天线150m,成为世界第一高塔。

二、钢结构在水利工程中的应用

钢结构在水利、水电、水运、海洋采油等工程中的合理应用范围大致如下。

1. 活动式结构

例如水利工程中大量采用的钢闸门、阀门、拦污栅、船闸闸门、升船机和钢引桥等。对于这一类需要移动或转动的结构来说,可以充分发挥钢结构自重较轻的特点,从而能降低启闭设备的造价和运转所耗费的动力。图1-1是正在拼装中的葛洲坝水利工程用的弧形钢闸门,其跨度为12m,高度为12m,水头为27m,每扇闸门承受的总水压力达42000kN(约4200t)。图1-2是内蒙古尼尔基水电站溢洪道表孔弧形钢闸门,其跨度为12m,高度为18m。当今我国乃至世界最大的弧形钢闸门是重庆彭水枢纽工程中的表孔门,孔口宽14m,弧门高24.5m,每扇门自重达3800kN(约380t)。图1-3是三峡水利枢纽中双线五级船闸正在通航的情况,图中所示的为南线第二级闸首的人字形钢闸门,船闸闸室宽34m,每扇门宽20.2m,门高38.5m,闸门承受的最大水头(上下游水位差)为36m,每扇门承受的总水压力为130000kN(约13000t),每扇门自重达8300kN(约830t)。其规模已超过目前世界上最大的船闸,如美国的新威尔逊船闸、罗马尼亚的铁门船闸等。

图1-1 葛洲坝二江泄水闸弧形钢闸门

2. 装拆式结构

在水利工程中经常会遇到需要搬迁和周转使用的结构。例如施工用的钢栈桥,钢模板,装配式的混凝土搅拌楼,砂、石骨料的输送架等。这类结构充分发挥了钢结构自重较轻、便于运输和安装的特点。

3. 板结构

例如压力管道、囤斗、储液罐、储气罐等。用钢板制造的这类结构密封性好。三峡水利枢纽工程中的电厂进水压力钢管内径达12.4m。

4. 高耸结构

如输电线路塔、微波塔、电视转播塔等。

图 1-2　内蒙古尼尔基水电站溢洪　　　　图 1-3　三峡水利枢纽船闸南线二级
道表孔弧形钢闸门　　　　　　　闸首人字形钢闸门

5. 大跨度结构

如三峡水利枢纽升船机的承船厢，为钢质开口槽形结构。船厢有效长度为 120m，宽 18m，水深 3.5m，干舷高 0.8m，外形最大长度为 132m，宽 23m，高 10m。承船厢主体结构为梁格系统，可承载 30000kN（约 3000t）船舶过坝，为当今世界上最大的承船厢。图 1-4 是我国已建的大连新港油码头的空腹桁架式钢栈桥，共 9 跨，每跨 100m。对于大跨度结构，更需要发挥钢结构自重轻的特点。

如今大跨度桥梁（超过千米）更是座座兴起，比比皆是。

图 1-4　大连新港油码头钢栈桥

6. 海洋工程钢结构

海洋工程中的钻井、采油平台结构，图 1-5 所示为我国渤海湾某海上采油固定钢平台，它是由采油平台、生活平台和烽火台所组成，中间由轻便的栈桥相连接。生活平台上设有多层的生活楼、直升机场和通信微波塔。采油平台下面有大容量的原油贮罐等。这类结构要承受平台上各种装置及机械设备的荷载以及风、浪和冰等动力荷载作用，这就发挥了钢材强度高、抗振性能好以及便于海上安装等特点。

诸如上述，钢结构在水利工程中以及在高耸结构、大跨度结构中的应用是相当广泛的。

图1-5　我国渤海湾海上采油固定钢平台

第四节　钢结构设计的要求

钢结构设计的要求同其他结构设计一样，必须贯彻执行国家的技术经济政策，要求做到技术先进、安全适用、经济合理、确保质量。为此，设计工作者应该从工程实际出发，合理选用材料，进行结构选型和结构布置。采用先进的设计理论、计算方法以及构造措施，优先采用定型的和标准化的结构构件和节点，以减少设计和制作的工作量，缩短建设周期，提高经济效益。

在研究和创立完善的结构形式时，应该尽量做到结构型式简化和材料使用集中（即扩大构件），这样可以减少构件的数量。因为数量多而尺寸小的构件，特别是受压构件，一般不能充分发挥材料的强度，且增加制造和安装的工时，对防止腐蚀也不利。

第五节　水工钢结构的发展

随着我国经济建设的迅速发展和钢产量的不断提高，钢结构的应用也得到了更好的发展。为了更有效地使用钢材和节约钢材，水工钢结构的发展主要有以下几个方面。

1. 合理地使用材料

长期以来，钢结构传统地采用普通碳素结构钢，随着冶金工业的发展，冶炼时在碳素钢里加入少量的合金元素（合金元素总含量一般为1%～2%，不超过5%），就可以得到强度高、综合机械性能好的普通低合金钢。这类钢还具有某些特殊的性能，如抗蚀性、耐磨性及耐低温性等。如屈服点为345N/mm^{2}的Q345钢，就是在普通碳素钢——Q235钢（曾称3号钢——A3）化学成分中添加1.2%～1.6%的锰元素而成（曾称16锰钢——16Mn）。此后相继推出Q390钢（15MnV）、Q420钢（15MnVN）、Q460钢。这些新的钢号在工程实践中已有多年的应用，也是GB 50017—2017《钢结构设计标准》所推荐选用的，其经济效果比较Q235钢可节约15%～25%。

采用高强度低合金钢可以大大节约钢材，提高结构使用寿命，同时由于构件截面尺寸减薄，还可以简化制造工艺，节约工时，有利于运输和安装，对于大跨度结构更显得有利。如南京长江大桥、三峡与葛洲坝水利枢纽中的各类钢闸门均采用 Q345 钢所建造。1992 年建成的九江长江大桥采用的是 Q420 钢。当今国外高强度钢发展很快，如美国的 A514 钢，其屈服点达到 $690N/mm^2$。我国把发展高强度低合金钢放在优先地位，这是关系到实现经济建设战略目标的一件大事。

为了合理利用材料，对于由稳定控制的构件，宜采用价格较低的普通碳素钢；对于由强度控制的构件，宜采用高强度低合金钢。同样，对受弯构件，翼缘可以采用高强度的低合金钢，而腹板可采用普通碳素钢，这种构件称为异种钢构件。

对于不直接承受动力荷载的简支梁或连续梁，还可以采用钢与混凝土联合工作的组合梁。这种梁由钢筋混凝土作上翼缘，再由连接件与下部的钢梁连接成整体而共同作用。

2. 研究和推广使用抗腐蚀的耐候钢

耐候钢是在冶炼过程中加入少量的铜（Cu）、磷（P）、铬（Cr）、镍（Ni）等合金元素，当钢材在大气环境中遭受干湿交替时，其表面形成一层紧密的氧化膜来抑制钢材进一步腐蚀。这类钢称为耐候钢。

碳素钢的耐蚀性较差，钢中含碳量增加会降低耐蚀性，含有硫也会降低耐蚀性。

低合金钢（如 Cu、Cr、Ni 等总含量不超过 5％者）或加入稀土（RE）元素也能提高耐蚀性。稀土与铝（Al）共存还可进一步提高耐蚀性。低合金钢一般比碳素钢耐大气腐蚀性高 1～1.5 倍。高的可达 2～6 倍。如美国生产的 A242 钢，在大气中抗蚀能力至少是碳素钢的 4 倍。A588 钢是主要的耐候钢，其耐候性能与 A242 钢相似。

3. 不断创新合理的结构形式

不断创新合理的结构形式是节约钢材的有效途径，例如采用钢管混凝土作受压构件（即在钢管内填入密实的混凝土），不仅混凝土受到钢管的约束而提高了抗压强度，同时由于管内混凝土的填充也提高了钢管抗压的稳定性。因而构件的承载能力大为提高，且具有良好的塑性和韧性，经济效益显著，它与钢柱相比，可节约钢材 30％～50％，造价也相应降低。

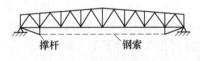

图 1-6 预应力钢桁架

预应力钢结构也可以较大幅度地节约钢材（一般可节约钢材 20％～40％）。如图 1-6 所示的预应力钢桁架，由于在结构中采用预应力，既可以调整结构的内力，又可采用高强度钢索（图 1-6 中虚线所示），从而可以充分发挥钢材应有的强度，并能增加结构的刚度。例如在葛洲坝工程和三峡工程中，船闸人字钢闸门上均采用了预应力的门背斜拉杆，可以有效地防止当门扇在水中旋转时产生过度的挠曲和扭转变形。美国曾于 1942 年在麦克阿瑟船闸中，在闸室宽度为 24.4m 的人字钢闸门上开始采用这种办法，使每扇高度为 17m、宽度为 13.7m 的人字钢闸门的厚度只有 1m。这样薄的闸门在任何情况下旋转都没有显著变形，甚至在冬季，还用它的旋转来扫除航道中的浮冰。我国从 20 世纪 50 年代开始对预应力钢结构进行研究，已经在某些工程中采用了预应力钢结构，并收到节约钢材和降低造价的效果，所以预应力钢结构具有一定的发展前途。

4. 更新设计理论和计算方法

水工钢结构一直沿用容许应力的设计方法。这种方法的优点是计算简便，可以满足正常的使用要求。但必须指出，此法的缺点是所给定的容许应力不能保证各种结构具有比较一致的可靠度。例如恒载的估算要比活载的估算准确得多，若同一个结构所承受的恒载的比值很高，则其计算的可靠度就高；反之则低。因此，水工钢结构应研究以一次二阶矩概率论为基础的极限状态设计法。这一方法是 GB 50068—2001《建筑结构可靠度设计统一标准》颁布实施的方法。现行的 GB 50017—2017《钢结构设计标准》采用的也是这一方法。

水工钢闸门的结构计算，通常是将这样一个空间结构简化成若干个平面结构（如梁、柱、桁架、刚架等）来计算。这种计算方法没有考虑结构的整体性，其结果不能准确反映结构实际的工作性能。因此，也就不能充分合理地使用材料。我国从 20 世纪 50 年代以来，对钢闸门已经有按空间结构的计算方法。它是将整个闸门当作一个薄壁空间结构来考虑，这样可以计入面板和水平次梁在闸门整体弯曲中所起的弯曲作用，较真实地反映闸门的工作情况，而且还可以节约钢材。根据实践经验，对于大跨度的露顶闸门，按空间结构计算可省钢 10%～15%；然而，对于跨度较小的闸门，节约的效果没有大跨度的闸门显著，且计算过程比较烦琐，所以按空间结构计算并不普通。目前，计算机的发展已为钢闸门按空间结构计算提供了条件，同时还可以对结构进行优化设计。

5. 研究和推广钢结构的新型连接方法

如改进焊接工艺，提高焊接质量，采用二氧化碳气体保护焊、电渣焊，研究与高强度结构钢相匹配的高质量焊接材料，继续推广使用高强度螺栓的连接方法等。其中，使用高强度螺栓的连接是由于螺帽拧紧后，能使螺栓产生很大的预拉力，在被连接的板件之间产生很大的摩阻力来传递外力。这种连接具有较好的塑性和韧性，避免了焊接结构中存在的焊接应力和焊接变形等缺点。因此，它不仅安装迅速，而且承受动力荷载的性能也较好。

6. 研究和推行水工钢结构的标准化和系列化

推行水工钢结构的标准化和系列化，是缩短工期、降低成本、提高劳动生产率的有效措施。

思 考 题

1-1 钢结构与其他结构相比具有哪些优点？

1-2 钢材密度大，为什么钢结构自重与钢筋混凝土结构、砖石结构或木结构相比还较轻？为什么钢结构这一优点比较适合应用于大跨度结构和高耸结构？

1-3 钢管混凝土柱的优越性是什么？预应力钢结构的优越性是什么？

第二章 钢结构的材料和计算方法

第一节 钢材的主要性能

一、钢材的破坏形式

钢结构对钢材的要求是强度高兼有良好的弹性、塑性和韧性，易于冷、热加工，具有良好的可焊性，同时，易于生产，价格便宜。多年实践证明，符合上述要求的钢材有碳素钢中的 Q235 钢和低合金钢中的 Q345 钢、Q390 钢、Q420 钢、Q460 钢和 Q345GJ 钢。

钢材的强度断裂破坏形式可分为塑性破坏和脆性破坏两种。钢结构采用的钢材虽然有较好的塑性和韧性，但在一些不利的工作条件下，亦有可能转化为脆性破坏。

钢材在常温和静力荷载作用下，当其应力达到抗拉强度 f_u 后，产生很大的塑性变形而断裂，称为塑性破坏。例如单向一次静力拉伸试件的断裂，就属于这一种。它的破坏形式是断口呈纤维状，色泽灰暗。由于破坏前的塑性变形大于弹性变形 200 倍以上，有十分明显的预兆，极易发现，故能够及时采取必要措施，以防止事故发生。但是，钢结构很少发生塑性破坏。

当钢材承受动力荷载（包括冲击荷载和振动荷载）或处于同号复杂应力、低温等情况下，常会发生低应力脆性破坏。这种脆性断裂的应力值常低于钢材的屈服点 f_y，破坏前的变形甚微，没有明显塑性变形，同时裂缝开展速度极快，可达 1800m/s。脆性破坏形式是断口平直，呈有光泽的晶粒状。实践证明，这种破坏发生突然，没有任何先兆，无法采取补救措施，往往是导致钢结构毁坏的主要原因之一。它在钢结构的使用中显得特别危险，必须引起设计者的高度重视，应采取适当措施以防止钢材发生脆性破坏。

二、钢材的主要机械性能

钢材在常温、静载、单向一次均匀受拉时的机械性能，可由单向拉伸试验测得的应力-应变曲线（图 2-1）来表示。随着荷载与应力的增加，钢的工作大致可划分为：弹性、弹塑性、塑性（屈服）、自强和破坏等几个阶段。其中的屈服点 f_y、抗拉极限强度 f_u 和伸长率 δ_u 以及不在图 2-1 显示的冷弯试验和由带缺口试件进行冲击试验所测定的冲击韧性的冲击功 A_{KV} 是用来衡量建筑钢的强度、塑性和韧性等机械性能的主要指标（见附录一）。

应力-应变曲线示出各项机械性能指标如下。

1. 比例极限 f_p

当钢材应力在 f_p 以内时，应力与应变呈直线比例关系，直线斜率 $E = \dfrac{d\sigma}{d\varepsilon}$ 称为钢材的弹性模量，$E = 206 \times 10^3 \text{N/mm}^2$，完全符合胡克定律，故迭加原理得以在钢结构计算中应用。钢材的弹性极限 f_e（即弹性变形在卸载后可以完全恢复的应力最高值）与比例极限很接近，因此通常两者不加区分，并用比例极限表示。

2. 屈服强度（屈服点）f_y

应力超过比例极限后，σ-ε 曲线逐渐弯曲，应变加快，各点的应力与应变的比值为变量，从而由弹性阶段进入弹塑性阶段。普通低碳钢和低合金钢，在应力达到 f_y 之后，应力不再增加，而应变却急剧增长，形成水平线段即屈服台阶（流幅），称为塑性流动阶段。应力超过弹性极限以后，试件除弹性变形外还有塑性变形，后者在卸载后留存，故称为残余变形或永久变形。

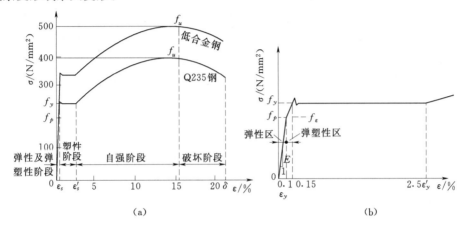

图 2-1 钢材的应力-应变曲线

（a）钢材一次单向拉伸时应力-应变曲线；（b）Q235 钢应力-应变曲线局部放大图

屈服强度 f_y 是建筑钢材的一个重要机械性能指标，原因如下：

（1）在钢结构计算中，通常将 f_y 作为钢材强度的标准值。应力达到 f_y 之前的应变很小，$\varepsilon_y = 0.15\%$，与 f_p 时的应变 $\varepsilon_p = 0.1\%$ 相差不多，而且比例极限和屈服强度比较接近（$f_p \approx 0.8 f_y$），故在计算钢结构的强度时，可近似地将钢的弹性工作阶段提高到屈服强度。同时，屈服强度之后，应变大幅度增长，$\varepsilon = 0.15\% \sim 2.5\%$，而应力不再增加。钢的承载能力暂时耗尽，结构将因过大的残余变形而不能继续使用。故规范取 f_y 为弹性计算时材料强度的标准值。

（2）建筑钢为理想的弹性塑性体。由于低碳钢和低合金钢的流幅相当长，而应力达到屈服强度而出现塑性流动时，钢即由理想的弹性体转变为近乎理想的塑性体。因此，这类钢可视为理想的弹性塑性体（图 2-2）。这就是钢结构按塑性设计的基础。

热处理低合金钢没有明显的屈服强度和屈服台阶。一般取卸载后试件中残余应变为 0.2% 所对应的应力为名义屈服强度，有时也可近似地取 $0.6 f_u$（抗拉强度）作为名义屈服强度。对于没有明显屈服台阶的钢材，设计中不利用它的塑性。然而，计算钢构件稳定性时，仍应由比例极限来划分弹性阶段和弹塑性阶段。

钢材屈服强度的高低还与钢材晶粒粗细有关，材质好、

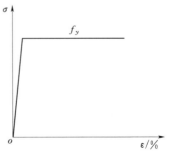

图 2-2 理想弹性塑性体的
应力-应变图

厚度薄的钢材，因轧制次数多，晶粒细，屈服强度就高。因此，国标中对同一牌号的钢按其厚度大小规定不同的屈服强度，见附录一。再者，钢材屈服强度的高低还与轧制方向有关，顺着轧制方向成型的强度高，如各类型钢和顺轧的板材；而板材的垂直轧制其强度就低。

3. 抗拉强度 f_u

当应变超过屈服台阶，即进入自强阶段，最终达到 f_u 后，试件才发生局部颈缩，经过大量变形后被拉断。它是钢材抗拉的最大承载能力，但由于这时塑性变形太大，$\varepsilon_u \approx 16\%$，故不能取抗拉强度 f_u 作为计算的依据，只能作为钢材的强度储备。同时，抗拉强度不只是一般强度的指标，还直接反映钢材内部组织的优劣。它与钢材的疲劳强度也有较密切的关系。

4. 伸长率 δ

伸长率是以标准试件拉断后的标距增长量 Δl 与原标距 l_0 之比的百分数 $\left(\delta = \dfrac{\Delta l}{l_0} \times 100\%\right)$ 来表示。伸长率是衡量钢材塑性性质的指标。伸长率越大，表示钢材断裂前发生的塑性变形越大，延伸性和塑性越好，吸收能量的能力越强，有助于增强抵抗突发荷载的能力和降低钢构件的局部应力集中，避免和降低钢结构在使用过程中突然毁坏的可能性。因此良好的伸长率是提高钢结构安全性极其重要的保证。这里还需指出：同一种钢材的伸长率值随其所取用的试件标距 l_0 与横截面直径 d_0 之比 l_0/d_0 的增大而减小。标准试件取 $l_0/d_0 = 5$，以前也取 10，其伸长率分别用 δ_5 或 δ_{10} 表示，且 $\delta_5 > \delta_{10}$。

综上所述，钢的屈服强度 f_y、抗拉强度 f_u 和伸长率 δ 一起被认为是承重钢材必需的三项机械性能重要指标。例如对于一般厚度（$t \leqslant 16\text{mm}$）的 Q235 钢，国家规定其屈服强度 $f_y \geqslant 235\text{N/mm}^2$，抗拉强度 $f_u = 375 \sim 460\text{N/mm}^2$，伸长率 $\delta_5 \geqslant 26\%$。

钢材受均匀压缩或受弯也有类似上述受拉时的工作特性。它的弹性模量 $E = 206 \times 10^3\text{N/mm}^2$ 和泊桑比 $\nu = 0.25 \sim 0.3$。钢材抗剪要比抗拉强度低很多，且相应的弹性变形、塑性变形都比受拉大。一般取受剪屈服强度 $\tau_y = 0.58 f_y$，剪切弹性模量 $G = 79 \times 10^3\text{N/mm}^2$。

5. 冷弯试验

钢材的冷弯性能可由冷弯试验来检验。这是测定钢材塑性的一种方法，同时也是衡量钢材质量的一个综合性指标。试验时按照规定的弯心直径（附录一表4），以钢试件冷弯180°不出现裂纹或分层为冷弯试验合格（图2-3）。冷弯试验可以检验钢材内部颗粒组织、结晶情况和非金属夹渣夹层等缺陷。因此，对于重要结构（例如钢闸门、钢桥、吊车梁和大跨度重型桁架等），采用新的钢号和新型结构以及需要弯曲成型的构件如压力钢管、钢桩等所用钢材还须保证冷弯试验合格。

6. 冲击韧性

钢材的脆断与韧性有着密切关系。钢材韧性是材料在冲击荷载作用下断裂时所吸收的能量和开展塑性变形的能力，是衡量钢材抵抗低温、应力集中、多向拉应力、冲击荷载和重复

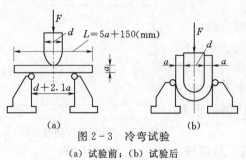

图2-3 冷弯试验
(a) 试验前；(b) 试验后

荷载等因素导致脆断的能力。钢材的冲击韧性指标是采用带有特定 V 形缺口的标准试件（图 2-4）在材料试验机上进行冲击荷载试验，试件在摆锤冲击下折断后，以试件所吸收的功（冲击功）A_{KV} 来表示，其单位为焦耳（J）。

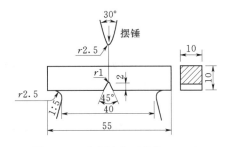

图 2-4 冲击试验（单位：mm）

钢材的冲击韧性与温度有关，低温时冲击韧性将显著下降。处于寒冷地区承受动载的结构不但要求钢材具有常温冲击韧性指标，而且还要求具有负温−20℃或−40℃冲击韧性指标（附录一表 2 和表 4），以保证结构的安全。

三、钢材的焊接性能、抗蚀性和防腐蚀措施

钢材的焊接性能（又称可焊性）是指在给定的构造形式和焊接工艺条件下获得符合质量要求的焊缝连接的性能。焊接性能差的钢材在焊接的热影响区容易发生脆性裂缝（热裂缝或冷裂缝），不易保证焊接质量，除非采用特定的复杂焊接工艺，才能保证其质量。

焊接结构的失事，往往是由于钢材的焊接性能不良，在低温或受动载时发生脆性裂断。故对于重要的承受动力荷载的焊接结构，应对所用钢材进行焊接性能的鉴定。一般可用带试验焊缝的试件进行试验，以测定焊缝及其热影响区钢材的抗裂性❶、塑性和冲击韧性等。钢的焊接性能除了与钢的含碳量等化学成分密切相关外（详见本章第二节），还与钢的塑性及冲击韧性有密切关系。因此，钢的焊接性能还可间接地用钢材的冲击韧性 A_{KV} 来鉴定。冲击韧性合格的钢材，其焊接质量也容易保证。

钢结构如长期暴露于空气中或处于水下而未加有效的防护时，表面就要锈蚀，特别是水工钢结构由于水位变化而经常处于湿干交替的环境中，或者空气和水中有各种化学介质，更易产生电化学作用时，锈蚀更为严重，这称为腐蚀现象。腐蚀对钢结构的危害，不仅限于有效截面的均匀削弱，而且产生局部锈坑，引起应力集中，降低结构承载能力，促使结构的脆断。例如某水闸的钢闸门建成使用 15 年后，构件腐蚀严重，承载能力降低了 1/3～2/3；又如某挡潮闸的钢闸门受海边盐雾大气的腐蚀，构件截面削弱，有一孔闸门的门叶发生失稳而破坏。因此，钢材的腐蚀问题和防腐蚀措施在水工钢结构设计中必须特别引起注意，以确保水工钢结构的完整和安全，延长其使用寿命。

钢材腐蚀速度是研究钢材腐蚀和抗腐蚀的重要指标，一般可按钢材每年腐蚀的厚度（mm/a）或单位时间内单位面积腐蚀减损的重量 $[g/(m^2 \cdot a)]$ 来表示。我国冶金部门曾在各地作 5 年大气暴晒试验，结果表明，Q345 钢比 Q235 钢的腐蚀速度慢 20%～38%。

钢材腐蚀速度与结构所处具体环境的湿度、所接触的空气或水含有侵蚀性介质的数量和活力、构件所处的部位以及钢材的材质等有关。

为了提高钢结构的耐久性，在设计和管理上必须十分注意钢的防腐蚀措施。对于防腐

---

❶ 抗裂性试验是指试件上的焊缝及其热影响区钢材在焊接后，剖开检查是否有裂纹产生，用裂纹的长度和深度来衡量裂纹扩展的倾向。

问题，除了采用第一章第五节所述的耐候钢以外，目前我国常用的水工钢结构防腐蚀措施有以下三大类。

1. 涂料防护

这是较广泛采用的防护方法。涂刷防腐涂料前应先将钢材表面的锈蚀、油渍及附着污物清除干净。防腐涂料的品种很多，主要有油脂漆类、环氧树脂漆类、沥青漆、氯化橡胶漆以及船体防锈漆 830 号（铝粉沥青船底漆）和 831 号（沥青船底漆）等。保护周期随着涂料质量、介质条件和施工质量不同而异。据统计，保护周期多为 3～5 年，少数可达到 5～10 年。

2. 喷镀保护

水工钢结构目前主要采用热喷镀锌，它是通过一套专用设备将锌丝熔融喷射到钢材表面上，成为均匀覆盖的镀锌层。对于重要零件如闸门轮轴等可采用镀铬，将钢材表面同周围介质相隔绝。保护周期一般为 15 年，在氯盐侵蚀严重的沿海地区保护也可达 10 年以上。

3. 电化学保护

近年来对长期处于水下部分的钢结构，有的工程正在试验应用电化学保护法，较常用的有外接电源阴极保护法。即在能导电的介质中将要保护的钢结构连接到直流电源的负极，而阳极则连接在水下的锌片上，通以电流使其极化，借以达到防腐蚀目的。这种方法要消耗大量的保护电能，较不经济，可与涂料防护联合使用。此外，还有在钢闸门上悬挂锌片的牺牲阳极保护法。

第二节　影响钢材机械性能的主要因素

钢结构所用的钢材应具有好的机械性能，如较高的强度，以及很好的塑性和韧性。但是，有许多因素将影响钢材的机械性能，主要的因素有钢材的化学成分，钢的冶炼、浇注和轧制，复杂应力和应力集中，时效硬化，冷作硬化和低温等。研究和分析这些影响因素的目的是了解钢材在什么条件下可能发生脆性断裂，从而采取措施，予以防止。

一、化学成分的影响

钢的化学成分直接影响钢的组织构造，故与钢材的机械性能有密切关系。普通碳素钢的化学成分主要是铁（Fe，在普通碳素钢中约占 99%）和少量的碳（C）；此外尚含有锰（Mn）、硅（Si）等元素，以及在冶炼中不易除尽的微量有害元素硫（S）、磷（P）、氧（O）、氮（N）等。碳、锰、硅和杂质元素尽管总含量不多，但对钢材的机械性能有极大的影响，在选用钢材时要注意钢的化学成分（附录一表 1 和表 3）。

在碳素钢中，碳是除铁以外的最主要元素。随着含碳量的增多，钢材的屈服强度和抗拉强度逐渐提高，而塑性和韧性，特别是低温冲击韧性下降。同时，钢材的焊接性能、疲劳强度和抗锈性也都明显下降，钢材低温脆断的危险性增加。故含碳量一般不应超过 0.22%，在焊接结构中则应限制在 0.20% 以下。

硫和磷是钢材中极其有害的元素。硫与铁化合成硫化铁（FeS），分布在纯铁体的间层中，在焊接或热加工过程中，当钢材温度达 800～1000℃ 高温时，硫化铁熔化而可能引起热裂纹，称为"热脆"，硫又是钢中偏析最严重的杂质之一，偏析程度越大越不利。此外，硫还会降低钢材的冲击韧性、疲劳强度和抗腐蚀性能。因而应严格控制钢中的含硫量，碳素钢中不得超过 0.050%；低合金桥梁钢中不得超过 0.045%。磷是以固溶体的形式溶解于铁素体中，磷和铁会结成不稳定的固熔体，有增大纯铁体晶粒的危险。磷的偏析比硫更严重，磷虽可提高钢的强度和抗腐蚀能力，但严重地降低了钢的塑性、冲击韧性和可焊性，特别是温度较低时促使钢变脆，称为"冷脆"。磷的含量也应严格控制，碳素钢中一般不超过 0.045%，低合金桥梁钢中则不超过 0.04%。

温度在低于−20℃的承重结构，钢材的硫、磷含量均不宜大于 0.03%。

氧和氮是在金属熔化状态从空气进入、并对钢材有严重危害的气体，能使钢材变得极脆。氧的作用与硫类似，引起"热脆"；而氮的影响则与磷类同，引起"冷脆"。因此，在冶炼时需添加各种脱氧剂，使氧和氮易于从铁液中逸出。同时，在炼钢和焊接时应尽量保护熔化金属不受大气的影响作用，严格控制氧和氮的含量。另外，氢在低温时易使钢呈脆性破坏。因此，重要的钢结构尤其在低温下承受动力荷载时，上述有害元素的含量应加严格限制。

锰和硅是我国产量丰富的廉价元素，两者都是良好的脱氧剂，对钢材的机械性能产生有利的影响，是有益成分。在普通碳素钢中含量不多的锰可提高钢材的强度，而对钢的塑性影响不明显，同时还能消除硫、氧引起热脆，改善钢材的冷脆倾向。但若锰、硅含量过高，将会降低钢的焊接性能。我国常用的 Q345 低合金钢就是在 Q235 钢化学成分的基础上加入适量的锰、硅炼成的。Q345 和 Q390 钢的含锰量都是 1.0%～1.6%，含硅量 0.55%。

钒作为合金元素加入钢中，能有效提高屈服强度和抗拉强度，增强钢的抗腐蚀性能。

钒和硼也为有益元素，可使结晶细化，从而可同时提高强度、韧性和塑性。用其冶炼的 40 硼钢和 20 锰钛硼钢制造高强度螺栓，能改善螺栓的工作性能。

二、钢材冶炼、浇注和轧制的影响

钢材冶炼和浇注这两道生产工艺，关系到钢材的化学成分及其含量、钢材的金相组织以及冶金的缺陷等因素，这些因素在很大程度上决定了钢材的质量。

建筑用钢目前主要由氧气顶吹转炉来冶炼，其优点是生产周期短、成本低，而且质量可与以前常用平炉钢相媲美。若氧气的纯度达到 99.5%，则冶炼出来的钢其质量可优于平炉钢。

钢在冶炼后的工序是浇注成锭，由于氧是有害元素，在浇注时需要脱去，但在注锭过程中因脱氧程度不同而形成沸腾钢、半镇静钢、镇静钢和特殊镇静钢。它们的符号依次用 F、b、Z 和 TZ 表示。沸腾钢脱氧程度较低，越往后的脱氧程度越高，质量越好。合金钢由于脱氧程度高，故均为镇静钢。

对于沸腾钢和各类镇静钢详述于下：

（1）沸腾钢（F）是在出钢时，向置放钢液的钢罐内投入锰作脱氧剂，由于锰的脱氧能力较弱，脱氧不完全。在浇注过程中，钢液继续在锭模内产生激烈的碳氧反应（钢中的 C 和 FeO 起反应），不断有 CO 气泡产生，呈沸腾状态，故称为沸腾钢。沸腾钢铸锭时冷却快，氧、氮等气体来不及逸出，硫、磷有害杂质偏析较大，组织构造和晶粒粗细不均匀。所以，沸腾钢的塑性、韧性和焊接性能均较差，容易发生时效硬化和变脆。但是，沸腾钢由于冶炼时间短，脱氧剂消耗少，钢锭头部缩孔小，切头率小（为 5%～8%），故价格便宜。对承受静荷载的水上结构仍大量采用平炉沸腾钢。

（2）镇静钢（Z）除采用锰作脱氧剂外，增加适量脱氧能力较强的硅，对有特殊要求的钢材还应用铝或钛补充脱氧。以锰为标准，则硅的脱氧能力是锰的 5 倍，而铝则是锰的 90 倍。由于铝的价格高，通常总是用硅来脱氧，只是对承受动荷载的重要焊接结构才用铝补充脱氧，如桥梁钢和船用钢。镇静钢中脱氧剂能夺取钢液中的氧，从而化合成较轻的炉渣而浮出液面，其中硅还能与大部分的氮化合成稳定的氮化物。由于脱氧还原过程中产生很多热量，钢液冷却较慢，气体易逸出，浇注钢锭时钢液在钢模内平静冷却，故称镇静钢。它的优点是含氧、氮量和气孔极少，组织紧密均匀，屈服强度、极限强度和冲击韧性比炼钢工艺条件相同的沸腾钢高，冷脆性较小，焊接性能和抗蚀性都较好。但镇静钢钢锭头部在最后冷却凝缩后有较深的缩孔，轧钢时需将锭头切除，损耗较大（切头率为 15%～20%），所用脱氧剂较多，故价格较贵。因此，较适宜用于低温并承受动荷载的焊接结构和重要结构中。

（3）半镇静钢（b）是在钢液中加入少量强脱氧剂硅（或铝），其脱氧程度、质量和价格均介于沸腾钢和镇静钢之间。

（4）特殊镇静钢（TZ）其脱氧要求比镇静钢更高。应含有足够使钢形成细晶粒结构的脱氧剂，通常是硅脱氧后再用更强的脱氧剂铝补充脱氧。这种钢材的冲击韧性较高，我国碳素钢中的 Q235 - D 就属于特殊镇静钢。

钢的轧制是把钢锭再加热至 1200～1300℃，用轧钢机将其轧成所需要的形状和尺寸，这种钢材称为热轧型钢。轧钢机的压力可使钢锭中的小气泡和裂纹以及质地较疏松的部分锻焊密实，消除铸造时的缺陷并使钢的晶粒细化，钢材的压缩比（钢坯与轧成钢材厚度之比）越大，其强度和冲击韧性越高。因此，设计规范对于不同厚度的钢材，采用不同的强度设计值。此外，钢材顺轧方向的强度和冲击韧性等机械性能比横向的较好。

三、复杂应力和应力集中的影响

在讨论复杂应力对于钢材脆断的影响之前，须先讲清钢材由弹性阶段进入塑性阶段的条件，即其塑性变形得以发展的塑性条件。钢在单向应力 σ 作用下，其塑性条件为 $\sigma \geqslant f_y$，其中 f_y 为屈服强度。塑性变形的发展主要是由于铁素体沿晶面发生剪切滑移。

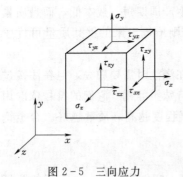

图 2 - 5　三向应力

钢材在双向平面应力或三向立体应力（图 2-5）等复杂应力作用下的强度条件必须由强度理论来确定。其中以能量强度理论（第四强度理论）最符合钢材为弹塑性材料的实际情况。按照能量强度理论，钢的塑性条件须用折算应力 σ_{eq} 来衡量：

$$\sigma_{eq}=\sqrt{\sigma_x^2+\sigma_y^2+\sigma_z^2-(\sigma_x\sigma_y+\sigma_y\sigma_z+\sigma_z\sigma_x)+3(\tau_{xy}^2+\tau_{yz}^2+\tau_{zx}^2)} \qquad (2-1)$$

或
$$\sigma_{eq}=\sqrt{\sigma_1^2+\sigma_2^2+\sigma_3^2-(\sigma_1\sigma_2+\sigma_2\sigma_3+\sigma_3\sigma_1)} \qquad (2-2)$$

式中　σ_1、σ_2、σ_3——钢材在验算点上的三向主应力。

当 $\sigma_{eq} < f_y$ 时，钢处于弹性阶段工作；当 $\sigma_{eq} \geqslant f_y$ 时，钢进入塑性阶段工作。

钢材在同号平面主应力 σ_1 与 σ_2 作用下，折算应力 $\sigma_{eq} = \sqrt{\sigma_1^2 + \sigma_2^2 - \sigma_1 \sigma_2}$ 显然小于最大主应力 σ_1。当 σ_1 达到 f_y 时，σ_{eq} 尚小于 f_y，钢仍处于弹性阶段。由此可见，在同号平面应力状态下，钢的弹性阶段和极限强度都比单向受拉时有所提高，钢材转向硬化和变脆。同理，在同号立体应力作用下，钢材更加脆化，更容易发生脆性断裂，故在构造设计上应尽量避免同号立体应力状态，以减少发生脆断的危险。

钢材在异号平面应力作用下，情况正好相反。折算应力 $\sigma_{eq} > \sigma_1$，钢的弹性阶段和强度都将随异号主应力 σ_2 的增大而降低，塑性变形则随之增大。异号立体应力则使钢材强度降低更多。

在钢梁内的局部位置上受较大的弯应力 σ 与剪应力 τ 共同作用时，因折算应力 $\sigma_{eq} = \sqrt{\sigma^2 + 3\tau^2}$ 比 σ 或 τ 为大，故其强度也将降低。

在钢构件及其连接中，常因存在孔洞、裂纹（内部的或表面的）、凹角以及截面的厚度或宽度的突然改变，使应力分布变得很不均匀。在缺陷或截面变化附近，主应力迹线曲折、密集，出现应力高峰的现象称为应力集中（图 2-6）。它是复杂应力状态的许多实例之一。

根据弹性理论分析，受单向均匀拉应力 σ_0 带有圆孔的矩形薄板，孔边最大切向应力 $\sigma_\theta = 3\sigma_0$，形成应力高峰，见图 2-6（a）；而板中若为长轴垂直于应力方向的椭圆孔，长轴孔边应力线更加密集，应力高峰更为急剧。而且随着椭圆孔的长、短轴之比值变化，长轴半径 a 与短轴半径 b 之比越大，则长轴孔边应力 σ_θ 越大，当 $a = 2b$ 时，$\sigma_\theta = 5\sigma_0$，见图 2-6（b）。由此可见，当构件存在横向裂缝时，应力集中要比圆孔严重得多。

同时，在靠近孔边应力高峰区域，除切向正应力 σ_θ 外，还存在同号的径向正应力 σ_r，最大的 $\sigma_r = 0.375\sigma_0$ 位于离圆孔中心 $\sqrt{2}a$ 处，见图 2-6（a）。于是就在孔边附近形成同号平面应力场。对于厚壁构件，甚至会出现同号立体应力场，引起该处钢材变脆，并有脆断的危险。这种现象可由带缺口试件的拉伸试验曲线来显示（图 2-7）。随

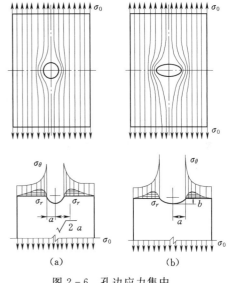

图 2-6 孔边应力集中

（a）$\sigma_\theta = 3\sigma_0$；（b）$\sigma_\theta = \left(1 + 2\dfrac{a}{b}\right)\sigma_0$

着各试件截面改变的加剧，应力集中越加严重，伸长率急剧降低，钢材显然越变越脆。当结构承受动力荷载或处于低温下工作时，应力集中常是引起脆断的主要原因之一。因此，在构造上应尽量避免构件截面的突变，以减轻应力集中的程度。必要时须用冲击功 A_{KV} 来衡量钢材由于缺口处的应力集中而变脆的倾向。

对于承受静力荷载的结构，只要构造处理恰当，应力集中的影响不太严重，计算时可以不考虑应力集中的影响。这是由于建筑钢具有良好的塑性，当荷载增加时，在高峰应力

区产生塑性变形，应力峰值达到屈服强度时即不再增大，可使应力集中现象得以缓和。

四、钢材硬化的影响

1. 冷作硬化

钢在弹性范围内重复加载和卸载，其性能一般不会改变。当加载超过弹性范围后，除弹性应变外还有塑性应变，在卸载后弹性应变消除而塑性应变仍保留。当再次加载，其比例极限和屈服极限都提高到前次卸载的应力值，而伸长率却显著减小（图 2-8），这种现象称为硬化。钢结构制造时在常温冷加工（冷作）过程如剪、冲、钻、刨、弯、辊等，产生很大塑性变形而引起钢的硬化现象，通常称为冷作硬化（也称应变硬化）。

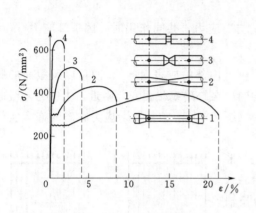

图 2-7　带缺口试件的拉伸曲线　　　　图 2-8　钢材的冷作硬化 $\sigma-\varepsilon$ 曲线

冷作硬化虽然提高钢的弹性范围，但却降低塑性和冲击韧性，增加了出现脆性破坏的危险性，故对钢结构的工作是有害的。对于重要闸门、重型吊车梁等钢结构，需注意消除因剪切钢板和冲孔等冷加工产生局部严重冷作硬化的不良影响，前者可将钢板边缘刨去 3～5mm；后者可先冲成小孔再用铰刀扩大 3～5mm，去掉冷作硬化部分钢材。此外，必要时也可用热处理方法使钢材的机械性能恢复正常。

2. 时效硬化

钢的性质随时间的增长逐渐变硬变脆的现象称为时效硬化（如图 2-9 所示，由曲线 a 转为曲线 b）。其特征为钢材的屈服强度和抗拉强度提高，但伸长率减小，特别是冲击韧性急剧降低。时效硬化的原因是铁素体内常溶有极少量的碳和氮的固溶物质，随着时间的增长，碳、氮逐渐从纯铁体中析出，并形成自由的渗碳体和氮化物，散布在晶粒的滑动面上，起着阻碍滑移的强化作用，约束纯铁体发展塑性变形，使钢变硬变脆。由于脆性增加，故计算时不能利用因为时效而提高的强度。图 2-9 的曲线 c，是冷作硬化后的时效曲线。

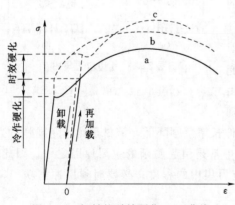

图 2-9　钢材的时效硬化 $\sigma-\varepsilon$ 曲线
a—时效前曲线；b—时效后曲线；
c—冷作硬化加时效硬化

发生时效的过程可以从几天到几十年，在重复荷载和温度变化等情况下容易引起时效硬化。同时，钢材的时效硬化与冶炼工艺也有密切关系。杂质多、晶粒粗而不均的沸腾钢对时效最敏感，镇静钢次之，用铝或钛补充脱氧的桥梁钢最不敏感。对铁路桥梁、海上采油平台作局部开启的深孔闸门和升船机承船厢等重要结构，对钢材需附加保证时效性能。

为了测定时效后的冲击韧性，常采用人工快速时效的方法。就是先使钢材产生10%～20%的塑性变形，再加热至250℃，并保温1h后，在空气中冷却，做成试件测定其应变时效后的冲击韧性，其值不得小于常温冲击韧性值的40%～50%。

五、温度的影响

钢材的机械性能在正温（0℃以上）到150℃左右都没有太大的变化。当温度在250℃附近，钢材有兰脆现象，其特征是钢材的 f_u 有所提高，但塑性、韧性降低，钢材转向脆性。当温度超过300℃时，钢材的 f_u、f_y 和 E 都开始显著下降，即使在应力不变的情况下，延伸率 δ 也会缓慢地增加，这种现象称为徐变。钢材在300℃左右有徐变现象。当温度超过400℃时，强度和弹性模量都急剧下降；达600℃时，其承载能力几乎完全丧失。

钢材在高温（$T>150$℃）下应采用防火涂层，如矿棉涂层等。1988年日本开发出耐火钢，即在钢材中添加耐高温合金（钼元素等），可提高其在高温下的强度。以SN490钢为例，它的屈服强度 $f_y \geqslant 325\text{N/mm}^2$，当温度在600℃时，尚能保持2/3常温下的屈服强度，这相当于以往所采用过的长期容许应力。

钢材在负温度（0℃以下）时，随着温度降低，其强度虽有提高，但塑性、韧性降低，材料变脆，称低温冷脆。这样常会造成钢结构毁灭性事故。图2-10所示为冲击韧性与温度的关系曲线。在温度 T_2 以上，A_{KV} 值较高，钢材为塑性破坏。在 T_1 与 T_2 之间，A_{KV} 值突然显著下降，且无稳定值，称为冷脆温度转变区。低于 T_1 时，A_{KV} 值很小。材料由塑性破坏转到脆性破坏是在 $T_1 \sim T_2$ 区间内完成的。曲线拐点所对应的温度为 T_0，称脆性转变温度。在结构设计中要求避免完全脆性破坏，所以结构所处温度应大于 T_1，而不要求一定大于 T_2。否则，虽然会使结构更加安全，但对材料要求过严会造成浪费。

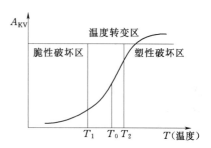

图2-10 A_{KV} 值随温度 T 的变化

对于在低温下承受动力荷载的结构，特别是焊接结构，应使结构所处的温度大于脆性转变温度 T_0。

第三节 钢材的疲劳

一、钢材疲劳破坏的特点

在钢结构中，有些构件不仅承受静荷载，而且还长期承受连续的重复荷载作用。当重复荷载的循环次数 n 达到某定值时，钢材中的应力虽然低于抗拉极限强度，甚至还低于屈服强度，也会提前发生突然脆性断裂。破坏时塑性变形极小，这种现象称为钢材的疲劳破坏。由于疲劳破坏是一种没有明显变形的突然脆断，故其危险性较大，往往导致整个结构的毁灭性破坏。因此，规范规定承受动力荷载重复作用的钢结构构件及其连接，当 $n \geqslant 5 \times 10^4$ 次时，应进行疲劳计算。

钢材发生疲劳破坏的原因是构件及其连接中总存在着一些局部的缺陷，如夹渣、微裂纹、冷加工造成的孔洞、刻槽、焊接处截面的突然改变或焊缝熔合线部位存在气孔、微裂纹等。在循环荷载作用下，这些缺陷处的截面应力分布不均匀，产生应力集中现象，形成双向或三向同号应力场，使钢材性能变脆。因此，在循环应力的反复作用下，首先在应力高峰处出现微观裂纹，然后逐渐开展形成宏观裂缝，使有效截面减弱，应力集中现象急速加剧。直到循环荷载达到一定的循环次数时，被不断削弱的截面中晶粒内的结合力终于抵抗不住高峰应力而突然断裂，出现疲劳破坏。值得注意的是，钢材由于热轧加工和焊接加热不均，冷却收缩受阻会产生拉、压自相平衡的残余应力（详见第三章）。这种残余应力的存在使应力高峰处的实际应力增大，最大应力可达屈服强度 f_y，将会加剧疲劳破坏的倾向。

经实验结果观察钢材疲劳破坏后的截面断口，一般具有光滑和粗糙两个区域。光滑部分为裂纹扩张和闭合缓慢磨合而形成的；而粗糙部分为钢材瞬间撕裂所造成的。

在连续重复荷载作用下，应力循环的各种形式见图 2-11。规定拉应力为正值，压应力为负值。应力循环特性常用应力比值 $\rho = \sigma_{min} / \sigma_{max}$ 来表示。当 $\rho = -1$ 时称为完全对称循环，见图 2-11 (a)；$\rho = 0$ 时称为脉冲循环，见图 2-11 (c)。应力循环中的最大拉应力 σ_{max} 和最小拉应力或压应力 σ_{min} 之差称为应力幅：$\Delta \sigma = \sigma_{max} - \sigma_{min}$。应力幅总为正值。

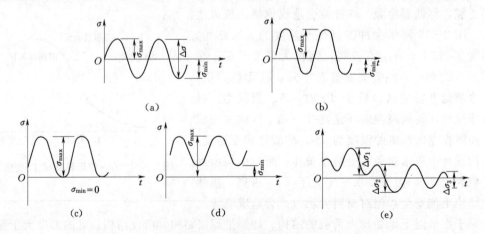

图 2-11　重复荷载的应力循环形式

钢材的疲劳破坏除了与钢材的质量、构件的几何尺寸和缺陷等因素有关外，主要还取决于应力循环特征和循环次数。

通过大量全尺寸梁试件的疲劳试验证明：影响焊接结构疲劳强度的重要因素是应力幅 $\Delta \sigma$ 和接头细部构造类型（附录二），而不是最大应力和应力比。这是因为钢材在轧制和结构在制造过程中，构件内部将产生残余应力。尤其是焊接结构在焊接部位常有很高的焊接残余应力（详见第三章）。其残余拉应力的峰值常可接近或达到钢材的屈服强度 f_y，在结构承受外加荷载时，其外加应力从 σ_{min} 增大到 σ_{max} 的过程中，由于钢材在残余拉应力处材料已经进入塑性，该处的应力值保持 f_y 并不增大。当外加应力由 σ_{max} 减小到 σ_{min} 时，该处

的应力将由 f_y 减小到 $f_y - \Delta\sigma$。实际应力比 $\rho = (f_y - \Delta\sigma) / f_y$。这说明对于不同的荷载循环特征，由于 f_y 为常数，无论名义应力 σ_{max}、σ_{min} 和名义应力比 $\rho = \dfrac{\sigma_{min}}{\sigma_{max}}$ 为何值，其实际应力比仅与 $\Delta\sigma$ 有关。因而名义最大应力和名义应力比已无实际意义。因此规范规定疲劳计算方法采用容许应力幅法。

应力幅分常幅和变幅两种，当所有应力循环内的应力幅保持常量时称为常幅，见图 2-11 （a）～（d）；当应力循环内的应力幅随机变化时称为变幅，见图 2-11 （e）。

二、疲劳验算

试验表明，在一定的循环次数下，发生疲劳破坏时的应力幅度大小，主要决定于构件和连接类别。GB 50017—2017《钢结构设计标准》依照残余应力和应力集中的严重程度，将构件和连接分为 14 类，见附录 K。根据试验数据对于一定的连接类别，可绘制 $\Delta\sigma - n$ 曲线，见图 2-12 （a），它是疲劳验算的基础。对应一定的损循环次数 n_1，在曲线上就有一个与其相应的疲劳强度为 $\Delta\sigma_1$，也就是说在应力幅 $\Delta\sigma_1$ 的连续作用下，它的使用寿命是 n_1 次，故把损循环次数 n_1 又称为疲劳寿命。为了便于工作，目前国内外都常用双对数坐标轴的方法使 $\Delta\sigma - n$ 曲线转换为斜直线，见图 2-12 （b）。斜直线上的每一个点的竖轴坐标是应力幅 $\lg\Delta\sigma$，横轴坐标是损循环次数 $\lg n_1$，斜直线的斜率的倒数为 β，这样疲劳方程可写为

$$\lg n = b - \beta\lg\Delta\sigma \tag{2-3}$$

式中　β——斜直线的斜率的倒数（绝对值）；

　　　　b——斜直线与横坐标轴的截距。

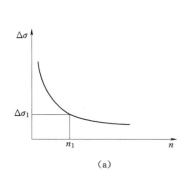

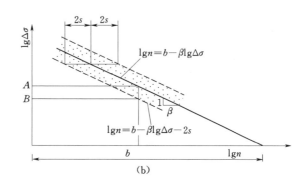

图 2-12　$\Delta\sigma - n$ 曲线

由式（2-3）可得对应某 n 值的致损应力幅，见图 2-12 （b）中的 A 点，即

$$\Delta\sigma = \left(\frac{10^b}{n}\right)^{1/\beta} \tag{2-4}$$

$\Delta\sigma - n$ 曲线［图 2-12 （b）中的实线］是根据试验点（疲劳破坏点）经数理统计而得回归方程。有 50% 的试验点处于实线的下方，即构件不发生疲劳破坏的保证率只有 50%。为了安全，要求保证率达到 97.7%，则应将回归方程向左平移 $2s$，其中 s 为标准差，即图 2-12 （b）中下方虚斜线，该线方程为

$$\lg n = b - \beta\lg\Delta\sigma - 2s \tag{2-5}$$

式中 s——标准差，根据试验数据由数理统计公式求得，它表示 $\lg n$ 的离散程度。

由该方程求得的应力幅因为有足够的安全保证率，所以称为常幅疲劳的容许应力幅。

$$[\Delta\sigma]=\left(\frac{10^{b-2s}}{n}\right)^{1/\beta} \tag{2-6}$$

令 $10^{b-2s}=c$，则常幅疲劳按下式进行验算：

$$\Delta\sigma\leqslant[\Delta\sigma]=\left(\frac{c}{n}\right)^{1/\beta} \tag{2-7}$$

式中 $\Delta\sigma$——对焊接部位为应力幅 $\Delta\sigma=\sigma_{\max}-\sigma_{\min}$，对非焊接部位为折算应力幅 $\Delta\sigma=\sigma_{\max}-0.70\sigma_{\min}$；

$\sigma_{\max}$——计算部位每次应力循环中最大拉应力（取正值）；

$\sigma_{\min}$——计算部位每次应力循环中最小拉应力或压应力（拉应力取正值，压应力取负值）；

$[\Delta\sigma]$——常幅疲劳容许应力幅，N/mm^2；

n——应力循环次数；

c、β——构件和连接疲劳计算的相关参数，它们随构件和连接的细部构造引起的应力集中程度和焊接残余应力的大小而异，可根据不同形式的构件或连接由表 2-1 和表 2-2 给出，表中符号 Z 代表正应力改正，J 代表剪应力改剪，表中最右边一栏的疲劳截止限是当循环次数 $n>5\times10^6$ 次时可采用 $[\Delta\sigma]_{1\times10^8}$ 作为疲劳应力的控制限。实际上用到的很少。

表 2-1　　　　　　　　　　　正应力幅的疲劳计算参数

构件与连接类别	构件与连接相关系数		循环次数 n 为 2×10^6 次的容许正应力幅 $[\Delta\sigma]_{2\times10^6}$ /(N/mm²)	循环次数 n 为 5×10^6 次的容许正应力幅 $[\Delta\sigma]_{5\times10^6}$ /(N/mm²)	疲劳截止限 $[\Delta\sigma_L]_{1\times10^8}$ /(N/mm²)
	C_Z	β_Z			
Z1	1920×10^{12}	4	176	140	85
Z2	861×10^{12}	4	144	115	70
Z3	3.91×10^{12}	3	125	92	51
Z4	2.81×10^{12}	3	112	83	46
Z5	2.00×10^{12}	3	100	74	41
Z6	1.46×10^{12}	3	90	66	36
Z7	1.02×10^{12}	3	80	59	32
Z8	0.72×10^{12}	3	71	52	29
Z9	0.50×10^{12}	3	63	46	25
Z10	0.35×10^{12}	3	56	41	23
Z11	0.25×10^{12}	3	50	37	20
Z12	0.18×10^{12}	3	45	33	18
Z13	0.13×10^{12}	3	40	29	16
Z14	0.09×10^{12}	3	36	26	14

注　构件与连接的分类应符合附录二的规定。

表 2-2 剪应力幅的疲劳计算参数

构件与连接类别	构件与连接的相关系数		循环次数 n 为 2×10^6 次的容许剪应力幅 $[\Delta\tau]_{2\times10^6}$ /(N/mm²)	疲劳截止限 $[\Delta\tau_L]_{1\times10^8}$ /(N/mm²)
	C_J	β_J		
J1	4.10×10^{11}	3	59	16
J2	2.00×10^{16}	5	100	46
J3	8.61×10^{21}	8	90	55

注 构件与连接的类别应符合附录二的规定。

以上就是疲劳验算的基本原理和方法，同时也适用剪切疲劳的问题。

这里要说明板厚的增加会降低疲劳强度。但是国内外大量地疲劳试验的试件厚度一般都在 25mm 以内，对于板厚大于 25mm 的构件和连接，对于横向角缝和对接焊缝等横向传力焊缝的疲劳强度降低比较明显。所以应将这些连接的容许应力幅 $[\Delta\sigma]$ 乘以板厚修正系数 γ_1（小于 1）。γ_1 不涉及剪切疲劳问题。在板厚 $t>25$mm 的情况下，疲劳强度的验算条件为

$$\Delta\sigma<\gamma_1[\Delta\sigma]=\gamma_1\left(\frac{c}{n}\right)^{1/\beta} \tag{2-8}$$

其中

$$\gamma_1=\left(\frac{25}{t}\right)^{0.25} \tag{2-9}$$

对于受拉螺栓，当其公称直径 $d>30$mm 时 γ_1 为

$$\gamma_1=\left(\frac{30}{d}\right)^{0.25} \tag{2-10}$$

其余情况，取 $\gamma_1=1.0$。

剪应力幅的疲劳计算与正应力幅的疲劳计算方法相同。

三、变幅疲劳验算

在实际工程中经常承受变幅度循环荷载，如采油平台的波浪压力、吊车梁的吊车荷载都是变化的，接近于随机过程。这种情况如按其中最大应力幅，依照常幅疲劳公式计算显然不合理。正确的方法是结合结构实际变幅荷载进行疲劳计算。根据线性累积损伤法则，把变幅疲劳折合成常幅疲劳进行计算。

对要进行变幅疲劳计算的结构，需实测在其使用期间内的变幅荷载规律或利用已有的荷载谱。把这些不同的应力幅按大小划分为 10 级，如 $\Delta\sigma_1$、$\Delta\sigma_2$、…、$\Delta\sigma_{10}$，并统计出它们实际作用在结构上的循环次数，分别为 n_1、n_2、…、n_{10}，以及这些应力幅单独作用时（常幅）疲劳破坏的循环次数，为 N_1、N_2、…、N_{10}。则在 $\Delta\sigma_i$ 应力幅作用下所占的损伤率为 $\frac{n_i}{N_i}$，根据线性累积损伤法则，可粗略地认为当符合下列条件时，结构产生疲劳破坏：

$$\sum\frac{n_i}{N_i}=\frac{n_1}{N_1}+\frac{n_2}{N_2}+\cdots+\frac{n_{10}}{N_{10}}=1 \tag{2-11}$$

由式（2-7）知

$$\Delta\sigma_i=\left(\frac{c}{N_i}\right)^{1/\beta}$$

即 $$N_i(\Delta\sigma_i)^\beta = c \qquad (a)$$

设想另有一常应力幅为 $\Delta\sigma_e$，经过 $\sum n_i(\sum n_i = n_1 + n_2 + \cdots + n_{10})$ 次循环后使同一结构破坏。这样就把 $\Delta\sigma_e$ 称为等效应力幅。同样有关系为

$$\sum n_i(\Delta\sigma_e)^\beta = c \qquad (b)$$

令式（a）=式（b）得 $$N_i = \frac{\sum n_i(\Delta\sigma_e)^\beta}{(\Delta\sigma_i)^\beta} \qquad (c)$$

将式（c）代入式（2-11） $$\sum \frac{n_i}{N_i} = \sum \frac{n_i(\Delta\sigma_i)^\beta}{\sum n_i(\Delta\sigma_e)^\beta}$$

故 $$\Delta\sigma_e = \left(\sum \frac{n_i(\Delta\sigma_i)^\beta}{\sum n_i} \right)^{1/\beta} < [\Delta\sigma] \qquad (2-12)$$

式中 $\Delta\sigma_e$——变幅疲劳的等效常应力幅；

$\sum n_i$——以应力循环次数表示的结构预期使用寿命；

n_i——预期寿命内应力幅水平达到 $\Delta\sigma_i$ 的应力循环次数；

β——系数，按表 2-1 采用；

$[\Delta\sigma]$——常幅疲劳容许应力幅，见式（2-7）。

吊车梁和吊车桁架都是承受变幅循环荷载的构件，若按式（2-12）进行疲劳强度计算显然相当麻烦。为此，根据一些工厂吊车梁实测得到的应力谱 $\Delta\sigma_i$，用式（2-12）算出等效常应力幅 $\Delta\sigma_e$，与应力谱中最大一级的应力幅 $\Delta\sigma$ 相比，并取 $\alpha_f = \Delta\sigma_e / \Delta\sigma$ 称为欠载效应系数，这样就把变幅疲劳转换成常幅疲劳计算，由式（2-12）有

$$\Delta\sigma_e = \alpha_f \Delta\sigma \leqslant [\Delta\sigma]_n \qquad (2-13)$$

由于不同车间吊车梁在设计基准期 50 年内的应力循环总次数 n 各不相同，为了便于计算和比较，规范统一取 $n = 2 \times 10^6$ 次为基准数，把上式中 $[\Delta\sigma]_n = \left(\dfrac{c}{n} \right)^{1/\beta}$ 换算为 $[\Delta\sigma]_n = [c/(2\times 10^6)]^{1/\beta} \times (2\times 10^6/n)^{1/\beta} = [\Delta\sigma]_{2\times 10^6} \times (2\times 10^6/n)^{1/\beta}$。令 $\alpha_f = \alpha_1[n/(2\times 10^6)]^{1/\beta}$ 称为欠载效应的等效系数。这样就把式（2-13）转换成

$$\alpha_f \Delta\sigma \leqslant [\Delta\sigma]_{2\times 10^6} \qquad (2-14)$$

式中 $\Delta\sigma$——按一台吊车荷载标准值计算，$\Delta\sigma = \sigma_{max} - \sigma_{min}$；

α_f——欠载效应的等效系数，按表 2-3 取用；

$[\Delta\sigma]_{2\times 10^6}$——循环次数 $n = 2 \times 10^6$ 次的容许应力幅，按表 2-1 取用。

根据规范规定，对重级工作制的吊车梁和重级、中级工作制的吊车梁和吊车桁架可按式（2-14）进行疲劳计算。

表 2-3 　　　　　　吊车梁和吊车桁架欠载效应的等效系数 α_f 值

吊　车　类　别	α_f
重级工作制硬钩吊车（如均热炉车间夹钳吊车）	1.0
重级工作制软钩吊车	0.8
中级工作制吊车	0.5

四、疲劳计算应注意问题

（1）直接承受动力荷载重复作用的钢结构构件和连接，当应力循环次数 $n \geqslant 5 \times 10^4$ 时，应进行疲劳计算。应力幅按弹性工作计算。

（2）疲劳计算时，作用于结构的荷载取标准值，不乘荷载分项系数，也不乘动力系数，这是因为在以试验为基础的疲劳计算公式和参数中已包含了此影响。

（3）在全压应力（不出现拉应力）循环中，裂缝不会扩展，故可不作疲劳验算。

（4）焊后经热处理消除残余应力时，不适用上述疲劳计算。

（5）试验证明，钢材静力强度的不同，对大多数焊接类别的疲劳强度无明显影响，为简化表达式，认为所有类别的容许应力幅均与钢材静力强度无关。故由疲劳破坏所控制的构件，采用高强钢材是不经济的。

【例题 2-1】 一受轴心拉力的钢板，Q345 钢，截面为 $400\text{mm} \times 20\text{mm}$。在垂直拉力方向由对接焊缝连接，如例图 2-1 所示。焊缝表面加工磨平，质量一级。钢板承受重复荷载，预期循坏次数 $n = 10^6$ 次，荷载标准值 $N_{\max} = 1300\text{kN}$，$N_{\min} = 0$，试进行疲劳验算。

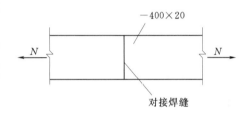

例图 2-1（单位：mm）

解：根据疲劳计算的构件和连接分类，由附录二项次 2 查得属于类别 Z2，再由表 2-1 查得系数 $c = 861 \times 10^{12}$，$\beta = 4$。

由式（2-7） $[\Delta\sigma] = (c/n)^{1/\beta} = \left(\dfrac{861 \times 10^{12}}{10^6}\right)^{1/4} = 171.3 \ (\text{N/mm}^2)$

$$\Delta\sigma = \sigma_{\max} - \sigma_{\min} = \frac{(1300-0) \times 10^3}{400 \times 20} = 162.4 \ (\text{N/mm}^2) < [\Delta\sigma] \ （满足要求）$$

【例题 2-2】 某 Q345 钢构件焊接部位的疲劳类别属于 7 类。经测试每年的应力循环次数约 4 万次，其中各种应力幅及其出现的频率为：$\Delta\sigma_1 = 15\text{N/mm}^2$ 占 5%，$\Delta\sigma_2 = 35\text{N/mm}^2$ 占 20%，$\Delta\sigma_3 = 80\text{N/mm}^2$ 占 30%，$\Delta\sigma_4 = 100\text{N/mm}^2$ 占 25%，$\Delta\sigma_5 = 130\text{N/mm}^2$ 占 15%，$\Delta\sigma_6 = 160\text{N/mm}^2$ 占 5%。

（1）按设计基准期 $T = 50$ 年考虑，试验算疲劳强度是否满足要求？

（2）求该焊接部位的设计疲劳寿命（年）。

解：（1）该题目为变幅疲劳，应按式（2-12）计算：

等效应力幅

$$\Delta\sigma_e = \left[\frac{\sum n_i (\Delta\sigma_i)^\beta}{\sum n_i}\right]^{1/\beta} = \left[\frac{n_1(\Delta\sigma_1)^\beta}{\sum n_i} + \frac{n_2(\Delta\sigma_2)^\beta}{\sum n_i} + \cdots + \frac{n_n(\Delta\sigma_n)^\beta}{\sum n_i}\right]^{1/\beta}$$

由于疲劳类型为 7 类，查表 2-1 得 $c = 1.02 \times 10^{12}$，$\beta = 3$。

故 $\Delta\sigma_e = (5\% \times 15^3 + 20\% \times 35^3 + 30\% \times 80^3 + 25\% \times 100^3$
$\qquad\qquad + 15\% \times 130^3 + 5\% \times 160^3)^{1/3}$
$\qquad = 98.2 (\text{N/mm}^2)$

由式（2-7）计算容许应力幅，50 年内循环的总次数

$$n = 4 \times 10^4 \times 50 = 2 \times 10^6 \text{（次）}$$

$$[\Delta\sigma] = \left(\frac{c}{n}\right)^{1/\beta} = \left(\frac{1.02 \times 10^{12}}{2 \times 10^6}\right)^{1/3} = 79.89 \text{（N/mm}^2\text{）}$$

因 $\Delta\sigma_e > [\Delta\sigma]$，故在基准期 50 年内其疲劳强度不符合要求。

（2）求焊接部位的疲劳寿命，即求在此变幅情况下容许的总循环次数 n。

令

$$\Delta\sigma_e = [\Delta\sigma]_n$$

$$[\Delta\sigma_n] = \left(\frac{c}{n}\right)^{1/\beta} = \left(\frac{1.02 \times 10^{12}}{n}\right)^{1/3} = \Delta\sigma_e = 98.2 \text{（N/mm}^2\text{）}$$

解出

$$n = 10.77 \times 10^5 \text{（次）}$$

因该构件测试的每年循环次数为 4×10^4 次，故求得容许总循环次数 $n = 10.14 \times 10^5$，折算年数为

$$T = \frac{10.77 \times 10^5}{4 \times 10^4} = 26.9 \text{（年）}$$

第四节 建筑钢的种类、牌号及选用

一、建筑钢的种类

钢结构常用的钢材有碳素钢和低合金钢两种。在钢的元素中，大约占到 99% 左右的是铁（Fe）元素，铁的性质柔软、机械性能很低。钢的机械性能主要依赖于含碳量和其他合金元素。而提高钢的强度首先依赖于碳（C）的含量，但是碳会降低钢的塑性，而建筑钢要求有很好的塑性。碳素钢根据含碳量分有高碳钢（C>0.6%）、中碳钢（0.25%<C≤0.6%）和低碳钢（C≤0.25%），碳含量低于 0.06% 的称为熟铁，高于 2.11% 的称为生铁或铸铁。

钢结构用钢的含碳量要求 C<0.22%，焊接结构用钢要求 C<0.2%。

合金钢是在冶炼碳素钢的基础上添加有益的合金元素而得，如锰、硅等。合金钢按合金元素总含量，分有低合金钢（合金元素总含量小于 5%）、中合金钢和高合金钢（合金元素总含量大于 10%）。

钢材按其浇注方法（脱氧方法），正如第二节已介绍过的有沸腾钢、半镇静钢、镇静钢和特殊镇静钢。按硫、磷含量和质量控制分有高级优质钢（S≤0.035%、P≤0.035%）、优质钢（S≤0.045%、P≤0.04%）和普通钢（S≤0.05%、P≤0.045%）。

二、建筑钢的牌号（钢号）

1. 碳素结构钢

建筑钢的牌号由代表屈服强度的汉语拼音字母（Q）、屈服强度值 [钢材厚度（直径）不大于 16mm 时的屈服强度下限值（N/mm²）] 表示。碳素钢在同一屈服强度下，按质量（合金含量不同）又分 A、B、C、D 四个等级，A 级最差，D 级最好。A、B 级钢可为沸腾钢（符号 F）、半镇静钢（符号 b）或镇静钢（符号 Z），C 级钢均为镇静钢，D 级钢均为特殊镇静钢（符号 TZ）。Z 和 TZ 在牌号中省略不写。例如 Q235-C，即屈服强度为 235N/mm² 的 C 级镇静钢，Q235-B·F 即屈服强度为 235N/mm² 的 B 级沸腾钢。Q235

钢的供货应符合国家标准 GB/T 700《碳素结构钢》所规定的质量标准。如对于 Q235 - A 钢的机械性能仅应保证 f_y、f_u、δ 符合要求，而对于 B、C 及 D 级钢还应增加保证 +20℃、0℃、-20℃ 的冲击韧性 $A_{KV} \geqslant 27J$。

即使钢材质量级别不同，但只要是 Q235 钢，由拉伸试验得来的 3 个机械性能指标：抗拉强度 f_u、伸长率 δ 和屈服强度 f_y 都应相同，但这 3 个指标中的 f_y 及 δ 随着钢材厚度分级增加而有所降低，抗拉强度不随厚度变化。235N/mm² 只是厚度 $t \leqslant 16mm$ 时的屈服强度，此时 $\delta_5 = 26\%$，如钢材 $t = 41\sim60mm$ 时，f_y 降为 215N/mm²，δ_5 降为 24%，抗拉强度无变化，一律为 375~460N/mm²。

2. 低合金结构钢

低合金结构钢的牌号有 Q345 钢、Q390 钢、Q420 钢、Q460 钢和 Q345GJ 钢，每种按质量分为 A、B、C、D、E 五级，同样是 A 级最差，E 级最好。一般均为镇静钢。其牌号如 Q345 - B，Q390 - E，Q420 - C。低合金钢的供货应符合国家标准 GB 1591《低合金结构钢》所规定的质量标准。

对低合金钢的 A 级都规定不做冲击韧性试验；对于 B 级、C 级和 D 级规定依次做 +20℃、0℃ 和 -20℃ 时的冲击韧性试验，其合格标准为 $A_{KV} = 34J$。对上述三种牌号的 E 级钢都做 -40℃ 的冲击韧性试验，其合格标准为 $A_{AK} = 27J$。

三、专用结构钢

如桥梁、船舶、压力容器、锅炉、升船机、大型输水管道等钢结构，常需要质量更高、检验更严的专用钢材，以适应特殊的工作状态和工作环境。这种钢材的一般特点是有害元素含量低、晶粒细、组织致密、机械性能的附加保证项目较多，但价格也较贵。这些专用结构钢的牌号，是在相应钢的牌号后加上专业用途的汉语拼音字母，如 q（桥）、C（船）、R（容）、g（锅）等。例如 16Mnq 钢，表示平均含碳量为 0.16%，合金主要元素为锰，其含量为 1%~1.6% 的低合金桥梁用钢。16Mnq（16 锰桥）钢、15MnVq（15 锰钒桥）钢常用于重型吊车梁结构和升船机结构中。

四、耐候钢

为了抵抗钢材的腐蚀，在钢的冶炼过程中加入少量的铜（Cu）、铬（Cr）、镍（Ni）、P（磷）、Mo（钼）等元素，使钢材表面形成致密且附着性好的氧化膜以防止水、气的侵入，来抑制钢材进一步腐蚀。这类钢称为耐候钢，我国生产的耐候钢的牌号、化学成分及机械性能等可见 GB 4172《焊接结构用耐候钢》和 GB 4171《高耐候性结构钢》。它们都属于合金钢。

五、耐火钢

钢材的机械性能（屈服强度、抗拉强度、弹性模量）随着温度升高会有所下降，但在 150℃ 以内变化不大。当温度在 250℃ 左右时，钢材的抗拉强度 f_u 反而有较大提高，但塑性和冲击韧性降低，钢材呈脆性特征，称为"兰脆"。这时对钢材加工容易发生裂纹。应力求避免。当温度超过 300℃，则机械性能将显著降低，达 600℃ 时，承载能几乎丧失殆尽。

1988 年，日本开发出耐火钢（FR 钢，fire resistant steel）。在钢中添加耐高温合金钼（Mo）等元素以提高钢在高温下的强度。

图 2‐13 是日本 SN490（FR）钢与普通 SN490 钢（490 为钢的抗拉强度为 490N/mm²，相当于我国的 Q345 钢）在高温下它们屈服点 f_y 的差别。由图可见，普通钢在 350℃左右时，屈服点 F 降到常温时标准值（325N/mm²）的 2/3（217N/mm²）左右，耐火钢要在 600℃才降到这一数值。由于 217N/mm² 这一数值相当于容许应力，耐火钢在 600℃时能够保持应力在 217N/mm²。因此容许温度就定为 600℃。

　　普通钢的耐火时间约为 15 分钟，而耐火钢的耐火时间可达 1～3 小时。

　　耐火钢的耐热机理。钢材受力后从弹性发展到塑性。其塑性变形是原子间的错动（也称滑移）现象。这种滑移相当于 1cm² 面积上有几万个原子所形成的滑移面（图 2‐14 中阴影部分）。在高温下，原子的动能增加，容易滑动，这就是高温强度降低的原因。

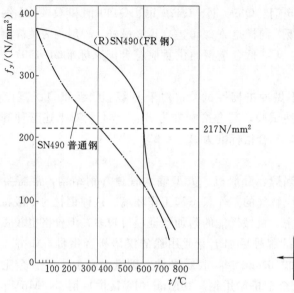

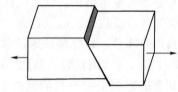

图 2‐13　耐火钢与普通钢耐火情况的对比　　　　图 2‐14　位移的滑动面

　　钼（Mo）这种元素本身耐火性比较好。把它添加到钢中以后，还会在高温下生成化合物碳化钼（MoC），从铁原子中析出。这类新生成的原子个头比铁原子大，当大量的铁原子滑移时，它会起到阻止的作用。这就是它的耐热机理。

　　除钼（Mo）以外，还有铬（Cr）、铌（Nb）等同样也具有耐高温的作用。

六、超级钢

　　如上所述，改善钢材的性能除了从冶炼、轧制和添加仅合金元素以及热处理之外，还可以从钢的结晶组织入手来改善钢的性能。

　　钢是由约十几微米（为纳米的 1000 倍，1nm＝10⁻⁶ m）大小结晶组成的。如果能把晶粒的直径缩小 1/10，那么，钢的强度、韧度以及寿命就可以提高 1 倍左右，它就成了耐高温、耐腐蚀、易焊接、高强度的超级钢。

　　日本于 2002 年研发出强度和寿命是目前钢材 2 倍的 SEX‐21 新钢材。与此同时，中国、韩国及欧美各国也常争先恐后地进行研发。

七、建筑钢的选用

　　钢结构材质的选择是一项很重要的工作。不仅要合理地选用建筑钢的种类、牌号和浇注方法，而且要根据结构的特点，对某些机械性能指标和化学元素的极限含量恰如其分地提出一项或多项附加保证。结合我国当前钢铁生产的实际情况，努力做到既能使结构安全可靠地满足使用要求，又要尽力节约钢材，降低造价。

承重结构所用的钢材应具有屈服强度、抗拉强度、断后伸长率的合格保证，并对硫、磷含量的限制具有合格保证。对于焊接结构尚应有碳的限量合格保证。焊接承重结构及重要的非焊接承重结构采用的钢材应具有冷弯试验的合格保证；对直接承受动力荷载或需要验算疲劳的构件所用钢材尚应具有冲击韧性的合格保证。

（1）钢材质量等级的选用应符合下列规定：

1）A 级钢仅可用于结构工作温度高于 0℃的不需要验算疲劳的结构，且 Q235A 钢不宜用于焊接结构。

2）需验算疲劳的焊接结构用钢材应符合下列规定：

a. 当工作温度高于 0℃时其质量等级不应低于 B 级。

b. 当工作温度不高于 0℃但高于 −20℃时，Q235、Q345 钢不应低于 C 级，Q390、Q420、Q460 钢不应低于 D 级。

c. 当工作温度不高于 −20℃时，Q235 钢和 Q345 钢不应低于 D 级，Q390 钢、Q420 钢、Q460 钢应选用 E 级。

3）需验算疲劳的非焊接结构，其钢材质量等级要求可较上述焊接结构降低一级但不应低于 B 级，吊车起重量不小于 50t 的中级工作制吊车梁，其质量等级要求应与需要验算疲劳的构件相同。

（2）工作温度不高于 −20℃的受拉构件及承重构件的受拉板材应符合下列规定：

1）所用钢材厚度或直径不宜大于 40mm，质量等级不宜低于 C 级。

2）当钢材厚度或直径不小于 40mm 时，其质量等级不宜低于 D 级。

3）重要承重结构的受拉板材宜满足现行国家标准 GB/T 19879《建筑结构用钢板》的要求。

八、铸钢和锻钢的钢号及选用

水工钢结构的零部件常采用钢铸件，如平面钢闸门和钢引桥的支承滚轮、弧形钢闸门的支铰和人字钢闸门的顶枢和底枢等。这些铸钢件（包括平面钢闸门的主轨）可采用：

（1）GB/T 11352《一般工程用铸造碳钢件》中规定的 ZG230 - 450、ZG270 - 500、ZG310 - 570、ZG340 - 640 铸钢。

（2）JB/T 6402—2006《大型低合金钢铸件》中规定的 ZG50Mn2、ZG35GrMo、ZG42Cr1Mo、ZG34Cr2Ni2Mo 合金铸钢。

支承结构的轮轴和铰轴一般采用锻钢件。锻钢常用 GB/T 699《优质碳素结构钢》中规定的 35 号、45 号钢或 GB/T 3077《合金结构钢》中规定的 35Mn2、40Cr 合金锻钢。

第五节　轧成钢材的规格及用途

热轧成型的钢板、型钢和无缝钢管都是钢结构的原材料。常用的型钢有角钢、工字钢、H 型钢和槽钢，见图 2 - 15。

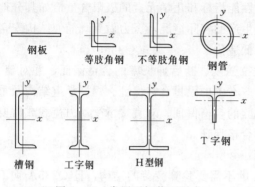

钢板　等肢角钢　不等肢角钢　钢管

槽钢　工字钢　H型钢　T字钢

图 2-15　常用型钢截面形式

在选用截面规格时，必须考虑以下几点：

（1）选用薄钢材。一般宜采用较薄的钢材，钢材轧制次数越多越薄，则内部组织越均匀，强度也越高。故规范的强度设计值或容许应力是按厚度分组采用不同的数值，厚度越薄，容许应力越高。

（2）选用型钢规格不宜过多。在同一结构中所选用的型钢规格不宜过多、尺寸的级差不要过密，以省工时、避免差错。

（3）了解钢材价格和供应情况。了解各类轧成钢材的价格差别以及当时的供应情况，尽量做到降低价格、便于供应。

现将常用轧成钢材的规格与用途简述如下。

1. 钢板

钢板常用"—"后面加"宽度×厚度×长度"表示。钢板分为厚钢板、薄钢板和扁钢三种。

厚钢板的厚度大于 4mm、宽度 0.6～3.0m、长度 4～12m，用途较广，可作梁、柱的翼缘和腹板，钢闸门面板和桁架节点板。但钢板价格比型钢约贵 10%～20%，设计中应注意节约。

薄钢板的厚度不大于 4mm，其中 0.5mm 以上主要用于轧制冷弯薄壁型钢和瓦楞铁等。

扁钢的厚度 3～60mm、宽度 10～200mm、长度 3～9m，其宽度两边均为轧制边，呈窄长条，可作梁的翼缘板和构件的拼接板及节点板。

2. 角钢

在钢结构中应用较广泛，可用一对或两对角钢组成独立受力构件，如桁架杆件、格构柱等，也可作构件间的连接零件。角钢分等肢角钢和不等肢角钢两种。肢宽相同的角钢，其壁厚可以不同，选用时应优先采用肢壁较薄的。角钢是以肢宽和壁厚的毫米数表示，如 L90×10 为等肢角钢；L100×75×8 为不等肢角钢。角钢长度为 4～19m。

3. 工字钢和 H 型钢

工字钢的材料集中在翼缘上，故主要用于在其腹板平面内受弯的构件，同时也可用一对工字钢组成格构柱。工字钢有普通工字钢、轻型工字钢和宽翼缘工字钢（又称 H 型钢）3 种。

工字钢的号数是以其截面高度的厘米数表示，20 号以上的工字钢还附以区别腹板厚度的字母。如 I32c 即表示高度为 32cm、腹板较厚的 c 类。我国目前生产的普通工字钢为 I10～I63。

H 型钢的翼缘较宽，比较接近截面的高度。因此，H 型钢在绕高度转动（对弱轴）的惯性矩和回转半径比工字钢显著增大，相应的刚度和稳定性也显著增大。H 型钢的翼缘为等厚，便于与其他构件连接。根据 GB/T 11263—1998《热轧 H 型钢和部分 T 型钢》，热轧 H 型钢分为宽翼缘 H 型钢、中翼缘 H 型钢和窄翼缘 H 型钢，它们的代号分别为 HW、HM 和 HN，型号采用高度×宽度的毫米数表示。例如 HW400×400、HM500×300、HN700×300。

沿 H 型钢的腹板中线剖割即为 T 型钢，它可以代替双角钢作桁架的杆件。

4. 槽钢

槽钢仅一侧伸出翼缘，且内表面坡度较平缓，易与其他构件相连接，但抗弯能力不如工字钢，常用于跨度和荷载较小的次梁和檩条等。我国目前生产的槽钢为 [5～[40（其中 5 和 40 均为槽钢截面高度的厘米数），长度 5～19m。

5. 钢管

钢管用"ϕ"表示，后面加"外径×厚度"的毫米数。由于钢管的截面对称，面积分布合理，回转半径较大，作为受压构件有较多的优点。特别对受风、浪、冰等荷载作用的塔桅结构和海上采油平台下部结构更为适用。

钢管有无缝钢管和焊缝钢管两种。焊缝钢管系钢带经弯曲成型后用螺旋焊缝连接而成。目前生产的热轧无缝钢管外径为 32～630mm，壁厚 2.5～75mm，长度一般为 3～12.5m。

6. 压型钢板

压型钢板的原板材可以使用冷轧板、镀锌板、彩色涂层板等不同类别的薄钢板经辊压冷弯，其截面成 V 形、U 形、梯形或类似这几种形状的波形，在建筑上作屋面板、楼板及墙面板，也可被选为其他用途的钢板。

压型钢板的代号为 YX，截面尺寸如图 2-16 所示。H、S 分别为板的波高和波距，B 为有效覆盖宽度。型号为 YX130×300×600 的压型钢板，它的高为 130mm、波距为 300mm、覆盖宽度为 600mm、板的厚度为 0.6～1.2mm、长度一般为 1.5～12m。

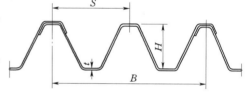

图 2-16　压型钢板截面

第六节　钢结构的计算方法

一、概率极限状态设计法概要

结构计算的目的是保证结构的构件及其连接在使用荷载作用下能安全可靠地工作，恰当处理结构的可靠性（安全、适用和耐久）和经济性两方面的要求。结构计算的方法有传统的容许应力法和半概率半经验的极限状态法等。近年来，由于结构可靠度理论在国内外得到迅速发展，结构设计正在逐步推广以概率论为基础的极限状态设计方法，来取代传统的定值设计方法。我国颁布的 GB 50068—2018《建筑结构可靠度设计统一标准》规定：各种建筑物应采用"以概率论为基础的极限状态设计法"。该法简称概率极限状态法。对于闸、坝、码头和采油平台等水工结构和桥梁结构，因统计资料不足，条件尚不成熟，仍可采用容许应力法。

按照 GB 50068—2018，结构可靠度的定义为："结构在规定的时间内，在规定的条件下，完成预定功能的概率。"其中"规定的时间"是指结构的"设计基准使用期"，一般结构取为 50 年。"预定的功能"是指下列 4 项基本功能：

（1）能承受在正常施工和正常使用时可能出现的各种作用，包括荷载和温度变化、基础不均匀沉降以及地震作用等。

（2）在正常使用时具有良好的工作性能。

（3）在正常维护下具有足够的耐久性能。

（4）在偶然事件发生时及发生后仍能保持必需的整体稳定性。

根据所要求的功能，规定出具体的极限状态，作为设计的依据。结构的极限状态定义为：结构或结构的一部分超过某一特定状态就不能满足某一规定功能的要求，此特定状态称为该功能的极限状态。结构的极限状态分有两类：

（1）承载能力极限状态。结构及其构件和连接达到最大承载能力，包括倾覆、强度、疲劳和稳定等，或出现不适于继续承载的过大的塑性变形。

（2）正常使用极限状态。结构及其构件和连接达到正常使用或耐久性能的某项规定限值，包括出现影响正常使用的变形、振动及裂缝。

二、钢结构的计算方法

钢结构的计算方法是采用以概率理论为基础的极限状态设计方法（疲劳强度除外），用分项系数的应力表达式进行计算。各种承重结构均应按承载能力极限状态和正常使用极限状态设计。

对于承载能力极限状态，当考虑荷载效应基本组合进行强度和稳定性设计时，采用下列表达式：

$$\gamma_0 \left(\sigma_{Gd} + \sigma_{Q1d} + \psi_c \sum_{i=2}^{n} \sigma_{Qid} \right) \leqslant f \qquad (2-15)$$

式中　γ_0——结构重要性系数，考虑到结构破坏时可能产生后果的严重性分为一、二、三级三个安全等级，分别采用 1.1、1.0 和 0.9，对设计工作寿命 25 年的结构构件大体上属于替换性构件，其可靠度可适当降低，重要性系数可取 0.95；

　　σ_{Gd}——永久荷载（恒载）的设计值 G_d 在结构构件截面或连接中产生的应力，$G_d = \gamma_G G_K$；

　　G_K——永久荷载的标准值，如结构自重等；

　　γ_G——永久荷载分项系数，一般采用 1.2，当永久荷载效应对结构的承载能力有利时宜采用 1.0；

　　σ_{Q1d}——第 1 个可变荷载（活载）的设计值 Q_{1d} 在结构构件截面或连接中产生的应力，该应力大于其他任意第 i 个可变荷载设计值产生的应力，$Q_{1d} = \gamma_{Q1} Q_{1K}$；

　　σ_{Qid}——其他第 i 个可变荷载设计值 Q_{id} 在结构构件截面或连接中产生的应力，$Q_{id} = \gamma_{Qi} Q_{iK}$；

　　γ_{Q1}、γ_{Qi}——第 1 个和其他第 i 个可变荷载的分项系数，一般情况采用 1.4，当活荷载值不小于 4kN/m^2 时，取 $\gamma_Q = 1.3$；

Q_{1K}、Q_{iK}——第一个和其他第 i 个可变荷载的标准值，如楼面活荷载、风荷载、雪荷载等；

ψ_c——可变荷载的组合系数，一般情况下，当风荷载与其他可变荷载组合时，可均采用 0.6，当没有风荷载参与组合时取 1.0；

f——结构构件或连接的强度设计值，$f = \dfrac{1}{\gamma_R} f_K$，见表 2-4～表 2-6；

γ_R——抗力分项系数，经概率统计分析：对 Q235 钢取 $\gamma_R = 1.087$；对 Q345 钢、Q390 钢和 Q420 钢取 $\gamma_R = 1.111$；

f_K——钢材（或焊缝熔敷金属）强度的标准值，即屈服强度 f_y，见附录一表 2、表 4。

表 2-4　　　　　　　　　　　　钢材的设计用强度指标

钢材牌号		钢材厚度或直径 /mm	强度设计值/(N/mm²)			屈服强度 f_y /(N/mm²)	抗拉强度 f_u /(N/mm²)
			抗拉、抗压、抗弯 f	抗剪 f_v	端面承压（刨平顶紧）f_{ce}		
碳素结构钢	Q235	≤16	215	125	320	235	370
		>16，≤40	205	120		225	
		>40，≤100	200	115		215	
低合金高强度结构钢	Q345	≤16	305	175	400	345	470
		>16，≤40	295	170		335	
		>40，≤63	290	165		325	
		>63，≤80	280	160		315	
		>80，≤100	270	155		305	
	Q390	≤16	345	200	415	390	490
		>16，≤40	330	190		370	
		>40，≤63	310	180		350	
		>63，≤100	295	170		330	
	Q420	≤16	375	215	440	420	520
		>16，≤40	355	205		400	
		>40，≤63	320	185		380	
		>63，≤100	305	175		360	
	Q460	≤16	410	235	470	460	550
		>16，≤40	390	225		440	
		>40，≤63	355	205		420	
		>63，≤100	340	195		400	

注　1. 表中直径指实芯棒材直径，厚度系指计算点的钢材或钢管壁厚度，对轴心受拉和轴心受压构件系指截面中较厚板件的厚度。

　　　2. 冷弯型材和冷弯钢管，其强度设计值应按国家现行有关标准的规定采用。

表 2-5　　　　　　　　　　　　建筑结构用钢板的设计用强度指标

| 建筑结构用钢板 | 钢材厚度或直径 /mm | 强度设计值/(N/mm²) | | | 屈服强度 f_y /(N/mm²) | 抗拉强度 f_u /(N/mm²) |
		抗拉、抗压、抗弯 f	抗剪 f_v	端面承压（刨平顶紧）f_{ce}		
Q345GJ	>16，≤50	325	190	415	345	490
	>50，≤100	300	175		335	

表 2-6　　　　　　　　　　　　铸钢件的强度设计值

类别	钢号	铸件厚度 /mm	抗拉、抗压和抗弯 f /(N/mm²)	抗剪 f_v /(N/mm²)	端面承压（刨平顶紧）f_{ce}/(N/mm²)
非焊接结构用铸钢件	ZG230-450	≤100	180	105	290
	ZG270-500		210	120	325
	ZG310-570		240	140	370
焊接结构用铸钢件	ZG230-450H	≤100	180	105	290
	ZG270-480H		210	120	310
	ZG300-500H		235	135	325
	ZG340-550H		265	150	355

注　表中强度设计值仅适用于本表规定的厚度。

对于正常使用的极限状态，用下式进行计算：

$$w = w_{GK} + w_{Q1K} + \psi_c \sum_{i=2}^{n} w_{QiK} \leqslant [w] \qquad (2-16)$$

式中　w——结构或结构构件中产生的变形值；

w_{GK}——永久荷载的标准值在结构或结构构件中产生的变形值；

w_{Q1K}——第一个可变荷载的标准值在结构或结构构件中产生的变形值，它大于其他任意第 i 个可变荷载标准值产生的变形值；

w_{QiK}——其他第 i 个可变荷载标准值在结构或结构构件中产生的变形值；

$[w]$——结构或结构构件的变形限值，参见第四章。

三、水工钢结构按容许应力计算方法

水工钢结构包括各种类型的钢闸门、压力钢管、拦污栅、升船机等。设计时必须遵守相应的规范。如钢闸门和拦污栅应遵守 SL 74—2013《水利水电工程钢闸门设计规范》及 JTJ 305—2001《船闸总体设计规范》，压力钢管应遵守 SL 281—2003《水电站压力钢管设计规范》。

水工钢结构设计，所受荷载涉及水文、泥沙、波浪等，自然条件比较复杂，统计资料不足，同时，经常处于水位变动或盐雾潮湿等容易腐蚀的环境，在计算中如何反映实际问题尚待解决。因此，水工钢结构目前还不具备采用概率极限状态法计算的条件。在上述各专门规范中规定水工钢结构仍采用容许应力计算法。下面着重介绍 SL 74—2013《水电水利工程钢闸门设计规范》的计算方法。

SL 74—2013 所采用的容许应力计算法是以结构的极限状态（强度、稳定、变形等）为依据，对影响结构可靠度的各种因素以数理统计的方法，并结合我国工程实践，进行多系数分析，求出单一的设计安全系数，以简单的容许应力形式表达，实质上属于半概率、半经验的极限状态计算法。其强度计算的一般表达式为

$$\sum N_i \leqslant \frac{f_y S}{K_1 K_2 K_3} = \frac{f_y S}{K} \qquad (2-17)$$

即

$$\sigma = \frac{\sum N_i}{S} \leqslant \frac{f_y}{K} = [\sigma] \qquad (2-18)$$

式中　N_i——根据标准荷载求得的内力；

　　　f_y——钢材的屈服强度；

　　　K_1——荷载安全系数；

　　　K_2——钢材强度安全系数；

　　　K_3——调整系数，用以考虑结构的重要性、荷载的特殊变异和受力复杂等因素；

　　　S——构件的几何特性；

　　　$[\sigma]$——钢材的容许应力。

式（2-17）、式（2-18）对荷载、钢材强度及其相应的安全系数均取为定值，而没有考虑荷载和材料性能的随机变异性，这也是容许应力法与概率极限状态法的主要区别所在。

钢材厚度越薄，说明轧压的次数越多，材质越密实，其强度也越高。因此，钢材的容许应力与其厚度有关。钢材按厚度的尺寸分组见表2-7。钢材容许应力见表2-8，机械零件的容许应力见表2-9（机械零件系指吊耳、连接、支承部分的零部件以及铸、锻造主轨等），灰铸铁件的容许应力见表2-10。表中所列的容许应力是对一般闸门规定的。由于大型和小型工程在重要性和效益上存在差别，其安全度也应该有所区别。对大型工程的工作闸门及重要的事故闸门的容许应力乘以0.9~0.95系数；对较高水头下经常开启的大型闸门其容许应力乘以0.85~0.90；对规模巨大且在高水头下操作的闸门其容许应力乘以0.80~0.85。以上系数不应连乘，特殊情况应另行考虑。

表 2-7　　　　　　　　　　　钢材的尺寸分组　　　　　　　　　　单位：mm

组别	钢材厚度或直径	
	Q235	Q345、Q390
第1组	≤16	≤16
第2组	>16~40	>16~40
第3组	>40~60	>40~63
第4组	>60~100	>63~80
第5组	>100~150	>80~100
第6组	>150~200	>100~150

注　1. 型钢包括角钢、工字钢、槽钢和H型钢。

　　2. 工字钢、H型钢和槽钢的厚度系指腹板厚度。

表 2-8　　　　　　　　　　　　钢材的容许应力　　　　　　　　　　　单位：N/mm²

应力种类	符号	碳素结构钢						低合金结构钢											
		Q235						Q345						Q390					
		第1组	第2组	第3组	第4组	第5组	第6组	第1组	第2组	第3组	第4组	第5组	第6组	第1组	第2组	第3组	第4组	第5组	第6组
抗拉、抗压和抗弯	$[\sigma]$	160	150	145	145	130	125	225	225	220	210	205	190	245	240	235	220	220	210
抗剪	$[\tau]$	95	90	85	85	75	75	135	135	130	125	120	115	145	145	140	130	130	125
局部承压	$[\sigma_{cd}]$	240	225	215	215	195	185	335	335	330	315	305	285	365	360	350	330	330	315
局部紧接承压	$[\sigma_{cj}]$	120	110	110	110	95	95	170	170	165	155	155	140	185	180	175	165	165	155

注　1. 局部承压应力不乘调整系数。

2. 局部承压是指构件腹板的小部分表面受局部荷载的挤压或端面承压（磨平顶紧）等情况。

3. 局部紧接承压是指可动性小的铰在接触面的投影平面上的压应力。

表 2-9　　　　　　　　　　　机械零件的容许应力　　　　　　　　　　　单位：N/mm²

应力种类	符号	碳素结构钢	低合金钢		优质碳素结构钢		铸造碳钢				合金铸钢			合金结构钢	
		Q235	Q345	Q390	35	45	ZG230-450	ZG270-500	ZG310-570	ZG340-640	ZG50Mn2	ZG35CrlMo	ZG34Cr2Ni2Mo	42CrMo	40Cr
抗拉、抗压和抗弯	$[\sigma]$	100	145	160	135	155	100	115	135	145	195	170(215)	(295)	(365)	(320)
抗剪	$[\tau]$	60	85	95	80	90	60	70	80	85	115	100(130)	(175)	(220)	(190)
局部承压	$[\sigma_{cd}]$	150	215	240	200	230	150	170	200	215	290	255(320)	(440)	(545)	(480)
局部紧接承压	$[\sigma_{cj}]$	80	115	125	105	125	80	90	105	115	155	135(170)	(235)	(290)	(255)
孔壁抗拉	$[\sigma_k]$	115	165	185	155	175	115	130	155	165	225	195(245)	(340)	(420)	(365)

注　1. 括号内为调质处理后的数值。

2. 孔壁抗拉容许应力系指固定结合的情况，若系活动结合，则应按表值降低 20%。

3. 合金结构钢的容许应力，适用截面尺寸为 25mm。由于厚度影响，屈服强度有减少时，各类容许应力可按屈服强度减少比例予以减少。

4. 表列铸造碳钢的容许应力，适用于厚度不大于 100mm 的铸钢件。

表 2-10　　　　　　　　　　　灰铸铁的容许应力　　　　　　　　　　　单位：N/mm²

应　力　种　类	符号	灰　铸　铁　牌　号		
		HT150	HT200	HT250
轴心抗压和弯曲抗压	$[\sigma_a]$	120	150	200

续表

应 力 种 类	符号	灰 铸 铁 牌 号		
		HT150	HT200	HT250
弯曲抗拉	$[\sigma_w]$	35	45	60
抗剪	$[\tau]$	25	35	45
局部承压	$[\sigma_{cd}]$	170	210	260
局部紧接承压	$[\sigma_{cj}]$	60	75	90

轴套的容许应力应按表 2-11 采用。

表 2-11　　　　　　　　**轴 套 的 容 许 应 力**　　　　　　单位：N/mm^2

材 　 料	符 　 号	径向承压
钢对 10-3 铝青铜		50
钢对 10-1 锡青铜	$[\sigma_{cg}]$	40
钢对钢基铜塑复合材料		40

注　水下重要轴衬、轴套的容许应力降低 20%。

埋设件一、二期混凝土的承压容许应力应按表 2-12 采用。在特殊荷载组合下提高 15%。在特殊情况下，容许应力可适当提高，但除局部应力外，不应超过 $0.85\sigma_s$。

表 2-12　　　　　　　　**混 凝 土 的 容 许 应 力**　　　　　　单位：N/mm^2

应力种类	符号	混凝土强度等级					
		C15	C20	C25	C30	C35	C40
承压	$[\sigma_h]$	5	7	9	11	12.5	14

思 考 题

2-1　建筑钢材有哪几项主要机械性能？各项主要指标可用来衡量钢材哪些方面的性能？

2-2　钢材的机械性能为什么要按厚度或直径的大小进行分组取用？

2-3　为什么通常都取屈服强度 f_y 作为钢材强度的标准值，而不取抗拉强度 f_u？

2-4　钢材的碳、锰、硅、钒、硫和磷等化学元素的限定含量是多少，它们对钢材机械性能有哪些影响？

2-5　钢材在复杂应力作用下是否仅产生脆性破坏？为什么？

2-6　应力集中对钢材的机械性能有哪些影响？为什么？

2-7　钢结构按容许应力设计法与按概率极限状态设计法设计有何不同？

2-8　什么叫钢材的疲劳？容许应力幅的计算公式是怎样得到的？

第三章 钢结构的连接

第一节 连接的类型

钢结构一般都是由各种型钢和钢板等连接成基本构件，再装配成空间整体结构。连接的构造和计算是钢结构设计的重要组成部分。连接方法是否合适、制造工艺是否合理，对于保证钢结构建造的质量、速度和工程造价影响很大。

钢结构采用的连接方法有焊接连接、铆钉连接和螺栓连接，见图 3-1。

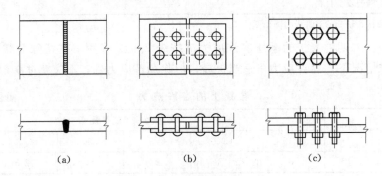

图 3-1 钢结构的连接方法
(a) 焊接连接；(b) 铆钉连接；(c) 螺栓连接

焊接是现代钢结构的主要连接方法。它的主要优点是不削弱构件截面（不必钻孔）、可省去拼接板，因而构造简单、节约钢材、制造加工方便、密封性能好。它的缺点是由于焊件连接处局部受高温，在热影响区形成的材质较差、冷却又很快，同时，由于热影响区的不均匀收缩，易使焊件产生焊接残余应力以及残余变形，甚至可能造成裂缝，导致脆性破坏。

铆钉连接的优点是塑性及韧性较好，质量也易检查和保证，可用于承受动载的重型结构。但是，铆接工艺复杂，连接件受钉孔削弱，需要拼接板，因此，费钢又费工。近数十年以来在钢结构中已很少采用。

螺栓连接就是先在连接件上钻孔，然后装入预制的螺栓，拧紧螺母即可。安装时不需要特殊设备，操作简单，又便于拆卸，故螺栓连接常用于结构的安装连接、需经常装拆的结构以及临时固定连接中。螺栓又分为普通螺栓和高强螺栓。高强螺栓连接紧密，耐疲劳，承受动载可靠，成本也不太高。目前在一些重要的永久性结构的安装连接中，它已成为代替铆钉连接的优良连接方法。

以下着重讲述在钢结构中，最常用的焊接方法、构造和计算问题，然后讲述常遇到的普通螺栓连接和高强螺栓连接的设计方法。

第二节 焊接方法和焊缝强度

焊接方法很多，根据工艺特点不同，可分为熔化焊和电阻焊两大类。

熔化焊：将主体金属（母材）在连接处局部加热至熔融状态，并附加熔化的填充金属使金属分子互相结合而成为整体（形成接头）。熔化焊有电弧焊、气焊（用氧和乙炔火焰加热）等。

电阻焊：将金属通电后由接触面上的电阻使接头加热到塑性状态或局部熔融状态，并施加压力而形成接头。

钢结构中主要用电弧焊。薄钢板（$t \leqslant 3mm$）的连接可以采用电阻焊或气焊。模压及冷弯型钢结构常用电阻点焊。

一、电弧焊的原理和焊接方法

电弧焊就是采用低电压（一般为 $50 \sim 70V$）、大电流（几十到几百安培）引燃电弧，使焊条和焊件之间产生很大热量和强烈的弧光，利用电弧热来熔化焊件的接头和焊条进行焊接。电弧焊又分为手工焊、自动焊和半自动焊等。

1. 手工电弧焊

手工电弧焊是生产中最常用的一种焊接方法，如图 3-2（a）所示，焊条和焊件各接一极，通过焊钳、导线和电焊机相接。焊接时首先将焊条和焊件撞击接触引燃电弧，电弧的高温使接缝边缘的主体金属很快达到了液态，形成熔池（一般有 $1 \sim 2mm$ 熔深）。同时焊条端部也熔化为金属滴（填充金属）迅速滴入熔池内，和焊件的熔化金属混合而铸成均匀的合金（焊接冶金过程），随着焊条的移动，这种熔化的合金冷却后即形成了焊缝，如图 3-2（b）、（c）所示。

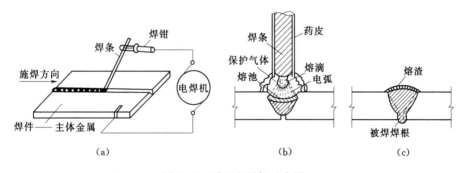

图 3-2 手工电弧焊示意图

手工焊所采用的焊条，其表面都敷有一层 $1 \sim 1.5mm$ 厚度的药皮。药皮的作用为：稳定电弧；施焊时产生气体保护熔融金属与空气隔离，以防止空气中氧、氮侵入而使焊缝性质变脆；还能造成熔渣覆盖在熔融金属表面上，使焊缝慢慢冷却，以便混入熔融金属中的气体和杂质溢出表面；另外，药皮中的合金成分还可用以改善焊缝性能。

选择焊条型号应与焊件钢材强度相适应。在手工焊时 Q235 钢用 E43 型焊条，Q345 钢和 Q390 钢用 E50、E55 型焊条，Q420 钢和 Q460 钢用 E55、E60 型焊条。其中 43、

50、55 和 60 表示焊条熔敷金属或对接焊缝的抗拉强度分别为 420N/mm²、490N/mm²、540N/mm² 和 600N/mm²（亦即 43、50、55、60kgf/mm²）。

2. 焊剂层下自动焊和半自动焊

焊剂层下自动焊是焊接过程机械化的一种主要焊接方法，如图 3-3 所示。它所采用

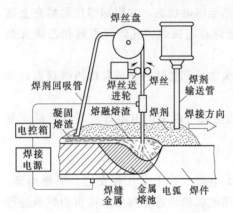

图 3-3　焊剂层下自动焊示意图

的是盘状连续的光焊丝在散粒状焊剂下燃弧焊接，散粒状焊剂的作用与手工焊焊条的药皮相同。它的引弧、焊丝送下、焊剂堆落和焊丝沿着焊缝方向的移动都是自动的。焊剂层下自动焊的实质就是电弧不暴露在大气中燃烧，而是埋在散粒状的焊剂层下面，故又叫做埋弧自动焊。

自动焊和手工焊相比较具有如下优点：①埋弧焊可以使用较大的电流，熔深大，生产率高；②能较好地保护熔融金属免受氧化和掺杂氧、氮等杂质，只要焊接工艺选择恰当，就容易获得稳定而高质量的焊缝；③焊丝无飞溅损耗，焊缝坡口角度小，填充金属需要量小，焊丝成盘连续送下而无残头，因而比手工焊节约焊丝；④减少焊工劳动强度，改善劳动条件，操作技术易掌握，焊缝质量均匀稳定。

此种方法的缺点是焊前装配要求严格（对缝间隙要求准确），施焊时需要装置自动焊车轨道，焊接位置受限制，仅适用于长直的水平俯焊缝或倾角不大的斜面焊缝位置，因而不如手工焊应用灵活，不能在更大范围内代替手工焊。

软管半自动焊既有自动焊的优点，又有手工焊的灵活性。半自动焊的焊丝送下、焊剂堆落是自动的，而焊丝沿着焊接方向的移动仍是手持焊枪移动。半自动焊可以应用于直线或曲线形焊缝、连续或间断焊缝，但也和自动焊一样，只能在平面倾角不大的倾面位置上进行施焊。半自动焊的劳动条件比自动焊差。

埋弧自动焊和半自动焊常用于厚度为 6～50mm 的焊件中。

自动焊和半自动焊采用的焊丝型号，对于碳素结构钢有 H_{08}、$H_{08}A$、$H_{08}Mn$、$H_{08}MnA$ 等；对于合金结构钢有 $H_{10}Mn_2$、$H_{08}Mn_2Si$、$H_{08}Mn_2SiA$ 等。选择焊丝时需同时选用相应的焊剂。

3. 二氧化碳气体保护焊

二氧化碳（CO_2）气体保护焊是近年来发展起来的先进焊接方法，在实际生产中应用日渐广泛。它是利用 CO_2 气体作为保护介质的一种自动和半自动（手工操作焊接）的电弧焊接方法，其焊接过程示意图如图 3-4 所示。它和埋弧焊、手工焊等以熔渣保护为主的焊接方法相比，具有以下优点：

（1）电流强、电弧热量集中，焊丝熔化快、

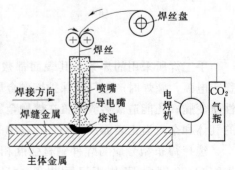

图 3-4　CO_2 气体保护焊过程示意图

熔深大，可减少焊接层数或坡口尺寸，焊后不必清渣，对焊件装配要求不高，允许有较大的间隙，因此，生产效率较埋弧焊高；

（2）由于熔池体积小，加上 CO_2 气体喷吹的冷却作用，使热影响区小，从而减少焊接变形；

（3）抗锈能力较强，焊件可以不用除锈，焊缝含氢量低，抗裂性能好；

（4）由于是明弧，施焊部位可见度好，便于对中，操作方便，同时可以在各种部位焊接；

（5） CO_2 气体价廉使焊接成本低于其他焊接方法。

这种方法的主要缺点：①设备尚较复杂且易发生故障；②弧光很强，操作者需加以防护；③金属熔滴易飞溅及受风的影响造成焊缝缺陷。但这些缺点只要使用时适当注意是可以克服的。

二、焊缝缺陷及焊缝质量检验

1. 焊缝缺陷

焊缝缺陷主要有：①焊缝尺寸偏差，如表面凸出太高或太低都不好，太高时焊缝与母材交界处所形成的陡坡易加剧应力集中，太低时接头强度不够；②咬边，如焊缝与母材交界处形成凹坑；③弧坑，起弧或落弧处焊缝所形成的凹坑；④未熔合，指焊条熔融金属与母材之间局部未熔合；⑤母材被烧穿；⑥气孔，是混入熔融金属中的气体在金属冷却前未能逸出所形成的；⑦夹渣，是指焊缝金属内部或母材熔合处有非金属夹渣物；⑧裂纹，是指焊缝内部及其热影响区所出现的局部开裂现象。以上这些缺陷，一般都会引起应力集中，削弱焊缝有效截面，降低承载能力。其中裂纹的危害最大，因为裂纹尖端应力集中严重，承载时特别是受动载作用时会引起裂纹扩展，可能会导致断裂破坏。若发现焊件有裂纹，一般认为不合格，应彻底铲除后补焊。

2. 焊缝质量检验

焊缝质量检验应根据结构类型和重要性，按国家标准 GB 50205—2001《钢结构工程施工质量验收规范》规定分为三级，其中Ⅲ级只要求做外观检验，即检验焊缝实际尺寸是否符合要求和有无看得见的裂纹、咬边、气孔等缺陷。对于重要结构或要求焊缝和母材金属等强度的对接焊缝，必须进行Ⅰ级或Ⅱ级检验，即在外观检验的基础上再做精确方法检验。Ⅱ级要做超声波检验；Ⅰ级要做超声波及 X 射线检验。关于焊缝缺陷的控制及检验质量标准详见规范中的有关规定。

三、焊接连接形式和焊缝类型

焊接连接基本上分为对接、搭接和顶接（T 形的角接）三种形式（图 3-5）。所采用的焊缝按其构造来分，主要有对接焊缝和角焊缝两种类型。顶接连接根据板厚、焊接方法和焊缝受力情况，可采用角焊缝或开坡口的对接焊缝，见图 3-5（c）。

焊缝按工作性质来分，有强度焊缝和密强焊缝两种。强度焊缝只作为传递内力之用；密强焊缝除传递内力外，还须保证不使气体或液体渗漏。

焊缝按焊接位置来分，有俯焊、立焊和仰焊（图 3-6）。俯焊是将焊件放平俯身施焊，操作条件方便，因此焊缝质量好、效率高，制造时应尽量造成俯焊位置；立焊是在立面上施焊水平或竖直焊缝，生产效率和焊接质量稍差；仰焊是仰望向上施焊，施焊困难，

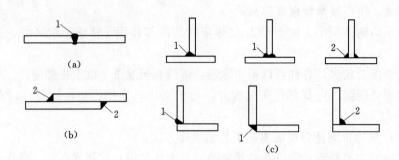

图 3-5 焊接连接形式和焊缝类型
(a) 对接连接；(b) 搭接连接；(c) 顶接连接
1—对接焊缝；2—角焊缝

因此焊缝质量不易保证，故在工地安装连接中应尽量减少仰焊位置。

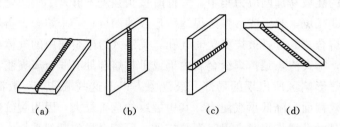

图 3-6 焊缝位置示意图
(a) 俯焊；(b) 立焊（竖直缝）；(c) 立焊（水平缝）；(d) 仰焊

四、焊缝的强度

焊缝的强度主要决定于焊缝金属和主体金属的强度，并与焊接形式、应力集中程度以及焊接的工艺条件等有密切关系。

对接焊缝的应力分布情况基本上和板件一样，可用计算板件强度的方法进行计算。对接焊缝的静力强度一般均能达到母材的强度。因此，钢结构设计规范规定，对接焊缝的抗压、抗剪和满足 I、II 级焊缝质量检查标准的抗拉强度设计值均与母材相同。仅对满足 III 级检查标准的对接焊缝抗拉设计强度，约取母材强度设计值的 85%，这是因为焊缝质量变动大，焊缝缺陷对抗拉强度的影响十分敏感。

角焊缝按其长度方向与外力方向的不同，分为侧面焊缝（与外力平行）、正面焊缝（又称端缝，与外力垂直）和斜焊缝。根据国内外大量静力试验证明，角焊缝的强度与外力的方向有直接关系。其中，侧面焊缝强度最低，正面焊缝强度最高。正面焊缝的破坏强度是侧面焊缝的 1.35～1.55 倍，斜焊缝的强度介于两者之间。由于角焊缝的应力状态极为复杂，在各种破坏形式中取其最低的平均剪应力来控制角焊缝的强度。故规范规定，抗拉、抗压和抗剪不分焊缝质量级别均采用相同的强度设计值（表 3-1）。侧面焊缝与正面焊缝在强度上的区别，将在设计计算式中给予体现（详见本章第四节）。对施工条件较差的高空安装焊缝，按表 3－1 规定的强度设计值乘以 0.9 系数采用。

水工钢闸门等水工钢结构，由于使用条件的特殊，应按《水电水利工程钢闸门设计规范》的规定采用焊缝的容许应力，见表 3－2。

表 3－1　　　　　　　　焊 缝 的 强 度 指 标

焊接方法和焊条型号	构件钢材		对接焊缝强度设计值 /(N/mm²)				角焊缝强度设计值	对接焊缝抗拉强度 f_u^w /(N/mm²)	角焊缝抗拉、抗压和抗剪强度 f_f^t /(N/mm²)
	牌号	厚度或直径 /mm	抗压 f_c^w	焊缝质量为下列等级时，抗拉 f_t^w		抗剪 f_v^w	抗拉、抗压和抗剪 f_f^w /(N/mm²)		
				一级、二级	三级				
自动焊、半自动焊和 E43 型焊条手工焊	Q235	≤16	215	215	185	125	160	415	240
		>16，≤40	205	205	175	120			
		>40，≤100	200	200	170	115			
自动焊、半自动焊和 E50、E55 型焊条手工焊	Q345	≤16	305	305	260	175	200	480 (E50) 540 (E55)	280 (E50) 315 (E55)
		>16，≤40	295	295	250	170			
		>40，≤63	290	290	245	165			
		>63，≤80	280	280	240	160			
		>80，≤100	270	270	230	155			
	Q390	≤16	345	345	295	200	200 (E50) 220 (E55)		
		>16，≤40	330	330	280	190			
		>40，≤63	310	310	265	180			
		>63，≤100	295	295	250	170			
自动焊、半自动焊和 E55、E60 型焊条手工焊	Q420	≤16	375	375	320	215	220 (E55) 240 (E60)	540 (E55) 590 (E60)	315 (E55) 340 (E60)
		>16，≤40	355	355	300	205			
		>40，≤63	320	320	270	185			
		>63，≤100	305	305	260	175			
自动焊、半自动焊和 E55、E60 型焊条手工焊	Q460	≤16	410	410	350	235	220 (E55) 240 (E60)	540 (E55) 590 (E60)	315 (E55) 340 (E60)
		>16，≤40	390	390	330	225			
		>40，≤63	355	355	300	205			
		>63，≤100	340	340	290	195			
自动焊、半自动焊和 E50、E55 型焊条手工焊	Q345GJ	>16，≤35	310	310	265	180	200	480 (E50) 540 (E55)	280 (E50) 315 (E55)
		>35，≤50	290	290	245	170			
		>50，≤100	285	285	240	165			

注 1. 自动焊和半自动焊所采用的焊丝和焊剂，应保证其熔敷金属的力学性能不低于现行国家标准 GB/T 5293《埋弧焊用碳钢焊丝和焊剂》和 GB/T 12470《低合金钢埋弧焊用焊剂》中相关的规定。

　　2. 焊缝质量等级应符合现行国家标准 GB 50205《钢结构工程施工质量验收规范》的规定，其中厚度小于 8mm 钢材的对接焊缝，不必采用超声波探伤确定焊缝质量等级。

　　3. 对接焊缝在受压区的抗弯强度设计取值 f_c^w，在受拉区的抗弯强度设计值取 f_t^w。

　　4. 表中厚度系指计算点的钢材厚度，对轴心受拉和轴心受压构件系指截面中较厚板件的厚度。

表 3-2 焊缝的容许应力 单位：N/mm²

焊缝分类	应力种类	符号	Q235				Q345					Q390				
			第1组	第2组	第3组	第4组	第1组	第2组	第3组	第4组	第5组	第1组	第2组	第3组	第4组	第5组
对接焊缝	抗压	$[\sigma_c^h]$	160	150	145	145	225	225	220	210	205	245	240	235	220	220
	抗拉，一、二类焊缝	$[\sigma_t^h]$	160	150	145	145	225	225	220	210	205	245	240	235	220	220
	抗拉，三类焊缝	$[\sigma_t^h]$	135	125	120	120	190	190	185	180	175	205	205	200	185	185
	抗剪	$[\tau^h]$	95	90	85	85	135	135	130	125	120	145	145	140	130	130
角焊缝	抗拉、抗压和抗剪	$[\tau_f^h]$	110	105	100	100	155	155	155	145	145	170	165	165	155	155

注 1. 检查焊缝质量的普通方法系指外观检查，测量尺寸、钻孔检查等方法，精确方法是在普通方法的基础上，用 X 射线、超声波等方法进行补充检查。

2. 仰焊焊缝的容许应力按表中数值降低 20％。

3. 安装焊缝的容许应力按表中数值降低 10％。

第三节 对接焊缝连接的构造和计算

对接焊缝主要用于板件、型钢的拼接或构件的连接。由于对接焊缝接头处不用附加板材，故能节省钢材；对接焊缝传力直接、平顺，没有显著的应力集中现象，因而受力性能良好，对于承受静、动载的构件连接都适用；此外，对接焊缝的焊条消耗量较少，所以它是钢结构中经济而基本的焊缝连接形式。但其质量要求较高，焊件之间施焊间隙要求较严，因此一般多用于工厂制造的连接中。

一、连接构造

为了保证对接焊缝内部有足够的熔透深度，焊件之间必须保持正确的等宽间距，并根据板厚及焊接方法不同，板边常须加工成不同的坡口，其形式如图 3-7 所示，分为：不开坡口的 Ⅰ 形，开坡口的 Ⅴ 形、Ⅱ 形、Ⅹ 形和 Ｋ 形等。采用手工焊时，当板厚 $t \leqslant 10mm$，边缘不开坡口，只需保持间隙 $b=0.5\sim2mm$，$t \leqslant 5mm$ 时可单面焊；当板厚 $t=10\sim20mm$ 时采用半 Ⅴ 形或 Ⅴ 形坡口；当 $t>20mm$ 时采用 Ⅹ 形坡口，如果不能双面焊，可改用 Ⅱ 形坡口。Ⅴ 形、Ⅱ 形坡口焊缝的施焊次序为先焊正面，然后翻转去渣再补焊焊根，以减轻焊根的应力集中影响。Ⅹ 形坡口两面施焊工效较低，而且坡口中部熔深不易控制。当采用自动焊时，因所用电流强、熔深大，只在 $t \geqslant 16mm$ 时，才采用 Ⅴ 形坡口。对于安装中的立焊水平缝，应采用单面施焊的半 Ⅴ 形焊缝或双面施焊的 Ｋ 形焊缝。在承受动载的 Ｔ 形连接中，为了保证焊件整个厚度都能熔透，也要采用半 Ⅴ 形或 Ｋ 形对接焊缝，以保证焊透腹板全部厚度，见图 3-7 (f)。具体的对接焊缝的坡口形式和尺寸，应根据板厚和施工条件按现行的《手工电焊焊头的基本形式与尺寸》和《焊剂层下自动焊与半自动焊焊接头的基本形式与尺寸》等规定选用。关于焊缝的标注方法，参见国家标准

GB/T 50105—2001《建筑结构制图标准》。

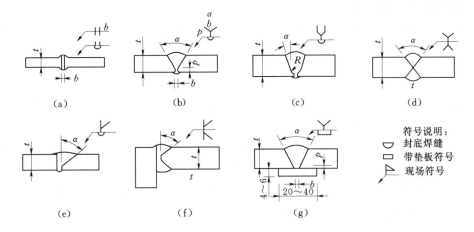

图 3-7　对接焊缝的坡口形式及符号（单位：mm）

(a) $t \leqslant 10$，$b=0.5\sim2$；(b) $\alpha=60°\sim70°$，$p=0\sim3$，$t=6\sim26$，$b=0\sim3$；(c) $\alpha=10°$，

$R=5\sim6$，$t=20\sim60$；(d) $\alpha\approx60°$，$t=12\sim60$；(e) $\alpha\approx50°$，$t=6\sim26$；

(f) $\alpha\approx50°$，$t=20\sim40$；(g) $\alpha\approx50°$，$p=0\sim2$，$b=3\sim6$，$t=6\sim26$

　　当两板厚度不相等，且板厚相差超过 4mm 时，还须将较厚板的边缘刨成 1∶2.5 的坡度，使其逐渐减到与较薄板等厚，以减缓突变处应力集中的影响，见图 3-8（a）。当两板宽度不同时，也应将宽板两侧以不大于 1∶2.5 的坡度缩减到窄板宽度，见图 3-8（b）。对直接承受动力荷载且需要进行疲劳计算的结构，图 3-8 所示的斜角坡度不应大于1∶2.5。

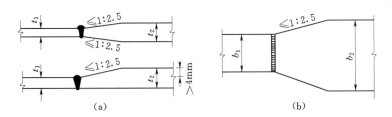

图 3-8　对接焊缝的构造要求

（a）改变厚度；（b）改变宽度

　　在一般焊缝中，起弧端和终点灭弧端分别存在弧坑和未熔透的缺陷，这种缺陷统称为焊口，焊口处常产生裂纹和应力集中。它对处于低温或受动载的结构不利。一般的焊缝计算长度 l_w 应由实际长度减去 $2t$（t 为焊件较小厚度）。为了消除焊口的缺陷影响，对于重要结构的对接焊缝可采用临时引弧板（图 3-9），将焊缝两端引出板外，焊完后将引弧板气割切除，并修磨平整，不得用锤击落，这样可保证焊缝两端的质量。此种焊缝的计算长度 l_w 即等于实际长度。

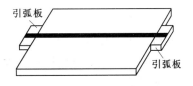

图 3-9　施焊用引弧板

二、对接焊缝的强度计算

1. 对接直焊缝承受轴心力

对接直焊缝承受轴心力 N（拉或压）作用时，见图3-10（a），应按下式验算其强度：

$$\sigma = \frac{N}{l_w t} \leqslant f_t^w \ \text{或}\ f_c^w \tag{3-1a}$$

式中　N——按荷载设计值得出的轴心拉力或压力，已考虑荷载分项系数、组合系数和结构重要性系数；

　　　l_w——焊缝计算长度，当未采用引弧板施焊时，每条焊缝取实际长度减去 $2t$（t 为焊件较小厚度），当采用引弧板时，取焊缝实际长度；

　　　t——焊缝的计算厚度，取连接构件中较薄板厚，在 T 形连接中为腹板的厚度；

f_t^w、f_c^w——对接焊缝的抗拉、抗压强度设计值，见表 3-1。

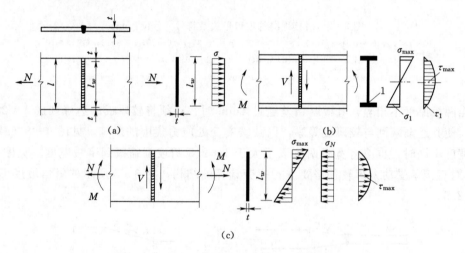

图 3-10　对接焊缝连接的受力情况

按容许应力方法计算水工钢结构时，例如，SL 74—95《水利水电工程钢闸门设计规范》规定，应按下式验算强度：

$$\sigma = \frac{N}{l_w t} \leqslant [\sigma_t^w] \ \text{或}\ [\sigma_c^w] \tag{3-1b}$$

式中　　N——按最大荷载得出的轴心拉力或压力；

$[\sigma_t^w]$、$[\sigma_c^w]$——对接焊缝的抗拉、抗压容许应力，见表 3-2。

以后凡是须按容许应力方法计算时，在公式的形式上都可参照式（3-1a）改成式（3-1b）的方式进行，将强度设计值改用相应的容许应力，并注意 N 或 M 是作用的最大荷载求得轴心力和弯矩。

从焊缝的强度设计值表（表 3-1）或容许应力表（表 3-2）可以看出，当采用Ⅲ级质量检验方法时，焊缝的抗拉强度设计值或容许应力低于焊件钢材的强度设计值或容许应力，故对接直焊缝的焊件钢材常不能充分利用。要使焊缝连接和钢材的承载能力相等（即等强度），可视情况采用Ⅰ、Ⅱ级焊缝检验方法，并且焊接时在板的两端加引弧板来提高抗拉强度，或者采用斜焊缝连接。

斜焊缝承受轴心拉力作用时，由于增加了焊缝长度，从而减少了焊缝应力，可使焊接承载力得到提高。但当焊件宽度较大，斜切钢板费料较多，其应用受到限制。根据规范规定，当轴心拉力和斜焊缝之间的夹角 θ 符合 $\tan\theta \leqslant 1.5$，即坡度不大于 $1.5:1$ 时，可使焊缝和钢材等强度，而不必验算静力强度。

2. 对接焊缝承受弯矩和剪力

对接焊缝承受弯矩 M 和剪力 V 作用时，见图 3-10（b），焊缝中的应力状况和构件中的应力状况基本相同，焊缝端部的最大正应力和焊缝截面中和轴处的最大剪应力，应分别按下列两式验算焊缝强度：

$$\sigma = \frac{M}{W_w} \leqslant f_t^w \qquad (3-2)$$

$$\tau = \frac{VS_w}{I_w t} \leqslant f_v^w \qquad (3-3)$$

式中　W_w——对接焊缝截面模量，也称截面抵抗矩；

　　　I_w——对接焊缝截面对中和轴的惯性矩；

　　　S_w——所求应力点以上（或以下）焊缝截面对中和轴的面积矩；

　　　f_v^w——对接焊件的抗剪强度设计值，见表 3-1。

对于同时承受弯矩和剪力的对接焊缝，在正应力和剪应力都较大的地方，例如工字梁腹板和翼缘的交接处 1 点，见图 3-10（b），还应按第四强度理论验算该点的折算应力：

$$\sqrt{\sigma_1^2 + 3\tau_1^2} \leqslant 1.1 f_t^w \qquad (3-4)$$

式（3-4）中的系数 1.1 是考虑到需要验算的折算应力仅在局部出现，而将强度设计值提高 10%。

3. 对接焊缝承受弯矩、剪力和轴心力

对接焊缝承受弯矩、剪力和轴心力共同作用时，见图 3-10（c），焊缝正应力为弯矩和轴心力引起的应力之和，剪应力仍按式（3-3）计算。需要验算折算应力时按式（3-4）进行。

【例题 3-1】 Q235-F 钢板截面为 $500\text{mm} \times 14\text{mm}$，采用手工焊焊条 E43 型（按Ⅲ级焊缝质量检验），试按下列情况设计对接焊缝：①钢板承受轴心拉力 $N=1300\text{kN}$；②按钢板最大承载力进行设计（例图 3-1）。

解：（1）按钢板承受轴心拉力 $N=1300\text{kN}$ 设计，采用对接直焊缝，由表 3-1 查得 $f_t^w = 185 \text{N/mm}^2$。焊缝计算长度 $l_w = 500 - 2t = 500 - 2 \times 14 = 472$（mm）。

对接直焊缝的承载力为 $[N_w] = l_w t f_t^w = 472 \times 14 \times 185 = 1222$（kN）。它不满足于设计要求的承载力 $N=1300\text{kN}$。

（2）按钢板的最大承载力 $[N]$ 设计对接焊缝，即要求焊缝和钢板等强度。由表 2-4 查得钢

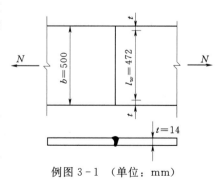

例图 3-1 （单位：mm）

材的抗拉设计强度值 $f=215\mathrm{N/mm^2}$。钢板的最大承载力：

$$[N]=btf=500\times14\times215=1505(\mathrm{kN})$$

由上面计算可以看出，仍采用题设条件则直焊缝不能达到等强度要求，按规范规定，采用斜焊缝坡度 1.5：1 可达到等强度，而不必再行验算。

如仍希望保持直焊缝，则焊缝两端要用引弧板，并采用Ⅱ级焊缝质量检验。这样，由表 3 - 1 查得 $f_t^w=215\mathrm{N/mm^2}$。焊缝计算长度 l_w 等于钢板宽度 b，故可达到等强度要求。

【例题 3 - 2】 验算 Q235 热轧普通工字钢 I20a 的对接焊缝强度。对接截面承受弯矩 $M=45\mathrm{kN\cdot m}$，剪力 $V=80\mathrm{kN}$，采用手工焊焊条 E43 型（按Ⅱ级焊缝质量检验）。

解： 由型钢表中查出 $I_x=2369\mathrm{cm^4}$，$W_x=236.9\mathrm{cm^3}$，$S_x=136.1\mathrm{cm^3}$。又 $I_w=I_x$，$W_w=W_x$，$S_w=S_x$。

由表 3 - 1 查得 $f_c^w=f_t^w=215\mathrm{N/mm^2}$，$f_v^w=125\mathrm{N/mm^2}$。

$$\sigma^w=\frac{M}{W_w}=\frac{45\times10^6}{236.9\times10^3}=189.95(\mathrm{N/mm^2})<f_t^w=215\mathrm{N/mm^2}$$

$$\tau=\frac{VS_w}{I_wt_w}=\frac{80\times10^3\times136.1}{2369\times7\times10}=66.66(\mathrm{N/mm^2})<f_v^w=125\mathrm{N/mm^2}$$

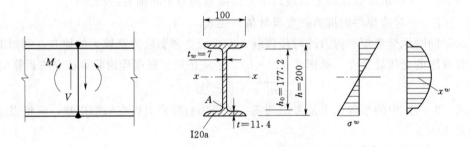

例图 3 - 2 工字钢对接焊缝示意图（单位：mm）

此外，还要验算腹板边缘 A 点对接焊缝的折算应力：

$$\sigma_A^w=\frac{45\times(177.2/2)\times10^6}{2369\times10^4}=167.5(\mathrm{N/mm^2})$$

A 点以下翼缘焊缝截面对中和轴的面积：

$$S_w=11.4\times100\times\left(100-\frac{11.4}{2}\right)=107502(\mathrm{mm^3})=107.5\mathrm{cm^3}$$

$$\tau_A^w=\frac{80\times107.5\times10^3}{2369\times7\times10}=51.86(\mathrm{N/mm^2})$$

所以

$$\sqrt{(\sigma_A^w)^2+3(\tau_A^w)^2}=\sqrt{(167.5)^2+3(51.86)^2}=190.06(\mathrm{N/mm^2})<1.1\times215=236.5(\mathrm{N/mm^2})$$

对接焊缝满足强度要求。

第四节 角焊缝连接的构造和计算

对于不在同一平面上的焊件搭接或顶接须用角焊缝。例如，两块钢板的搭接见图

3-11（a）、（c），角钢和板的搭接见图 3-11（b），组合梁腹板和翼缘的顶接见图 3-11（d）等。由于角焊缝施焊时板边不需要加工坡口，施焊比较方便，故它也是钢结构中基本的焊缝连接形式之一，在工厂制造和现场安装中应用广泛。

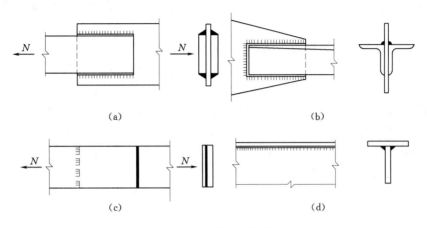

图 3-11 角焊缝连接形式
（a）侧焊缝；（b）围焊缝；（c）端焊缝；（d）侧焊缝

一、受力情况和构造要求

1. 角焊缝的受力情况

角焊缝主要采用直角角焊缝（图 3-12），两焊脚边的夹角 α 为 90°。有时也采用斜角角焊缝（图 3-13），但夹角 α 大于 135°或小于 60°时，除管结构外，不宜用作受力焊缝。

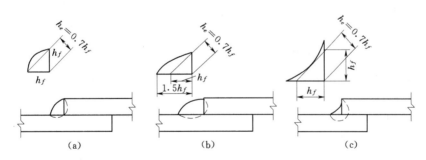

图 3-12 直角角焊缝截面形式
（a）普通式；（b）平坡式；（c）深熔式

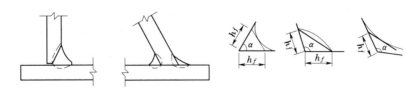

图 3-13 斜角角焊缝截面形式

直角角焊缝截面形式又分为普通式、平坡式和深熔式（图 3-12）。普通式焊缝较为常用，其截面为等腰三角形，斜边上的凸出部分作为额外补强，计算时不予考虑。但是，普通式焊缝截面传力不太平顺，焊根处应力集中影响比较严重，在动载作用下容易出现裂缝。所以，在承受动载的构件的连接中采用力线弯折比较平缓的平坡式或深熔式截面较为有利。

侧焊缝主要承受纵向剪应力，剪切破坏通常发生在焊缝截面三角形的最小厚度的平面上（和两焊脚边成 $\alpha/2$ 角），见图 3-15（b）。故直角角焊缝计算的有效厚度 $h_e = h_f \cos 45° \approx 0.7 h_f$。

在正面焊缝中，受力方向与焊缝垂直，在焊缝各截面上产生正应力和剪应力（图 3-16），因力线弯折甚剧，常在焊缝根部形成很大的应力高峰，其应力集中程度要比侧焊缝严重，但是沿焊缝长度上应力分布比较均匀。根据试验结果，正面焊缝的破坏形式可能是拉断或剪断，不同于侧焊缝的纵向剪切破坏，其静载破坏强度要高于侧焊缝的抗剪强度。但考虑应力集中、传力偏心和焊缝塑性较差等不利影响，故规范规定，对于直接承受动载的连接，计算时正面焊缝与侧焊缝采用统一的强度设计值 f_f^w 来验算强度。正面焊缝有效厚度 h_e 也与侧焊缝相同，对直角焊缝取 $h_e = 0.7 h_f$（图 3-12），其中 h_f 为角焊缝的焊边长度，称为焊脚尺寸。在施工图上都以焊脚尺寸 h_f 表示角焊缝的设计尺寸。

2. 角焊缝的构造要求

角焊缝的主要尺寸是焊脚尺寸 h_f 和焊缝计算长度 l_w，它们应该满足下列构造要求：

（1）考虑起弧和灭弧的弧坑影响，每条焊缝的计算长度 l_w 取其实际长度减去 $2h_f$。

（2）最小焊脚尺寸 $h_f \geqslant 1.5 \sqrt{t_{max}}$，其中 t_{max} 为较厚焊件厚度（mm），见图 3-14。对自动焊 h_f 可减去 1mm；对 T 形连接单面焊 h_f 应增加 1mm；当 $t_{max} \leqslant 4mm$ 时用 $h_f = t_{max}$，承受动荷载时角焊缝焊脚尺寸不宜小于 5mm，这一规定的原因是：若焊缝 h_f 过小，而焊件过厚时，则焊缝冷却过快，焊缝金属易产生淬硬组织，降低塑性。

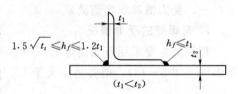

图 3-14　角焊缝厚度的规定

（3）最大焊脚尺寸 $h_f \leqslant 1.2 t_{min}$，其中 t_{min} 为薄焊件厚度（mm），见图 3-14。对板件厚度为 t_1 的板边焊缝，当 $t_1 \leqslant 6mm$ 时，$h_f \leqslant t_1$；当 $t_1 > 6mm$ 时，$h_f \leqslant t_1 - (1 \sim 2)mm$。这一规定的原因是：若焊缝 h_f 过大，易使母材形成"过烧"现象，同时也会产生过大的焊接应力，使焊件翘曲变形。

（4）最小焊缝计算长度 $l_w \geqslant 40mm$ 及 $8h_f$。这一规定是为了避免起落弧的弧坑相距太近而造成应力集中过大。当板边仅有两条侧焊缝时（图 3-15），则每条侧焊缝长度 l_w 不小于侧缝间距 b（b 为板宽）。同时要求当 $t_{min} > 12mm$ 时 $b \leqslant 16 t_{min}$；当 $t_{min} \leqslant 12mm$ 时，$b \leqslant 190mm$，t_{min} 为搭接板较薄的厚度。这是为了避免焊缝横向收缩时，引起板件拱曲太大，如图 3-15 截面 1—1 中虚线所示。当承受动荷载侧缝长度不小于 b 时，可不验算疲劳强度。

（5）最大侧焊缝计算长度 $l_w \leqslant 60 h_f$。这一规定的原因是：由外力在侧焊缝内引起的剪应力，在弹性阶段沿侧焊缝长度方向的分布是不均匀的，如图 3-15 所示，两端大，中间小。焊缝越长，两端与中间的应力差值越大，为避免端部先坏，应加以上限制。若 l_w 超出上述规定，超长部分计算时不予考虑。但当作用力沿侧焊缝全长作用时，则计算长度不受此限制。

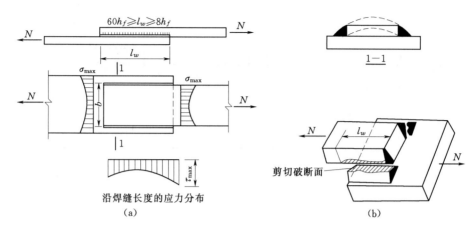

图 3-15　侧面角焊缝受力情况和破坏情况

（6）在端焊缝的搭接连接中（图 3-16），搭接长度不小于 $5t_{min}$ 及 25mm，这是为了减少收缩应力以及因传力偏心在板件中产生的次应力。

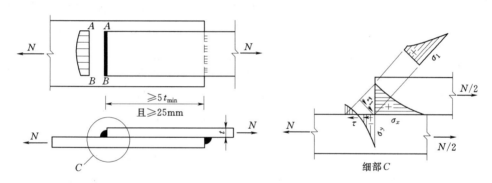

图 3-16　端焊缝的受力情况

（7）在次要构件或次要焊缝中，由于焊缝受力很小，若采用连续焊缝其计算厚度小于最小容许厚度时，可改为采用间断焊缝，见图 3-17（d）。各段间的净距 $e \leqslant 15t_{min}$（受压板件）或 $e \leqslant 30t_{min}$（受拉板件），以避免局部凸曲而对受力不利和潮气侵入引起锈蚀。对水工钢结构不宜采用间断焊缝，以防锈蚀。

二、角焊缝的符号

制图时对角焊缝的形式、位置、尺寸和辅助说明可用符号代表，见图 3-17，其中的三角形若画在辅助线上方，则表示箭头所指处的正面有焊缝，见图 3-17（a）；画在下方，则表示箭头所指处的反面有焊缝，见图 3-17（b）；上下方均有三角形，则表示箭头所指处的正反两面均有焊缝，见图 3-17（c）。焊缝的尺寸 $h_f - l_w$ 可注在三角形左侧的辅助线上，上下尺寸完全相同时只注上方即可。间断焊缝的符号如图 3-17（d）所示，共 n 条。图中的小旗表示现场焊接符号。图 3-17（e）为围焊缝符号。角焊缝的老符号用栅线表示，如图 3-17（f）、（g）、（h）分别为正面焊缝、反面焊缝和安装焊缝。

三、角焊缝的强度计算

直角角焊缝有两种计算方法：一种是世界各国多年习用的不考虑角焊缝受力方向的单

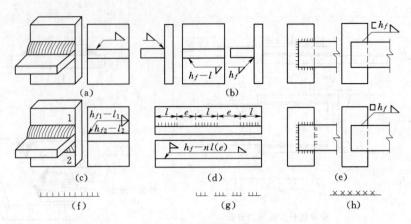

图 3-17 角焊缝符号

一应力法；另一种是近年来国际上采用的考虑角焊缝受力方向对焊缝承载力影响的折算应力法。后一种计算方法经过针对我国钢材和焊接工艺条件进行的试验，证明了新公式的可靠性，已纳入现行《钢结构设计标准》中。两种计算方法的主要区别在于对角焊缝有效截面上的应力状态采用的假定不同，因而分析和计算方法也不同。按原方法的应力分析，虽然在轴心力作用下侧焊缝和端焊缝在有效截面上的应力状态不一样，但为了计算方便，假定有效截面上只按均布的单一的角焊缝剪应力控制。按新方法的应力分析，端焊缝能提高22%的承载力，但端焊缝的刚度较大，有脆断倾向。故规范规定对于承受静载或间接承受动载的连接，宜用新的计算方法；而对于直接承受动载的连接仍采用原来的计算方法。但两种方法均用同一算式，但是对端缝的强度增大系数 β 取值不同，详见于后。

（一）角焊缝计算的基本公式

如图 3-18（a）所示的角缝连接，在外力 N_x 作用下角焊缝有效截面（$h_e l_w = 0.7 h_f l_w$）上产生的应力 $\sigma_\perp$ 和 $\tau_\perp$ 分别为垂直于焊缝长度方向的正应力和剪应力，见图 3-18（b）。在外力 N_y 的作用下产生的 τ_{11} 为平行于焊缝长度方向的剪应力。三向应力作用于一点，则该点处于复杂应力状态。根据理论分析和试验，可按第四强度理论来计算。该三向应力相互垂直，其强度条件表达式为

$$\sqrt{\sigma_\perp^2 + 3(\tau_\perp^2 + \tau_{11}^2)} \leqslant \sqrt{3} f_f^w \qquad (3-5)$$

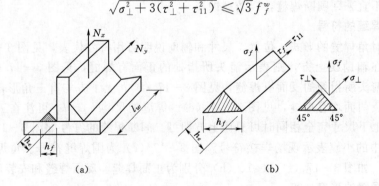

图 3-18 角焊缝有效截面上各种应力

式中　f_f^w——角焊缝的强度设计值（即侧面焊缝的强度设计值），见表 3-1；$\sqrt{3} f_f^w$ 相当于焊缝单向抗拉强度设计值。

现将式（3-5）转换为便于使用的计算式。如图 3-18（b）所示，σ_f 为垂直于焊缝长度方向（称作正面方向），按焊缝有效截面计算的应力：

$$\sigma_f = \frac{N_x}{0.7 h_f l_w}$$

将 σ_f 分解为正应力 $\sigma_\perp$ 和剪应力 $\tau_\perp$：　$\sigma_\perp = \dfrac{\sigma_f}{\sqrt{2}}$　$\tau_\perp = \dfrac{\sigma_f}{\sqrt{2}}$

又把 τ_{11} 改称为 τ_f：　$\tau_f = \tau_{11} = \dfrac{N_f}{0.7 h_f l_w}$

将上述 $\sigma_\perp$、$\tau_\perp$、τ_f 代入式（3-5）中，得

$$\sqrt{\left(\frac{\sigma_f}{\beta_f}\right)^2 + \tau_f^2} \leqslant f_f^w \tag{3-6}$$

式中　β_f——正面焊接强度的增大系数。K 量试验结果表明，正面焊缝的破坏温度是侧面焊缝的 $1.35 \sim 1.55$ 倍，经过偏于安全修正为 1.22。

式（3-6）就是角缝连接计算的基本公式，由该公式可知：

对正面焊缝，当只有垂直于焊缝长度方向的轴心力 N_x 时（$N_y = 0$），应满足

$$\sigma_f = \frac{N_x}{0.7 h_f l_w} \leqslant \beta_f f_f^w \tag{3-7}$$

对侧面焊缝，当只有平行于焊缝长度方向的轴心力 N_y 时（$N_x = 0$），应满足

$$\tau_f = \frac{N_y}{0.7 h_f l_w} \leqslant f_f^w \tag{3-8}$$

对于承受静力荷载或间接承受动力荷载的结构，采用上述公式并令 $\beta_f = 1.22$。对于直接承受动力荷载的结构，正面焊缝强度虽高，但应力集中现象较严重，又缺乏足够的研究，故规定取 $\beta_f = 1.0$。

当角焊缝承受斜向轴心力 N 时，见图 3-19，N 与焊缝长度方向夹角为 θ，应先把 N 分解为 N_x（垂直于焊缝长度）和 N_y（平行于焊缝长度），并求出相应的应力 σ_f 和 τ_f。

$$N_x = N \sin\theta \qquad N_y = N \cos\theta$$

$$\sigma_f = \frac{N_x}{0.7 h_f l_w} \qquad \tau_f = \frac{N_y}{0.7 h_f l_w}$$

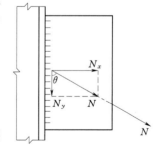

图 3-19　角焊缝倾斜受力

再将 σ_f 和 τ_f 代入基本公式 $\sqrt{\left(\dfrac{\sigma_f}{\beta_f}\right)^2 + \tau_f^2} \leqslant f_f^w$，即可直接进行强度计算。也可以近似地将 $\beta_f = \dfrac{3}{2}$ 代入，经过整理按下式计算：

$$\frac{N}{0.7 h_f l_w \beta_{f\theta}} \leqslant f_f^w \tag{3-9}$$

式中　$\beta_{f\theta}$——斜向角焊缝强度增大系数，当承受静力或间接动力荷载时，$\beta_{f\theta}=1/$

$\sqrt{1-\dfrac{\sin^2\theta}{3}}$，其值应在 1（$\theta=0°$，侧面缝受力）与 1.22（$\theta=90°$，正面缝

受力）之间；当承受直接动力荷载时，由于 $\beta_f=1.0$，相应的 $\beta_{f\theta}=1.0$。

对于斜角焊缝（图 3-13）的强度仍按式（3-6）、式（3-7）和式（3-8）计算，但取 $\beta_f=1.0$，其有效厚度为：当 $\alpha>90°$ 时，$h_e=h_f\cos\dfrac{\alpha}{2}$；当 $\alpha\leqslant90°$ 时，$h_e=0.7h_f$，其中 α 为两焊脚边的夹角（图 3-13）。

按容许应力方法计算钢结构时，例如，SL 74—2013 规范规定：角焊缝连接计算（各种受力情况的侧焊缝、端焊缝和围焊缝）应统一按角焊缝的容许剪应力 $[\tau_f^w]$（表 3-2）来验算，而 N、M、V 系由最大荷载得到的内力，即

$$\frac{N}{0.7h_f l_w}\leqslant[\tau_f^w] \tag{3-10}$$

以后凡是须按容许应力方法计算角焊缝时都可参照式（3-10）的方式进行。

（二）轴心力（拉、压或剪力）作用时连接计算

当对称的焊件受轴心力作用时，焊缝的应力可认为是均匀分布的。如图 3-20（a）只有侧焊缝时，按式（3-8）计算；若只有正面端焊缝时，按式（3-7）计算。当采用围焊缝时，见图 3-20（b），可按式（3-7）先计算正面端焊缝所承担的内力 N'（$N'=h_e$ $l'_w\times1.22f_f^w$），所余内力（$N-N'$）按式（3-8）计算侧焊缝。对于承受动载的结构，则轴心力由围焊缝有效截面平均承担，$N/(0.7h_f\sum l_w)\leqslant f_f^w$，其中 $\sum l_w$ 为拼接缝一侧的角焊缝计算总长度。

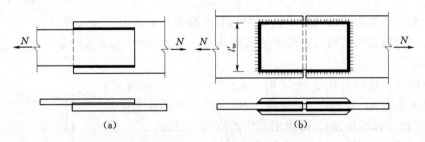

(a) 　　　　　　　　　　(b)

图 3-20　受轴心力作用的角焊缝连接

当采用侧焊缝连接截面不对称的焊件时，例如角钢和节点板的连接（图 3-21），由于作用在单个角钢重心线上的轴心力 N 距两侧侧焊缝的距离不相等，两侧侧焊缝受力大小也就不同。由平衡条件可得到角钢肢背焊缝和肢尖焊缝承担的内力 N_1 和 N_2：

$$\left.\begin{array}{l} N_1=\dfrac{b_2}{b}N=k_1N \\[2mm] N_2=\dfrac{b_1}{b}N=k_2N \end{array}\right\} \tag{3-11}$$

其中 $k_1=b_2/b$、$k_2=b_1/b$ 是角钢和节点板搭接时两侧焊缝的内力分配系数，可近似地按图 3-21（b）所示数据进行分配。

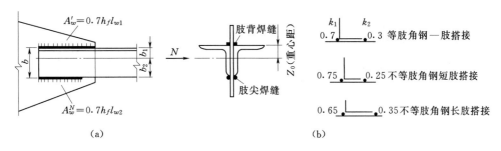

图 3－21　受轴心力作用的角钢和节点板连接

两侧侧焊缝的内力求得后，再根据构造要求和强度计算，即可确定每侧焊缝厚度 h_f 和焊缝长度 l_w 为

$$\left.\begin{array}{ll}\text{肢背} & h_{f1}l_{w1}=k_1N/0.7f_f^w \\ \text{肢尖} & h_{f2}l_{w2}=k_2N/0.7f_f^w\end{array}\right\} \tag{3－12}$$

对单角钢连接，考虑不对称截面搭接的偏心影响，上式中 f_f^w 降低为 $0.85f_f^w$。

为了使连接构造紧凑，也可采用围焊缝（图 3－22）。可先选定正面焊缝的焊缝厚度 h_{f3}，并算出它所承受的内力 $N_3 = \beta_f \times 0.7h_{f3}bf_f^w$，再通过平衡关系，可以解出：$N_1 = b_2N/b - N_3/2$；$N_2 = b_1N/b - N_3/2$。上下两侧所需要焊缝尺寸为

肢背　$h_{f1}l_{w1}=k_1N/0.7f_f^w - 0.7\beta_f h_{f3}l_{w3}/2$

肢尖　$h_{f2}l_{w2}=k_2N/0.7f_f^w - 0.7\beta_f h_{f3}l_{w3}/2$

图 3－22　角钢和节点用围焊缝连接

为了使连接的构造合理，肢背和肢尖可采用不相同的焊缝厚度 h_f，这样可使肢尖和肢背的焊缝长度 l_w 接近相等。

【例题 3－3】 桁架腹杆的拉力为 470kN，其截面由两个等肢角钢（2∟75×8）组成，节点板厚 10mm。试选择该杆件截面尺寸，并计算角焊缝的连接。钢材牌号为 Q235－F，焊条型号为 E43。

解： 由表 2－4 查得钢材的强度设计值 $f=215\text{N/mm}^2$。由表 3－1 查得角焊缝的强度设计值 $f_f^w=160\text{N/mm}^2$。

1. 选择角钢截面

$$A = \frac{N}{f} = \frac{470\times10^3}{215\times10^2} = 21.86(\text{cm}^2)$$

选用 2∟75×8，$A=2\times11.5=23.0$（cm²）。

2. 焊缝计算

（1）采用两边侧焊缝，见例图 3－3（a）。因采用等肢角钢，则肢背和肢尖所分担的内力分别为

$$N_1 = 0.7N = 0.7\times470 = 329(\text{kN})$$

$$N_2 = 0.3N = 0.3\times470 = 141(\text{kN})$$

焊缝布置如下，肢背焊缝厚度取 $h_{f1}=8$mm，需要

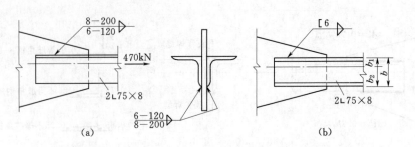

例图 3-3 桁架腹杆连接焊缝计算图（单位：mm）

$$l_{w1} = \frac{N_1}{2 \times 0.7h_{f1}f_f^w} = \frac{329 \times 10^3}{2 \times 0.7 \times 0.8 \times 160 \times 10^2} = 18.36(\text{cm})$$

考虑焊口影响采用 $l_{w1}=20$cm，肢尖焊缝厚度取 $h_{f2}=6$mm，需要

$$l_{w2} = \frac{N_2}{2 \times 0.7h_{f2}f_f^w} = \frac{141 \times 10^3}{2 \times 0.7 \times 0.6 \times 160 \times 10^2} = 10.50(\text{cm})$$

采用 $l_{w2}=12$cm。

(2) 采用三面围焊缝，见例图 3-3 (b)。假设焊缝厚度一律用 $h_f=6$mm。

$$N_3 = 2 \times 1.22 \times 0.7h_f l_{w3} f_f^w = 2 \times 1.22 \times 0.7 \times 6 \times 75 \times 160 = 123(\text{kN})$$

$$N_1 = 0.7N - N_3/2 = 0.7 \times 470 - 123/2 = 267.5(\text{kN})$$

$$N_2 = 0.3N - N_3/2 = 0.3 \times 470 - 123/2 = 79.5(\text{kN})$$

每面肢背焊缝长度

$$l_{w1} = \frac{N_1}{2 \times 0.7h_f f_f^w} = \frac{267.5 \times 10^3}{2 \times 0.7 \times 0.6 \times 160 \times 10^2} = 19.9(\text{cm}) \quad 取 24\text{cm}$$

每面肢尖焊缝长度

$$l_{w2} = \frac{N_2}{2 \times 0.7h_f f_f^w} = \frac{79.5 \times 10^3}{2 \times 0.7 \times 0.6 \times 160 \times 10^2} = 5.9(\text{cm}) \quad 取 10\text{cm}$$

如将肢背焊缝厚度改为 $h'_f=8$mm，则焊缝长度为

$$l_{w1} = \frac{267.5 \times 10^3}{2 \times 0.7 \times 0.8 \times 160 \times 10^2} = 14.9(\text{cm}) \quad 取 18\text{cm}$$

（三）弯矩、剪力和轴力共同作用 T 形连接计算

图 3-23 为 T 形连接。在轴心力 N 和偏心力 P 作用下，其中 P 在角焊缝引起剪力 V ($V=P$) 和弯矩 M ($M=Pe_x$)。由弯矩 M 所生的应力 σ_{fM}，其方向垂直于焊缝（相当于端焊缝受力情况）呈三角形分布；由轴心力 N 引起的应力 σ_{fN}，其方向垂直于焊缝为均匀分布；由剪力 V 引起的应力 τ_{fV}，其方向平行于焊缝，按均匀分布考虑，见图 3-23 (d)，这样

$$\sigma_{fM} = \frac{M}{W_w} \quad \sigma_{fN} = \frac{N}{A_w} \quad \tau_{fV} = \frac{V}{A_w}$$

式中　W_w——角焊缝有效截面模量，图 3-23 (b) 中 $W_w = h_e \sum l_w^2/6$；

　　　A_w——角焊缝有效截面积，图 3-23 (b) 中 $A_w = h_e \sum l_w$。

在 M、V 和 N 共同作用下，对角焊缝有效截面上受力最大的应力点，可按式（3-6）计算强度，即要求满足

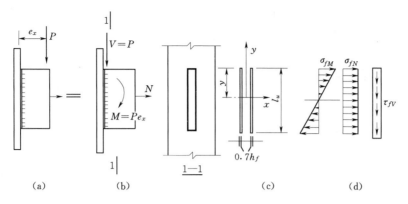

图 3-23　角焊缝受弯矩、剪力和轴心力共同作用

$$\sqrt{\left(\frac{\sigma_{fM}+\sigma_{fN}}{\beta_f}\right)^2+\tau_{fV}^2}\leqslant f_f^w \tag{3-13}$$

当承受静力或间接动力荷载时取 $\beta_f=1.22$；当承受直接动力荷载时取 $\beta_f=1$。

【例题 3-4】　验算例图 3-4 中牛腿与柱的角焊缝连接强度。牛腿与柱的钢材用 Q345钢，P 为静载，手工焊焊条用 E50。

解：由表 3-1 查得 $f_f^w=200\text{N/mm}^2$。牛腿和柱连接的角焊缝承受牛腿传来的剪力 $V=P=300\text{kN}$，弯矩 $M=Pe=300\times0.3=90$（$\text{kN}\cdot\text{m}$）。

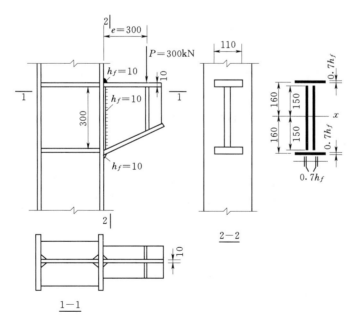

例图 3-4　牛腿与柱角焊缝连接计算图（单位：mm）

假定剪力仅由牛腿腹板上焊缝承受，腹板上焊缝有效截面积为

$$A_w=2\times0.7\times1.0\times(30-1)=40.6(\text{cm}^2)$$

角焊缝有效截面对 x 轴的惯性矩为

$$I_w = 2 \times \frac{0.7 \times 1.0 \times (30-1)^3}{12} + 2 \times 0.7 \times 1.0 \times (11-1) \times 16.35^2$$

$$= 6587.9(\text{cm}^4)$$

翼缘焊缝最外边缘的截面模量为

$$W_1 = \frac{6587.9}{16.7} = 394.5(\text{cm}^3)$$

腹板焊缝有效边缘的截面模量为

$$W_2 = \frac{6587.9}{14.5} = 454.3(\text{cm}^3)$$

弯矩产生的角焊缝最大应力为

$$\sigma_{f1} = \frac{90 \times 10^6}{394.5 \times 10^3} = 228.14(\text{N/mm}^2) < 1.22 f_f^w = 1.22 \times 200$$

$$= 244(\text{N/mm}^2)$$

腹板有效边缘的应力：

$$\sigma_{f2} = \frac{90 \times 10^6}{454.3 \times 10^3} = 198.1(\text{N/mm}^2)$$

$$\tau_f = \frac{300 \times 10^3}{40.6 \times 10^2} = 73.9(\text{N/mm}^2)$$

则

$$\sqrt{\left(\frac{198.1}{1.22}\right)^2 + 73.9^2} = 178.4(\text{N/mm}^2) < f_f^w = 200\text{N/mm}^2$$

所以牛腿与柱的角焊缝连接强度满足要求。

（四）扭矩和剪力共同作用下搭接连接计算

例如柱和牛腿的搭接连接（图 3-24）和偏心外力 P 作用下板件搭接（图 3-25）以及组合梁腹板用拼接板连接等的计算。

在图 3-24 中外力 P 的作用可转化为作用于角焊缝形心 O 的剪力 V（$V=P$）和扭矩 $T=Pe_x$。

在扭矩作用下角焊缝计算的假定：①被连接的构件是绝对刚性的，而角焊缝是弹性的；②被连接的构件绕角焊缝形心 O 转动。角焊缝上任意一点的应力方向垂直于该点和形心的连线，且应力大小与其距离 r 的大小成正比。距角焊缝有效截面形心最远点（如 A 点）的应力最大，该应力按下式计算：

$$\tau_A = \frac{Tr_{\max}}{I_p} \tag{3-14}$$

式中　$r_{\max}$——焊缝有效截面形心到应力作用最远点的距离；

　　　　I_p——角焊缝有效截面的极惯性矩，$I_p = I_x + I_y$，其中 I_x、I_y 分别为焊缝有效截面对 x、y 轴的惯性矩。

将扭矩 T 在 A 点产生的应力 τ_A 分解为在 x 轴、y 轴上的分应力：

$$\tau_{Tx} = \frac{Ty_{\max}}{I_x + I_y} \quad \text{（侧焊缝受力性质）} \tag{3-15}$$

$$\tau_{Ty} = \frac{Tx_{\max}}{I_x + I_y} \quad \text{（端焊缝受力性质）} \tag{3-16}$$

在剪力 V 作用下焊缝有效截面上产生的剪应力 τ 近似地按平均分布考虑。A 点处的剪应力 $\tau_{Vy}=V/A_w$（端焊缝受力性质）。

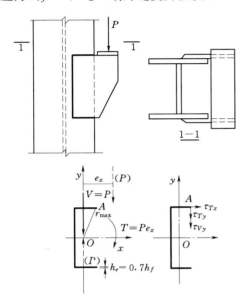

图 3-24　柱与牛腿角焊缝受剪力和扭矩共同作用

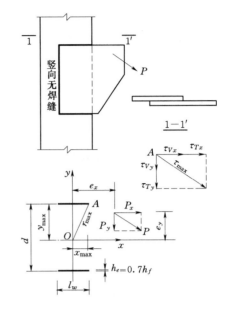

图 3-25　板件间角焊缝受剪力和扭矩共同作用

在图 3-25 中，外力 P 可分解为 P_x 和 P_y 两分应力。扭矩 $T=P_xe_y+P_ye_x$，剪力分别为 P_x 和 P_y。

距角焊缝有效截面形心最远点（如 A 点）各应力的分量为

$$\tau_{Vx}=\frac{P_x}{A_w}\quad\tau_{Vy}=\frac{P_y}{A_w}$$

$$\tau_{Tx}=\frac{(P_xe_y+P_ye_x)y_{\max}}{I_x+I_y}\quad\tau_{Ty}=\frac{(P_xe_y+P_ye_x)x_{\max}}{I_x+I_y}$$

在 T 和 V 的共同作用下，角焊缝中有效截面上受力最大的应力点，可根据受力性质分别按下列两式之一计算强度：

$$\sqrt{\left(\frac{\tau_{Ty}+\tau_{Vy}}{1.22}\right)^2+(\tau_{Tx}+\tau_{Vx})^2}\leqslant f_f^w$$

（非直接动力或静力荷载）（3-17a）

或　$$\sqrt{(\tau_{Ty}+\tau_{Vy})^2+(\tau_{Tx}+\tau_{Vx})^2}\leqslant f_f^w$$

（直接动力荷载）（3-17b）

【例题 3-5】 牛腿和柱的搭接构造如例图 3-5 所示，焊缝厚度 $h_f=10\text{mm}$，钢材为 Q235，手工焊焊条用 E43。验算牛腿角围焊缝所能承受的最大荷载 P。

解： 在偏心力 P 作用下牛腿和柱搭接连

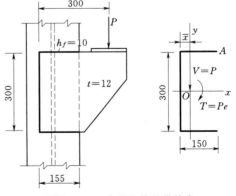

例图 3-5　牛腿和柱的搭接角围焊缝计算图（单位：mm）

接角围焊缝承受剪力 $V=P$ 和扭矩 $T=Pe$ 的共同作用。牛腿由两块支托板等组成，两个围焊缝有效截面积：

$$A_w=2\times0.7h_f\sum l_w$$
$$=2\times0.7\times1.0\times(30+2\times15.5-2)$$
$$=82.6(cm^2)$$

围焊缝有效截面形心 O 距竖焊缝距离：

$$\overline{x}=\frac{2\times0.7\times1.0\times14.5\times\dfrac{14.5}{2}}{0.7\times1.0\times(2\times13.5+30)}=3.69(cm)$$

两个围焊缝截面对形心的极惯性矩 $I_p=I_x+I_y$：

$$I_x=2\times0.7\times1.0\times\left(\frac{30^3}{12}+2\times14.5\times14.5^2\right)=11686(cm^4)$$

$$I_y=2\times0.7\times1.0\times\left[30\times3.69^2+\frac{14.5^3}{12}\times2+14.5\times2\times\left(\frac{14.5}{2}-3.69\right)^2\right]=1798(cm^4)$$

所以
$$I_p=I_x+I_y=11686+1798=13484(cm^4)$$

围焊缝最大应力点 A 处各应力分量：

$$\tau_{Vy}=\frac{P}{A_w}=\frac{P}{82.6}=0.0121P$$

$$\tau_{Tx}=\frac{Pey_{max}}{I_p}=\frac{P\times(30-3.69)\times15}{13484}=0.029P$$

$$\tau_{Ty}=\frac{Pex_{max}}{I_p}=\frac{P\times(30-3.69)\times(15-3.69)}{13484}=0.022P$$

$$\sqrt{\left(\frac{\tau_{Vy}+\tau_{Ty}}{1.22}\right)^2+\tau_{Tx}^2}=f_f^w\times10^2$$

$$\sqrt{\left(\frac{0.0121P+0.022P}{1.22}\right)^2+(0.029P)^2}=160\times10^2$$

所以
$$0.0403P=1600\qquad P=397.25(kN)$$

第五节　焊接应力和焊接变形

一、焊接时焊件的加热和冷却过程

在焊接时电弧将焊件加热，电弧提供了集中的热源并以均匀的速度沿焊件表面移动。由于金属的导热性使热源向四周传播，形成环绕电弧的温度场，如图 3-26（a）所示。此温度场从开始加热几秒钟即达到一定范围而稳定下来，并随着电弧一起移动。

在厚度较大的焊件上被融化的金属形成立体的温度场。当焊件的厚度不大时，认为温度场是平面的，且沿厚度的温度是相等的。

由图 3-26（b）可见，温度场的金属组织很不均匀。有时还含有杂质，使铸钢的机械性能比型钢低。但是对焊缝进行很好的保护，并且让焊缝缓慢的冷却则可以有很好的塑性和强度。

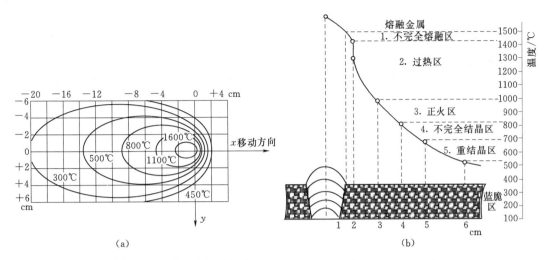

图 3-26 基本金属随焊条移动时的温度变化及金属组织的变化

焊件受到温度的影响，改变了本身的组织，这部分金属亦为热影响区，这个区域的宽度决定焊接移动速度和电流的大小，平均为 10~12mm。随着热影响区的温度不同，金属冷却后的组织也不同，机械性能也因此发生了改变。这里只重点介绍温度在 1100~1400℃的过热区，冷却后该区域的金属具有粗糙的且大小不均的大粒组织，其机械性能特别是冲击韧性显著降低，当承受动力荷载时可能出现裂缝。此外还需要注意，在温度为 200~300℃的兰脆区，脆性增加，可能就是焊接时裂缝发展的原因。

二、焊接应力和焊接变形产生的原因

焊接构件在未受荷载时，由于施焊的电弧高温作用而引起的应力和变形称为焊接应力和焊接变形。它会直接影响到焊接结构的制造质量、正常使用和安全可靠。设计和制造焊接钢结构，特别是承受动载或在低温下工作的焊接结构，对此问题必须充分重视。现扼要地介绍焊接应力和焊接变形的一般概念、危害性及解决措施。

焊接应力有暂时应力与残余应力之分。暂时应力只在焊接过程中，一定的温度情况下才存在。当焊件冷却至常温时，暂时应力即行消失。焊接残余应力是指焊件冷缩后残留在焊件内的应力，故又称为收缩应力。从结构的使用要求来看，焊接残余应力有着重要的意义。

1. 纵向焊接残余应力

为了说明焊接残余应力和残余变形产生的原因，如图 3-27 (a) 所示，对 AB 杆加温，当温度不致影响钢材的机械性能时，加温材料膨胀，由于受到约束阻碍引起暂时应力和变形，降温材料收缩，胀缩相消，由升温引起的暂时应力和变形也相应消失了。

当施加的温度使弹性模量 E 趋于零时，AB 杆和约束暂时都没有应力，当降温使 E 性能恢复时，随着温度下降，AB 收缩受到约束阻碍。于是 AB 产生拉力，相应的约束中产生由 AB 作用的偏心压力，其应力状况和变形如图 3-27 (b) 中虚线所示。这种应力和变形不会无故消失，所以称为残余应力和残余变形。残余应力是一种结构体系内的自呈平衡的内力。

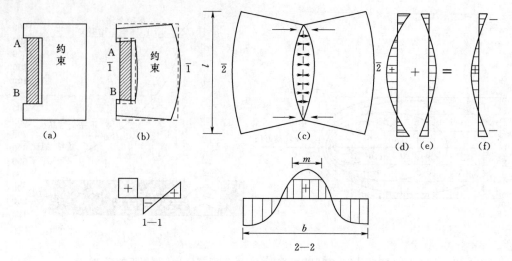

图 3-27 焊接残余应力和残余变形的形成机理

2. 横向焊接残余应力

倘若把图 3-27（c）的上下纵焊缝看作 AB 杆。当沿纵向收缩时引起的纵向应力如图 3-27 中剖面 2—2 所示。引起的横向应力如图 3-27（d）所示。其纵向焊缝中部由两侧焊件发生的向外变形被焊缝拉拢，所以中部产生拉应力，上下两端产生压应力。

由于焊缝是依次施焊的，后焊部分的收缩因受到已经冷却的先焊部分的阻碍产生横向拉应力，同时也相应地使邻近的先焊部分产生横向压应力，如图 3-27（e）总的横向残余应力，图 3-27（f）是以上两种应力状况的叠加。横向残余应力值一般不高（100N/mm^2 数量级内）。纵向和横向残余应力在焊件中部焊缝中形成了同号双向拉应力场，见图 3-27（c），这就是焊接结构易发生脆性破坏的原因之一。

3. 沿焊缝厚度方向的焊接残余应力

在厚钢板的连接中焊缝需要多层施焊，因此，除有纵向和横向焊接残余应力（σ_x、σ_y）外，沿厚度方向还存在着焊接残余应力（σ_z），见图 3-28。这三种应力形成较严重的同号三向应力场，使焊缝的工作更为不利。

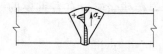

图 3-28 沿焊缝厚度方向的残余应力

以上分析是焊件在无外加约束情况下的焊接残余应力。在实际焊接结构中要受到周围的约束，焊接变形因受到约束的限制而减小，但会产生更大的残余应力，这对焊缝的工作不利。因此，设计接头及考虑焊缝的施焊次序时，要尽可能使焊件能够自由伸缩，以便减少约束应力。

4. 焊件冷缩时还会发生残余变形

如缩短（纵向和横向的收缩变形）、角度改变、弯曲变形等，见图 3-29（a）、（b）、（c），另外还有扭曲及波浪形变形等。

三、焊接残余应力和变形的危害性及解决措施

焊接残余应力的形式是由于构件的整体性阻止部分纤维因温度的影响不能自由收缩。此时部分纤维受到拉力，阻止纤维收缩的构件受到压力，拉压自相平衡，这就是焊接残余

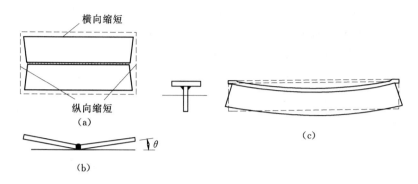

图 3-29 焊件的焊接变形

(a) 收缩变形；(b) 角变形；(c) 弯曲变形

应力的状态。因此对于承受静载的焊接结构，当没有严重的应力集中又处于常温下工作时，焊接残余应力并不影响结构的静力强度；当残余应力与外加荷载引起的应力同号相加以后，该处材料将提前进入屈服阶段，局部形成塑性区，若继续加荷，则变形加快，这说明残余应力的存在会降低结构的刚度，增大变形；降低稳定性（详见第五章）；同时由于残余应力一般为三向同号应力状态，材料在这种应力状态下易转向脆性，疲劳强度降低；尤其在低温动载作用下，容易产生裂纹，有时会导致低温脆性断裂。

焊接残余变形会使结构的安装发生困难，对使用质量有很大影响，过大的变形将显著地降低结构的承载能力，甚至使结构不能使用。因此，在设计和制造时必须采取适当措施来减轻焊接应力和变形的影响。

1. 减小或消除焊接残余应力的措施

（1）在构造设计方面应着重避免能引起三向拉应力的情况。当几个构件相交时，应避免焊缝过分集中于一点。在正常情况下，当不采用特殊措施时，设计焊缝厚度和板厚均不宜过大（规范规定低碳钢厚度不宜大于 50mm，低合金钢厚度不宜大于 36mm），以减小焊接应力和变形。

（2）在制造方面应选用适当的焊接方法、合理的装配及施焊程序，尽量使各焊件能自由收缩。当焊缝较厚时应采用分层焊，当焊缝较长时可采用分段逆焊法来减小残余应力（图 3-30）。

按照现行的设计规范，一般钢结构在强度计算中并不计算残余应力，因为此应力是集中在焊缝区的局部应力，当它与外载产生的应力叠加时只是引起应力分布不均，如同应力集中一样。但是采用高强度钢（$f_u >$ 490N/mm^2）、厚板的重型焊接结构的重要结点部位必须采取措施减少或消除残余应力，以符合某些专门设计规范的容许限度。

焊件焊前预热和焊后热处理是防止焊接裂缝和减少残余应力的有效方法。焊前预热

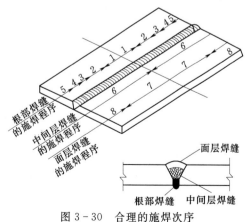

图 3-30 合理的施焊次序

可减少焊缝金属和主体金属的温差，从而减少残余应力，减轻局部硬化和改善焊缝质量。焊后将焊件作退火处理（加热至 600℃ 左右，然后缓缓冷却），虽能消除焊接残余应力，但因工艺和设备都较复杂，除特别重要的构件和尺寸不大的重要零部件外，一般采用较少。

2. 减小或消除焊接变形的措施

（1）反变形法，即在施焊前预留适当的收缩量或根据制造经验预先造成适当大小的相反方向的变形，来抵消焊后变形，如图 3-31（a）、（b）所示。这种方法如掌握适当，效果甚好，一般适用于较薄板件。

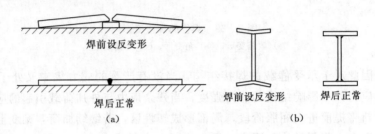

焊前设反变形　　焊后正常
（a）

焊前设反变形　　焊后正常
（b）

图 3-31　焊件反变形措施

（2）采用合理的装配和焊接顺序控制变形也十分有效。

（3）焊接变形的矫正方法，以机械矫正和局部火焰加热矫正较为常用。对于低合金钢不宜使用锤击方法进行矫正。

四、焊缝质量控制

上面是对焊缝残余应力与变形的控制。现在要关注焊缝的质量控制。

1. 焊前控制

（1）清除焊件表面的油污、铁锈、毛刺。剖口两侧各 30mm 范围内要打磨出金属光泽，保持清洁、干燥。

（2）焊接环境，设防风棚、作业平台。尽量避开低温、潮湿环境。

（3）焊接变形检测基准样点的设置。

2. 焊接质量控制

（1）根据焊件厚度不同，焊接时采用不同的剖口（V、X、U），立焊缝应采用单 V 形剖口。

（2）厚度较大的焊缝采用手工焊时，应为多层多段逆焊。层间接头错开 30～50mm，焊缝厚度不大于 4～5mm，相邻焊层在施焊时必须方向相反进行。必要时也可多名焊工同时对称焊，且要保持同一速度。

（3）角缝的焊脚较大时，也应多层多逆焊。每道焊脚大小应控制在 6～7mm，否则焊脚过大，易使熔化金属下垂，产生焊瘤，在立板上产生咬边。

3. 焊缝的预热

预热区的宽度应为焊缝中心线两侧各 3 倍板厚且不小于 100mm。预热温度控制在 65～120℃，当环境温度低于 10℃ 时，应将焊缝预热至 80℃ 以上，当板厚大于 60mm 时，预热温度应在 107℃ 以上。温度测量采用远红外测温枪。

4. 焊后缓冷

焊后用石棉保温缓冷，使焊缝中的杂质及氧充分逸出。这样可改善焊缝质量。

第六节 螺 栓 连 接

一、概述

1. 螺栓的种类和特性

螺栓连接通常应用于结构的安装连接，需要周转使用的装拆式结构，以及钢结构支座与混凝土基础或墩台的锚固连接等。

螺栓由螺杆和螺母所组成，有普通螺栓、高强螺栓和锚固螺栓（锚栓）三大类。普通螺栓又分精制螺栓（A、B级）和粗制螺栓（C级）两种，粗制螺栓由未经加工的圆钢锻压而成。由于螺杆比栓孔直径小 $1.0 \sim 1.5\mathrm{mm}$，在制造上对孔径的准确度要求不高，简化了制造和安装，故成本较低。但承受剪切时会产生较大的滑移，工作性能较差，故粗制螺栓主要用于承受拉力的连接中，也用于不重要的抗剪连接或安装时临时固定。C级螺栓的用钢性能为 4.6 级和 4.8 级。小数点前的 4 代表为抗拉强度 f_u 为 $400\mathrm{N/mm^2}$；小数后的 6 和 8 分别代表它们的屈强比（屈服强度 f_y 与最低抗拉强度 f_u 之比 f_y/f_u）为 0.6 和 0.8，这种性能的钢可用 Q235 钢制造。

精制螺栓 A 级和 B 级的用钢性能为 5.6 级和 8.8 级（代号含意同上）。这种钢是采用低合金钢经过热处理制造。A 级和 B 级是在用钢性能相同的情况下，螺栓加工时要求 A 级 d^{+2}_{-0}，B 级 d^{-0}_{+2}，d 代表螺栓直径，脚标为允许误差。

精制螺栓的螺杆是由车床加工而成，表面光滑、尺寸精确。由于杆径和孔径基本相同，其间隙甚小（约 0.3mm 左右），故要求板束的钻孔准确重合（1 类孔），不能产生"错孔"（还常要用钻模钻孔或冲后扩孔），因而制造和安装费工，成本较高。精制螺栓受剪性能良好，主要用于传递较大剪力的连接中。

锚栓只能承受拉力（由轴力或弯矩引起）。为了便于安装就位，锚栓孔径一般取为杆径的 1.5 倍，栓杆与底板不接触，故不能承受剪力。锚栓由 Q235 钢或 Q345 钢制成。

为了使普通螺栓连接在受力时，不致在构件间出现缝隙和松动，必须将螺母拧紧，螺栓内产生一定的初拉应力（一般达到 $100 \sim 120\mathrm{N/mm^2}$）而将构件相互压紧，并提高螺栓的抗剪性能和承压性能。初拉应力不宜太高，否则会使螺纹产生塑性变形，反而降低螺栓的工作性能。为防止螺母松动，可设置双螺母或衬以弹簧垫圈等。

高强螺栓是用高强度钢材制成，利用特制扳手拧紧螺母，使螺杆产生很大的预拉力，该预拉力通过螺母将被连接构件压紧，使接触面产生强大的摩擦力来传递内力。它和普通螺栓受力情况不同，普通螺栓以剪切和承压为主，而高强螺栓主要靠摩擦力来传力。高强螺栓连接也有两种类型：摩擦型只靠连接板件间的摩擦力；承压型靠连接板件间的摩擦力和栓杆的剪切、承压共同传力。

螺栓的制图符号见图 3-32。图中细"+"线表示定位线，孔径和杆径应标注清楚。

2. 螺栓连接的形式

螺栓连接的形式分为对接、搭接和顶接（图 3-33）。钢板的拼接最好采用双面连接

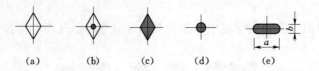

图 3-32 螺栓的制图符号

(a) 永久螺栓；(b) 安装螺栓；(c) 高强螺栓；

(d) 螺栓孔；(e) 椭圆形螺栓孔

板的对接，使力的传递不致产生偏心作用。用单面连接板对接或搭接，由于内力传递有偏心，将引起钢板弯曲，对螺栓工作产生不利影响，故只能用于受力不大的地方。

另外，由受力情况可分为：抗剪连接，偏心抗剪连接，抗拉连接以及抗拉和抗剪组合连接（图 3-33）。

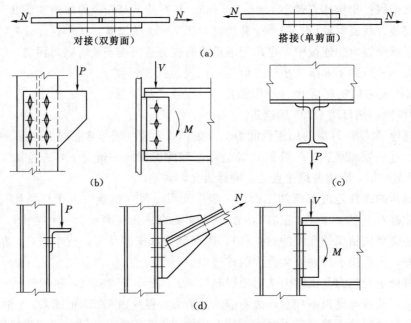

图 3-33 普通螺栓的连接形式

(a) 抗剪连接；(b) 偏心抗剪连接；(c) 抗拉连接；(d) 抗拉和抗剪组合连接

二、普通螺栓连接的构造和计算

（一）螺栓连接的构造

无论是临时安装螺栓还是永久性螺栓，为了制造方便，在同一结构连接中，宜用一种螺栓直径。螺栓直径 d 的选择须视连接构件的尺寸和受力条件而定。常用的标准螺栓直径是 M16、M18、M20、M22、M24、M27、M30（其中数字以 mm 计）等几种规格。螺栓直径选得是否合适将影响到螺栓数目及连接节点的构造尺寸。

螺栓的排列应简单、统一而紧凑，满足受力要求，构造合理又便于安装。其排列方式有并列和交错排列两种（图 3-34）。前者比较简单，后者比较紧凑。按受力要求，螺孔的最小端距（沿受力方向）为 $2d_0$（d_0 为螺孔直径），以免板端被剪穿；螺孔的最小边距

（垂直于受力方向）为 $1.5d_0$（切割边）或 $1.2d_0$（轧成边）。在型钢上螺栓应排列在型钢准线上（角钢、槽钢和工字钢准线表见附录四）。中间螺孔的最小间距（栓距和线距）为 $3d_0$，否则，螺孔周围应力集中的相互影响较大，且对钢板的截面削弱过多，从而降低其承载能力。另外，由安装要求也要保证一定的间距，便于螺栓扳手的转动。

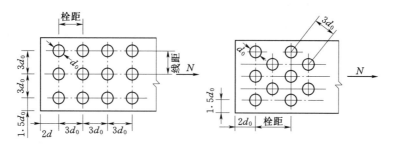

图 3-34　螺栓的排列间距

螺栓的间距也不宜过大，特别是受压板件，当栓距过大时容易发生凸曲现象。板和刚性构件（如角钢、槽钢等）连接时，栓距过大不易接触紧密，潮气易于侵入缝隙而锈蚀。按规范规定，中心最大间距受压时为 $12d_0$ 或 $18t$（t 为外层较薄板件的板厚），受拉时为 $16d_0$ 或 $24t$；中心至构件边缘最大距离为 $4d_0$ 或 $8t$。

（二）普通螺栓连接的强度计算

1. 单个螺栓的承载力设计值

（1）抗剪螺栓。抗剪螺栓连接主要承受剪切和孔壁承压作用，见图 3-35（a）、（b）。在开始工作阶段，作用力主要是靠钢板之间的摩擦力来传递。当外力逐渐增长到克服摩擦力后，连接件之间发生相对滑移，使螺杆压紧孔壁而参加受力。如板件的厚度较大而螺栓直径较小，则连接的破坏发生于螺杆的剪切破坏。最常遇到的受剪形式有单剪螺栓和双剪螺栓，见图 3-35（a）、（b）。双剪螺栓的承载力比单剪螺栓大 1 倍。实际上沿剪切面上剪应力分布并不均匀，在实用计算中假定剪应力均匀分布。这时，每个螺栓的抗剪承载力设计值 $[N_V^b]$ 为

$$[N_V^b] = n_V \frac{\pi d^2}{4} f_V^b \qquad (3-18a)$$

式中　n_V——每个螺栓的受剪面数目，单剪时 $n_V=1$，双剪时，$n_V=2$；

　　　　d——螺杆直径；

　　　　f_V^b——普通螺栓的强度设计值，可由表 3-3 查得。

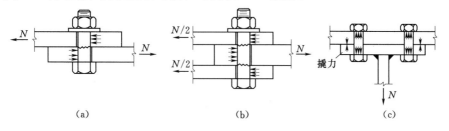

图 3-35　普通螺栓的受力情况

（a）抗剪螺栓（单剪）；（b）抗剪螺栓（双剪）；（c）抗拉螺栓

表 3 - 3　　　　　　　　　　螺栓连接的强度指标　　　　　　　　　单位：N/mm²

螺栓的性能等级、锚栓和构件钢材的牌号		强 度 设 计 值									高强度螺栓的抗拉强度 f_u^b
		普通螺栓						锚栓	承压型连接或网架用高强度螺栓			
		C 级螺栓			A 级、B 级螺栓							
		抗拉 f_t^b	抗剪 f_v^b	承压 f_c^b	抗拉 f_t^b	抗剪 f_v^b	承压 f_c^b	抗拉 f_t^a	抗拉 f_t^b	抗剪 f_v^b	承压 f_c^b	
普通螺栓	4.6 级、4.8 级	170	140	—	—	—	—	—	—	—	—	—
	5.6 级	—	—	—	210	190	—	—	—	—	—	—
	8.8 级	—	—	—	400	320	—	—	—	—	—	—
锚栓	Q235	—	—	—	—	—	—	140	—	—	—	—
	Q345	—	—	—	—	—	—	180	—	—	—	—
	Q390	—	—	—	—	—	—	185	—	—	—	—
承压型连接高强度螺栓	8.8 级	—	—	—	—	—	—	—	400	250	—	830
	10.9 级	—	—	—	—	—	—	—	500	310	—	1040
螺栓球节点用高强度螺栓	9.8 级	—	—	—	—	—	—	—	385			
	10.9 级	—	—	—	—	—	—	—	430			
构件钢材牌号	Q235	—	—	305	—	—	405	—	—	—	470	
	Q345	—	—	385	—	—	510	—	—	—	590	
	Q390	—	—	400	—	—	530	—	—	—	615	
	Q420	—	—	425	—	—	560	—	—	—	655	
	Q460	—	—	450	—	—	595	—	—	—	695	
	Q345GJ	—	—	400	—	—	530	—	—	—	615	

注　1. A 级螺栓用于 $d \leqslant 24\text{mm}$ 和 $L \leqslant 10d$ 或 $L \leqslant 150\text{mm}$（按较小值）的螺栓；B 级螺栓用于 $d > 24\text{mm}$ 和 $L > 10d$ 或 $L > 150\text{mm}$（按较小值）的螺栓；d 为公称直径，L 为螺栓公称长度。

　　2. A 级、B 级螺栓孔的精度和孔壁表面粗糙度，C 级螺栓孔的允许偏差和孔壁表面粗糙度，均应符合现行国家标准 GB 50205《钢结构工程施工质量验收规范》的要求。

　　3. 用于螺栓球节点网架的高强度螺栓，M12～M36 为 10.9 级，M39～M64 为 9.8 级。

当按容许应力方法计算时，每个螺栓的抗剪承载力容许值 $[N_V^b]$ 为

$$[N_V^b] = n_V \frac{\pi d^2}{4} [\tau^l] \qquad (3-18b)$$

式中　$[\tau^l]$——普通螺栓的抗剪容许应力，可由表 3 - 4 查得。

当钢板较薄而螺栓较粗时，则螺栓杆前方的钢材因承压应力过高而出现塑性变形，使螺孔形成椭圆形。这时连接发生塑性滑动，并引起钢板孔壁或栓杆的承压强度不够而破坏。沿螺杆侧面的承压力实际分布是不均匀的，在实用计算中通常假定承压力沿螺杆直径宽度上均匀分布。这时，每个螺栓的承压承载力设计值 $[N_c^b]$ 为

$$[N_c^b] = d \sum t f_c^b \qquad (3-19a)$$

式中　$\sum t$——连接件中同一受力方向承压钢板总厚度的较小值；

　　　　f_c^b——螺栓的承压强度设计值（与被连接构件钢材的牌号有关），见表 3 - 3。

当按容许应力方法计算时，每个螺栓的承压承载力容许值 $[N_c^b]$ 为

$$[N_c^b] = d \sum t [\sigma_c^l] \qquad (3-19b)$$

式中 $[\sigma_c^l]$——螺栓的承压容许应力，见表 3-4。

表 3-4 普通螺栓连接的容许应力 单位：N/mm²

螺栓的性能等级、锚栓和构件	应力种类	符号	螺栓和锚栓的性能等级或钢号					构件的钢号		
			Q235	Q345	4.6级、4.8级	5.6级	8.8级	Q235	Q345	Q390
A级、B级螺栓	抗拉	$[\sigma_t^l]$				150	310			
	抗剪	$[\tau^l]$				115	230			
C级螺栓	抗拉	$[\sigma_t^l]$	125	180	125					
	抗剪	$[\tau^l]$	95	135	95					
锚栓	抗拉	$[\sigma_t^d]$	105	145						
构件	承压	$[\sigma_c^l]$						240	335	365

注 1. A级螺栓用于 $d \leqslant 24mm$ 和 $l \leqslant 10d$ 或 $l \leqslant 150mm$（按较小值）的螺栓；B级螺栓用于 $d > 24mm$ 或 $l > 10d$ 或 $l > 150mm$（按较小值）的螺栓。d 为公称直径，l 为螺杆公称长度。

2. 螺孔制备应符合 NB/T 35045《水电工程钢闸门制造安装及验收规范》的规定。

3. 当 Q235 钢或 Q345 钢制作的螺栓直径大于 40mm 时，螺栓容许应力应予降低，Q235 钢降低 4%，Q345 钢降低 6%。

（2）抗拉螺栓。见图 3-35（c），在抗拉螺栓连接中，当普通螺栓或锚栓受拉时，每个螺杆螺纹根部处的有效直径 d_e（见附录五），在承拉螺栓的抗拉强度指标 f_t^b 中（表 3-3）已考虑了撬力的影响。抗拉承载力设计值 $[N_t^b]$ 为

普通螺栓
$$[N_t^b] = \frac{\pi d_e^2}{4} f_t^b \qquad (3-20a)$$

锚栓
$$[N_t^a] = \frac{\pi d_e^2}{4} f_t^a \qquad (3-21a)$$

当按容许应力法计算时，每个螺栓或锚栓的抗拉承载力容许值 $[N_t^b]$ 或 $[N_t^a]$ 为

普通螺栓
$$[N_t^b] = \frac{\pi d_e^2}{4} [\sigma_t^l] \qquad (3-20b)$$

锚栓
$$[N_t^a] = \frac{\pi d_e^2}{4} [\sigma_t^d] \qquad (3-21b)$$

式中 f_t^b、f_t^a——普通螺栓或锚栓的抗拉强度设计值，见表 3-3；

$[\sigma_t^l]$、$[\sigma_t^d]$——普通螺栓或锚栓的抗拉容许应力，见表 3-4。

普通螺栓连接的计算是首先确定一个螺栓的承载力设计值，然后再确定连接处所需螺栓数目和验算构件截面削弱后的强度。

2. 板件受轴心力作用的抗剪螺栓连接计算

板件在轴心力 N 作用下，见图 3-35（a）、（b），所需的螺栓数应按抗剪和承压两者中较小者 $[N^b]_{min}$ 来决定。螺栓群开始受力时，各螺栓所承受的内力不相等。当沿受力方向的螺栓数不多时，超过弹性阶段出现塑性变形后，因内力重分布使各螺栓受力趋于均匀。计算时假定内力平均分配给每个螺栓。因此，连接所需螺栓数目 n 为

$$n = \frac{N}{[N^b]_{min}}$$
(3-22)

这里必须指出：在构件的节点处或拼接接头的一侧，由于弹性受力阶段螺栓群的各螺栓受力不相等，两端大而中间小。假若沿受力方向螺栓过多或接头长度 $l_1 > 15d_0$（d_0 为孔径），端部的螺栓因受力过大而可能首先破坏。为防止各个"击破"，规范规定：当 $l_1 > 15d_0$ 时，按式（3-18）、式（3-19）计算单个螺栓承载力的设计值时，应乘以折减系数 $\left(1.1 - \frac{l_1}{150d_0}\right)$；当 $l_1 > 60d_0$ 时，折减系数取 0.7。

求出的螺栓数为加拼接板的对接连接缝一侧所需的螺栓数，对于搭接连接就是所需的螺栓总数。为了保证安全，在一个连接中接头一侧或搭接接头的永久性螺栓一般不宜少于两个（格构柱中缀条连接除外）。在搭接或用单面拼接板的对接中，因传力偏心使螺栓受到附加弯矩，故螺栓数量应按计算数增加 10%。单角钢单面拼接时，螺栓数量按计算数增加 15%。

此外，还应验算被螺栓孔削弱的构件净截面的强度：

$$\frac{N}{A_n} \leqslant f$$
(3-23)

式中 A_n——构件的净截面积。

当螺栓并列排列时，见图 3-36（a），构件在第一列螺栓处的截面Ⅰ—Ⅰ受力最大（其他各列的截面上由于部分轴心力已由前面各列螺栓承担，受力较小），其净截面积为 $A_n = bt - n_1 d_0 t$（其中 n_1 为第一列螺栓数）。拼接板在第一列处的净截面积应大于构件的净截面积。当螺栓为交错排列时，见图 3-36（b），构件可能沿着截面Ⅰ—Ⅰ或沿齿状截面Ⅱ—Ⅱ破坏，视螺栓行列的间距和螺栓直径而定。齿状破坏的净截面积为 $A_n = [2e_1 + (n-1)\sqrt{a^2 + e^2} - nd_0] t$，其中 n 为齿状截面上的螺栓数。型钢上螺栓排列的净截面积可用同样方法计算。

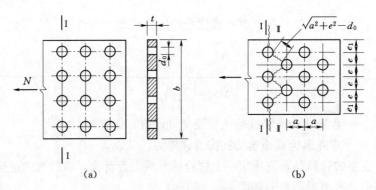

图 3-36 构件净截面面积计算
(a) 螺栓为并列排列；(b) 螺栓为交错排列

3. 受扭矩和剪力共同作用的抗剪螺栓连接计算

在螺栓连接中常会遇到受偏心外力 P 作用或扭矩 T 与剪力 V 共同作用的抗剪螺栓连接。例如，柱上牛腿受偏心外力 P 作用（图 3-37），它可以化为扭矩 $T = Pe$ 和剪力 $V =$

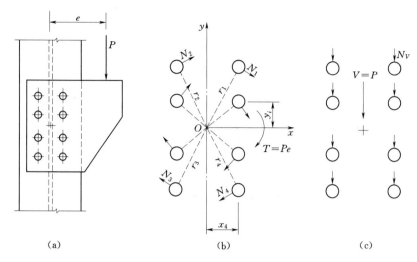

图 3 - 37　抗剪螺栓连接

P 共同作用；又如组合梁的腹板用拼接板时受弯矩和剪力作用等。

承受扭矩的螺栓连接，一般是先布置好螺栓，再计算受力最大的螺栓所承受的剪力，然后与一个螺栓的承载力设计值进行比较。计算时假定：①被连接钢板是刚性的，而螺栓是弹性的；②钢板绕螺栓群中心 O 点转动，见图 3 - 37（b），螺栓的剪切变形的大小与它到中心 O 的距离 r 成正比，螺栓所受的剪切力 N 或钢板所受的反作用力与 r 成正比，且与 r 相垂直，它们共同构成抵抗力矩来平衡扭矩 T：

$$T = N_1 r_1 + N_2 r_2 + \cdots + N_n r_n = \sum N_i r_i$$

螺栓所受的剪切力 N_1，N_2，$\cdots$，按正比关系可用距中心 O 点最远的一个螺栓所受的最大剪切力 N_1 来表示：

$$N_1 = N_1 \frac{r_1}{r_1} \qquad N_2 = N_1 \frac{r_2}{r_1} \qquad N_3 = N_1 \frac{r_3}{r_1} \qquad \cdots$$

代入上式可得

$$T = \frac{N_1}{r_1}(r_1^2 + r_2^2 + r_3^2 + \cdots) = \frac{N_1}{r_1} \sum r_i^2$$

螺栓所受最大剪切力 N_1 为

$$N_1 = \frac{T r_1}{\sum r_i^2} = \frac{T r_1}{\sum x_i^2 + \sum y_i^2} \qquad\qquad (3 - 24)$$

式中　x_i、y_i——螺栓 i 在以 O 为原点的坐标系内的直角坐标值。

N_1 的水平和竖直分力分别为

$$\left. \begin{aligned} N_{1x} &= \frac{T y_1}{\sum x_i^2 + \sum y_i^2} \\ N_{1y} &= \frac{T x_1}{\sum x_i^2 + \sum y_i^2} \end{aligned} \right\} \qquad\qquad (3 - 25)$$

剪力 V 可假定由全部螺栓 n 平均承担，见图 3 - 37（c），每个螺栓所受竖向剪切力为

$$N_{vy} = \frac{V}{n}$$

所以，螺栓所受最大的合成剪切力应不大于抗剪螺栓的最小承载力设计值 $[N^b]_{min}$。

在比较狭长的连接中，当 $y_1 > 3x_1$ 时，可近似地令 $x_1 = 0$，则 $N_{1y} = 0$。这时，最大抗剪螺栓可近似地按下式验算：

$$N = \sqrt{N_{1x}^2 + N_{vy}^2} \leqslant [N^b]_{min} \qquad (3-26)$$

4. 受拉力和剪力共同作用的螺栓连接计算

此项计算可分为下列几种情况：

(1) 螺栓单纯受拉。当螺栓单纯受拉时（图 3-38），通常采用粗制螺栓。假设各螺栓承受的拉力相等，则连接所需螺栓数目为

$$n = \frac{N}{[N_t^b]} \qquad (3-27)$$

式中 $[N_t^b]$——一个螺栓的抗拉承载力设计值，由式（3-20）计算。

(2) 螺栓同时承受剪力和拉力（图 3-39）或者承受剪力和弯矩（如图 3-40 中当支托只在安装横梁时使用，而不承受剪力 V 时），这种螺栓连接在实际结构中经常可以遇到。根据试验研究，这种螺栓应满足下面的相关公式：

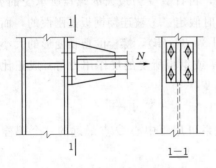

图 3-38 抗拉螺栓连接

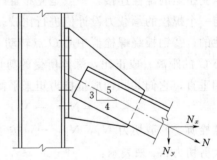

图 3-39 抗拉和抗剪螺栓连接

$$\sqrt{\left(\frac{N_v}{[N_v^b]}\right)^2 + \left(\frac{N_t}{[N_t^b]}\right)^2} \leqslant 1 \qquad (3-28)$$

式中 N_v——一个螺栓所承受的剪力，对图 3-39，$N_v = N_y/n$，对图 3-40（当其中支托不承受剪力 V 时），$N_v = V/n$；

N_t——一个螺栓所承受的拉力，对图 3-39，$N_t = N_x/n$，对图 3-40，$N_t = My_1/2\sum y_i^2$，见式（3-30）；

$[N_v^b]$、$[N_t^b]$——一个螺栓的抗剪和抗拉承载力设计值。

当满足式（3-28）时，螺栓不会受拉或受剪破坏，但当被连接板件过薄时，螺栓可能承压破坏，故还要按下式验算承压条件：

$$N_v \leqslant [N_c^b] \qquad (3-29)$$

式中 $[N_c^b]$——一个螺栓的承压承载力设计值。

(3) 剪力很大时。当剪力很大时，通常采用设置支托承受剪力，而螺栓只承受拉力。

如图 3-40 所示，梁与柱的安装连接，通常采用粗制螺栓承受弯矩 M 所引起的拉力，而剪力 V 由焊在柱翼缘上的支托来承担。计算这种抗拉螺栓时，可限定转动中心在最下面的螺栓处，各螺栓所受的拉力与该螺栓转动中心的距离 y 成正比。根据力矩平衡条件可求得最上面的螺栓所受的最大拉力 N_1，其强度条件为

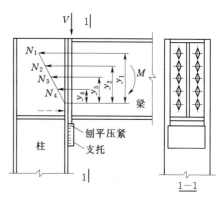

$$N_1 = \frac{My_1}{2\sum y_i^2} \leqslant [N_t^b] \qquad (3-30)$$

图 3-40　抗拉螺栓连接

式中　$\sum y_i^2$——各螺栓到转动中心距离的平方和；

　　　$[N_t^b]$——一个螺栓的抗拉承载力设计值。

支托和柱翼缘用角焊缝连接，其强度按下式验算：

$$\frac{1.35V}{h_e\sum l_w} \leqslant f_f^w \qquad (3-31)$$

式中　1.35——考虑剪力 V 对焊缝的偏心作用。

【例题 3-6】 设计一截面为 16mm×340mm 的钢板拼接连接，采用两块拼接板 $t=9mm$ 和精制 5.6 级螺栓连接。钢板用 Q235 钢，钢板承受轴心拉力 $N=750kN$（例图3-6）。

解： 选用精制螺栓 M22，从表 3-3 查得抗剪强度设计值 $f_v^b=190N/mm^2$，承压强度设计值 $f_c^b=405N/mm^2$。每个螺栓抗剪和承压承载力设计值分别为

$$[N_v^b] = n_v\frac{\pi d^2}{4}f_v^b = 2\times\frac{\pi\times2.2^2}{4}\times190\times\frac{1}{10} = 144.5(kN)$$

$$[N_c^b] = d\sum t f_c^b = 2.2\times1.6\times405\times\frac{1}{10} = 142.6(kN)$$

接缝一侧所需的螺栓数：

$$n = \frac{N}{[N^b]_{min}} = \frac{750}{142.6} = 5.3$$

所以，拼接板每侧采用 6 个螺栓，用并列排列。螺栓的间距、边距和端距根据构造要求，排列如例图 3-6 所示。

验算钢板净截面强度：

$$\frac{N}{A_n} = \frac{750\times10}{34\times1.6 - 3\times2.2\times1.6} = 171.1(N/mm^2) < f = 215N/mm^2 \quad （满足要求）$$

【例题 3-7】 验算例图 3-7 所示的搭接连接。一块支托板用 Q235-F 钢，支托板厚度 $t=10mm$，其上作用力 $P=60kN$，用 M20 的精制 5.6 级螺栓连接。

解： 由例图 3-7 中构造可知，搭接连接中螺栓为承受扭矩和剪力作用的抗剪螺栓连接。

精制螺栓连接由表 3-3 查得 $f_v^b=190N/mm^2$，$f_c^b=405N/mm^2$。

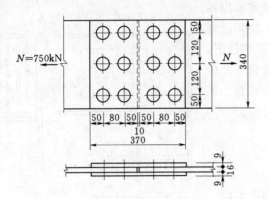

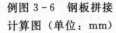

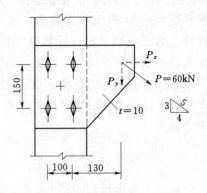

例图 3-6 钢板拼接
计算图（单位：mm）

例图 3-7 搭接连接的支托板
计算图（单位：mm）

每个螺栓的抗剪和承压的承载力设计值分别为

$$[N_v^b] = n_v \frac{\pi d^2}{4} f_v^b = 1 \times \frac{\pi \times 2.0^2}{4} \times 190 \times \frac{1}{10} = 59.7(\text{kN})$$

$$[N_c^b] = dt f_c^b = 2.0 \times 1.0 \times 405 \times \frac{1}{10} = 81(\text{kN})$$

故按 $[N^b]_{\min} = 59.7 \text{kN}$ 进行核算。

偏心力 P 的分力和对螺栓群转动中心的扭矩分别为

$$P_x = \frac{4}{5} \times 60 = 48(\text{kN}) \qquad e_x = 18\text{cm}$$

$$P_y = \frac{3}{5} \times 60 = 36(\text{kN}) \qquad e_y = 7.5\text{cm}$$

$$T = P_x e_y + P_y e_x = 48 \times 7.5 + 36 \times 18 = 1008(\text{kN} \cdot \text{cm})$$

$$\sum x_i^2 + \sum y_i^2 = 4 \times 5^2 + 4 \times 7.5^2 = 325(\text{cm}^2)$$

扭矩作用下螺栓所受最大剪切力的各分力：

$$N_{Tx} = \frac{Ty}{\sum x_i^2 + \sum y_i^2} = \frac{1008 \times 7.5}{325} = 23.26(\text{kN})$$

$$N_{Ty} = \frac{Tx}{\sum x_i^2 + \sum y_i^2} = \frac{1008 \times 5}{325} = 15.51(\text{kN})$$

剪力作用下每个螺栓所受平均剪力的各分力：

$$N_{vx} = \frac{P_x}{n} = \frac{48}{4} = 12(\text{kN})$$

$$N_{vy} = \frac{P_y}{n} = \frac{36}{4} = 9(\text{kN})$$

螺栓所受最大的合成剪切力：

$$N_{\max} = \sqrt{(N_{Tx} + N_{vx})^2 + (N_{Ty} + N_{vy})^2}$$

$$= \sqrt{(23.26 + 12)^2 + (15.51 + 9)^2}$$

$$= 42.94(\text{kN}) < [N^b]_{\min} \times 0.9 = 59.7 \times 0.9$$

$$= 53.7(\text{kN})(\text{可靠})$$

考虑搭接情况，应将螺栓的设计承载力乘以降低系数 0.9。

【例题 3-8】 梁和柱翼缘用普通粗制螺栓（C 级）连接，见例图 3-8。连接处剪力 $V=258\text{kN}$，弯矩 $M=37.6\text{kN} \cdot \text{m}$，梁端设有支托。钢材为 Q235-F，螺栓用 M20，焊条 E43，手工焊，试设计此连接。

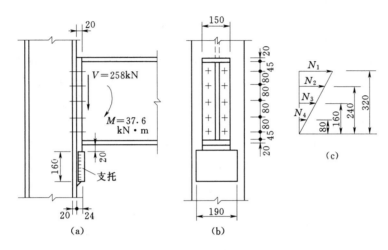

例图 3-8 梁与柱的连接计算图（单位：mm）

解：（1）假定支托只起安装作用，螺栓同时承受拉力和剪力。设螺栓群绕最下一排螺栓旋转，此时螺栓承受的拉力见例图 3-8（c）。螺栓按构造要求排列见例图 3-8（b）。查附录五，$A_e = 2.448\text{cm}^2$。

每个螺栓的抗剪和承压的承载力设计值分别为

$$[N_v^b] = n_v \frac{\pi d^2}{4} f_v^b = 1 \times \frac{\pi \times 2^2}{4} \times 140 \times \frac{1}{10} = 44(\text{kN})$$

$$[N_c^b] = d \sum t f_c^b = 2 \times 2 \times 305 \times \frac{1}{10} = 122(\text{kN})$$

$$[N_t^b] = A_e f_t^b = 2.448 \times 170 \times \frac{1}{10} = 41.62(\text{kN})$$

弯矩作用下螺栓所受的最大拉力：

$$N_t = \frac{M y_1}{2 \sum y_i^2} = \frac{37.6 \times 32 \times 10^2}{2 \times (8^2 + 16^2 + 24^2 + 36^2)} = 31.33(\text{kN}) < [N_t^b]$$

剪力作用下每个螺栓所受的平均剪力：

$$N_v = \frac{V}{n} = \frac{258}{10} = 25.8\text{kN} < [N_c^b] = 122\text{kN}$$

剪力和拉力共同作用下：

$$\sqrt{\left(\frac{N_v}{[N_v^b]}\right)^2 + \left(\frac{N_t}{[N_t^b]}\right)^2} = \sqrt{\left(\frac{25.8}{44}\right)^2 + \left(\frac{31.33}{41.62}\right)^2} = 0.954 < 1(\text{可靠})$$

（2）设剪力由支托承受，螺栓只承受弯矩作用。

$$N_t = \frac{37.6 \times 32 \times 10^2}{2 \times (8^2 + 16^2 + 24^2 + 32^2)} = 31.33(\text{kN}) < [N_t^b] = 41.62\text{kN}$$

支托和柱翼缘的连接角焊缝计算，采用 $h_f = 10\text{mm}$（偏于安全考虑，略去端焊缝强度提高系数 1.22）

$$\frac{1.35V}{h_e \sum l_w} = \frac{1.35 \times 258 \times 10}{0.7 \times 1 \times [(16-1.0) \times 2 + 19]} = 102(\text{N/mm}^2) < 160\text{N/mm}^2$$

三、高强螺栓连接的构造和计算

（一）高强螺栓连接的构造和性能

高强螺栓的形状、连接构造（如构造原则、连接形式、直径选择及螺栓排列要求等）和普通螺栓基本相同。高强螺栓由螺杆、螺帽和垫圈组成。螺栓的性能按规范规定的等级分别为 8.8 级和 10.9 级，级别数字含义同前。如 8.8 级钢材的抗拉强度是 800N/mm^2，屈强比是 0.8。推荐采用的钢号：大六角高强度螺栓 8.8 级的有 45 号钢和 35 号钢，10.9 级的有 20MnTiB、40B 和 35VB 钢；扭剪型高强螺栓只有 10.9 级，推荐钢号为 20MnTiB 钢。垫圈均采用 45 号钢制造，并经热处理。高强螺栓应采用钻成孔。摩擦型高强螺栓的孔径比螺栓公称直径 d 大 1.5~2.0mm；承压型高强度螺栓的孔径比螺栓公称直径 d 大 1.0~1.5mm。

高强螺栓和普通螺栓连接受力的主要区别是：普通螺栓连接的螺母拧紧的预拉力很小，受力后全靠螺杆承压和抗剪来传递剪力；而高强螺栓是靠拧紧螺母，对螺杆施加强大而受控制的预拉力，此预拉力将被连接的构件夹紧，这种靠构件夹紧而使接触面间产生摩擦阻力来承受连接内力是高强螺栓连接受力的特点（图 3-41）。

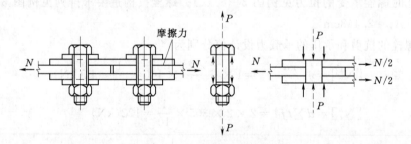

图 3-41　高强螺栓的受力情况

高强螺栓连接分为摩擦型和承压型。摩擦型高强螺栓完全依靠被连接件之间的摩阻力传力，当荷载在摩擦面作用的剪力等于最大摩阻力时即为连接的极限荷载。摩擦型高强螺栓对孔壁质量要求不高（Ⅱ类孔），但是为了提高摩阻力，对连接的摩擦接触面应进行处理。另外，这种连接的节点应力集中小，连接质量容易控制，不像焊接节点易产生脆性破坏。经过大量的试验研究和工程实践证明，在承受反复荷载作用下高强螺栓的预拉力不会松弛，因此，螺杆本身不会因疲劳而折断。摩擦型高强螺栓连接的优点是施工简便，受力好，耐疲劳，易拆换，工作安全可靠及计算简单，已广泛用于钢结构连接中，尤其适用于承受动载的结构。

承压型高强螺栓连接的特征是剪力超过摩阻力时，构件之间发生相互滑动，螺杆和孔壁接触，由摩阻力和螺杆的剪切、承压共同传力，接近破坏时以螺栓剪坏或孔壁承压破坏为承载力极限，这点又和普通螺栓受力相同。承压型高强螺栓连接的承载力比摩擦型的高，可节约螺栓数，但这种连接剪切变形较大，还应以不出现滑移作为正常使用的极限状态。若用于动载连接中这种剪切反复滑动可能导致螺栓松动，故规范规定不得用于直接承受动载的结构中。承压型高强螺栓连接在我国正在逐渐推广中。

高强螺栓的预拉力 P 是通过拧紧螺母实现的，施工中一般采用扭矩法、转角法或扭剪法来控制预拉力。

（1）扭矩法。用直接显示扭矩大小的特制扳手，根据事先测定螺栓中预拉力和扭矩之间的关系施加扭矩。为了防止预拉力的损失，一般应按规定的 P 值超过 5%～10% 施加扭矩。

（2）转角法。为了使被连接的构件相互紧密贴合，先用普通扳手把螺母拧到拧不动的位置作为初拧，再根据螺栓直径和板层厚度经实测确定终拧角度。用长把扳手或风动扳手旋转螺母 1/2～2/3 圈时，即可达到螺栓预拉力 P。

（3）扭剪法。专门的扭剪型高强螺栓用扳手拧断螺栓尾部时，即达到控制的预拉力 P。这种螺栓施加预拉力简单、准确，但扭剪型高强螺栓供应还不普遍。

规范规定的预拉力 P 值见表 3-5，此值对摩擦型和承压型高强螺栓均适用。

表中每个高强度螺栓的设计预拉力 P 的数值由下式算出：

$$P = \frac{0.9 \times 0.9}{1.2} A_e f_y$$

式中　f_y——屈服强度，对 8.8 级螺栓取 $f_y = 660\text{N/mm}^2$，对 10.9 级螺栓取 $f_y = 940\text{N/mm}^2$；

A_e——螺纹处有效面积（见附录五）。

式中分子上第一个 0.9 是考虑材质的不均匀而引起的折减系数，第二个 0.9 是考虑应力松弛的影响系数。分母中的 1.2 考虑了施工拧紧时螺栓受剪的不利影响。

表 3-5　　　　　　　　　　一个高强螺栓的设计预拉力 P 值　　　　　　　　　　单位：kN

螺栓的性能等级	螺 栓 公 称 直 径/mm					
	M16	M20	M22	M24	M27	M30
8.8 级	80	125	150	175	230	280
10.9 级	100	155	190	225	290	355

高强螺栓连接的摩擦面抗滑移系数 μ 值：摩擦型高强螺栓连接完全依靠被连接构件间的摩擦传力，而摩阻力的大小除了与螺栓预拉力外，还与被连接构件材料及其接触面的表面处理方法即 μ 值有关。规范规定的 μ 值见表 3-6。构件接触面的处理方法应在施工图中说明，高强螺栓安装时要注意防潮，避免雨天拼装，以免降低 μ 值。

（二）高强螺栓连接的强度计算

承压型高强螺栓受剪时，其极限承载力由螺栓抗剪和孔壁承压决定，摩阻力只起延缓滑动的作用。因此，其承载力设计值的计算方法与普通螺栓相同，包括沿杆轴方向受拉的承载力设计值也与普通螺栓的计算方法相同，只是 f_v^b、f_c^b、f_t^b 用承压型高强螺栓的强度

表 3-6 摩擦面的抗滑移系数 μ 值

在连接处构件接触面的处理方法	构 件 的 钢 号		
	Q235 钢	Q345 钢、Q390 钢	Q420 钢
喷砂（丸）	0.45	0.50	0.50
喷砂（丸）后涂无机富锌漆	0.35	0.40	0.40
喷砂（丸）后生赤锈	0.45	0.50	0.50
钢丝刷清除浮锈或未经处理的干净轧制表面	0.30	0.35	0.40

设计值。此外，还应按标准荷载验算不出现滑动的正常使用状态，这相当于摩擦型连接的抗剪设计承载力（有关承压型高强螺栓连接计算的其他规定，详见 GB 50017—2003《钢结构设计规范》。以下讨论摩擦型高强螺栓连接计算问题。

1. 抗剪螺栓连接计算

（1）一个螺栓的抗剪承载力设计值。摩擦型高强螺栓承受剪力时的设计准则是外力不得超过摩阻力。每个螺栓的摩阻力为 $n_f\mu P$，除以螺栓材料的分项抗力系数 1.111 后，近似地取其抗剪承载力设计值 $[N_v^b]$ 为

$$[N_v^b]=0.9n_f\mu P \tag{3-32}$$

式中 P——高强螺栓的预拉力设计值，见表 3-5；

n_f——传力摩擦面数，单剪时 $n_f=1$，双剪时 $n_f=2$；

μ——摩擦面的抗滑移系数，见表 3-6。

（2）受轴心力作用时的连接计算，按以下几步计算：

1）被连接构件接缝一边所需螺栓数 n：

$$n \geqslant \frac{N}{[N_v^b]}$$

2）验算构件净截面强度：

$$\sigma=\frac{N'}{A_n} \leqslant f$$

$$N'=N\left(1-0.5\,\frac{n_1}{n}\right)$$

式中 A_n——所验算的构件净截面面积（第一列螺孔处）；

n_1——所验算截面（第一列）上的螺栓数；

n——连接一边的螺栓总数；

0.5——系数，考虑到高强螺栓的传力特点，由于摩阻力作用假定所验算的削弱截面上，每个螺栓所分担的剪力的 50% 已由孔前接触面传递到被连接的另一构件中。

（3）受扭矩作用，或扭矩、剪力、轴心力共同作用的连接计算。计算方法与普通螺栓连接相同，只是在计算时用高强螺栓的抗剪承载力设计值。

【例题 3-9】 将［例题 3-6］中钢板拼接改用 10.9 级 M22 的摩擦型高强螺栓，连接处接触面用喷砂处理。试求所需螺栓数。

解：由表 3-5 查出预拉力 $P=190$kN，由表 3-6 查出抗滑移系数 $\mu=0.45$，$n_f=2$。

每个螺栓抗剪承载力设计值 $[N_v^b]$：

$$[N_v^b]=0.9n_f\mu P=0.9\times2\times0.45\times190=153.9(\text{kN})$$

拼接缝一侧所需的高强螺栓数 $n=750/153.9=4.9$（个）。所以，拼接缝每侧采用 5 个高强螺栓，靠板边的第一列 3 个，第二列 2 个。螺栓的间距、边距和端距根据构造要求，排列参见 [例题 3-6]。

验算钢板的净截面（第一列螺孔处）强度：

$$N'=N\left(1-0.5\,\frac{n'}{n}\right)=750\times\left(1-0.5\times\frac{3}{5}\right)=525(\text{kN})$$

$$A_n=t(b-n_1d_0)=1.6\times(34-3\times2.4)=42.88(\text{cm}^2)$$

其中 d_0 为孔径，$d_0=2.2+0.2=2.4(\text{cm})$。

$$\frac{N'}{A_n}=\frac{525\times10}{42.88}=122.4(\text{N/mm}^2)<f=215\text{N/mm}^2$$

2. 抗拉螺栓连接计算

如图 3-42 所示连接，在弯矩 M 作用下，由于高强螺栓预拉力较大，被连接构件的接触面一直保持着紧密贴合，中和轴保持在螺栓群形心轴线上。最外面的螺栓所受最大拉力 N_{t1}，其强度条件为

$$N_{t1}=\frac{My_1}{2\sum y_i^2}\leqslant[N_t^b] \qquad (3-33)$$

其中 $\qquad\qquad [N_t^b]=0.8P$

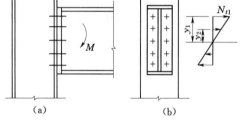

3. 同时承受拉力和剪力的螺栓连接计算

在图 3-33 (d) 中，梁柱连接同时受剪力 V 和弯矩 M 作用时，则高强螺栓也承受剪力和

图 3-42　抗拉高强螺栓连接

弯矩引起沿螺栓杆轴方向的拉力共同作用时，其承载力按下式计算：

$$\frac{N_v}{[N_v^b]}+\frac{N_t}{[N_t^b]}\leqslant1 \qquad (3-34)$$

式中　N_v、N_t——一个高强度螺栓所承受的剪力和拉力，此处 $N_t=N_{t1}$；

$\qquad[N_v^b]$、$[N_t^b]$——一个高强度螺栓的受剪、受拉承载力设计值，其中 $[N_t^b]=0.8P$。

四、混合连接

两种连接种类共同承受一种受力的状况下，它们能否协调受力，这要从它们的变形来考虑。不能是一种连接已经达到临近破坏的极限变形，而另一种连接由滑移等因素还没吃上劲。这样就不能协调受力了，例如焊接和普通螺栓、甚至承压型的高强度螺栓的混合连接，从图 3-43 可以看出，它们很难协调受力。因为焊接的极限变形大约相当于承压型高强度螺栓滑移结束时的变形。如果普通螺栓更是吃不上劲了。从图 3-43 可见，只有焊接可以和摩擦型高强度螺栓混合连接。

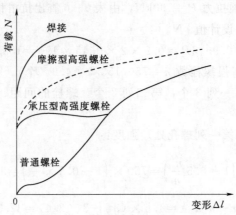

图 3-43 混合连接变形对比

思 考 题

3-1 常用的连接有哪几类，各类的特点是什么？

3-2 对接焊缝在手工焊时，什么情况下必须进行强度计算？

3-3 角焊缝的尺寸在构造上有哪些要求？为什么？

3-4 在尺寸相同的条件下，正面角焊缝与侧面角焊缝哪个静力强度高？当正面焊缝与侧面焊缝同时存在时，在轴心力作用下应如何计算？

3-5 角钢与节点板连接时，为什么要有两侧焊缝内力分配系数？它是根据什么确定的？

3-6 扭矩作用下焊缝强度计算的基本假定是什么？如何求得焊缝最大应力？

3-7 焊接残余应力与残余变形的成因是什么？焊接残余应力对构件的影响是什么？如何减少焊接残余应力和焊接残余变形？

3-8 螺栓在钢板或型钢上排列的最小与最大间距主要是根据什么因素确定的？

3-9 普通螺栓与高强度螺栓在受力特性方面有什么区别？单个螺栓的抗剪承载力设计值是如何确定的？

3-10 螺栓群在扭矩作用下，在弹性受力阶段受力最大的螺栓其内力值是在什么假定下求得的？

3-11 为什么要控制高强度螺栓的预拉力？

3-12 高强度螺栓已存在较大的预拉力，为什么还能用于沿其螺杆轴方向受拉的连接？

习 题

3-1 已知 Q235-F 钢板截面 $500\text{mm} \times 20\text{mm}$，用对接直焊缝拼接，采用手工焊焊条 E43 型，用引弧板，按Ⅲ级焊缝质量检验，试求焊缝所能承受的最大轴心拉力设计值。

3-2 验算图 3-44 所示牛腿与柱连接的对接焊缝的强度。已知外力 $F=180\text{kN}$，钢材为 Q235，焊缝尺寸见图 3-44（b），手工焊焊条为 E43 型，无引弧板、采用Ⅲ级质量检验（假定剪力仅由腹板上的焊缝平均承受）。

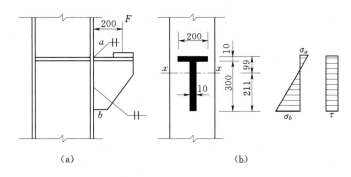

图 3-44　习题 3-2 图

3-3　设图 3-21 所示的角钢截面为 2∟100×10，与厚 12mm 的节点板用角焊缝相连，已知角钢承受轴心拉力为 400kN，钢材 Q235-F，焊条 E43 型。

1）试采用两侧角焊缝，设计角钢肢背和肢尖的焊缝尺寸。

2）试按焊脚尺寸统一用 $h_f=8$mm 设计围焊缝长度。

3-4　见图 3-45，菱形盖板拼接，试计算连接焊缝所能承受的静力轴心力设计值 N。已知钢材为 Q235，手工焊焊条为 E43 型。

3-5　试计算图 3-46 所示钢板与柱翼缘的连接角焊缝的强度。已知 $N=390$kN（设计值），与焊缝之间的夹角 $\theta=60°$，钢材为 Q235，手工焊焊条为 E43 型。

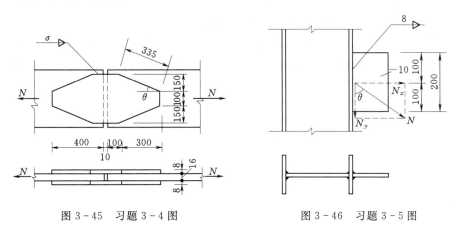

图 3-45　习题 3-4 图　　　　　　　图 3-46　习题 3-5 图

3-6　试计算图 3-47 所示，角焊缝所能承受的最大荷载设计值 F（静力荷载）。已知钢材为 Q235，焊条为 E43 型。

3-7　见图 3-48，两块钢板截面为 $-18×400$，钢材 Q235-F，承受轴心力设计值 $N=1180$kN，采用 M22 普通螺栓拼接，Ⅰ类螺孔，试设计此连接。

3-8　见例图 3-7，当螺栓改用 M22 时，试求作用力 P 的设计值。

3-9　见图 3-39，当角钢轴心拉力为 $N=400$kN 时，试设计端板与柱的普通螺栓连接，钢材均为 Q235，设螺栓总数为 10，间距为 10mm，N 通过螺栓群形心。

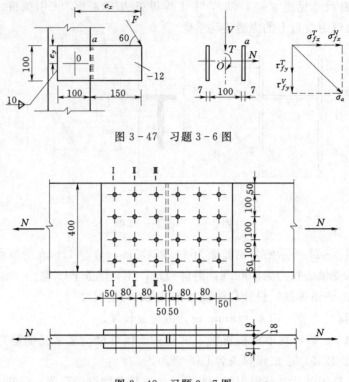

图 3-47 习题 3-6 图

图 3-48 习题 3-7 图

3-10 现将［例题 3-6］的钢板拼接，改用 40B 钢 M22 摩擦型高强螺栓（孔径 24mm），拼接板与主钢板接触面喷砂处理，试设计此连接。

3-11 现将例图 3-8 中的支托取消，改用摩擦型高强螺栓连接，螺栓用 45 号钢 M22，接触面喷砂处理，连接构件为 Q235 钢。试验算在图示外力作用下的螺栓连接强度。

第四章 钢 梁

第一节 钢梁的形式及应用

梁是钢结构中常用的基本受弯构件，广泛应用于各种钢闸门、钢桥、海上钻井采油平台和厂房等结构物中，作为主梁、次梁或吊车梁等。

钢梁通常制成工字形或 H 形截面，见图 4-1（a）、（b）、（f）、（g）、（h），其中主轴 x 称为强轴（因 $I_x > I_y$），另一主轴 y 称为弱轴，宜用来承受作用于腹板平面内（绕强轴 x）的弯矩。因材料在工字形截面上的分布能基本上同弯应力分布情况相适应，故比较经济合理。

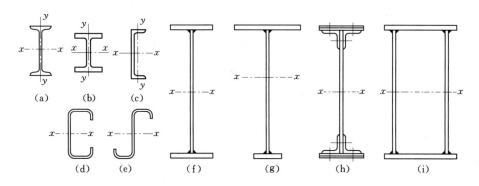

图 4-1 钢梁的截面形式

钢梁有轧成梁（或称型钢梁）和组合梁（或称板梁）两类。轧成梁常采用工字钢或槽钢，见图 4-1（a）、（b）、（c）。轧成梁虽受轧钢条件限制，腹板较厚，材料未能充分利用，但由于制造省工，成本较低（型钢价格比钢板价格略低），故当轧成梁能满足强度和刚度要求时，应优先采用，其中槽钢因其截面对 y 轴不对称，荷载常不通过截面的弯曲中心，受弯的同时会产生约束扭转，以致影响梁的承载能力，故仅用于在构造上能保证截面不发生显著扭曲、且跨度很小的次梁或屋盖檩条。后者也可采用角钢或比较经济的冷弯薄壁型钢，见图 4-1（d）、（e），但防锈要求较高。当梁的跨度与荷载较大时，例如钢闸门和钢引桥的主梁等，由于型钢规格的限制，就必须采用焊接组合梁，见图 4-1（f）、（g）。此外，在铁路钢桥中过去常采用铆接组合梁，见图 4-1（h），但由于铆接梁费钢费工，现已推广采用焊接梁。

组合梁可制成对称工字形、不对称工字形或双腹式箱形截面等，其中以焊接工字形截面为最常用。双腹式箱形截面［图 4-1（i）］因腹板用料较多且构造复杂、施焊不便，仅当有特殊要求，或当梁受双向弯矩作用需要增大梁的侧向抗弯刚度和抗扭刚度时，才考虑采用，例如钢闸门的支承边梁以及海上采油平台和桥式起重机的大梁等。

根据工字梁受弯时翼缘应力大、腹板应力小的特点，可将焊接梁的翼缘采用强度较高的低合金钢，而腹板则采用强度较低的钢材，即所谓异种钢梁。也可将工字钢的腹板沿梯形齿状线切割成两半，然后错开半个节距，焊接成具有蜂窝状孔洞而梁高增大的蜂窝梁，见图 4-2（a）。此外，在桥梁、楼盖和平台结构中，钢梁上的铺板常采用钢筋混凝土板。为了充分利用材料，只需在钢梁顶面隔一定间距焊接纵向抗剪连接件，使二者不产生相对滑移而保证整体弯曲，即可构成钢与混凝土组合梁，见图 4-2（b）。对于简支梁而言，混凝土基本受压，钢梁基本受拉，适合这两种材料的特性。

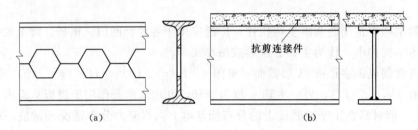

图 4-2 梁的特殊形式

第二节 钢梁的弯曲强度及其计算

钢梁在其对称轴平面内的横向荷载作用下，一般只在该平面（腹板平面）内产生弯矩、剪力和挠度。但是，由于钢梁的截面通常为高而窄的工字形或槽形，侧向抗弯刚度和抗扭刚度较小，还可能发生侧向弯曲扭转屈曲而丧失整体稳定。对于组合梁而言，当腹板或翼缘相对较薄时，还可能在受压区发生局部失稳而破坏。因此，设计钢梁时须全面考虑并分别验算其弯应力与剪应力强度、挠度、整体稳定和局部稳定。其中，弯应力强度是设计钢梁的最主要因素。本节将着重阐明钢梁的弯曲强度及其计算。

一、钢梁的弯曲强度

根据试验，一般低碳钢和低合金钢试件在受弯时，如同简单拉伸试验一样，也存在着屈服强度和屈服台阶（或称流幅），可视作理想的弹性塑性体。而且在超过弹性范围受弯时仍符合弯曲构件应变的平面假定。因此，在静力荷载作用下，钢梁的弯曲大致可划分为三个应力阶段。

1. 弹性阶段

梁截面上的应变 ε 和正应力 σ 都呈三角形分布，且其边缘的最大正应力不超过屈服强度 f_y，见图 4-3（a）。对于直接承受动力荷载的钢梁以及钢闸门中的梁，常以其弹性阶段作为计算依据，其相应的抗弯力矩（边缘屈服弯矩）为

$$M_e = f_y W_{nx} \tag{4-1}$$

式中 W_{nx}——梁对 x 轴的净截面模量。

2. 弹塑性阶段

实际上当边缘的最大正应力达到屈服强度 f_y 时，梁的承载能力并未达到极限。如继

续增加荷载，按照平面假定，应变 ε 虽仍按直线规律增加，但因钢材具有明显的屈服台阶，边缘应力保持 f_y 不变，而且在截面的上下两边，凡是应变值达到和超过 ε_y 的部分，其应力都相应达到屈服强度 f_y，形成了部分塑性区，见图 4-3（b）。在 GB 50017—2017《钢结构设计标准》中，就是采用这一应力阶段作为承受静力荷载或间接动力荷载的钢梁抗弯强度计算的依据。

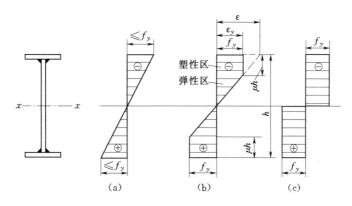

图 4-3　钢梁受弯时的应力阶段

3. 塑性阶段

随着荷载的继续增大，塑性区将逐渐向截面内部扩展。同时由于受到截面内部弹性区的约束，截面边缘部分的塑性变形不能自由发展，钢梁仍能承担更大的弯矩。对于理想的弹性塑性体，待塑性区扩展至整个截面时，应力图形将成为两个矩形，见图 4-3（c）。这时塑性变形急剧发展，梁就在弯矩作用方向绕该截面中和轴自由转动，形成了一个塑性铰，达到了承载能力的极限。这一应力阶段就是超静定梁按塑性设计时允许出现塑性铰直至变为机构的计算依据。其极限弯矩（塑性弯矩）可按下式计算：

$$M_p = f_y \int_A y \, dA = f_y(S_1 + S_2) = f_y W_p \qquad (4-2)$$

式中　S_1、S_2——梁截面的上半部和下半部分别对于塑性阶段的中和轴的面积矩，当截面上下不对称时，塑性阶段的中和轴为截面积 A 的平分线，不再同形心轴重合（图 4-4）；

　　　　W_p——梁截面的塑性模量。

由式（4-1）和式（4-2）可见，梁的塑性弯矩 M_p 与边缘屈服弯矩 M_e 之比 $F = M_p/M_e = W_p/W$，主要与梁的截面形状有关，故称为形状系数。对于矩形截面，$W_p = bh^2/4$，$W = bh^2/6$，形状系数 $F = 1.5$。工字形截面绕强轴 x 弯曲时，$F = 1.08 \sim 1.17$，决定于翼缘与腹板截面积之比以及翼缘厚度与梁高之比，在通常的尺寸比例下，$F = 1.12$。由此可见，工字形截面梁在全截面发展塑性变形而形成塑性铰时的塑性弯矩，至少要比弹性阶段的边缘屈服弯矩 M_e 提高 10％以上。

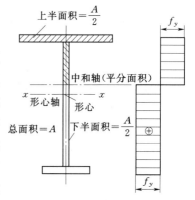

图 4-4　不对称截面塑性阶段的中和轴位置

实际上，钢梁能否采用塑性设计尚应考虑下列因素的影响：

（1）变形的影响。塑性变形引起梁的挠度增大，可能会影响梁的正常使用。

（2）剪应力的影响。当在钢梁截面的同一点上存在弯应力 σ 与剪应力 τ 共同作用时，应以折算应力 $\sigma_{eq} = \sqrt{\sigma^2 + 3\tau^2}$ 是否等于屈服强度 f_y 来判别钢材是否达到塑性状态。显然，当最大弯矩所的截面上还有剪应力作用时，将会提早出现塑性铰。因此，当采用塑性设计时，宜对剪应力作适当限制。

（3）局部稳定的影响。超静定梁在形成塑性铰和内力重分配过程中，要求在塑性铰转动时能保证受压翼缘和腹板不会局部失稳。

（4）脆断或疲劳的影响。钢梁在动力荷载或连续性重复荷载作用下，可能发生突然性的脆断，它与静力荷载作用下发生缓慢的塑性破坏完全不同。因此，对于直接承受动力荷载或连续性重复荷载的钢梁，也不能采用塑性设计。

（5）钢材本身有较好的塑性，如 $f_u / f_y \geqslant 1.2$，$\delta_5 \geqslant 15\%$。

由于塑性设计的影响因素和限制条件较多，而弹性设计又偏于保守，GB 50017—2017《钢结构设计标准》规定，除直接承受动力荷载或受压翼缘自由外伸宽度 b 与其厚度 t_1 之比超过 $13 \times \sqrt{235/f_y}$ 的梁仍采用弹性设计外，一般的静定梁都可考虑部分发展塑性变形来计算梁的弯曲强度。上下两边塑性区的深度 μh，图 4 - 3（b），一般控制在 $h/8$。相应的截面塑性发展系数 γ，对于双轴对称工字形截面 $\gamma_x = 1.05$，$\gamma_y = 1.2$，箱形截面 $\gamma_x = \gamma_y = 1.05$。

二、钢梁的强度计算

钢梁的强度计算一般应包括弯应力、剪应力和折算应力的验算。对弯应力强度的验算公式如下：

单向弯曲
$$\sigma = \frac{M_x}{\gamma_x W_{nx}} \leqslant f \qquad (4-3)$$

双向弯曲
$$\sigma_{\max} = \frac{M_x}{\gamma_x M_{nx}} + \frac{M_y}{\gamma_y W_{ny}} \leqslant f \qquad (4-4)$$

式中 M_x、M_y——绕 x 轴和 y 轴的计算弯矩，应考虑荷载分项系数；

      f——钢材的抗弯强度设计值（表 2 - 4）；

   W_{nx}、W_{ny}——钢梁对 x 轴和 y 轴的净截面模量；

    γ_x、γ_y——截面塑性发展系数，工字形 $\gamma_x = 1.05$，$\gamma_y = 1.2$；其他截面形式的 γ_x，γ_y 值详见表 5 - 4。

当梁的受压翼缘的自由外伸宽度 b 与其厚度 t_1 之比大于 $13 \times \sqrt{235/f_y}$ 时（但不超过 $15 \times \sqrt{235/f_y}$），或当梁直接受动力荷载时，都应取 $\gamma_x = \gamma_y = 1.0$。

钢闸门和拦污栅中的各种梁，按有关现行专门规范规定，仍应采用容许应力计算法。对应于式（4 - 3）的验算式为

单向弯曲
$$\sigma = \frac{M_x}{M_{nx}} \leqslant [\sigma] \qquad (4-5)$$

式（4 - 5）与式（4 - 3）的差别为：除 γ_x 外，在计算弯矩（内力）时，不必考虑荷载分项系数；同时应以钢材的容许弯应力 $[\sigma]$（表 2 - 7）来取代强度设计值 f。为便于教

学，下文将只列出一种计算方法的公式，凡遇到须将两种计算方法互换时，读者可参照式（4-5）和式（4-3）的差别进行变换。

钢梁剪应力的验算公式为

$$\tau = \frac{VS}{It_w} \leqslant f_v \qquad (4-6)$$

式中　V——梁所受的最大剪力，应考虑荷载分项系数；

　　　f_v——钢材的抗剪强度设计值（表2-4）；

　　　I——梁的毛截面惯性矩（不考虑螺栓孔削弱）；

　　　S——梁的毛截面在计算剪应力处以上部分对于中和轴的面积矩；

　　　t_w——腹板厚度。

若梁截面在同一点上受到较大的弯应力 σ、局部压应力 σ_c 和剪应力 τ 共同作用时，还应按下式验算其折算应力：

$$\sigma_{eq} = \sqrt{\sigma^2 + \sigma_c^2 - \sigma\sigma_c + 3\tau^2} \leqslant \beta f \qquad (4-7)$$

式中　σ、σ_c——以拉应力为正值，压应力为负值；

　　　β——计算折算应力的强度增大系数，当 σ 与 σ_c 同号或 $\sigma_c = 0$ 时，取 $\beta = 1.1$，当 σ 与 σ_c 异号时，取 $\beta = 1.2$。

第三节　钢梁的整体稳定性

一、整体稳定性的概念

钢梁同钢筋混凝土梁相比较，在设计上有一个显著特点：钢梁常采用工字形或槽形等开口薄壁截面，其侧向抗弯刚度和抗扭刚度，相对而言，都要比粗大的钢筋混凝土梁低，常可能在弯应力尚未达到屈服强度之前，就发生侧向弯扭屈曲，通常称为整体失稳。

对钢梁整体稳定性的研究，大致同材料力学中轴心压杆的稳定性相类似，主要是确定钢梁从平面弯曲状态的稳定平衡转变为不稳定平衡的临界力。当钢梁所受的荷载平行于梁截面的主轴 y—y 且通过其弯曲中心时，钢梁在最大刚度平面内绕主轴 x—x 弯曲，梁处于平面弯曲状态。在外界偶然干扰下，钢梁发生微小的侧向弯曲和扭转（图4-5的实线所示）。当荷载小于一定的临界荷载时，在干扰消除后，梁仍能恢复到原来的平面弯曲状态，这时梁处于稳定平衡。当荷载增加至临界荷载时，钢梁会突然出现侧向弯曲和扭转，即使干扰消除后，梁也不能恢复到原来的平面弯曲状态。这时梁处于极其短暂的中性平衡（或称临界平衡），并将迅速转变为不稳定平衡，终于因侧向弯曲和扭转急剧增大而遭到破坏。这种现象称为钢梁丧失整体稳定，或称侧向弯扭屈曲。钢梁的整体失稳破坏往往是突然发生的，失事前没有明显的征兆，故设计时必须特别注意。

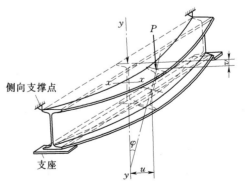

图4-5　简支梁丧失整体稳定的现象

根据弹性稳定理论，双轴对称工字形等截面梁的临界荷载 P_{cr}、临界弯矩 M_{cr} 以及受压翼缘的临界应力 σ_{cr} 分别为

$$P_{cr} = \frac{K_p \sqrt{EI_y GJ}}{l_1^2} \tag{4-8}$$

$$M_{cr} = \frac{K \sqrt{EI_y GJ}}{l_1} \tag{4-9}$$

$$\sigma_{cr} = \frac{K \sqrt{EI_y GJ}}{l_1 W_x} \tag{4-10}$$

式中　l_1——梁受压翼缘的自由长度，等于梁的跨度或侧向支承点的间距；

　　EI_y——梁截面的侧向抗弯刚度；

　　GJ——梁截面的抗扭刚度；

　　W_x——梁截面对 x 轴的毛抵抗模量。

上式中的系数 K_p 与 K 依照梁的荷载形式与作用位置、跨度、支承情况和截面几何特性等因素而定：

简支梁受均布荷载时　　$K_p = 28.3 \left(\sqrt{1 + \frac{11.9}{\alpha^2 l_1^2}} \mp \frac{1.414}{\alpha l_1} \right) \tag{4-11}$

$$K = 3.54 \left(\sqrt{1 + \frac{11.9}{\alpha^2 l_1^2}} \mp \frac{1.414}{\alpha l_1} \right) \tag{4-12}$$

简支梁受纯弯曲时　　$K = \pi \sqrt{1 + \frac{\pi^2}{\alpha^2 l_1^2}} \tag{4-13}$

其中　　　　　　　　$\alpha^2 = \frac{GJ}{EI_w}$

式中　EI_w——梁截面的翘曲刚度。

对称工字形截面　　$I_w = \frac{I_y h^2}{4} \tag{4-14}$

其中　　　$\alpha^2 = \frac{4GJ}{h^2 EI_y}$　　$I_y = \frac{t_1 b_1^3}{6}$　　$J = \frac{1.3}{3}(t_w^3 h_0 + 2 b_1 t_1^3) \approx \frac{A t_1^2}{3}$

式中　b_1、t_1——工字形截面梁的翼缘宽度与厚度；

　　h_0、t_w——工字形截面梁的腹板高度与厚度；

　　A——梁的毛截面面积。

在计算 K_p 和 K 的公式中，括号内的减号用于荷载作用在梁的上翼缘时，加号用于荷载作用在下翼缘时。由此可见，荷载作用位置越低，临界荷载与临界应力越大。

从上述钢梁丧失整体稳定的现象（图 4-5）和临界荷载 P_{cr} 的公式，可以获得一个重要的概念：钢梁按整体稳定的承载能力即临界荷载的大小，主要决定于梁受压翼缘的自由长度 l_1、梁截面的侧向抗弯刚度 EI_y 以及抗扭刚度 GJ。即 l_1 越小，或 EI_y 与 GJ 越大，则临界荷载 P_{cr} 越大。而 I_y 与 J 的大小又主要决定于翼缘宽度 b_1。因此，设置纵向连接系（或称纵向支撑），见图 4-6，以减小受压翼缘的自由长度 l_1，或适当加大受压翼缘宽度 b_1。即适当减小 l_1/b_1 值，乃是提高临界荷载，保证钢梁整体稳定的有效措施。

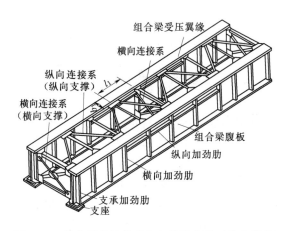

图 4-6 组合梁的连接系和加劲肋布置（组合梁桥）

二、整体稳定性的验算方法

当钢梁符合下列情况之一时，可不验算其整体稳定性：

（1）有刚性面板和梁的受压翼缘牢固相连，并能阻止梁的受压翼缘的侧向位移时；

（2）工字形截面简支梁受压翼缘的自由长度 l_1 与其宽度 b_1 之比不超过表 4-1 所规定的数值时。

表 4-1　　　　H 型钢或工字形截面简支梁不需计算整体稳定性的最大 l_1/b_1 值

钢　　号	跨中无侧向支承点的梁		跨中受压翼缘有侧向支承的梁不论荷载作用于何处
	荷载作用在上翼缘	荷载作用在下翼缘	
Q235	13.0	20.0	16.0
Q345	10.5	16.5	13.0
Q390	10.0	15.5	12.5
Q420	9.5	15.0	12.0

注　1. 其他钢号的梁不需计算整体稳定性的最大 l_1/b_1 值，应取 Q235 钢的数值乘以 $\sqrt{235/f_y}$；

　　2. 梁的支座处，应采取构造措施，以防止梁端截面的扭转。

当不符合上述条件时，就应按下式验算梁的整体稳定性，使梁的计算弯曲压应力不大于按式（4-10）求得的临界应力 σ_{cr} 除以抗力分项系数 γ_R：

$$\sigma = \frac{M_{\max}}{W_x} \leqslant \frac{\sigma_{cr}}{\gamma_R} = \frac{\sigma_{cr}}{f_y}\frac{f_y}{\gamma_R} = \varphi_b f$$

即

$$\frac{M_{\max}}{\varphi_b W_x} \leqslant f \qquad\qquad (4-15)$$

式中　$M_{\max}$——梁在最大刚度平面内的最大弯矩；

　　　　W_x——梁受压最大纤维的毛截面模量；

　　　　φ_b——整体稳定系数，$\varphi_b = \sigma_{cr}/f_y$，可按附录六计算或直接查表。

现以最简单的双轴对称工字形等截面简支梁受纯弯曲为例，说明在附录六中梁的整体稳定系数 φ_b 基本公式的来源。由式（4-10）和式（4-13）可得其临界应力为

$$\sigma_{cr} = \frac{\pi E I_y}{l_1 W_x}\sqrt{\left(1 + \frac{\pi^2 E J_\omega}{GJl_1^2}\right)\frac{GJ}{EI_y}} = \frac{\pi^2 E I_y}{l_1^2 W_x}\sqrt{\frac{I_\omega}{I_y}\left(1 + \frac{GJl_1^2}{\pi^2 E I_\omega}\right)}$$

注意到 $I_\omega = I_y h^2/4$，$J \approx At_1^2/3$，$I_y = Ai_y^2$，$\lambda_y = l_1/i_y$，$E = 2.06 \times 10^5 \text{N/mm}^2$，$E/G = 2.6$，Q235 钢的 $f_y = 235 \text{N/mm}^2$，即可由上式求得

$$\varphi_b = \frac{\sigma_{cr}}{f_y} = \frac{4320}{\lambda_y^2} \frac{Ah}{W_x} \sqrt{1 + \left(\frac{\lambda_y t_1}{4.4h}\right)^2} \qquad (4-16)$$

对于一般的受横向荷载或端弯矩作用的焊接工字形等截面简支梁，包括单轴对称和双轴对称工字形截面，应按下式计算其整体稳定系数：

$$\varphi_b = \beta_b \frac{4320}{\lambda_y^2} \frac{Ah}{W_x} \left[\sqrt{1 + \left(\frac{\lambda_y t_1}{4.4h}\right)^2} + \eta_b\right] \frac{235}{f_y} \qquad (4-17)$$

式中 β_b——H 型钢和等截面工字形简支梁考虑荷载类型及其作用位置的等效弯矩系数，可按参数 $\xi = l_1 t_1 / (b_1 h)$ 由附录六表 1 查得，受纯弯作用时，$\beta_b = 1.0$；

η_b——截面不对称影响系数，详见附录六。

轧制普通工字钢简支梁可直接由附录六表 2 查得 φ_b 值。轧制槽钢简支梁的 φ_b 值，不论荷载类型及其作用位置如何，均可按附录六中的式（附 6-3）计算。

必须注意，按上述公式或表格求得的 φ_b 值只适用于钢梁在弹性阶段工作。当算出或查得的 $\varphi_b > 0.6$ 时，相应的临界应力将超过比例极限，这时就应以非弹性阶段的临界应力 σ'_{cr} 来代替弹性阶段的 σ_{cr}。因此，当 $\varphi_b > 0.6$ 时，还应按 φ_b 的大小由式（附 6-2）算出相应的 φ'_b 来代替式（4-15）中的 φ_b。

当钢梁承受绕两主轴的弯矩 M_x 和 M_y 作用时，应近似地按下式验算整体稳定性：

$$\frac{M_x}{\varphi_b W_x} + \frac{M_y}{\gamma_y W_y} \leqslant f \qquad (4-18)$$

式中 φ_b——绕强轴 $x-x$ 弯曲所确定的梁整体稳定系数。

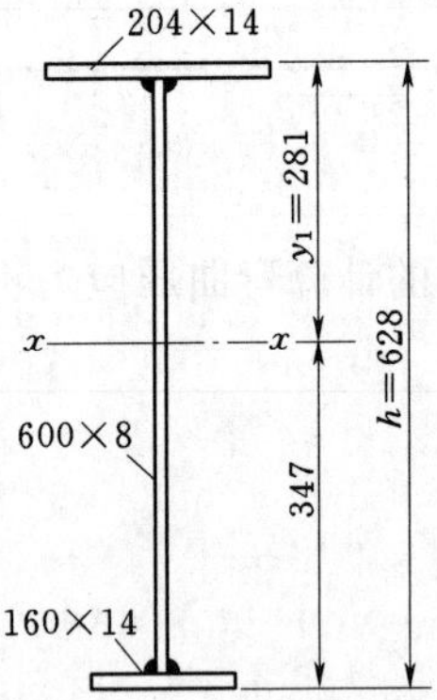

【例题 4-1】 等截面简支焊接组合梁的整体稳定性和弯应力强度验算。已知：计算跨度 $l = 6\text{m}$，跨中无侧向支承点，集中荷载作用于上翼缘且在跨中 $l/3$ 范围内。按荷载设计值计算的最大弯矩 $M_{\max} = 370 \text{kN} \cdot \text{m}$。钢材采用 Q235-F，强度设计值 $f = 215 \text{N/mm}^2$。截面形式与尺寸如例图 4-1 所示，$I_x = 66043 \text{cm}^4$，$I_1 = 1613 \text{cm}^4$，$I_2 = 478 \text{cm}^4$，$I_y = 2091 \text{cm}^4$。

例图 4-1 单轴对称焊接组合梁截面（单位：mm）

解： 因 $l_1/b_1 = 600/24 = 25 > 13$，故须按式（4-15）验算整体稳定，并可按式（4-17）计算整体稳定系数 φ_b。式中包含的各项系数可按附录六查表或计算如下：

$$\xi = \frac{l_1 t_1}{b_1 h} = \frac{600 \times 1.4}{24 \times 62.8} = 0.557 < 2.0$$

查附录六表 1 得

$$\beta_b = 0.73 + 0.18 \times 0.557 = 0.830$$

$$A = 24 \times 1.4 + 16 \times 1.4 + 60 \times 0.8 = 104(\text{cm}^2)$$

$$i_y = \sqrt{I_y/A} = \sqrt{2091/104} = 4.48(\text{cm})$$

$$\lambda_y = l_1/i_y = 600/4.48 = 133.9$$

$$W_x = I_x / y_1 = 66043/28.1 = 2350(\text{cm}^2)$$

$$a_b = \frac{I_1}{I_1 + I_2} = \frac{1613}{2091} = 0.771$$

所以 $\qquad \eta_b = 0.8(2a_b - 1) = 0.8 \times (2 \times 0.771 - 1) = 0.434$

代入式（4-17）得

$$\varphi_b = 0.830 \times \frac{4320}{133.9^2} \times \frac{104 \times 62.8}{2350} \left[\sqrt{1 + \left(\frac{133.9 \times 1.4}{4.4 \times 62.8} \right)^2} + 0.434 \right]$$

$$= 0.913 > 0.6$$

查附录六式（附6-2）算得 $\varphi'_b = 0.761$ 来代替 φ_b，最后按式（4-15）验算整体稳定性：

$$\frac{M_{\max}}{\varphi_b W_x} = \frac{370 \times 100}{0.761 \times 2350} = 20.7(\text{kN/cm}^2)$$

$$= 207\text{N/mm}^2 < f = 215\text{N/mm}^2（安全）$$

弯应力强度（受拉边最大）：

$$\sigma_{\max} = \frac{M_{\max}}{\gamma_x W_{\min}} = \frac{370 \times 100 \times 34.7}{1.05 \times 66043}$$

$$= 18.5(\text{kN/cm}^2) < f = 21.5\text{kN/cm}^2（安全）$$

第四节　轧成梁的设计

由轧成 H 型钢、工字钢或槽钢制成的梁一般可按下列步骤进行设计：

（1）根据梁的计算跨度与荷载，求得最大弯矩 M_x 和最大剪力 V。

（2）按弯应力强度条件求得需要的截面抵抗模量 $W = M_x / \gamma_x f$，当弯矩最大处有螺栓孔时，所需 W 应增大 $10\% \sim 15\%$。

（3）根据需要的 W 从型钢表中选择适当的型钢。

（4）首先按式（4-3）或式（4-5）验算弯应力强度，必要时按式（4-15）验算整体稳定性，并根据验算结果，决定是否需要重选型钢，做到既安全又经济。

（5）必要时按式（4-6）验算剪应力强度。由于轧成梁的腹板相对较厚，除剪力相对很大的短梁以及梁的支承截面受到削弱等情况外，一般可不必验算剪应力强度。

（6）挠度验算。应按荷载标准值计算梁的挠度：

$$\frac{w}{L} = \beta \frac{PL^2}{EI_x} \leqslant \left[\frac{w}{L} \right] \qquad\qquad (4-19)$$

式中　β——系数，根据梁的荷载分布与支承情况而定，例如受均载的简支梁 $\beta = 5/384$，跨度中点受集中荷载 P 时，$\beta = 1/48$；

$\qquad P$——梁所受的荷载总值，例如，受均载 q 时，$P = qL$；

$\qquad EI_x$——梁的抗弯刚度；

$\qquad \left[\dfrac{w}{L} \right]$——相对挠度限值，随各类结构的使用要求而定，可由表4-2查得，详见有关规范中的规定。

（7）腹板局部压应力验算。当梁承受集中力作用时（图 4-7），尚应按下式验算腹板计算高度边缘的局部压应力：

$$\sigma_c = \frac{\Psi P}{t_w l_z} \leqslant f \quad \text{或} \quad \sigma_c = \frac{\Psi R}{t_w l_z} \leqslant f \qquad (4-20)$$

式中　Ψ——集中荷载动力放大系数，重级工作制吊车梁 $\Psi = 1.35$，其他梁及支座处 $\Psi = 1.0$；

P、R——集中荷载或反力；

l_z——集中荷载 P 或反力 R 在腹板边缘的分布长度。

表 4-2　　　　　　　　　　钢梁的相对挠度限值 $[w/L]$

水 工 钢 结 构	$[w/L]$	工 业 与 民 用 建 筑		$[w/L]$
潜孔式工作闸门和事故闸门的主梁	1/750	吊车梁（重级工作或起重量 $Q \geqslant 50t$ 的中级工作制）		1/1200
露顶式工作闸门和事故闸门的主梁	1/600	吊车梁（轻级工作或起重量 $Q < 50t$ 的中级工作制）		1/800
检修闸门和拦污栅的主梁	1/500	无重轨的工作平台和楼盖梁	（1）主梁	1/400
船闸工作闸门和输水阀门的主梁	1/750		（2）其他梁	1/250
浮码头钢引桥的主梁	1/400	屋盖檩条	（1）无积灰的轻型屋面	1/150
一般次梁	1/250		（2）有积灰的轻型屋面和其他屋面	1/200

假设集中荷载 P 或反力 R 按 45° 向下或向上扩散，则 $l_z = a + 2h_y$（梁中部）或 $l_z = a + h_y$（梁端部）。其中 a 为集中荷载或反力的支承面长度，h_y 为集中力 P 的支承面至腹板计算高度 h_0 边缘的高度。

当钢梁在两个主平面受双向弯曲时，可将荷载 P 分解为两个主平面上的分力 P_x 与 P_y，并分别求得相应的分弯矩 M_x 与 M_y 以及分挠度 w_x 与 w_y，然后分别按式（4-4）和式（4-18）验算强度和整体稳定性，并按使用要求验算分挠度 w_y 或合挠度：

$$w = \sqrt{w_x^2 + w_y^2} \leqslant [w] \qquad (4-21)$$

【例题 4-2】　设计例图 4-2 所示工作平台中的次梁。计算跨度 $l = 5.0\text{m}$，次梁间距 2.5m，预制钢筋混凝土铺板焊于次梁上翼缘。平台永久荷载（不包括次梁自重）为 7.5kN/m²，荷载分项系数为 1.2；活荷载为 15kN/m²，荷载分项系数为 1.4。钢材采用 Q345 钢。

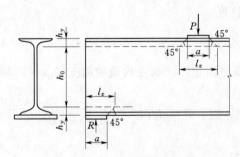

图 4-7　梁腹板的局部压应力

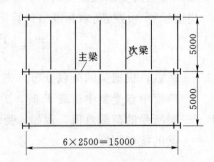

例图 4-2　工作平台的梁格布置（单位：mm）

解：（1）荷载与内力。均布荷载设计值

$$q = (1.2 \times 7.5 + 1.4 \times 15) \times 2.5 = 75 (\text{kN/m})$$

最大弯矩 $\qquad M_x = \dfrac{1}{8} \times 75 \times 5^2 = 234.4 (\text{kN} \cdot \text{m})$

（2）初选截面。需要

$$W_x = \frac{M_x}{\gamma_x f} = \frac{234.4 \times 100}{1.05 \times 305 \times 0.1} = 686.1 (\text{cm}^3)$$

选用 I32b，$W_x = 726.7\text{cm}^3$，$I_x = 11626\text{cm}^4$，$I_x/S_x = 27.28\text{cm}$，$t_w = 1.15\text{cm}$，$t = 1.5\text{cm}$，圆弧半径 $r = 1.15\text{cm}$，$g = 57.7\text{kg/m} \times 9.81 \times 10^{-3} = 0.566$（kN/m）。

（3）强度与整体稳定性验算。自重弯矩 $M_0 = 1.2 \times 0.566 \times 5^2/8 = 2.12\text{kN} \cdot \text{m}$。

弯应力

$$\sigma = \frac{M_x}{\gamma_x W} = \frac{(234.4 + 2.12) \times 100}{1.05 \times 726.7} = 31 (\text{kN/cm}^2) = 310\text{N/mm}^2 > f = 305\text{N/mm}^2$$

但 σ 未超过 $1.05f$，允许。

剪力 $\qquad V_s = 0.5 \times (75 + 1.2 \times 0.566) \times 5.0 = 189.2 (\text{kN})$

剪应力

$$\tau = \frac{V_s S_x}{I_x t_w} = \frac{189.2}{27.28 \times 1.15} = 6.03 (\text{kN/cm}^2) = 60.3\text{N/mm}^2 < f_V = 175\text{N/mm}^2$$

由此可见，在一般情况下，轧成梁的剪应力很小，实际上可不验算。

因次梁受压翼缘同刚性铺板连接牢固，能保证其整体稳定性，故不必验算。

（4）支座处腹板局部压应力验算。支座反力 $R = 189.2\text{kN}$，次梁叠接在主梁上，设支承长度 $a = 15\text{cm}$，支承面至腹板边缘的垂直距离 $h_y = r + t = 1.15 + 1.5 = 2.65$（cm），设梁端反力按 45°向上扩散，则：

反力 R 在腹板边缘的分布长度

$$l_z = a + h_y = 15 + 2.65 = 17.65 (\text{cm})$$

局部压应力

$$\sigma_c = \frac{R}{t_w l_z} = \frac{189.2}{1.15 \times 17.65} = 9.3 (\text{kN/cm}^2) = 93\text{N/mm}^2 < f = 400\text{N/mm}^2$$

（5）刚度验算。均布荷载标准值

$$q = (7.5 + 15) \times 2.5 + 0.566 = 56.8 (\text{kN/m})$$

$$w = \frac{5}{384} \frac{ql^4}{EI_x} = \frac{5}{384} \times \frac{56.8 \times 10^{-2} \times 500^4}{2.06 \times 10^4 \times 11626} = 1.93 (\text{cm}) < \frac{l}{250} = 2\text{cm}$$

故所选截面能满足强度和刚度要求，确定选用 I32b；否则，须另选合适的型钢截面。

【例题 4 - 3】 双向弯曲构件——轻型屋盖的檩条设计。屋面材料为波形石棉瓦，屋面坡度为 1/2.5，$\alpha = 21.8°$。雪荷载为 0.35kN/m^2，屋面均布活荷载为 0.30kN/m^2。檩条跨度为 4m，水平间距为 0.735m。钢材采用 Q235 钢。

解：（1）檩条荷载。石棉瓦自重 0.20kN/m^2（沿

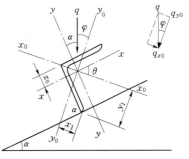

例图 4 - 3 角钢檩条计算

坡面），假设角钢檩条自重为 $0.05kN/m$，可算出永久荷载标准值：
$$0.20/\cos21.8° \times 0.735 + 0.05 = 0.208(kN/m)$$

因雪荷载为 $0.35kN/m^2$，大于屋面均布活荷载，故取可变荷载标准值：
$$0.35 \times 0.735 = 0.257kN/m$$

檩条上的均布荷载设计值为
$$q = 1.2 \times 0.208 + 1.4 \times 0.257 = 0.609(kN/m)$$

（2）截面选择和截面特性计算。试选 L 63×6，$z_0 = 1.78cm$，$A = 7.29cm^2$，$g = 5.72kg/m$，$I_x = 27.1cm^4$，$i_{x0} = 2.43cm$，$i_{y0} = 1.24cm$。

主轴 x_0 与轴线 x 的夹角 $\theta = 45°$，均载 q 与主轴 y_0 的夹角 φ 为
$$\varphi = \theta - \alpha = 45° - 21.8° = 23.2°$$
$$y_1 = 6.3\sin45° = 4.455(cm)$$
$$x_1 = 6.3\cos45° - z_0/\sin45° = 4.455 - 1.78/\sin45° = 1.937(cm)$$
$$W_{x0} = Ai_{x0}^2/y_1 = 7.29 \times 2.43^2/4.455 = 9.663(cm^3)$$
$$W_{y0} = Ai_{y0}^2/x_1 = 7.29 \times 1.24^2/1.937 = 5.787(cm^3)$$

（3）分弯矩和弯应力强度验算。沿两主轴方向的分荷载：
$$q_{y0} = q\cos23.2° = 0.560(kN/m)$$
$$q_{x0} = q\sin23.2° = 0.240(kN/m)$$

绕二主轴的分弯矩：
$$M_{x0} = \frac{1}{8}q_{y0}l^2 = \frac{1}{8} \times 0.56 \times 4^2 = 1.12(kN \cdot m)$$
$$M_{y0} = \frac{1}{8}q_{x0}l^2 = \frac{1}{8} \times 0.240 \times 4^2 = 0.480(kN \cdot m)$$

角钢肢尖 a 点（最不利点）的弯应力验算：
$$\frac{M_{x0}}{\gamma_x W_{x0}} + \frac{M_{y0}}{\gamma_y W_{y0}} = \frac{1.12 \times 100}{1.05 \times 9.663} + \frac{0.480 \times 100}{1.05 \times 5.787} = 18.94(kN/cm^2)$$
$$= 189.4N/mm^2 < f = 215N/mm^2（安全）$$

（4）刚度验算。为保证在正常使用情况下，保持屋面平整，应按荷载标准值验算檩条在垂直于屋面方向的分挠度 w_y。

因为檩条所受均布荷载标准值为
$$q = 0.208 + 0.257 = 0.465(kN/m)$$

所以 $\dfrac{w_y}{l} = \dfrac{5}{384}\dfrac{(q\cos\alpha)l^3}{EI_x} = \dfrac{5}{384} \times \dfrac{0.465 \times \cos21.8° \times 400^3}{2.06 \times 10^4 \times 27.1} = \dfrac{1}{155} < [\dfrac{w}{l}] = \dfrac{1}{150}（满足）$

根据强度和刚度验算结果可知，角钢檩条截面设计受刚度条件控制，弯应力强度有富裕。此外，角钢檩条可不必验算整体稳定，但只适用于荷载与跨度都很小的情况。

以上计算是近似的，因为外荷载没有通过角钢截面的弯曲中心，即剪切中心。该截面的剪切中心在两肢的交汇点，所以这个例题也是本章略去的扭转问题。

第五节　焊接组合梁的截面选择和截面改变

组合梁的设计步骤大致如下：首先根据梁的跨度与荷载求得的最大弯矩与最大剪力以

及强度、刚度、稳定与节省钢材等要求，来选择经济合理的截面尺寸（简称截面选择），有时还可在弯矩较小处减小梁的截面（简称截面改变）；然后，计算梁的翼缘和腹板的连接焊缝（简称翼缘焊缝）；验算组合梁的局部稳定性和设计腹板的加劲肋；设计组合梁各部件的拼接以及设计梁的支座和梁格的连接；最后绘制施工详图。

一、截面选择

组合梁的截面选择是整个设计过程的关键，其余各部分设计都将以它为基础。因此，选择截面尺寸时必须全面考虑适用、安全（强度、刚度、稳定）与经济三方面的要求。具体步骤如下。

（一）选择梁高 h 和腹板高度 h_0

梁高选择又是截面选择中的关键，因截面各部分尺寸都将随梁高而改变。选择梁高时，一般应考虑建筑高度、刚度和经济三项要求。首先，梁高不得超过按建筑物净空所容许的最大梁高 h_{max}。对水工钢闸门而言，一般不受净空限制，可不予考虑。现着重分析梁的刚度条件和经济要求对梁高选择的影响。

1. 按刚度条件而定的最小梁高

确定最小梁高的条件是使组合梁在充分利用钢材强度的前提下，同时又正好满足梁的刚度要求，即满足梁的相对挠度 $w/L \leqslant [w/L]$。梁的相对挠度限值 $[w/L]$ 值见表 4-2。

现以受均布荷载的对称等截面简支梁为例，来推求最小梁高 h_{min}。

按照 GB 50009—2001《建筑结构荷载规范》规定，荷载分项系数的平均值可近似地取为 1.3，则梁的弯应力 σ 和相对挠度 w/L 可分别按荷载设计值 q 与荷载标准值 $q/1.3$ 计算如下：

$$\sigma = \frac{M}{W} = \frac{qL^2}{8} \frac{1}{W}$$

对称截面
$$W = \frac{I}{(h/2)}$$

$$\frac{w}{L} = \frac{5}{384} \times \frac{qL^3}{1.3EI} = \frac{5}{24} \frac{M}{W} \frac{L}{1.3Eh} = \frac{5}{24} \times \frac{\sigma L}{1.3Eh}$$

在上式中令 $\sigma = f$，$w/L = [w/L]$，即可求得对称截面简支梁受均载时的最小梁高：

$$h_{min} = 0.16 \frac{fL}{E[w/L]} \tag{4-22}$$

由上述计算可见，当选择梁高 $h > h_{min}$ 时，令 $\sigma = f$（充分利用钢材强度），则 $w/L < [w/L]$，能满足刚度要求。但当选择 $h < h_{min}$ 时，再令 $\sigma = f$，则 $w/L > [w/L]$，不能满足刚度要求。这时若一定要使 $w/L = [w/L]$，则出现 $\sigma < f$，以致不能充分利用钢材强度。因此，在不受净空限制时，一般应选择梁高 $h \geqslant h_{min}$。

在水工钢闸门中，现仍按容许应力法计算。梁的弯应力 σ 和挠度 w 都按同一荷载值 q 计算。故在上列式中不必除以 1.3。再令 $\sigma = [\sigma]$，$w/L = [w/L]$，即可得类似于式（4-22）的 h_{min} 计算式，只是系数增大 1.3 倍，改为 0.208，且 f 改为 $[\sigma]$。

现将 Q235 钢和 Q345 钢的 f 值或 $1.3[\sigma]$ 值及弹性模量 $E = 206 \times 10^3 \text{N/mm}^2$，分别代入式（4-22）即得表 4-3 所列的最小梁高，供设计参考。对于 Q390 钢、Q420 钢和

第四章 钢 梁

Q460 钢，可以类推求出相应的最小梁高。

表 4-3　　　　　　　　　对称等截面简支梁受均载时的最小梁高

	[w/L]	1/750	1/600	1/500	1/400	1/250
Q235 钢	$f=215\text{N/mm}^2$	L/8.0	L/10.0	L/12.0	L/15.0	L/24.0
	$[\sigma]=157\text{N/mm}^2$	L/8.4	L/10.5	L/12.6	L/15.8	L/25.2
Q345 钢	$f=315\text{N/mm}^2$	L/5.4	L/6.8	L/8.2	L/10.2	L/16.3
	$[\sigma]=226\text{N/mm}^2$	L/5.9	L/7.3	L/8.8	L/11.0	L/17.5

受均载的对称截面简支梁，当其截面沿跨度改变时，则这种变截面梁的挠度要比等截面梁增大：

$$\frac{w}{L}=\frac{5}{48}\frac{M_{\max}L}{EI_m}(1+k'\alpha) \tag{4-23}$$

式中　α——表示截面改变程度的系数，$\alpha=(I_m-I_0)/I_0$；

I_m、I_0——跨中和支承端的截面惯性矩；

k'——系数，随截面改变方式而定，见表 4-4。

因此，变截面梁的最小梁高也须相应增大，当按容许应力计算时，最小梁高为

$$h_{\min}=\frac{5}{24}\frac{[\sigma]L}{E[w/L]}(1+k'\alpha)=k''\frac{[\sigma]L}{E[w/L]} \tag{4-24}$$

式中　k''——系数，随 k' 与 α 而变，通常可近似地取 $k''=0.21\sim0.23$，当梁端截面和跨中截面相比越小时，取较大值。

表 4-4　　　　　　　　　　　　　　系　数　k'

截面改变方式	渐变（如图 4-10 所示的梁高改变）			突变［如图 4-11（a）所示的翼缘改变］		
截面改变处离支承端的距离 l_e	L/6	L/5	L/4	L/6	L/5	L/4
k'	0.0054	0.0092	0.0175	0.0519	0.0870	0.1625

当梁的上、下翼缘不对称时，例如图 4-9（d）所示的钢闸门主梁，其截面惯性矩 $I=W_{\min}y_2$（y_2 为下翼缘边缘离中和轴的距离），故在推导最小梁高的过程中应以 y_2 代替 $h/2$。根据截面不对称程度，通常取 $y_2\approx(0.52\sim0.6)h$，将此值分别代入式（4-22）或式（4-24），可以得到不对称截面梁的最小梁高。它约为对称截面最小梁高的 0.96～0.83 倍，例如，当 $y_2=0.52h$ 时，此系数值为 0.96。

对于承受非均布荷载和非简支的梁，也可按上述类似方法，分别求得其最小梁高。

2. 经济梁高

确定经济梁高的条件通常是使梁的自重最轻，并未考虑梁高对于整个承重结构重量的影响。若要考虑这种影响，还须通过结构优化设计来解决。这里只讨论梁重最轻的经济梁高。

梁每单位长度的重量 g 显然等于腹板重 g_w 和翼缘重 g_f 之和，其中包括加劲肋等构造零件之重。在梁需要的截面模量 $W=M/(\gamma_x f)$ 已确定的条件下，这三者同梁高 h 的关系如图 4-8 所示。当梁高 h 增大时，腹板重 g_w 随之增大，而翼缘重 g_f 则反而减小。现

先以对称工字形截面焊接梁为例，见图 4-9（a），来阐明翼缘重 g_f 与梁高 h 的关系。根据梁的截面惯性矩 I、截面模量 W、每个翼缘截面积 A_1 等与梁高 h 的关系式：

$$I = W\frac{h}{2} = 2A_1\left(\frac{h_1}{2}\right)^2 + \frac{1}{12}t_w h_0^3 \quad (4-25)$$

并考虑到 $h \approx h_1 \approx h_0$（其中 h_0 为腹板高度），即可得每个翼缘需要的截面积：

$$A_1 \approx \frac{W}{h} - \frac{1}{6}t_w h \quad (4-26)$$

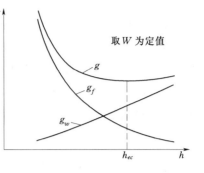

图 4-8　钢梁自重 g 与梁高 h 的关系曲线

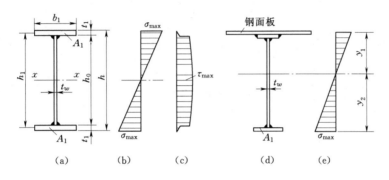

图 4-9　组合梁的截面尺寸和应力分布

因此，在梁所需 W 已定的条件下，翼缘重量 $g_f = 2\gamma A_1$（其中 γ 为钢的容量）将随梁高 h 的增大而减小。然后即可根据下列梁重 g 与梁高 h 的关系式，应用函数求极值的方法来推导经济梁高 h_{ec} 的公式：

$$g = \gamma\psi_w t_w h + 2\gamma\psi_f\left(\frac{W}{h} - \frac{1}{6}t_w h\right) \quad (4-27)$$

式中　ψ_w——腹板重的构造系数，主要是考虑加劲肋重，通常取 $\psi_w = 1.1 \sim 1.2$；

　　　ψ_f——翼缘重的构造系数，等截面梁可取 $\psi_f = 1.0$，变翼缘梁可取 $\psi_f = 0.8$。

式（4-27）中的腹板厚度 t_w 与梁高 h 有关，可按下列经验公式估算：

$$t_w = \sqrt{h}/11 \quad (4-28)$$

将式（4-28）代入式（4-27），并取 $\psi_w = 1.2$，$\psi_f = 1.0$，即得等截面梁的自重为

$$g = \gamma\left(\frac{2W}{h} + 0.0788h^{3/2}\right) \quad (4-29)$$

令导数 $\mathrm{d}g/\mathrm{d}h = 0$，即可导出梁重 g 最小时的经济梁高：

$$h_{ec} = 3.1W^{2/5} \quad (4-30)$$

同理，取 $\psi_f = 0.8$，可得变翼缘梁的经济梁高为

$$h_{ec} = 2.8W^{2/5} \quad (4-31)$$

式中　W——梁所需的截面模量，以 cm^3 计，按容许应力计算时，$W = M_{max}/[\sigma]$。

选择梁高 h 时还应注意梁高在靠近 h_{ec} 范围内变动对梁重 g 的影响实际上很小的情况

（图 4-9）。根据统计，h 与 h_{ec} 即使相差达 20%，梁重 g 也只增大 4% 左右，而选择较小的梁高，不仅对梁的稳定有利，而且还能减小结构的建筑高度，并节省横向连接系的钢材，特别是在平面钢闸门中尤其如此。因此，在设计中一般宜选择梁高 h 比经济梁高 h_{ec} 小 10%～20%，但不得小于按刚度要求而定的最小梁高 h_{min}。

腹板高度 h_0 与梁高 h 相差不大（图 4-9），故可直接按上述要求，采取符合钢板宽度规格的整数作为腹板高度。钢板宽度的级差通常为 50mm。

（二）选择腹板厚度 t_w

腹板厚度应满足剪应力强度、局部稳定性、防锈以及钢板规格等要求。从工字形截面的材料分布合理来看，腹板越薄越经济，但高而薄的腹板在梁承受荷载时，容易从腹板平面向两侧发生鼓曲，称为丧失局部稳定。根据局部稳定要求，腹板又不宜太薄，否则需要布置过多的加劲肋，反而不经济。综合上述要求，腹板厚度可按式（4-28）估算，再参照供应或库存的钢板规格选用。对于水工建筑和海洋采油建筑，还应注意防腐蚀要求，且须考虑制造时腹板不致产生过大的初弯曲，腹板厚度一般不宜小于 8mm。

（三）选择翼缘尺寸 b_1 和 t_1

组合梁的翼缘尺寸主要决定于弯应力强度条件，同时还应满足整体稳定、局部稳定以及其他构造要求。

对称截面梁每个翼缘所需的截面积 $A_1 = b_1 t_1$ 可由式（4-26）计算，考虑到 $h \approx h_0$，故也可按下式计算：

$$A_1 \approx \frac{W}{h_0} - \frac{t_w h_0}{6} \tag{4-32}$$

由上式求得 A_1 后，即可根据其他条件选择翼缘宽度 b_1 和厚度 t_1。通常采用 $b_1 = h/3 \sim h/5$，且不超过 $h/2.5$，如太宽则弯应力沿板宽的分布不均，太窄则对整体稳定不利。为了保证梁的整体稳定，一般宜使 $b_1 \geqslant l_1/16$（Q235 钢）或 $b_1 \geqslant l_1/13$（Q345 钢），其中 l_1 为受压翼缘的自由长度。此外，当梁在支座处须布置锚着螺栓时，下翼缘宽度应不小于 170mm。

翼缘宽度 b_1 被选定后，即可算出所需厚度 $t_1 = A_1/b_1$。同时须考虑翼缘板局部稳定的要求：

$$t_1 \geqslant \frac{b_1}{30} \sqrt{\frac{f_y}{235}} \quad \text{（详见本章第七节）}$$

翼缘板厚度的尺寸不宜太大，对低碳钢不宜大于 40mm，对低合金钢不宜大于 25mm，以免翼缘焊缝产生过大的焊接应力，同时厚板的轧制质量较差，容许应力或设计强度也较低。此外，翼缘板厚度也应符合现有的钢板规格。

当组合梁直接和钢面板用连续焊缝连接时，部分面板可兼作组合梁的上翼缘的一部分而参加整体弯曲。对于这种不对称截面的组合梁，见图 4-9（d），其下翼缘所需的截面积 A_1 仍可按式（4-32）计算，与钢面板相连的上翼缘板则可按上述构造要求选用较小的尺寸（可不考虑整体稳定要求），也可将钢面板直接同梁腹板相焊接作为梁的上翼缘而不另设上翼缘板。

（四）梁的强度、整体稳定和挠度验算

初步选定截面后，应按所选的实际截面尺寸算出梁的截面惯性矩 I 和截面抵抗模量 W 或 W_{min}，先对弯应力强度进行验算。为了保证既安全又经济，所选截面的最大弯应力应尽量接近容许应力或设计强度，且不得超过容许值的 5%，否则应修改截面尺寸，直到适合为止。

必要时还应验算梁的整体稳定。对于变截面梁，还应根据截面改变后的情况按式（4-23）验算梁的挠度，并验算梁的剪应力和折算应力强度。

二、组合梁的截面改变

梁所受弯矩一般是沿跨度变化的（图 4-10），可考虑在弯矩较小处相应减小梁的截面，借以节约钢材和减轻结构自重。但因制造费工，当梁的跨度较小时，采用这种变截面梁不一定经济合理。当梁的跨度较大时，可根据使用要求和节约钢材等要求，沿着梁的跨度改变梁高或改变翼缘尺寸。

（一）梁高改变

在跨度较大、主梁较高的平面钢闸门或钢引桥结构中，为了减小闸门的门槽宽度或桥梁的建筑高度，常采用改变梁高的方法（图 4-10）。

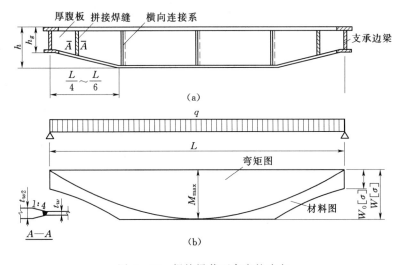

图 4-10　焊接梁截面高度的改变

梁高开始改变的位置一般取在离支点 $L/4\sim L/6$ 处，主梁支承端的高度 h_s 可减小为跨中高度 h 的 $0.4\sim0.65$ 倍，使梁高变化呈小于 $1:3$ 的平缓坡度，并保证全梁各截面的抗弯能力 $W[\sigma]$ 都不小于各相应截面所受的弯矩 M，也就是说，梁截面的抗弯能力沿跨度的变化图形（即梁的材料图）能够包住梁的弯矩图，见图 4-10（b）。同时应注意使跨间所有的横向连接系都位于梁高不变的范围内。

主梁支承端高度减小以后，须按式（4-6）验算其剪应力强度，并注意式中的 I 应取为支承端的截面惯性矩 I_0。如果支承端的剪力很大，在梁高改小后，原来的腹板厚度难以满足剪切强度要求时，可将靠近支点的一段腹板改用较厚的钢板，其厚度 t_{w2} 由梁端剪切强度条件求得。这段较厚的腹板应从支承处向跨中延伸，直到原用较薄腹板能够满足剪应力强度的截面以外，然后用对接焊缝拼接（图 4-10）。若两者厚度相差超过 4mm，则应将较厚腹板在拼接处的边缘按 1:4 的坡度刨成与薄腹板等厚，再行对焊，以减轻焊缝附近的应力集中。

（二）翼缘改变

当焊接梁的跨度较大时，也可考虑改变翼缘板的宽度（图 4-11）。翼缘板宽度的改变可采取分段改变，见图 4-11（a）、

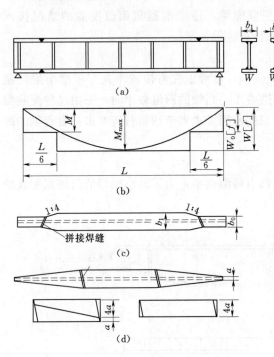

图 4-11 焊接梁的翼缘改变

（c），或采取连续改变，见图 4-11（d）。一般采用分段改变，且在半跨内只改变一次。若改变两次，其经济效益并不显著增加。在宽度改变处，宽板与窄板常用斜焊缝拼接，见图 4-11（c）。为了减小拼接处的应力集中，应将较宽的翼缘板从改变点起按 1:4 的坡度逐渐切窄，再与较窄的翼缘板相连。

对于受均布荷载的简支焊接梁，翼缘宽度改变的位置一般取在离支座为 $L/6$ 处比较经济。改窄的翼缘板宽度 b_0 可根据该处的实际弯矩值来确定。且按构造要求 b_0 不得小于 170mm。这样全梁各截面的抗弯能力设计值 Wf、$W_0 f$ 等（f 为钢材的抗弯强度设计值）仍大于各相应截面的实际弯矩值，见图 4-11（b）。

当采用连续改变时，见图 4-11（d），靠近两端的翼缘板是由一整块钢板斜向切割而成，中间的翼缘板须相应切去一点，以便布置对接焊缝。

（三）折算应力的验算

组合梁截面改变后，梁内的应力分布情况也随之改变。对于简支梁，在翼缘改变的截面上，其腹板与翼缘连接点的弯应力 σ_1 常接近于抗弯强度设计值 f，且因该截面离支座较近，该点的剪应力 τ_1 也较大。因此，该点就处于较大的弯应力 σ_1 与剪应力 τ_1 共同作用下，须按折算应力验算其强度：

$$\sigma_{eq} = \sqrt{\sigma_1^2 + 3\tau_1^2} \leqslant 1.1f \tag{4-33}$$

其中
$$\sigma_1 = My_1/I_0 \quad \tau_1 = VS_1^0/(t_w I_0)$$

式中 M、V——翼缘改变处的弯矩和剪力；

S_1^0、I_0——翼缘改小后的翼缘截面积 A_1^0 对中和轴的面积矩和全截面惯性矩；

y_1——腹板与翼缘连接点离中和轴的距离。

对于梁高改变的简支梁，当腹板厚度也改变时，须按式（4-33）验算腹板拼接焊缝受拉边缘的折算应力，且其容许应力须相应采用对接焊缝的容许拉应力 $[\sigma_t^w]$ 再乘以 1.1。

第六节　焊接组合梁的翼缘焊缝和梁的拼接

一、翼缘和腹板的连接——翼缘焊缝的计算

焊接组合梁的翼缘和腹板必须用翼缘焊缝连接成为整体，否则在梁受弯时，二者将单独弯曲（受拉边缘伸长，受压边缘缩短），沿着接缝产生相对滑移，见图 4-12（a），而使梁的承载能力大为降低。翼缘焊缝的主要作用就是阻止翼缘和腹板的相对滑移而承受接缝处的纵向剪力 $T = \tau t_w$，见图 4-12（b），以保证梁截面成为整体而共同工作。

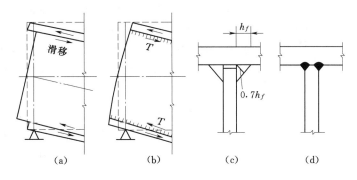

图 4-12　焊接梁翼缘焊缝的主要作用

当梁受弯时，沿着翼缘和腹板接缝上的纵向剪力 T 可由下式求得

$$T = \tau\, t_w = \frac{VS_1}{I_x t_w} t_w = \frac{VS_1}{I_x} \tag{4-34}$$

式中　V、I_x——在计算位置上，梁的剪力和截面惯性矩；

　　　　S_1——一个翼缘截面面积 A_1 对梁的中和轴的面积矩，当部分钢面板参加梁的受弯工作时，S_1 为一个翼缘和参加工作的部分钢面板截面积对梁的中和轴的面积矩之和。

由于梁所受的剪力 V 沿梁的跨度是变化的，故须采用梁端最大剪力 $V_{\max}$ 来计算。翼缘焊缝通常都采用焊在腹板两侧的两条连续的角焊缝，见图 4-12（c）。根据梁端的角焊缝的强度条件：

$$\tau_f = \frac{T}{2 \times 0.7h_f} = \frac{V_{\max}S_1}{1.4h_f I_x} \leqslant f_f^w$$

可求得梁端所需的翼缘焊缝厚度 h_f 为

$$h_f \geqslant \frac{V_{\max}S_1}{1.4 f_f^w I_x} \tag{4-35}$$

由式（4-35）求得的梁端翼缘角焊缝厚度 h_f 一般都较小，所以在跨中剪力较小处就不必再缩小焊缝厚度，全梁采用相同厚度的连续焊缝。焊缝的最小厚度按规范规定为 $h_f \geqslant 1.5\sqrt{t_1}$，以 mm 计。

当部分钢面板参加梁的受弯工作时，钢面板和翼缘之间也必须焊牢，以保证其整体工作。其角焊缝厚度 h_f 仍可按式（4-35）计算，其中 S_1 仅是参加梁受弯工作的部分面板截面积对梁中和轴的面积矩。

在梁上有移动的集中荷载作用时（如吊车梁上的轮压），翼缘焊缝除承受上述纵向剪力外，尚须承受竖向剪力。因受力较大宜采用能保证焊透的 K 形焊缝，见图 4-12（d），可认为焊缝与腹板等强度而不必计算。

二、组合梁的拼接

当组合梁的跨长超过钢材产品的长度时，须在工厂内将钢材拼接，称为工厂拼接。当受到运输条件或安装条件（起重能力）的限制，梁必须先在工厂内制成几段（运输单元或安装单元），然后在工地进行拼接，称为工地拼接。工地拼接的工艺条件和质量比工厂拼接差，故应尽量避免或减少工地拼接。

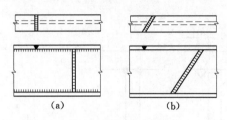

图 4-13　焊接梁的工厂拼接

在工厂拼接中，翼缘和腹板的拼接位置应错开（图 4-13），使薄弱点不集中在同一截面上。拼接位置应尽量设置在弯矩较小处。为防止焊缝密集或交叉，拼接焊缝还应与加劲肋的位置错开，间距应不小于 $10t_w$。

翼缘板的拼接常用对接直焊缝或斜焊缝，见图 4-13（a）、（b）。斜焊缝用在弯矩较大处或翼缘截面改变处。当斜焊缝坡度为 1.5∶1 时，不需再验算焊缝强度。用直焊缝时，应按拼接处翼缘所受的弯应力来验算焊缝强度。

腹板的拼接通常采用对接直焊缝，见图 4-13（a），须按拼接处的弯矩 M 和剪力 V，验算腹板受拉边缘的焊缝折算应力强度：

$$\sigma_{eq} = \sqrt{\sigma_1^2 + 3\tau_1^2} \leqslant 1.1 f_t^w \tag{4-36}$$

式中　　f_t^w——对接焊缝抗拉强度设计值；

其他符号意义与式（4-33）相同。

当采用自动焊或半自动焊以及手工焊用精确方法检查质量时，直焊缝即能保证与钢板等强度，可不必验算。

在个别情况下，腹板必须在弯矩较大处拼接时，可采用坡度为 1.5∶1 的斜焊缝，见图 4-13（b），即不需验算其强度，但钢板裁切损耗较大。

在工地拼接中，为使每一运输单元的端部平整以免运输时碰损悬伸过大的零部件，翼缘和腹板宜在同一截面上进行拼接，见图 4-14（a），图中 1～5 为手工焊焊接次序。为避免拼接的薄弱部位集中在同一截面，也可将拼接位置略为错开，见图 4-14（b），但在运输时应对伸出的部件加以保护。工地拼接焊缝在上、下翼缘的对接处都宜做成向上的 V 形剖口，使难于施焊的仰焊改为俯焊。其施焊程序应按图 4-14（a）所示进行。为了使翼缘板和腹板在工地施焊时有较大的自由变形，以减小拼接处的焊接残余应力，在厂内制造时，每段运输单元的翼缘焊缝在靠近拼接处应预留约 500mm 暂时不焊。然而，由于每段梁（运输单元）本身的刚度较大，焊缝收缩仍会受到较大的阻碍，以致焊接应力仍然较大。再加上施工现场的施焊条件往往较差，焊缝质量不易得到保证。在工程实践中，曾经发生由于梁的工地拼接焊缝质量很差而引起整个结构破坏的事故。因此，对于焊接梁的工地拼接，当现场焊接质量难以保证时，宜考虑采用图 4-15 所示的高强度螺栓连接。

翼缘拼接板及其高强螺栓连接可按受轴心力的对接计算，它主要承受由翼缘板传来的

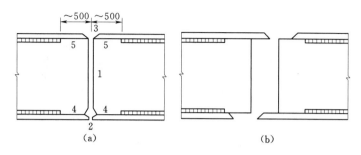

图 4-14 焊接组合梁的工地拼接（单位：mm）

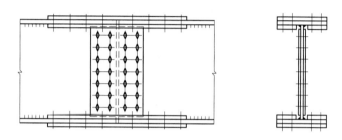

图 4-15 焊接组合梁采用高强螺栓的工地拼接

轴向力 $N_1 = A_{n1} f$，其中，A_{n1} 为翼缘板的净截面积。腹板拼接及其高强螺栓连接，可按受剪力与扭矩共同作用的连接计算。其剪力可取为梁在该截面上的全部剪力。螺栓群所受的扭矩即为腹板在拼接处的弯矩 M_w，可按下式计算：

$$M_w = (I_w / I) M \qquad (4-37)$$

式中　　M——梁在拼接截面所受的弯矩；

　　I_w、I——腹板截面和梁整个截面的惯性矩。

第七节　薄　板　的　稳　定　性

一、梁与柱的局部稳定性概念

设计组合梁或组合柱时，从提高梁或柱的抗弯能力和整体稳定性来考虑，宜选用由宽而薄的钢板组成的截面。它同由窄而厚的钢板所组成的截面相比较，用同样的截面面积能获得较大的抗弯惯性矩和抗扭惯性矩，故能节约钢材。但事物总是一分为二的。如果选用的钢板过于宽薄，构件中的部分薄板会在构件发生强度破坏或丧失整体稳定之前，由于板内的压应力或剪应力达到临界应力而先失去稳定，这时板面突然偏离原来的平面位置而发生显著的波形屈曲（图 4-16）。这种现象称为构件丧失局部稳定，或称为局部屈曲。

当构件丧失局部稳定时，薄板的屈曲部分迅速退出构件工作，构件截面变为不对称，弯曲中心偏离荷载的作用平面，以致构件发生扭转而提早丧失整体稳定。因此，设计组合梁或组合柱时，选用的翼缘板和腹板都不能过于宽薄。在规范中，对其宽厚比 b/t 有规定的限值，例如翼缘板的宽厚比限值为 $b_1/t_1 \leqslant 30$（Q235 钢）。否则，还须采取适当措施来防止局部失稳。为了便于先从感性上来认识保证局部稳定各项措施的有效性，须先了解薄

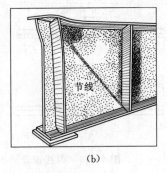

图 4-16　组合梁丧失局部稳定的现象

板在各种应力情况下失稳时的屈曲形状。

　　薄板丧失稳定通常是在薄板中面内的法向应力、剪应力或二者的共同作用下发生的。所谓"中面"是指等分薄板厚度的平面。图 4-17 所示为四边简支的矩形薄板失稳时的屈曲形状。当纵向均匀受压时，若板的长度 a 比板宽 b 大得很多，则该板失稳时将沿长度方向屈曲成为具有两个以上半波的正弦曲面，见图 4-17（a）。其中，区分半波的节线（即凸面与凹面分界处无侧向位移的直线）垂直于压应力的方向。当薄板在中面内受弯应力或不均匀分布压应力而失稳时，屈曲形状与上述受压的情况相类似，节线仍与应力方向垂直，只是屈曲部分偏于板的受压区或受压较大的一侧，见图 4-17（b）。当薄板四周受剪应力作用而失稳时，相当于板在一个对角线方向被压缩，另一个对角线方向被拉伸，以致板面屈曲成若干斜向菱形曲面，见图 4-17（c），其节线与板长边的夹角为 $35°\sim45°$。

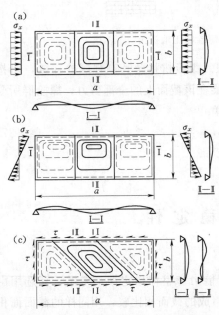

图 4-17　薄板失稳时的屈曲形状

　　从上述薄板失稳的现象可以看出，薄板失稳主要表现为侧向屈曲，而且在波形屈曲面的分界处都有一条没有侧移的节线。因此，为防止薄板发生侧向屈曲，可采取增加板厚或在腹板两侧设置加劲肋来提高板的侧向刚度。对于梁或柱的翼缘板，由于其宽度一般不大，只要适当增加其厚度，即可满足受压翼缘的局部稳定要求。但对于组合梁的腹板，因其高度一般较大，增加其厚度很不经济，一般都采用加劲肋。这时必须注意加劲肋的位置是否有可能同并无侧移的节线相重合，若二者可能重合，则此加劲肋就不能起到阻止薄板侧向屈曲的作用。但是，对于组合梁的腹板，特别是在靠近支承端，常会由于剪应力作用而丧失局部稳定，通常采用简单而有效的横向加劲肋将腹板划分成若干区段。由于薄板受剪时屈曲面的节线方向倾斜，横加劲肋不与倾斜的节线重合，且因加劲肋在垂直于板面方向具有一定刚度，故能有效地阻止板面的屈曲。但当薄板因受压或受弯而失稳时，横加劲肋就可能同薄板屈曲面的横向节线相重合，故不能有效地阻止板的屈面。必要时可采用纵加劲肋（图 4-6）来防止其屈曲。由于纵加劲肋要求一定的刚度，不宜过长，必须分段连接在横加劲肋上，故制造费工，不常采用。仅当组合梁的跨度与高度都很大，梁的跨中部分腹板主要由于弯应力作用而失稳时，才须采用纵加劲肋。

二、薄板失稳时的临界应力和 b/t 限值的确定

在材料力学中已经学过，理想的轴心压杆，见图 4-18（a），绕弱轴 y 方向屈曲（包含一个自变量 z）的中性平衡微分方程为

$$\frac{\mathrm{d}^2 u}{\mathrm{d}z^2} + k^2 u = 0 \qquad (4-38)$$

对式（4-38）再求导两次即得

$$\frac{\mathrm{d}^4 u}{\mathrm{d}z^4} + k^2 \frac{\mathrm{d}^2 u}{\mathrm{d}z^2} = 0 \qquad (4-39)$$

其中 $\qquad\qquad k^2 = N/EI_y$

轴心压杆的临界压力（欧拉力）即可由式（4-38）或式（4-39）导出。

薄板在中面压力 N_x 作用下发生屈曲时，见图 4-18（b），其挠度 w 随 x 与 y 两个坐标值而变。

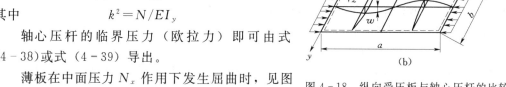

图 4-18 纵向受压板与轴心压杆的比较

根据弹性稳定理论，薄板纵向均匀受压时的中性平衡微分方程为

$$\frac{\partial^4 w}{\partial x^4} + 2\frac{\partial^4 w}{\partial x^2 \partial y^2} + \frac{\partial^4 w}{\partial y^4} + \frac{N_x}{D}\frac{\partial^2 w}{\partial x^2} = 0 \qquad (4-40)$$

其中 $\qquad\qquad\qquad D = \dfrac{Et^3}{12(1-\nu^2)}$

式中 $\quad D$——薄板的弯曲刚度；

$\qquad t$——板厚；

$\qquad \nu$——泊松比，一般取 $\nu = 0.3$。

式（4-40）与式（4-39）相比较，有下列特点：

（1）用板的挠度 w 对 x 与 y 两个自变量的四阶偏导数，来代替压杆挠度 u 对一个自变量 z 的四阶导数，即用四阶线性偏微分方程来代替四阶线性常微分方程。

（2）用板的弯曲刚度 D 来代替压杆绕弱轴 y 的弯曲刚度 EI_y。这是考虑薄板每单位宽度的板条沿纵向压缩时，由于各板条间的相互联系（整体性）使横向伸长受阻，而产生横向压应力 $\sigma_y = \nu \sigma_x$，并使纵向应变减小为 $\varepsilon_x = \dfrac{1}{E}(\sigma_x - \nu \sigma_y) = \sigma_x(1-\nu^2)/E$。由此可见，纵向应力与应变之比 σ_x/ε_x 不能再用弹性模量 E 来表示，而需改为 $E/(1-\nu^2)$。因此，薄板每单位宽度的弯曲刚度须用 $D = \dfrac{E}{1-\nu^2}\left(\dfrac{t^3}{12}\right)$ 来取代 $EI = E\left(\dfrac{t^3}{12}\right)$。

（3）对于压杆的纵向弯曲而言，只需考虑屈曲方向的曲率 $\dfrac{1}{\rho} = \dfrac{\mathrm{d}\theta}{\mathrm{d}z} = \dfrac{\mathrm{d}^2 u}{\mathrm{d}z^2}$，弯矩与曲率的关系为 $M = -EI\dfrac{\mathrm{d}^2 u}{\mathrm{d}z^2}$。而对于薄板，则需考虑两个方向的曲率 $\dfrac{1}{\rho_x} = \dfrac{\partial \theta_x}{\partial x} = \dfrac{\partial^2 w}{\partial x^2}$，$\dfrac{1}{\rho_y} = \dfrac{\partial \theta_y}{\partial y} =$

$\dfrac{\partial^2 w}{\partial y^2}$ 以及扭率$\dfrac{1}{\rho_{xy}} = \dfrac{\partial \theta_x}{\partial y} = \dfrac{\partial^2 w}{\partial x \partial y}$ ，弯矩与曲率的关系以及扭矩与扭率的关系为

$$M_x = -D\left(\frac{\partial^2 w}{\partial x^2} + \nu \frac{\partial^2 w}{\partial y^2}\right) \qquad (4-41)$$

$$M_y = -D\left(\frac{\partial^2 w}{\partial y^2} + \nu \frac{\partial^2 w}{\partial x^2}\right) \qquad (4-42)$$

$$M_{xy} = D(1-\nu)\frac{\partial^2 w}{\partial x \partial y} \qquad (4-43)$$

对于四边简支板，能满足全部边界条件和上述线性偏微分方程式（4-40）的解答可取下列双重正弦级数的形式：

$$w = \sum_{m=1}^{\infty}\sum_{n=1}^{\infty} A_{mn}\sin\frac{m\pi x}{a}\sin\frac{n\pi y}{b} \qquad (4-44)$$

式中 m、n——薄板在 x 方向与 y 方向屈曲的半波数。

式（4-44）能满足四周为简支边（$x=0$ 和 a，$y=0$ 和 b）上，挠度和弯矩为零的四个边界条件，留给读者自行证明。

将式（4-44）代入式（4-40），并注意到薄板在微曲状态下呈中性平衡时，$A_{mn}\neq 0$，即可求得其临界压力为

$$(N_x)_{cr} = \frac{\pi^2 D}{a^2}\left(m + \frac{1}{m}\frac{a^2}{b^2}\right)^2 = K_1\frac{\pi^2 D}{a^2} \qquad (4-45)$$

或

$$(N_x)_{cr} = \frac{\pi^2 D}{b^2}\left(\frac{mb}{a} + \frac{a}{mb}\right)^2 = K\frac{\pi^2 D}{b^2} \qquad (4-46)$$

其中

$$K = \left(\frac{mb}{a} + \frac{a}{mb}\right)^2, \quad K_1 = \left(m + \frac{1}{m}\frac{a^2}{b^2}\right)^2$$

式（4-45）中的 $\pi^2 D/a^2$ 相当于两侧边（非受载边）为自由时的欧拉力；系数 K_1 就表示两侧边也为简支时对薄板挠度有横向约束作用而使临界压力得以提高的影响。系数 K_1 值随边长比 a/b 变化很大，a/b 越大，K_1 值越大。

在薄板稳定理论中，一般都采用式（4-46）的形式来计算板的临界压力。这就是采用板宽 b 来取代式（4-45）分母中的板长 a，并相应地将 K_1 改为 K。理由是当板长 a 较大时，半波数 m 将随之增多，而划分各半波的节线具有简支边的性质，且节线间距又接近于或等于板宽 b，以致板的临界压力主要决定于板宽 b，系数 K 随 a/b 的变化很小。由图 4-19 可见，当 $a/b \geq 0.8$ 时，各条曲线的实线部分都靠近 K 的最小值 $K_{\min}=4$，其变化很小，故通常都取 $K=4$。

现将式（4-46）改用临界应力来表示（其中 $E=206\times10^3\,\text{N/mm}^2$、$\nu=0.3$），同时考虑薄板在组成构件中，某些理想的简支边会有某些程度的弹性约束（嵌固作用），因此将会提高实际上的临界应力。这样，在计算

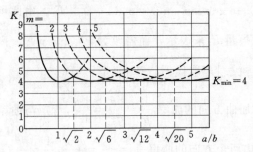

图 4-19 纵向均匀受压简支板的 $K \sim a/b$ 曲线

中引入大于 1 的嵌固系数 χ，临界应力的表达式为

$$\sigma_{cr} = \chi K \frac{\pi^2 D}{b^2 t} = \chi K \frac{\pi^2 E}{12(1-\nu^2)} \left(\frac{t}{b}\right)^2 = 18.6 \chi K \left(\frac{100t}{b}\right)^2 \qquad (4-47)$$

式（4-47）也同样适用于薄板在中面内受弯或受不均匀压应力以及其他各种支承情况。所不同的只是稳定系数 K 将随板的支承情况和应力分布情况而异。例如当四边简支板在中面内受弯时，当 $a/b \geqslant 0.5$ 时，K 值接近于 $K_{min} = 23.9$。又如当两侧边为固定的纵向均匀受压板时，$K_{min} = 6.97$；两侧边固定的板在中面内受弯应力时，则 $K_{min} = 39.6$。

薄板受剪时在弹性阶段的临界剪应力也可按类似上列公式计算：

$$\tau_{cr} = \chi K \frac{\pi^2 D}{b^2 t} = \chi K \frac{\pi^2 E}{12(1-\nu^2)} \left(\frac{t}{b}\right)^2 = 18.6 \chi K \left(\frac{100t}{b}\right)^2 \qquad (4-48)$$

只是式（4-48）中的 b 应为薄板的短边长度，而且稳定系数 K 将随长边 a 与短边 b 之比 a/b 值的减小而显著增大（表 4-5）。例如，对四边简支板受均匀剪应力时

$$K = 5.34 + 4/\left(\frac{a}{b}\right)^2 \qquad (4-49)$$

表 4-5　　　　　　　　　四边简支薄板受均匀剪应力时的稳定系数 K

a/b	1.0	1.2	1.4	1.5	1.6	1.8	2.0	2.5	3.0	∞
K	9.35	8.1	7.4	7.1	6.8	6.6	6.35	6.1	5.9	5.35

注　a 为板的长边宽度；b 为板的短边宽度。

从上述稳定系数 K 的变化规律（图 4-19 和表 4-5），可进一步对横加劲肋（图 4-6）的作用获得一个理性认识。就是用横加劲肋将腹板划分成若干较小的区段，来减小各板段的 a/b 值，能使受剪时的稳定系数 K 提高，故能有效地提高腹板的临界剪应力。但当薄板受压或受弯时，除非将横加劲肋间距 a 布置得分别小于 $0.7b$ 或 $0.4b$，才能显著提高 K 值和临界应力 σ_{cr}，否则效果甚微。

从受剪时的稳定系数 K 的变化规律（表 4-5），还可得出一个结论：当 $a/b \leqslant 2$ 时，用横加劲肋来减小 a/b 值，临界剪应力随着稳定系数 K 增加的比率较大，故较经济。这就是规范规定横加劲肋的最大间距 $a \leqslant 2h_0$（其中 $h_0 = b$ 为腹板的计算高度）的原因之一。对无局部压应力的梁，当 $h_0/t \leqslant 100$ 时，a 可放宽至 $2.5h_0$。

式（4-47）和式（4-48）只适用于钢在弹性阶段内工作。当薄板的应力超过比例极限而进入弹塑性阶段工作时，钢的应力应变关系即须用 σ-ε 曲线上各点的切线模量 $E_t = d\sigma/d\varepsilon$ 或割线模量 $E_s = \sigma/\varepsilon$ 来衡量。关于薄板在非弹性阶段的临界压应力 σ'_{cr} 和临界剪应力 τ'_{cr} 的计算，各国所采用的理论计算公式尚不完全一致，目前比较常用的为柏拉希公式：$\sigma'_{cr} = \sigma_{cr}\sqrt{\eta_E}$ 和 $\tau'_{cr} \approx \tau_{cr}\sqrt{\eta_E}$，其中，$\eta_E = E_t/E$，$\sigma_{cr}$ 和 τ_{cr} 是分别按式（4-47）和式（4-48）求得的弹性阶段临界应力。

第八节　组合梁的局部稳定与加劲肋设计

一般来说，钢梁有轧成梁和组合梁，轧成梁由于轧制条件，其板件的宽厚比较小，均

能满足局部稳定要求，不需要考虑局部稳定问题（冷弯薄壁型钢除外）。

组合梁由翼缘和腹板等板件组成，若过分追求经济指标，将这些板件不适当地减薄加宽，会使板中压应力或剪应力达到一定数值后，板件产生局部失稳。为此必须控制组合梁翼缘和腹板的稳定性。

一、受压翼缘的局部稳定

受压翼缘板主要受均布压应力作用（图 4-20），为了充分发挥钢材强度，翼缘的合理设计是采用一定厚度的钢板，让其临界应力 σ_{cr} 不低于钢材的屈服强度 f_y。因此翼缘的强度假若得到保证，则稳定性也自然得到保证。现在求受压翼缘板宽厚比 b/t 的限值。

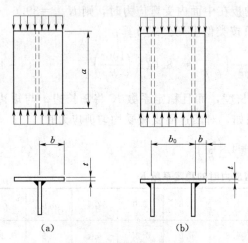

图 4-20 梁的受压翼缘板

1. 翼缘板为自由外伸的一边支承板

如图 4-20（a）所示，承受纵向均布压应力，其稳定系数 $K=0.425$，腹板对翼缘没有什么约束作用，取嵌固系数 $\chi=1.0$。当按边缘屈服条件计算梁的强度时，考虑残余应力的影响，翼缘板纵向压应力已超过比例极限进入弹塑性阶段，但在与压应力相垂直的方向仍然是弹性的，这种情况属于正交异性板。F·柏拉希认为可采取 $\sqrt{\eta_E \cdot E}$ 代替 E，而 $\eta_E=0.5$，将以上数字代入式（4-47），并令式（4-47）的 σ_{cr} 不小于钢材的屈服强度 f_y，即

$$\sigma_{cr}=18.6\times1.0\times0.425\times\sqrt{0.5}\left(\frac{100t}{b}\right)^2\geqslant f_y$$

得

$$\frac{b}{t}\leqslant15\sqrt{\frac{235}{f_y}} \tag{4-50a}$$

当梁截面允许部分材料进入塑性的设计时（强度计算中采用 $\gamma_x=1.05$），翼缘板已全部进入塑性，应变较大，η_E 应取更小的值，即取 $\eta_E=0.25$，则

$$\sigma_{cr}=18.6\times1.0\times0.425\times\sqrt{0.25}\left(\frac{100t}{b}\right)^2\geqslant f_y$$

得

$$\frac{b}{t}\leqslant13\sqrt{\frac{235}{f_y}} \tag{4-50b}$$

2. 箱形截面梁受压翼缘

箱形截面梁的受压翼缘板（图 4-21），在两个腹板之间的板段属于两侧边支承，则 $K=4.0$，如果不区分梁强度计算是否允许进入塑性，均取 $\eta_E=0.25$，并令 $\chi=1.0$，则容许宽厚比为

$$\frac{b_0}{t}\leqslant100\sqrt{18.6\chi K\sqrt{\eta_E}/f_y}=100\sqrt{\frac{18.6\times1.0\times4\times\sqrt{0.25}}{f_y}}=40\sqrt{\frac{235}{f_y}}$$

$$\tag{4-50c}$$

式中　b_0——受压翼缘板在两腹板之间的宽度。

二、梁腹板的局部稳定

1. 腹板的纯剪屈曲

腹板受纯剪是一种近似的假定，因为在梁里很难有纯剪的情况，只能在弯矩很小的梁段，例如简支梁靠近支座的附近，由于弯矩很小，可以忽略弯应力的影响，把腹板当作受纯剪来看待。

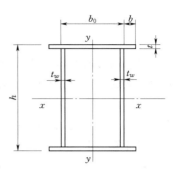

图 4-21　梁的箱形截面

当腹板假定为四边简支受均匀剪应力的矩形板（图 4-22），板中的主压应力与剪应力大小相等并呈 45° 方向，主压应力可以引起板的屈曲，屈曲时呈现如图 4-17（c）及图 4-22（b）所示的大约沿 45° 方向鼓曲。为了防止这种鼓曲，有效的办法是在组合梁腹板的两侧对称地设置横向加劲肋，如图 4-6 所示，沿梁纵向设置横肋的间距为 a，见图 4-22（b），腹板高度为 h_0，腹板厚度为 t_w。

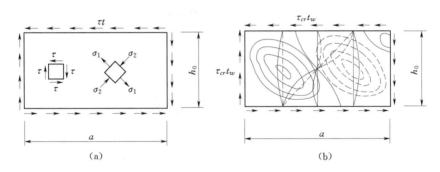

(a)

(b)

图 4-22　四边简支受纯剪板的屈曲

为了计算临界应力公式采用国际上通行的表达式，即以通用高厚比（正则化宽厚比）：

$$\lambda_s = \sqrt{f_{vy}/\tau_{cr}} \tag{4-51}$$

式中　f_{vy}——钢材的剪切屈服强度，$f_{vy}=f_y/\sqrt{3}$。

为了将式（4-48）代入式（4-51），首先令式（4-48）中的 $b=h_0$、$t=t_w$，并考虑翼缘对腹板的约束作用，取 $\chi=1.23$，这样可求得腹板受剪计算时的通用高厚比：

$$\lambda_s = \frac{h_0/t_w}{41\sqrt{K}}\sqrt{\frac{f_y}{235}} \tag{4-52}$$

式中稳定系数 K 与板的边长比有关：

当 $a/h_0 \leqslant 1(a$ 为短边$)$ 时　$K = 4 + 5.34/(a/h_0)^2$ $\qquad$ (4-53a)

当 $a/h_0 > 1(a$ 为长边$)$ 时　$K = 5.34 + 4/(a/h_0)^2$ $\qquad$ (4-53b)

现将式（4-53a）、式（4-53b）分别代入式（4-52）：

当 $a/h_0 \leqslant 1$ 时　$\qquad \lambda_s = \dfrac{h_0/t_w}{41\sqrt{4+5.34(h_0/a)^2}}\sqrt{\dfrac{f_y}{235}}$ $\qquad$ (4-54a)

当 $a/h_0 > 1$ 时　$\qquad \lambda_s = \dfrac{h_0/t_w}{41\sqrt{5.34+4(h_0/a)^2}}\sqrt{\dfrac{f_y}{235}}$ $\qquad$ (4-54b)

在弹性阶段，由式（4-51）可得腹板的剪应力为

$$\tau_{cr} \geqslant f_{vy}/\lambda_s^2 = 1.1 f_v/\lambda_s^2 \qquad (4-55)$$

已知钢材的剪切比例极限为 $0.8f_{vy}$，再考虑 0.9 的材料缺陷影响系数（相当于材料分项系数的倒数），令 $\tau_{cr} = 0.8 \times 0.9 f_{vy}$，将 τ_{cr} 代入式（4-55）可得到满足弹性失稳的通用高厚比界限为 $\lambda_s > 1.2$。而当 $\lambda_s \leqslant 0.8$ 时，在临界剪应力 τ_{cr} 作用下钢材进入塑性阶段；当 $0.8 < \lambda_s \leqslant 1.2$ 时，在 τ_{cr} 作用下材料处于弹塑性阶段。综上所述，临界剪应力分为三阶段计算，由图 4-23 上 ABCD 线段可见：

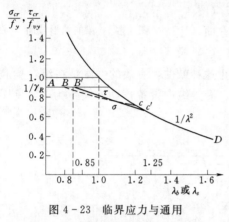

图 4-23　临界应力与通用
高厚比关系曲线

当 $\lambda_s \leqslant 0.8$ 时（塑性阶段）

$$\tau_{cr} = f_v \qquad (4-56a)$$

当 $0.8 < \lambda_s \leqslant 1.2$ 时（图 4-23 中的虚直线所示——弹塑性阶段）

$$\tau_{cr} = [1 - 0.59(\lambda_s - 0.8)]f_v \qquad (4-56b)$$

当 $\lambda_s > 1.2$ 时（图 4-23 中的曲线段所示——弹性阶段）

$$\tau_{cr} = 1.1 f_v/\lambda_s^2 \qquad (4-56c)$$

从图 4-23 可见，将 $f_{vy}/\gamma_R = f_v$ 作为临界应力的最大值。

当腹板不设加劲肋，则 $a/h_0 \to \infty$，相应 $K = 5.34$，若要求 $\tau_{cr} = f_v$，根据式（4-56a）的

应用条件应该有 $\lambda_s \leqslant 0.8$，现将 K 和 λ_s 值代入式（4-52）得到 $h_0/t_w = 75.8\sqrt{\dfrac{235}{f_y}}$，考虑到梁腹板中的平均剪应力一般低于 f_v，仅受剪力的腹板，其不会发生失稳的高厚比限值为

$$\frac{h_0}{t_w} \leqslant 80\sqrt{\frac{235}{f_y}} \qquad (4-57)$$

2. 腹板的纯弯屈曲

当梁的腹板在纯弯作用下，如果腹板过薄，当弯应力达到一定数值后，腹板会发生纯弯屈曲，如图 4-17（b）所示，鼓曲偏向受压区，为了防止这种鼓曲，有效的办法是在组合梁腹板的两侧设置纵向加劲肋，如图 4-6 所示。

板受纯弯的临界应力，同样由式（4-47）表示。如前所述，当板边 $a/h_0 \geqslant 0.5$ 时，若板为四边简支，则式（4-47）中的稳定系数 K 值接近于 $K_{\min} = 23.9$；若板的两个加载边为简支，两侧边为嵌固时，则 $K_{\min} = 39.6$。而对腹板受弯时的嵌固系数 χ 的取值是：当翼缘扭转受约束时（如翼缘与铺板焊牢），取 $\chi = 1.66$（相当于加载边简支，两侧边——腹板的上下边为嵌固的矩形板的稳定系数 $K_{\min} = 39.6$）；当翼缘扭转未受约束时，取 $\chi = 1.23$。将上述的相关数值代入式（4-47）得

$$\sigma_{cr} = 738\left(\frac{t_w}{h_0}\right)^2 \times 10^4 \qquad （受压翼缘扭转受约束） \qquad (4-58a)$$

$$\sigma_{cr} = 547 \left(\frac{t_w}{h_0}\right)^2 \times 10^4 \qquad (\text{受压翼缘扭转未受约束}) \qquad (4-58b)$$

令式（4-58a）、式（4-58b）中的 $\sigma_{cr} \geqslant f_y$，则可得到在纯弯作用下腹板不发生局部失稳的高厚比限值分别为

$$\frac{h_0}{t_w} \leqslant 177 \sqrt{\frac{235}{f_y}} \qquad (\text{受压翼缘扭转受约束}) \qquad (4-59a)$$

$$\frac{h_0}{t_w} \leqslant 153 \sqrt{\frac{235}{f_y}} \qquad (\text{受压翼缘扭转未受约束}) \qquad (4-59b)$$

腹板受纯弯时的通用高厚比为

$$\lambda_b = \sqrt{f_y/\sigma_{cr}} \qquad (4-60)$$

将式（4-58a）和式（4-58b）分别代入式（4-60），得到相应于两种情况的通用高厚比：

$$\lambda_b = \frac{h_0/t_w}{177} \sqrt{\frac{f_y}{235}} \qquad (\text{受压翼缘扭转受约束}) \qquad (4-61a)$$

$$\lambda_b = \frac{h_0/t_w}{153} \sqrt{\frac{f_y}{235}} \qquad (\text{受压翼缘扭转未受约束}) \qquad (4-61b)$$

梁的腹板在纯弯作用下，其临界弯应力 σ_{cr} 的计算与纯剪时临界剪应力 τ_{cr} 的计算相似，也分为塑性、弹塑性和弹性三个阶段计算，见图 4-23 上的 AB'、$B'C'$ 及 $C'D$ 段。

对没有缺陷的板，取 $\sigma_{cr} = f_y$ 时，则 $\lambda_b = 1$。设计时取 $\sigma_{cr} = f$，图 4-23 上的纵坐标 $\dfrac{\sigma_{cr}}{f_y} = \dfrac{f}{f_y} = \dfrac{1}{\gamma_R}$，得 A 点。考虑残余应力和几何缺陷的影响，取 $\lambda_b = 0.85$ 作为弹塑性修正直线段的上起始点 B'。参照梁的整体稳定计算中弹塑性的分界点为 $\sigma_{cr} = 0.6 f_y$，相应的 $\lambda_b = \sqrt{\dfrac{f_y}{\sigma_{cr}}} = \sqrt{\dfrac{1}{0.6}} = 1.29$，并考虑残余应力和几何缺陷的影响，取 $\lambda_b = 1.25$，即得下起始点 C'。临界弯应力 σ_{cr} 分三段计算如下，并：

当 $\lambda_b \leqslant 0.85$ 时 $\qquad \sigma_{cr} = f \qquad\qquad\qquad\qquad\qquad (4-62a)$

当 $0.85 < \lambda_b \leqslant 1.25$ 时 $\quad \sigma_{cr} = [1 - 0.75(\lambda_b - 0.85)]f \qquad (4-62b)$

当 $\lambda_b > 1.25$ 时 $\qquad \sigma_{cr} = 1.1 f/\lambda_b^2 \qquad\qquad\qquad\qquad (4-62c)$

式中的 λ_b 按式（4-61a）或式（4-61b）确定。

3. 腹板在局部横向压应力下的屈曲

梁在集中荷载作用处未设支承加劲肋及在吊车轮压作用下，都会引起腹板受到局部横向压应力 σ_c，如图 4-24 所示。其临界应力仍旧用式（4-47），即

$$\sigma_{c,cr} = 18.6 \chi K \left(\frac{t_w}{h_0}\right)^2 \times 10^4$$

式中稳定系数与板的边长比有关，当 $a/h_0 = 2$ 时，$K = 5.28$，$\chi = 1.61$。令 $\sigma_{c,cr} \geqslant f_y$，可得到不发

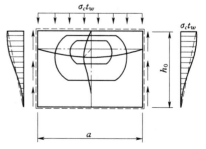

图 4-24　腹板在局部压应力作用下的失稳

生局部压曲的腹板高厚比限值为

$$h_0/t_w \leqslant 82\sqrt{\frac{235}{f_y}}$$

规范取为

$$h_0/t_w \leqslant 80\sqrt{\frac{235}{f_y}} \tag{4-63}$$

当横向加劲肋间距超过这一限值时，应把横肋间距减小，或设置短加劲肋（图4-25）。

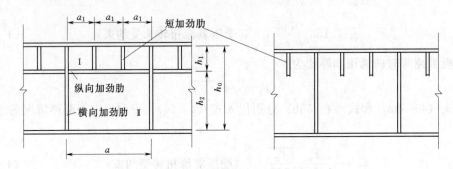

图4-25 加劲肋的布置

类似于 λ_s、λ_b，相应于局部受压计算临界压应力 $\sigma_{c,cr}$ 时的通用高厚比为

当 $0.5 \leqslant a/h_0 \leqslant 1.5$ 时

$$\lambda_c = \frac{h_0/t_w}{28 \times \sqrt{10.9 + 13.4 \times (1.83 - a/h_0)^3}}\sqrt{\frac{f_y}{235}} \tag{4-64a}$$

当 $1.5 < a/h_0 \leqslant 2.0$ 时

$$\lambda_c = \frac{h_0/t_w}{28 \times \sqrt{18.9 - 5a/h_0}}\sqrt{\frac{f_y}{235}} \tag{4-64b}$$

临界局部压应力 $\sigma_{c,cr}$ 也分三阶段计算，在弹塑性过渡段（图4-23中的斜线段），已知弯曲的临界应力 $\sigma_{c,cr}$ 的上、下起始点分别为0.85和1.25，与弯应力相比，横向局部压应力常处于双向同号应力场，钢材的屈服强度稍有提高，而塑性稍有降低，所以将 $\sigma_{c,cr}$ 在斜线段的上、下起始点分别修改为0.9和1.2。

当 $\lambda_c \leqslant 0.9$ 时 $\qquad \sigma_{c,cr} = f \tag{4-65a}$

当 $0.9 < \lambda_c \leqslant 1.2$ 时 $\qquad \sigma_{c,cr} = [1 - 0.79(\lambda_c - 0.9)]f \tag{4-65b}$

当 $\lambda_c > 1.2$ 时 $\qquad \sigma_{c,cr} = 1.1f/\lambda_c^2 \tag{4-65c}$

三、组合梁腹板加劲肋设计

(一) 加劲肋的配置

对直接承受动力荷载的吊车梁及类似构件或其他不考虑屈曲后强度的组合梁，应按以下规定配置加劲肋：

(1) 当 $\dfrac{h_0}{t_w} \leqslant 80\sqrt{\dfrac{235}{f_y}}$ 时，对有局部压应力 $(\sigma_c \neq 0)$ 的梁，应按构造配置横向加劲肋；对无局部压应力 $(\sigma_c = 0)$ 的梁，可不配置加劲肋。

(2) 当 $80\sqrt{\dfrac{235}{f_y}} < \dfrac{h_0}{t_w} \leqslant 170\sqrt{\dfrac{235}{f_y}}$ 时，腹板可能由于剪应力作用而失稳，故须配置横

向加劲肋。横向加劲肋的最小间距为 $0.5h_0$；最大间距为 $2h_0$；对 $\sigma_c \neq 0$ 的梁当 $h_0/t_w \leqslant 100\sqrt{\dfrac{235}{f_y}}$ 时，可采用 $2.5h_0$。

（3）当 $h_0/t_w > 170\sqrt{\dfrac{235}{f_y}}$（受压翼缘扭转受到约束，如连有刚性铺板、制动板或焊有钢轨时），或 $h_0/t_w > 150\sqrt{\dfrac{235}{f_y}}$（受压翼缘扭转未受约束时），或按计算需要时，应在弯曲应力较大区格的受压区增加配置纵向加劲肋（图 4-26）。局部压应力很大的梁，必要时尚宜在受压区配置短加劲肋，见图 4-26（d）。

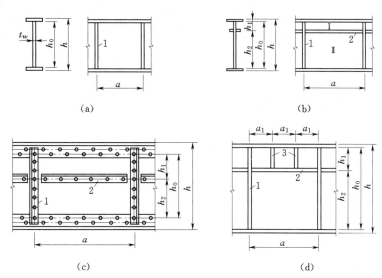

（a）　　　　　　　　　　　　　　（b）

（c）　　　　　　　　　　　　　　（d）

图 4-26　加劲肋布置

1—横向加劲肋；2—纵向加劲肋；3—短加劲肋

在任何情况下，h_0/t_w 均不应超过 250。

（4）梁的支座处和上翼缘承受较大固定集中荷载处，应设置支承加劲肋。

（二）腹板区格间局部稳定性的验算

1. 仅配置横向加劲肋的腹板

结构布置见图 4-26（a），其受力情况见图 4-27。

对于仅配置横向加劲肋的腹板区格，同时有弯曲正应力 σ、均布剪应力 τ 及局部压应力 σ_c 的共同作用时，GB 50017—2017 提供验算稳定性的公式为

$$\left(\frac{\sigma}{\sigma_{cr}}\right)^2 + \left(\frac{\tau}{\tau_{cr}}\right)^2 + \frac{\sigma_c}{\sigma_{c,cr}} \leqslant 1 \qquad (4-66)$$

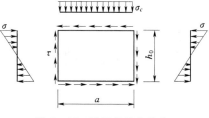

图 4-27　腹板的受力状态

式中　　　　σ——所计算区格内，由平均弯矩产生的腹板计算高度边缘的弯曲压应力；

τ——所计算区格内，由平均剪力产生的腹板平均剪应力，应按 $\tau = V/(h_0 t_w)$ 计算，h_w 为腹板高度；

σ_c——腹板计算高度边缘的局部压应力，应按式（4-20）计算，但式中的 $\psi = 1.0$；

σ_{cr}、τ_{cr}、$\sigma_{c,cr}$——分别按式（4-62）、式（4-56）和式（4-65）计算。

2. 同时设置横向肋和纵向肋的腹板

纵向加劲肋将腹板分为两种区格，即图 4-26（b）中的区格 Ⅰ 和区格 Ⅱ。

（1）受压翼缘与纵向肋之间的区格 Ⅰ。纵向肋与受压翼缘的距离应取为 $h_1 = (1/4 \sim 1/5)h_0$。区格 Ⅰ 的受力情况如图 4-28（a）所示。此区格的临界条件按下式计算：

$$\frac{\sigma}{\sigma_{cr1}} + \left(\frac{\sigma_c}{\sigma_{c,cr1}}\right)^2 + \left(\frac{\tau}{\tau_{cr1}}\right)^2 \leqslant 1.0 \tag{4-67}$$

σ_{cr1}、τ_{cr1} 的计算公式与仅设置横向加劲肋的腹板相同，只是由于稳定系数不同（此时 $K = 5.13$）以及嵌固系数不同，通用高厚比的计算公式有所变化。例如弯曲应力 σ_{cr1} 单独作用下，通用高厚比 λ_b 改用下列 λ_{b1} 代替，即

梁受压翼缘扭转受到约束时（取 $\chi = 1.4$）

$$\lambda_{b1} = \frac{h_1/t_w}{75}\sqrt{\frac{f_y}{235}} \tag{4-68a}$$

梁受压翼缘扭转未受到约束时（取 $\chi = 1.0$）

$$\lambda_{b1} = \frac{h_1/t_w}{64}\sqrt{\frac{f_y}{235}} \tag{4-68b}$$

式中的 h_1 为纵向加劲肋至腹板计算高度受压边缘的距离，在计算 τ_{cr1} 时，公式中的 h_0 也应以 h_1 代替。

由于区格 Ⅰ 的宽高比较大（实际工程中宽高比常在 4 以上），其受力状态接近于上下两边受到支承作用的均匀受压板，见图 4-28（a）。因此规范规定 $\sigma_{c,cr1}$ 采用梁腹板在弯曲应力作用下临界应力的计算式（4-62）。若取腹板有效宽度为区格高度 h_1 的 2 倍，当受压翼缘扭转未受到约束时，上下两端均视为铰支，计算长度为 h_1；扭转受到完全约束时，则计算长度取 $0.7h_1$，由此可分别得出其通用高厚比为

$$\lambda_{c1} = \frac{h_1/t_w}{56}\sqrt{\frac{f_y}{235}} \text{ 和 } \lambda_{c1} = \frac{h_1/t_w}{40}\sqrt{\frac{f_y}{235}}$$

（2）受拉翼缘与纵向肋之间的区格 Ⅱ。此区格受力情况如图 4-28（b）所示，与仅有横向肋时近似。不过 σ_{c2} 取为 $0.3\sigma_c$，σ_2 取为纵向肋处的弯曲压应力。根据临界条件确定的计算式为

$$\left(\frac{\sigma_2}{\sigma_{cr2}}\right)^2 + \frac{\sigma_{c2}}{\sigma_{c,cr2}} + \left(\frac{\tau}{\tau_{cr2}}\right)^2 \leqslant 1.0 \tag{4-69}$$

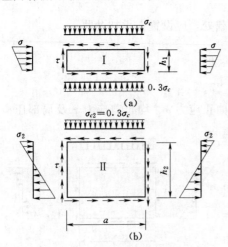

图 4-28 有纵向肋的腹板受力情况

同样，σ_{cr2}、τ_{cr2}、$\sigma_{c,cr2}$ 的计算公式与仅设置

横向加劲肋的腹板相同，只是因为取不同的屈曲系数及嵌固系数，式中通用高厚比的计算公式有所调整，同时，通用高厚比计算式中的 h_0 应改为 h_2。

3. 同时设置横向加劲肋、纵向加劲肋、短加劲肋的腹板

加劲肋的布置如图 4-26（d）所示。

（1）区格Ⅰ按式（4-67）计算，但以 a_1 代替 a。

（2）区格Ⅱ按式（4-69）计算。

采用上述理论公式计算时，应预先布置好加劲肋，然后对腹板各区格进行验算。如果验算结果不符合要求，需重新布置加劲肋，再次验算，直到满足稳定要求。

（三）加劲肋的尺寸与构造

如上所述，加劲肋的作用是当作腹板的中间支承来减小腹板各区段的边长 a，从而提高其局部稳定性。因此，加劲肋在垂直于腹板平面应具有足够的侧向刚度 EI_z，才能保证腹板在加劲肋处不会屈曲。

根据理论分析，当有纵向加劲肋时，横加劲肋的截面惯性矩 I_z（绕 z 轴）应满足下式要求

$$I_z \geqslant 3h_0 t_w^3 \tag{4-70}$$

当只有横加劲肋时，且肋的截面是由一对外伸的扁钢（或角钢肢）所组成的矩形截面时（图 4-29），则横加劲肋的截面尺寸可按下列经验公式求得

$$b_s \geqslant \frac{h_0}{30} + 40 (\text{mm}) \tag{4-71a}$$

$$t_s \geqslant \frac{1}{15} b_s (\text{保证伸出肢的稳定}) \tag{4-71b}$$

式（4-70）、式（4-71）的适用范围为 $a \leqslant 2h_0$。若遇到特殊情况，$a > 2h_0$ 时，则加劲肋尺寸须相应增大。例如当 $a = 3h_0$ 时，横加劲肋宽度 b_s 须增大 30%。

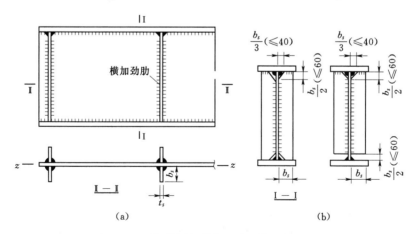

图 4-29 焊接梁的横加劲肋的构造与尺寸

纵加劲肋的截面惯性矩 I_y（绕 y 轴）应满足下式要求

当 $\dfrac{a}{h_0} \leqslant 0.85$ 时 $\qquad\qquad I_y \geqslant 1.5 h_0 t_w^3$ $\qquad\qquad$ (4-72)

当 $\dfrac{a}{h_0} > 0.85$ 时　　　$I_y \geqslant \left(2.5 - 0.45\,\dfrac{a}{h_0}\right)\left(\dfrac{a}{h_0}\right)^2 h_0 t_w^3$　　　　　　(4-73)

在焊接梁中，加劲肋常采用成对的扁钢焊接在腹板两侧和受压翼缘下面（图4-29）。为了避免焊缝交叉集中而产生同号立体应力（焊接残余应力），防止焊接区的脆性断裂，加劲肋端部必须切角。切角宽约 $b_s/3$，但不大于40mm；切角高约 $b_s/2$，但不大于60mm。此外，对于吊车梁等承受动力荷载的梁，其加劲肋下端不得同梁的受拉翼缘焊接，以免受拉翼缘因焊接残余应力和应力集中而发生脆性破坏；同时还能使构造简化，见图4-29（b），制造省工。

四、组合梁的支承加劲肋

在组合梁的支座处和受压翼缘承受较大固定荷载处，因腹板须承受很大的集中力，故必须用支承加劲肋加固（图4-30）。为了使梁的支点反力能通过支承加劲肋传给腹板，梁端的支承加劲肋的底端应切角铣平（或磨平），使其与梁的下翼缘紧密接触。焊在梁端的突缘式支承加劲肋，见图4-30（b），下端也须铣平顶紧，其伸出端长度不得大于肋厚的2倍。位于固定集中荷载下的支承加劲肋，其上端应与集中荷载的传力面相顶紧。

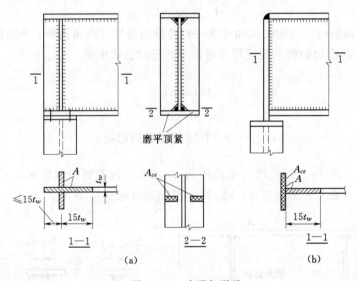

图4-30　支承加劲肋

支承加劲肋连同部分腹板可当作承受支点反力 R 的轴心压杆计算，其计算长度 l_0 等于腹板高度 h_0，故应按下式验算垂直于腹板平面的稳定性：

$$\frac{R}{\varphi A} \leqslant f \tag{4-74}$$

式中　φ——轴心压杆的稳定系数，可根据长细比 $\lambda = l_0/i_z$ 由附录七查得；

　　　A——支承加劲肋的截面积再加每侧 $15t_w$ 范围内的腹板截面积（图4-30）。

同时还应按下式验算支承加劲肋底端的端面承压应力（磨平顶紧）：

$$\sigma_{ce} = \frac{R}{A_{ce}} \leqslant f_{ce} \tag{4-75}$$

式中　f_{ce}——钢材端面承压强度设计值，可由表2-4查得；

A_{ce}——支承加劲肋的承压面积，应考虑其下端是否有切角而使接触面减小，见图
4-30（a）。

支承加劲肋与腹板的连接应按所需传递的支座反力计算。

在平面钢闸门中，主梁端部连接在支承边梁上，可不必另设支承加劲肋。

五、组合梁腹板考虑屈曲后强度的设计计算式

腹板在弹性屈曲后，尚有较大潜力。这是因为腹板屈曲后受上下翼缘和左右横肋的约束，并且这些约束给予屈曲腹板张拉力，从而提高屈曲后腹板的承载力，所以称为屈曲后强度。

考虑腹板屈曲强度，在梁的腹板高厚比（h_0/t_w）达到 300 左右时，也仅仅需要设置横向加劲肋。这对于大跨度梁具有很大的经济意义。下面介绍我国采用的张力场计算理论。它的基本假定如下：

（1）腹板剪切屈曲后将因薄膜应力而形成拉力场，腹板的剪力，一部分由小挠度理论算出的抗剪力承担，另一部分由斜张力场作用（薄膜效应）承担；

（2）翼缘的弯曲刚度小，假定不能承担腹板斜张力场产生的垂直分力的作用。

根据上述假定，腹板屈曲后的实腹梁犹如一桁架结构（图 4-31），张力场带好似桁架的斜拉杆，而梁翼缘犹如弦杆，横向加劲肋则起竖杆作用。

1. 梁腹板屈曲后的抗剪承载力

根据基本假定（1），腹板能够承担的极限剪力 V_u 为屈曲剪力 V_{cr} 与张力场剪力 V_t 之和，即

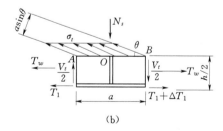

图 4-31　腹板的张力场作用

$$V_u = V_{cr} + V_t \tag{4-76}$$

屈曲剪力 V_{cr} 很容易确定，即 $V_{cr} = h_w t_w \tau_{cr}$，其中 h_w、t_w 为腹板的高度和厚度；τ_{cr} 为由式（4-56）确定的临界剪应力。主要问题是如何计算张力场剪力 V_t。

根据基本假定（2），可认为张力场仅为传力到加劲肋的带形场，其宽度为 s，见图 4-32（a），$s = h_w \cos\theta - a \sin\theta$。

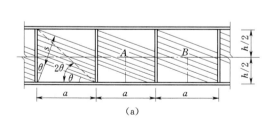

图 4-32　张力场作用下的剪力计算

带形场的拉应力为 σ_t，所提供的竖向剪力为

$$V_t = \sigma_t t_w s \sin\theta = \sigma_t t_w (h_w \cos\theta - a \sin\theta)\sin\theta$$
$$= \sigma_t t_w (0.5 h_w \sin 2\theta - a \sin^2\theta) \tag{4-77}$$

实际上带形场以外部分也有少量薄膜应力。为了求得较为合乎实际的张力场剪力 V_t，

最好按图 4-32（b）的脱离体来进行计算。由 $\sum X = 0$，得

$$\Delta T_1 = \sigma_t t_w a \sin\theta \cos\theta = \frac{1}{2}\sigma_t t_w a \sin 2\theta \tag{4-78}$$

再根据对 O 点的力矩之和 $\sum M_0 = 0$，得

$$\frac{V_t}{2}a = \Delta T_1 \frac{h_w}{2}$$

或

$$V_t = \Delta T_1 \frac{h_w}{a} = \frac{1}{2}\sigma_t t_w h_w \sin 2\theta \tag{4-79}$$

在式（4-79）中有两个要求的值 θ 和 σ_t，首先确定 θ。

最优的 θ 应该能够让应力场提供最大的抗剪强度，这一极值由 $\dfrac{\mathrm{d}V_{t1}}{\mathrm{d}\theta} = 0$ 求出。为此将

式（4-77）代入 $\dfrac{\mathrm{d}V_{t1}}{\mathrm{d}\theta} = 0$，可得

$$\tan 2\theta = \frac{h_w}{a} \tag{a}$$

由三角函数关系，有

$$\sin 2\theta = \frac{1}{\sqrt{1 + \left(\dfrac{a}{h_w}\right)^2}} \tag{b}$$

下面再确定式（4-79）中的 σ_t。因腹板现在受 τ_{cr} 和 σ_t 共同作用，必须考虑两者共同作用下的破坏条件。根据第四强度理论，假定从屈曲到极限的状态，τ_{cr} 保持常量，并假定 τ_{cr} 引起的主拉应力与 σ_t 方向相同，则根据剪应力作用下的屈服条件（第四强度理论），相应于拉应力 σ_t 的剪应力为 $\dfrac{\sigma_t}{\sqrt{3}}$，总的剪应力达到其屈服值 f_{vy} 时不能再增大，从而有

$$\frac{\sigma_t}{\sqrt{3}} + \tau_{cr} = f_{vy} \tag{c}$$

或

$$\sigma_t = \sqrt{3}f_{vy} - \sqrt{3}\tau_{cr}$$
$$= f_y - \sqrt{3}\tau_{cr} \tag{4-80}$$

将上面式（b）及式（4-80）代入式（4-79）得

$$V_t = h_w t_w \frac{f_y - \sqrt{3}\tau_{cr}}{2\sqrt{1 + \left(\dfrac{a}{h_w}\right)^2}} \tag{4-81}$$

考虑张力场后腹板的抗剪强度为

$$V_u = V_{cr} + V_t = h_w t_w \left[\tau_{cr} + \frac{f_y - \sqrt{3}\tau_{cr}}{2\sqrt{1 + \left(\dfrac{a}{h_w}\right)^2}} \right] \tag{4-82}$$

为了简化计算，规范对极限剪力 V_u 采用了相当于下限的近似公式，并参考欧盟规范，同样以相应的通用高厚比为参数，以分段表达的形式，得出考虑腹板屈曲后强度计算

时梁抗剪承载力设计值：

当 $\lambda_s \leqslant 0.8$ 时　　　　　$V_u = h_w t_w f_v$　　　　　　　　　　　　(4-83a)

当 $0.8 < \lambda_s \leqslant 1.2$ 时　　$V_u = h_w t_w f_v \left[1 - 0.5 \left(\lambda_s - 0.8 \right) \right]$　(4-83b)

当 $\lambda_s > 1.2$ 时　　　　　　$V_u = h_w t_w f_v / \lambda_s^{1.2}$　　　　　　　(4-83c)

式中　λ_s——用于腹板受剪计算时的通用高厚比，按式（4-54a）、式（4-54b）计算。

2. 梁腹板屈曲后的抗弯承载力

腹板屈曲后考虑张力场的作用，抗剪承载力有所提高，但在弯矩作用下，由于腹板受压区屈曲，梁的抗弯承载力有所下降。我国规范对梁腹板受弯屈曲后强度的计算公式是采用有效截面的概念。如图4-33所示，腹板的受压区屈曲后弯矩还可继续增大，但受压区的应力分布不再是线性的如图4-33（b）所示，其边缘应力达到 f_y 时即认为达到承载力的极限。此时梁的中和轴略有下降，腹板受拉区全部有效；受压区引入有效高度的概念，假定受压区有效高度为 ρh_c，均分在受压区 h_c 的上下部位［图4-33（c）］。梁所能承受的弯矩即取这一有效截面按应力线性分布计算［图4-33（d）］。

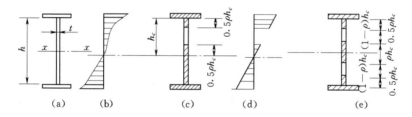

图4-33　屈曲后梁腹板的有效高度

因为腹板屈曲后使梁的抗弯承载力下降得不多。因此在计算梁腹板屈曲后的抗弯承载力时，为了计算方便，一般用近似公式来进行。以如图4-33（e）所示的双轴对称工字形截面梁为例，若忽略腹板受压屈曲后梁中和轴的变动，并把受压区的有效高度 ρh_c 等分在中和轴两端，同时在受拉区也和受压区一样扣去 $(1-\rho) h_c$ 的高度，梁有效截面惯性矩为（忽略扣除截面绕自身形心轴的惯性矩）

$$I_{xe} = I_x - 2(1-\rho) h_c t_w \left(\frac{h_c}{2} \right)^2 = I_x - \frac{1}{2}(1-\rho) h_c^3 t_w \qquad (4-84)$$

梁截面模量折减系数为

$$\alpha_e = \frac{W_{xe}}{W_x} = \frac{I_{xe}}{I_x} = 1 - \frac{(1-\rho) h_c^3 t_w}{2 I_x} \qquad (4-85)$$

式（4-85）是按双轴对称截面塑性发展系数 $\gamma_x = 1.0$ 得出的偏安全的近似公式，也可用于 $\gamma_x = 1.05$ 的情况。同时，式（4-85）虽由双轴对称工字形截面得出，也可用于单轴对称工字形截面。

梁的抗弯承载力设计值即为

$$M_{eu} = \gamma_x \alpha_e W_x f \qquad (4-86)$$

腹板受压区有效高度系数 ρ，与计算局部稳定中临界应力 σ_{cr} 一样，以通用高厚比 λ_b 由式（4-61）算出，ρ 也分为三个阶段确定，即

当 $\lambda_b \leqslant 0.85$ 时　　　　　　　$\rho = 1.0$　　　　　　　　　　　(4-87a)

当 $0.85 < \lambda_b \leqslant 1.25$ 时　　$\rho = 1 - 0.82(\lambda_b - 0.85)$　　　　　　(4-87b)

当 $\lambda_b > 1.25$ 时　　　　$\rho = (1 - 0.2/\lambda_b)/\lambda_b$　　　　　　　(4-87c)

以上公式中的截面数据 W_x、I_x 以及 h_c 均按截面全部有效计算。

3. 梁腹板屈曲后同时抗弯与抗剪的承载力

考虑到屈曲后焊接工字形截面梁受到弯矩 M 和剪力 V 的共同作用，其承载力可用如图 4-34 所示的 M 与 V 的相关曲线表达。图 4-34 中的符号意义如下：

M、V——所计算梁同一截面的弯矩和剪力设计值；但是当 $V < 0.5V_u$ 时，取 $V = 0.5V_u$；当 $M < M_f$ 时，取 $M = M_f$；

M_f——翼缘截面承担的弯矩设计值，$M_f = A_1 h_1 f$，其中 A_1 为一个翼缘的面积；h_1 为两个翼缘的轴线间距；f 为强度的设计值；

M_{eu}——按式（4-86）求出；

V_u——按式（4-83）求出。

梁的承载力只要不超出图 4-34 中所围的曲线就满足要求。由此可见，当 $M \leqslant M_f$ 时，腹板不需要去承担弯矩，曲线为水平线。这时 $V/V_u = 1$，故只需满足 $V \leqslant V_u$。

当腹板承受的剪力 V 不超过屈曲后抗剪承载力设计值 V_u 的 0.5 倍时，腹板抗弯能力不因承剪而下降。故当 $V \leqslant 0.5V_u$ 时，只需满足 $M \leqslant M_{eu}$ 即可。

当 M 和 V 都比较大时，在曲线的 A、B 之间，应该用下式来满足承载力要求：

$$\left(\frac{V}{0.5V_u} - 1\right)^2 + \frac{M - M_f}{M_{eu} - M_f} \leqslant 1.0 \qquad (4-88)$$

式（4-88）是 A 点和 B 点的曲线用抛物线表示的表达式。

注：把图 4-34 中的 B 作为抛物线的顶点，A 作为抛物线上一点，根据抛物方程就可以获得式（4-88）。

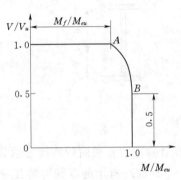

图 4-34　腹板屈曲后剪力
与弯矩相关曲线

六、考虑腹板屈曲后强度的加劲肋设计

利用腹板屈曲后强度，即使腹板的高厚比 h_0/t_w 很大，一般也不再考虑设置纵向加劲肋，只设置横向加劲肋。在张力场发生后，中间的横向加劲肋只按轴心压杆计算其在腹板平面外的稳定。所受轴心压力规定为

$$N_s = V_u - h_w t_w \tau_{cr} + F \qquad (4-89)$$

式中　V_u——腹板屈曲后的抗剪承载力；

h_w——腹板高度；

τ_{cr}——临界剪应力，按式（4-56）计算；

F——作用于中间支承加劲肋上端的集中压力（图 4-35）。

对于梁端的支座加劲肋，仅在一侧受张力场斜拉力的水平分力，不像中间加劲肋那样，两侧的水平力可以相互抵消大部分。因此，支座加劲肋除承受很大的压力外，还承受水平力 H 产生的弯矩。水平力 H 为

$$H = (V_u - \tau_{cr} h_w t_w) \sqrt{1 + (a/h_w)^2} \qquad (4-90)$$

H 的作用点可取为距梁腹板计算高度上边缘 $h_w/4$ 处（图 4-35）。为了增加抗弯能力，还应将梁端部延长，并设置封头板。此时，对梁支座加劲肋的计算可采用下列方法之一：

（1）将封头板与支座加劲肋之间视为竖向压弯构件，简支于梁上下翼缘，计算其强度和在腹板平面外的稳定；

（2）将支座加劲肋作为承受支座反力 R 的轴心压杆进行计算，封头板截面积则不小于 $A_c = \dfrac{3h_w H}{16ef}$，其中 e 为支座加劲肋与封头板的距离，f 为钢材强度设计值。

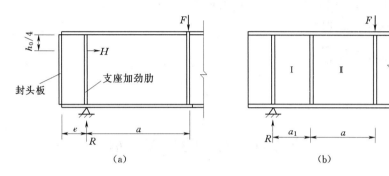

图 4-35　考虑腹板屈曲后强度时梁端的构造

梁端构造还可以采用另一种方案，即缩小支座加劲肋和第一道中间加劲肋的距离 a_1，见图 4-35（b），使 a_1 范围内的 $\tau_{cr} \geqslant f_{vy}$（即 $\lambda_s \leqslant 0.8$），此种情况的支座加劲肋就不会受到拉力场水平分力 H 的作用。这种对端节间不利用腹板屈曲后强度的办法，为世界少数国家（如美国）所采用。

注 1：从图 4-36 可见，张力带高度

$$h_1 = h_w - a\tan\theta$$

张力的竖向分力

$$\begin{aligned}V_t &= (\tau_u - \tau_{cr})t_w h_1 \\ &= (\tau_u - \tau_{cr})t_w(h_w - a\tan\theta)\end{aligned}$$

张力的水平分力

$$H = \frac{V_t}{\tan\theta}$$

$$= \frac{(\tau_u - \tau_{cr})t_w h_w\left(1 - \dfrac{a}{h_w}\tan\theta\right)}{\tan\theta}$$

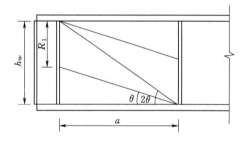

图 4-36　组合梁端部构造图

由 $\tan 2\theta = \dfrac{h_w}{a}$，根据倍角三角函数关系可得

$$\tan\theta = -\frac{a}{h_w} + \sqrt{1 + \left(\frac{a}{h_w}\right)^2}$$

将 $\tan\theta$ 表达式代入 H 的表达式，可知 $\tau_u t_w h_w = V_u$，即得

$$H = (V_u - \tau_{cr}h_w t_w)\sqrt{1 + (a/h_w)^2}$$

注 2：把封头板和端肋看成支承在上下翼缘的简支梁，跨度为腹板高 h_w，承受作用在上端 $h_w/4$ 处。简支梁在该处的弯矩为

$$M = \frac{3H}{4} \frac{h_w}{4} = \frac{3h_w H}{16}$$

当不计腹板对惯性矩的作用时，有

$$I = 2A \left(\frac{e}{2}\right)^2 \qquad \overline{W} = \frac{I}{\frac{e}{2}} = Ae$$

式中　A——封头板的截面积，等于端肋的横截面积；

　　　e——两面积之间距。

根据抗弯强度条件 $\frac{M}{W} \leqslant f$，得

$$A \geqslant \frac{3h_w H}{16ef}$$

第九节　梁　的　支　承

梁的支承方式有三种类型：

(1) 梁与梁的连接即梁格的连接。包括次梁支承在主梁上以及主梁支承在边梁上等。

(2) 梁与柱的连接。梁支承在柱顶或柱侧（详见第五章第十节）。

(3) 梁的支座。梁支承在钢筋混凝土柱或墩台上。

一、梁格的连接

梁格连接有层叠连接、等高连接和降低连接三种形式（图 4 - 37）。设计时除须符合计算简图，满足传递反力和安全经济的要求外，还需注意满足制造和安装对设计的要求。

层叠连接是将次梁直接搁置在主梁顶面，通过两者接触面直接传递反力，只需用粗制螺栓或角焊缝相连接，见图 4 - 37 (a)、(b)。当次梁采用槽钢时，需另设短角钢相连接，见图 4 - 38 (a)，以增加其稳定性。当主梁为组合梁时，需在次梁下面的主梁腹板上设置加劲肋，并与主梁上翼缘顶紧，见图 4 - 37 (b)。

在等高连接与降低连接中，次梁都是从侧面连接于主梁腹板上。将次梁顶面与主梁顶面布置于同等高度（互相平齐）称为等高连接（又称齐平连接），见图 4 - 37 (c)～(e)。次梁顶面低于主梁顶面称为降低连接，见图 4 - 37 (h)。同叠接相比较，等高连接与降低连接有下列优点：建筑高度较小（钢闸门厚度较小）；主梁受压翼缘直接与刚性面板相连，整体稳定有充分保证。故其构造虽较复杂，制造与安装也较费工，在实际工程中仍较常用；其中又以等高连接为最常用。

等高连接与降低连接的构造形式较多。现列举几种常见的构造方案，供设计参考。在钢闸门中常采用图 4 - 37 (c)、(d) 所示的全部焊接的等高连接。即将次梁腹板（或横向隔板）的端部直接焊接在主梁腹板上。为了让开主梁上翼缘，须将次梁端部的上翼缘切掉一部分，见图 4 - 37 (c)、(d)。而且在制造过程中，还须注意精确切割次梁，使其长度比两主梁腹板间的净距小 2～3mm，在每端可留出 1mm 左右的间隙，以便装配和施焊。

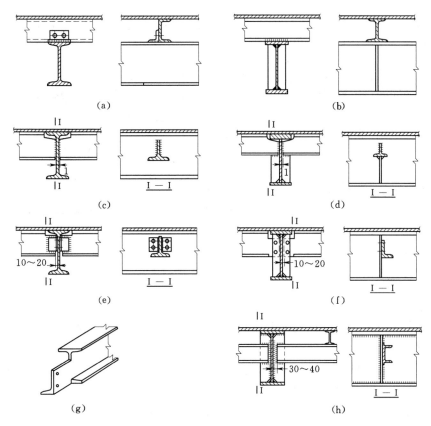

图 4-37 梁格柔性连接的构造形式（单位：mm）

当主梁为组合梁时，其加劲肋可设置在次梁下方，见图 4-37（d）。为了便于工地安装连接，可先在工厂内将次梁两端各焊接一对连接角钢，在安装时再用普通螺栓或高强螺栓同主梁连接，见图 4-37（e）。次梁连同连接角钢的总长度也应比二主梁腹板的净距小 2～3mm，角钢肢背与主梁腹板之间的空隙经过拧紧螺栓使角钢肢略微弯折后即可消除。

当次梁受力较小时，也可将次梁腹板端部用粗制螺栓或围焊缝连接在主梁的横加劲肋上，见图 4-37（f）、（h）。这时，次梁若为工字钢，其端部的上、下翼缘都须切割，如图 4-37（g）所示。为了便于装配，次梁端部与腹板之间须预留 10～20mm 的间隙，见图 4-37（f）。当采用围焊时，见图 4-37（h），此间隙须增大为 30～40mm，以免焊缝过于密集而使钢材变脆。

上述几种连接构造都属于只要求传递支点反力的柔性连接，次梁可视作铰支计算。实际上，次梁端部经焊牢或用螺栓连接后，即不能自由转动，应视作弹性固定，但弹性固定程度又不甚明确，故计算焊缝或螺栓时可近似地将支点反力增加 20%～30% 来考虑此项附加弯矩影响。

此外，尚要求有能同时传递支承反力和支座弯矩的刚性连接，见图 4-38（a）、（b）、（c）。次梁为按连续梁计算，一般需另设鱼尾板和支托来传递支座弯矩，见图 4-38（a）、（c）。鱼尾板上的角焊缝可根据连续梁的支座弯矩 M 所引起的轴力 $N=M/h$ 来计算，其中 h 为次梁高度。为了避免仰焊，鱼尾板宽度应比次梁上翼缘宽度小 2～3mm，支托顶板宽度应比次梁下翼缘宽度大 $2\sim 3mm$。次梁剪力 V 由支托传递。当采用工厂连接时，可考虑采用次梁翼缘直接同主梁相焊接来传递弯矩，但次梁端部切割要求很精确。

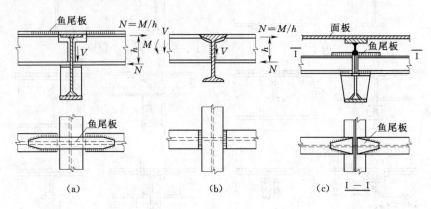

图 4-38　梁格刚性连接

二、梁的支座

当梁或桁架支承在钢筋混凝土墩台上时，必须设置支座来传递反力。对于支座的构造应注意下列三点要求：

（1）支座与墩台间应保证有足够的承压面积；

（2）尽量使反力通过支座中心，承压应力分布比较均匀；

（3）对于简支梁，特别是大跨度梁，应保证梁因温度变化而伸缩时，梁的一端能有纵向移动的可能，以免梁内发生过大的附加应力，故梁的一端应为活动的辊轴支座，另一端则为固定的铰支座，使其符合一般的简支条件。

现将梁支座的构造与计算分述于下。

（一）支座的构造形式及其应用范围

1. 平板支座

如图 4-39（a）所示，当梁的跨度小于 $10\sim 15m$ 时，一般都采用构造简单的平板支座。其主要作用是通过平底板来保证梁的支承端对钢筋混凝土墩台有足够的承压面积，但梁端的转动和移动都不太自由。当梁弯曲而引起梁端转动时，将使底板下的承压应力分布

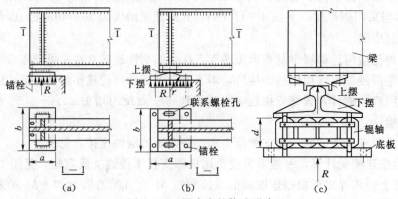

图 4-39　梁支座的构造形式

不均，严重时会导致混凝土被压坏。当梁跨度稍大时，宜在梁与底板之间加一块较窄的中心垫板，以减小当梁端转动时反力作用点的偏移范围，使底板下的承压应力分布较为均匀。此外，尚须设置锚固螺栓，藉以相对固定梁的位置。为了使梁在温度变化很大时，梁端仍有克服摩擦力而作纵向移动的可能性，设在梁的下翼缘和底板上的锚栓孔应制成长圆孔。

2. 弧面支座

如图 4-39（b）所示，一般应用于跨度为 10～24m 的梁。其构造与平板支座相似，只是取消中心垫板而将底板顶面做成圆弧面，使梁端能较自由地转动。梁的反力始终通过弧面与梁底的接触线，故底板下的承压应力分布比较均匀，但梁端移动时仍须克服很大的摩擦力。

3. 辊轴支座

如图 4-39（c）所示，当梁的跨度很大时，梁的一端可采用辊轴支座。但因其构造复杂，造价较高，只应用于跨度大于 24m 的梁。较为常用的构造是在弧面支座下面另加一套辊轴和底板，见图 4-39（c）。辊轴的作用是使梁端移动时只需克服很小的滚动摩擦力。

（二）梁支座的计算

各种支座底板所需的底面积：

$$A_p = ab = \frac{R}{f_c} \qquad (4-91)$$

式中　a、b——底板的长度和宽度，长宽比宜为 1～1.5；

　　　f_c——混凝土的轴心抗压强度设计值。

底板厚度可偏安全地按悬臂板的最大弯矩 $M = Ra/8$ 来计算：

$$t_p = \sqrt{\frac{6M}{bf}} \qquad (4-92)$$

式中　f——底板钢材的抗弯强度设计值。

辊轴直径 d 可根据辊轴压应力（将圆柱面与平面的线接触应力折算为直径截面上的压应力）的强度条件来确定：

$$\sigma_r = \frac{R}{ndl} \leqslant [\sigma_r] \qquad (4-93)$$

式中　n——辊轴数目；

　　　d、l——辊轴的直径和长度；

　　　$[\sigma_r]$——辊轴容许压应力（换算到直径截面上），$[\sigma_r] = 0.04[\sigma]$，其中 $[\sigma]$ 为辊轴和支承底板钢材的容许压应力（表 2-8）之较小值。

弧面支座的底板弧面半径 r 也可根据梁翼缘和弧面的接触应力强度，利用式（4-93）求得，只需令式中的 $d = 2r$，$n = 1$ 即可。

【**例题 4-4**】　设计例图 4-2 所示工作平台中的主梁。主梁计算跨度为 15.0m，钢材采用 Q235；焊条采用 E43。其他资料见［例题 4-2］。

解：

1. 荷载与内力

由次梁传来的集中荷载 $P = 2V = 378.4\text{kN}$。

假设主梁自重为 $3kN/m$，加劲肋等的附加重量构造系数取为 1.1，荷载分项系数取为 1.2，则自重荷载的设计值为 $g=1.2\times1.1\times3.0=3.96$（kN/m）。

最大弯矩 $M_x=\dfrac{5}{2}\times378.4\times7.5-378.4\times(5+2.5)+\dfrac{1}{8}\times3.96\times15^2=4368$（kN·m）

最大剪力 $V_{max}=\dfrac{5}{2}\times378.4+\dfrac{1}{2}\times3.96\times15=976$（kN）（计算简图见例图 4-4）

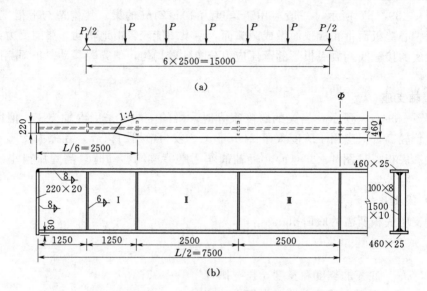

例图 4-4 主梁的计算简图、翼缘改变和腹板加劲肋（单位：mm）

2. 截面选择

考虑到主梁跨度较大，翼缘板须在 $20\sim40mm$ 范围内选用，由表 2-4 查得 $f=205N/mm^2$。

需要 $$W=\frac{M_x}{r_xf}=\frac{4368\times100}{1.05\times205\times0.1}=20293(\text{cm}^3)$$

为节约钢材，考虑翼缘改变，则经济梁高为［按式（4-31）计算］：

$$h_{ec}=2.8\times W^{2/5}=2.8\times20293^{2/5}=148.0(\text{cm})$$

由表 4-2 查得容许相对挠度 $[w/L]=1/400$，并考虑截面改变，则最小梁高为

$$h_{min}=0.23\frac{fL}{1.3E[w/L]}=0.23\times\frac{205\times1500\times400}{1.3\times2.06\times10^5}=105.6(\text{cm})$$

选用腹板高度 $h_0=150cm$（也可考虑选用 140cm 或 130cm）。

腹板厚度 $t_w=\sqrt{h}/11=\sqrt{150}/11=1.11(cm)$，采用 $t_w=10mm$。

需要翼缘截面积 $$A_1=\frac{W}{h_0}-\frac{t_wh_0}{6}=\frac{20293}{150}-\frac{1.0\times150}{6}=110.0(\text{cm}^2)$$

选用上、下翼缘厚度各为 $t_1=25mm$。

需要 $A_1=\dfrac{A_1}{t_1}=\dfrac{110.0}{2.5}=44.0(\text{cm})$，采用 $b_1=46cm\left(\text{在}\dfrac{h}{3}\sim\dfrac{h}{5}=50\sim30\text{cm 范围内}\right)$。

受压翼缘伸出宽度为厚度之比 $\dfrac{b}{t_1}=\dfrac{23}{2.5}=9.2<13$，满足局部稳定要求。

弯应力强度验算：主梁自重校核

$$g_k=(2\times2.5\times46+1\times150)\times10^{-4}\times7.85\times9.81=2.93(\text{kN/m})\approx3\text{kN/m}$$

实有

$$I_x=\frac{1}{12}\times1.0\times150^3+2\times46\times2.5\times76.25^2=1618480(\text{cm}^4)$$

实有

$$W_x=\frac{1618480}{77.5}=20884(\text{cm}^3)$$

$$\sigma=\frac{M_x}{\gamma_xW_x}=\frac{4368\times100}{1.05\times20884}=19.9(\text{kN/cm}^2)$$

$$=199\text{N/mm}^2<f=205\text{N/mm}^2\quad（安全经济）$$

整体稳定验算：因次梁与刚性铺板连牢，主梁的侧向支撑点间距即等于次梁间距 $l_1=250\text{cm}$。因 $l_1/b_1=250/46=5.4<16$，故不必验算整体稳定。

3. 截面改变

为节约钢材，可在弯矩较小处减小翼缘宽度。改变位置离支点距离取为 $x=L/6=15/6=2.5(\text{m})$。该点弯矩和剪力分别为

$$M_1=976\times2.5-\frac{1}{2}\times3.96\times2.5^2=2428(\text{kN}\cdot\text{m})$$

$$V_1=976-3.96\times2.5=966(\text{kN})$$

需要

$$W_0=\frac{M_1}{f}=\frac{2428\times100}{205\times0.1}=11844(\text{cm}^3)$$

需要

$$A_0=\frac{W_0}{h_0}-\frac{t_wh_0}{6}=\frac{11844}{150}-\frac{1.0\times150}{6}=54(\text{cm}^2)$$

需要

$$b_0=\frac{A_0}{t_1}=\frac{54}{2.5}=21.6\text{cm}\quad\text{选用 }b_0=22\text{cm}$$

折算应力验算：

实有

$$I_0=\frac{1}{12}\times1\times150^3+2\times22\times2.5\times76.25^2=920797(\text{cm}^4)$$

$$\sigma_1=\frac{M_1y_1}{I_0}=\frac{2428\times100\times75}{920797}=19.8(\text{kN/cm}^2)=198\text{N/mm}^2$$

$$S_1=2.5\times22\times76.25=4194(\text{cm}^3)$$

$$\tau_1=\frac{V_1S_1}{I_1t_w}=\frac{966\times4194}{920797\times1.0}=4.4\ (\text{kN/cm}^2)=44\text{N/mm}^2$$

$$\sigma_{eq}=\sqrt{\sigma_1^2+3\tau_1^2}=\sqrt{198^2+3\times44^2}=212(\text{N/mm}^2)<1.1\times215=237(\text{N/mm}^2)\ （安全）$$

挠度验算：按标准荷载计算，$P=56.8\times5.0=284$（kN）。

$$M_{\max}=\frac{5}{2}\times284\times7.5-284\times(5+2.5)+\frac{1}{8}\times3.3\times15^2=3288(\text{kN}\cdot\text{m})$$

$$\alpha=\frac{I_m-I_0}{I_0}=\frac{1618480-920797}{920797}=0.758$$

查表 4 - 4 得 $k'=0.0519$

$$\frac{w}{L}=\frac{5}{48}\frac{M_{max}L}{EI_m}(1+k'\alpha)$$

$$=\frac{5}{48}\times\frac{3288\times100\times1500}{2.06\times10^4\times1618480}\times(1+0.0519\times0.758)$$

$$=\frac{1}{625}<\left[\frac{w}{L}\right]=\frac{1}{400}\qquad(\text{满足刚度要求})$$

4. 翼缘焊缝

查表 3-1 得角焊缝的强度设计值 $f_f^w=160\text{N/mm}^2$。

需要　　　　$h_f=\dfrac{V_{max}S_1}{1.4I_0f_f^w}=\dfrac{976\times4194}{1.4\times920797\times16}=0.198(\text{cm})$

角焊缝的最小厚度：

$$h_f>1.5\sqrt{t}=1.5\times\sqrt{25}=7.5(\text{mm})\qquad\text{取}\ h_f=8\text{mm}$$

5. 腹板局部稳定验算和加劲肋设计

因 $\dfrac{h_0}{t_w}=\dfrac{150}{1.0}=150>80$，且小于 170，故须设置横加劲肋而不必设置纵加劲肋。

首先按构造要求在每根次梁下面布置横加劲肋，其间距 $a=2500\text{mm}$，将半跨腹板划分为三个区段。在例图 4-4 中，区格 Ⅰ 又加了一道横向加劲肋，有兴趣的读者可自行计算，若不设该横向加劲肋，区格 Ⅰ 中腹板局部稳定是不满足的。区格 Ⅰ 的间距 $a=1250\text{mm}$，区格 Ⅱ、Ⅲ 的间距均为 $a=2500\text{mm}$。

区格 Ⅰ 被分成两块板，它们的剪力相差较小，但靠跨中区格的弯矩要大得多。当区格 Ⅰ 中各构件的截面一样时，靠跨中区格腹板局部稳定最不利，因此，只需计算该区格。

(1) 区格 Ⅰ 校核。用结构力学的方法计算出所需截面的 V、M。

区格 Ⅰ 左边剪力 $V_{Ⅰ左}=971\text{kN}$，区格 Ⅰ 右边剪力 $V_{Ⅰ右}=966\text{kN}$；

区格 Ⅰ 左边弯矩 $M_{Ⅰ左}=1217\text{kN·m}$，区格 Ⅰ 右边弯矩 $M_{Ⅰ右}=2427\text{kN·m}$；

所以区格 Ⅰ 平均剪力 $V_Ⅰ=968.5\text{kN}$，平均弯矩 $M_Ⅰ=1822\text{kN·m}$。

1) 计算 τ、σ：

$$\sigma=\frac{My}{I_0}=\frac{1822\times10^6\times750}{9208\times10^6}=148(\text{N/mm}^2)$$

$$\tau=\frac{V}{h_w t_w}=\frac{968.5\times10^3}{1500\times10}=64.6(\text{N/mm}^2)$$

2) 计算 τ_{cr}、σ_{cr}：

由公式　　$\lambda_b=\dfrac{h_0/t_w}{177}\sqrt{\dfrac{f_y}{235}}=\dfrac{1500/10}{177}=0.847\leqslant0.85(\text{梁受压翼缘扭转受到约束})$

所以取　　　　　　　$\sigma_{cr}=f=215(\text{N/mm}^2)$

由公式　　　　　　　$\dfrac{a}{h_0}=\dfrac{1250}{1500}=0.833\leqslant1.0$

应取　　$\lambda_s=\dfrac{h_0/t_w}{41\sqrt{4+5.34\left(\dfrac{h_0}{a}\right)^2}}\sqrt{\dfrac{f_y}{235}}=\dfrac{1500/10}{41\sqrt{4+5.34\times\left(\dfrac{1500}{1250}\right)^2}}=1.07$

所以取

$$\tau_{cr} = [1 - 0.59 \times (\lambda_s - 0.8)] f_v = [1 - 0.59 \times (1.07 - 0.8)] \times 125 = 105(\mathrm{N/mm^2})$$

$$\sigma_c = 0$$

校核公式 $\left(\dfrac{\sigma}{\sigma_{cr}}\right)^2 + \left(\dfrac{\tau}{\tau_{cr}}\right)^2 + \left(\dfrac{\sigma_c}{\sigma_{c,cr}}\right) = \left(\dfrac{148}{215}\right)^2 + \left(\dfrac{64.6}{105}\right)^2 = 0.852 \leqslant 1.0$（满足要求）

（2）区格Ⅲ校核。计算出所需截面的 V、M。

区格Ⅲ左边剪力 $V_{Ⅲ左} = 199.1\mathrm{kN}$，区格Ⅲ右边剪力 $V_{Ⅲ右} = 189.2\mathrm{kN}$；

区格Ⅲ左边弯矩 $M_{Ⅲ左} = 3883\mathrm{kN \cdot m}$，区格Ⅲ右边弯矩 $M_{Ⅲ右} = 4368\mathrm{kN \cdot m}$；

所以平均剪力 $V_{Ⅲ} = 194\mathrm{kN}$，平均弯矩 $M_{Ⅲ} = 4126\mathrm{kN \cdot m}$。

1）计算 τ、σ：

$$\sigma = \frac{My}{I_x} = \frac{4126 \times 10^6 \times 750}{16180 \times 10^6} = 191.3(\mathrm{N/mm^2})$$

$$\tau = \frac{V}{h_w t_w} = \frac{194 \times 10^3}{1500 \times 10} = 12.93(\mathrm{N/mm^2})$$

2）计算 τ_{cr}、σ_{cr}：

由公式 $\lambda_b = \dfrac{2h_c/t_w}{177}\sqrt{\dfrac{f_y}{235}} = \dfrac{1500/10}{177} = 0.847 \leqslant 0.85$（梁受压翼缘扭转受到约束）

取 $\sigma_{cr} = f = 215(\mathrm{N/mm^2})$

由公式 $\dfrac{a}{h_0} = \dfrac{2500}{1500} = 1.67 \geqslant 1.0$

应取 $\lambda_s = \dfrac{h_0/t_w}{41\sqrt{5.34 + 4\left(\dfrac{h_0}{a}\right)^2}}\sqrt{\dfrac{f_y}{235}} = \dfrac{1500/10}{41\sqrt{5.34 + 4 \times \left(\dfrac{1500}{2500}\right)^2}} = 1.405 \geqslant 1.2$

所以 $\tau_{cr} = 1.1 f_v/\lambda_s^2 = 1.1 \times 125/1.405^2 = 69.65(\mathrm{N/mm^2})$ $\quad \sigma_c = 0$

由 $\left(\dfrac{\sigma}{\sigma_{cr}}\right)^2 + \left(\dfrac{\tau}{\tau_{cr}}\right)^2 + \left(\dfrac{\sigma_c}{\sigma_{c,cr}}\right) = \left(\dfrac{191.3}{215}\right)^2 + \left(\dfrac{12.93}{69.65}\right)^2 = 0.826 \leqslant 1.0$（满足要求）

区格Ⅱ的校核略去，有兴趣的读者可自行计算，并讨论分析区格Ⅲ为什么比区格Ⅱ更危险。

思 考 题

4-1 钢梁有几种形式？应用情况如何？钢梁截面为什么常用 H 形和工字形而不用矩形截面？工字钢梁和槽钢梁的受力性能有什么特点？钢与混凝土组合梁有何优点？在构造上有什么特殊要求？

4-2 在静载作用下，钢梁弯曲可划分为几个应力阶段？各阶段的应力图形和应变图形如何？对于钢材性能有什么假定？在我国现行规范 GB 50017—2017 中，钢梁抗弯强度计算和超静定梁按塑性设计分别依据哪个应力阶段？有何条件限制？

4-3 钢梁丧失整体稳定的原因是什么？整体稳定临界应力受哪几个因素影响？何者是主要的？如何提高和保证钢梁的整体稳定性？

4-4 钢梁的整体稳定如何验算？公式中的 φ_b 代表什么意义？在计算 φ_b 或查表确定

φ_b 时，应注意什么问题？在什么情况下可不必验算钢梁的整体稳定？

4-5 焊接组合梁的设计包括哪几项内容？应满足哪些基本要求？

4-6 为什么说梁高的选择是梁截面选择中的关键？最小梁高和经济梁高是根据什么条件和要求确定的？

4-7 选择组合梁腹板的高度和厚度时应考虑哪些要求？腹板选择太厚或太薄会发生什么问题？

4-8 选择组合梁的翼缘尺寸时应考虑哪些要求？何者是主要的？在确定翼缘截面积的式（4-26）中，右端两项各自表示什么意义？翼缘选得太窄太厚，或太宽太薄，各会发生什么问题？

4-9 组合梁为什么要沿跨度改变截面？改变方式和应用情况如何？梁高改变的位置和端部梁高如何确定？若剪应力强度不够，在构造上应如何处理？

4-10 组合梁的翼缘焊缝受力情况如何？若焊缝厚度不够，会发生怎样的破坏？

4-11 组合梁腹板支座区段和跨中区段的局部稳定性有何异同？在什么情况下应设置横向加劲肋或纵向加劲肋？

4-12 试从薄板失稳时的屈曲形状和临界应力公式两方面来阐明横向加劲肋和纵向加劲肋的作用。

4-13 钢梁受压翼缘的宽厚比 b_1/t 限值 30，以及腹板高厚比 h_0/t_w 的两个限值 80 和 170，各自表示什么意义？这三个限值是怎样确定的？

4-14 支承加劲肋的作用、传力途径和受力情况如何？在验算其稳定性和承压强度时所取的面积有何区别？

4-15 梁格连接有哪几种构造形式？各自的优缺点和应用情况如何？什么叫柔性连接和刚性连接？计算时如何考虑？

4-16 梁的支座有哪几种形式？如何计算底板和辊轴直径？

习 题

4-1 焊接双轴对称工字形等截面简支梁的整体稳定性和弯应力强度验算。已知：计算跨度 $l=8.6\mathrm{m}$，跨度中点有一个侧向支承点，均布荷载作用在上翼缘，按荷载设计值计算的最大弯矩 $M_x=960\mathrm{kN\cdot m}$，腹板选用 -900×8，翼缘选用 -260×14，钢材选用 Q345 钢。

4-2 计算焊接工字形等截面简支梁的整体稳定系数 φ_b。已知：双轴对称，跨中无侧向支承，集中荷载作用在上翼缘，腹板选用 -800×8，翼缘选用 -280×12，$I_x=144900\mathrm{cm}^4$，$I_y=4390\mathrm{cm}^4$。

4-3 对单轴对称工字形截面简支梁的整体稳定性和弯应力强度进行验算。已知：计算跨度 $l=6.0\mathrm{m}$，跨中无侧向支承，集中荷载作用在上翼缘，且位于跨度中央，按荷载设计值计算的最大弯矩 $M_x=500\mathrm{kN\cdot m}$，腹板选用 -800×8，上翼缘 -350×14，下翼缘 -220×10，$I_1=5000\mathrm{cm}^4$，$I_2=887\mathrm{cm}^4$，$I_y=5887\mathrm{cm}^4$，$I_x=142400\mathrm{cm}^4$，$y_1=33.2\mathrm{cm}$，钢材选用 Q235 钢。

4-4 验算单轴对称等截面简支梁承受双向弯曲时的整体稳定性和弯应力强度。已知：计算跨度 $l=5$m，跨中无侧向支承点，均布荷载作用在上翼缘。按荷载设计值计算的最大弯矩为：$M_x=250$kN·m，$M_y=16$kN·m。钢材采用 Q235 钢，腹板选用－600×8，上翼缘－240×14，下翼缘－160×14，$y_1=28.1$cm，$I_1=1613$cm^4，$I_2=478$cm^4，$I_y=2091$cm^4，$I_x=66043$cm^4。

4-5 按简支梁设计工作平台的次梁。已知：计算跨度 $l=6$m，次梁间距 $S=3$m，恒载标准值为 2.5kN/m^2，活载标准值为 4kN/m^2，恒载分项系数 $\gamma_G=1.2$，活载分项系数 $\gamma_Q=1.4$；钢材采用 Q235 钢；平台板为刚性，并与次梁牢固相连。

4-6 按简支梁设计电动葫芦轨道梁。已知：计算跨度 $l=6$m，作用于工字钢梁下翼缘的轮压按一个集中荷载 $P=22$kN（标准值）计算，荷载分项系数 $\gamma_Q=1.4$。钢材采用 Q235 钢。考虑梁的下翼缘受轮子磨损，截面惯性矩 I_x 应乘以 0.9，容许挠度 $[w]=l/400$。

4-7 按双向弯曲设计轻型屋盖的角钢檩条。已知：檩条跨度 $l=4$m，水平间距 0.735m，屋面坡度 1:2.5；恒载标准值（包括檩条自重）为 0.20kN/m，活载标准值为 0.22kN/m，荷载分项系数分别为 1.2 和 1.4。钢材采用 Q235（提示：可试选L 70×4 或 L 63×5）。

4-8 按照习题 4-5 中的资料，设计该工作平台的主梁。计算跨度 $l=12$m，钢材采用 Q235 钢，焊条采用 E43。设计内容包括：截面选择、截面改变、翼缘焊缝和腹板加劲肋。

4-9 露顶式平面钢闸门实腹式主梁设计。已知：计算跨度 10.6m，荷载跨度 10m，主梁荷载 $q=120$kN/m（设计水位下的静水压力）。主梁上翼缘和钢面板相连接。面板兼作主梁上翼缘的有效宽度可取为 $B=60\delta+c$，其中，面板厚度 $\delta=8$mm，c 为上翼缘宽度，可初选为 140mm。横隔板间距为 2.65m，钢材采用 Q345，焊条采用 E50。设计内容包括：截面选择、截面改变、翼缘焊缝和腹板局部稳定验算。

第五章 钢柱与钢压杆

第一节 钢柱与钢压杆的应用和构造形式

轴心受压构件以及同时承受轴心压力和弯矩的压弯构件是钢结构中常用的基本构件。这些构件广泛应用于桁架、网架、塔架与框架等结构中。例如，钢桁架中的上弦杆和一部分腹杆多为轴心受压构件；有横向节间荷载作用的桁架中的上弦杆、工业厂房的框架柱和弧形钢闸门主框架的支臂则为压弯构件。

柱是用来支承梁或桁架等结构而将荷载传到基础的受压构件，见图 5-1（a）、（b）。柱由柱头、柱身和柱脚三个基本部分组成。柱头作为梁或桁架的支承，承受上部荷载并传给柱身；柱身是柱的主要承重部分，将上部荷载由柱头传给柱脚；柱脚将荷载传给基础。

柱按柱身的构造形式分为实腹柱和格构柱两种。实腹柱通常是由型钢或钢板组合而成，见图 5-1（c）。格构柱通常采用两个槽钢或工字钢作为柱的单肢，用缀条连接单肢的叫缀条柱，见图 5-1（d）、（e）；用缀板连接单肢的叫缀板柱，见图 5-1（f）。实腹柱因构造简单，制造省工，故比较常用。格构柱的构造比较复杂，但其两肢间的距离可以调整，使构件对两个主轴的稳定性接近相等，故其受力比较合理，用材经济。

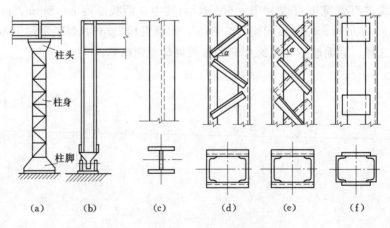

图 5-1 柱的组成和柱身的构造形式

第二节 轴心受压实腹式构件的整体稳定性

轴心受压实腹式构件的截面设计应满足强度、刚度、整体稳定和局部稳定等方面的要求，但在一般情况下构件的整体稳定性往往是决定截面的主要因素。

一、理想轴心压杆的临界力

在材料力学课程中已讨论过理想等直细长轴心压杆的稳定问题。

理想的等直细长压杆承受轴心压力 N，在外界干扰下，压杆将发生微小的弯曲。当压力 N 小于临界值时，干扰消失后，压杆立即恢复到原来的直线平衡状态，称为稳定平衡。当压力 N 达到临界值时，干扰消失后，压杆不能恢复到原来的直线平衡状态而转入微弯平衡状态，称为随遇平衡。此时，若压力稍有增加，弯曲变形随即突然增大，从而使压杆丧失承载能力。这种现象称为理想压杆的屈曲，即理想轴心压杆丧失了整体稳定性。轴心压杆在微弯状态保持平衡的最小轴心压力，称为临界力，用 N_{cr} 表示，其计算公式为

$$N_{cr} = \frac{\pi^2 EI}{l_0^2} \tag{5-1}$$

其相应的临界应力为

$$\sigma_{cr} = \frac{N_{cr}}{A} = \frac{\pi^2 E}{\lambda^2} \tag{5-2}$$

式中　E——材料的弹性模量；

　　　　λ——杆件的长细比，其值为 $\lambda = l_0/i$；

　　　　i——截面的回转半径，其值为 $i = \sqrt{I/A}$；

　　　　l_0——受压杆件的计算长度，由杆件两端的支承情况决定：当两端铰接时，$l_0 = l$；一端固定，另一端自由时，$l_0 = 2l$；两端固定时，$l_0 = 0.5l$；一端铰接，另一端固定时，$l_0 = 0.7l$，其中 l 为杆件的几何长度。

式（5-2）称为欧拉公式。由式（5-1）可以看出，压杆的临界力 N_{cr} 与杆件的弯曲刚度 EI 成正比，与杆件的计算长度 l_0 的平方成反比，与材料的强度无关。因此，压杆的稳定性只能用增大截面惯性矩 I 或减小计算长度 l_0 的办法来提高。式（5-2）表明，压杆的临界应力 σ_{cr} 与长细比 λ 的平方成反比，即 λ 越大，临界应力 σ_{cr} 越低，压杆的稳定性就越差。

欧拉公式是根据材料处于弹性范围（即 E 为常数）得到的。当临界应力 σ_{cr} 大于材料的比例极限 f_p 时，压杆的工作进入非弹性范围，弹性模量 E 不再保持为常数。此时，临界应力可采用恩格塞尔提出的切线模量 E_t 代替欧拉公式中的弹性模量 E 进行计算：

$$\sigma_{cr} = \frac{\pi^2 E_t}{\lambda^2} \tag{5-3}$$

切线模量 E_t，表示钢材在非弹性范围工作阶段的应力—应变曲线上，相当于临界应力 σ_{cr} 这一点的斜率（图 5-2）。

尽管切线模量公式（5-3）与欧拉公式（5-2）形式相同，仅 E_t 与 E 不同，但在使用上却有很大的差别，因 E_t 与 σ_{cr} 互为函数。由于确定切线模量较为困难，在实用上非弹性范围的临界应力曾采用经验公式进行计算。图 5-3 绘出了一条由 Q235 钢制成的轴心压杆临界应力和长细比的关系曲线，通常称这种曲线为柱子曲线。考虑实际工程中的轴心受压构件不可能处于理想受力情况，图 5-3 中的曲线段由试验得出，弹性与非弹性的分界点 C，不是以比例极限 f_p 为分界点，而是以 $0.57f_y$ 来划分。在弹性范围内，临界应力按欧拉公式求得，而在非弹性范围内，则采用图中所列的经验公式计算。

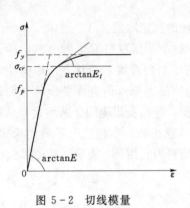

图 5-2 切线模量

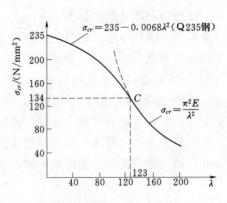

图 5-3 轴心压杆的临界应力曲线

由于实际压杆难免存在初始缺陷，如杆件的初弯曲、荷载的偶然偏心、钢材轧制和焊接所造成的残余应力影响等，这种以理想轴心压杆为依据确定柱子曲线的方法，通常是采用提高安全系数的办法来考虑不利因素的影响。

二、残余应力的影响

在实际结构中，理想的轴心压杆并不存在。由于种种原因，经常出现一些不利的因素，例如杆件的初弯曲、荷载的初偏心等，都在不同程度上使压杆的稳定承载能力降低。近年来大量的试验研究表明，影响降低压杆稳定承载能力的主要因素之一是由于残余应力的存在。

钢杆件在轧制、焊接和加工过程中都会产生残余应力。残余应力是在杆件尚未承受外荷前已经存在的一种初应力，在一个截面上具有自相平衡的特点。

焊接工字形截面的残余应力常采用图 5-4 的模式，图 5-4（a）的翼缘板为轧制边，图 5-4（b）的翼缘板为焰切边。两图共同的特点为翼缘与腹板交接处有很大的残余拉应力，而轧制边的翼缘板边缘为残余压应力，焰切边的翼缘板边缘为残余拉应力。可见图 5-4（a）、（b）虽同为焊接工字形截面，但由于对翼缘板的加工方法不同，残余应力的分布情况截然不同。

下面分析残余应力对压杆（短柱）稳定性的不利影响。如果短柱内不存在残余应力，则其应力—应变曲线应与小试件测得的 σ-ε 曲线相同，接近理想的弹塑性体，如图 5-5（a）的虚线所示。但是，由于残余应力的存在，在轴心压力 N 作用下，残余应力与截面上的平均应力 N/A 相叠加，将使截面的某些部位提前屈服并发展为塑性变形。例如图 5-5（b）所示的焊接工字形截面的短柱。假设两翼缘上的残余应力为线性分布，翼缘两外端的最大残余压应力为 $\sigma_c = 0.3 f_y$，翼缘中点为最大残余拉应力。为分析方便，对影响不大的腹板及其残余应力忽略不计。当截面上的平均压应力 $N/A = 0.7 f_y$ 时，与残余应力叠加后，翼缘外端的应力为 $0.7 f_y + 0.3 f_y = f_y$，边缘纤维开始屈服。这时短柱的平均应力—应变曲线开始弯曲，该点称为有效比例极限 $f_p = f_y - \sigma_c$，见图 5-5（a）。在 N/A 超过 $0.7 f_y$ 后，随着压力的增大，塑性区向翼缘中部逐渐扩展，弹性区逐渐减小，直到翼缘全部屈服为止。由此可见，由于残余应力的存在，降低了杆件的比例极限。在 f_p 与 f_y 之间出现了一条渐变曲线，见图 5-5（a），这是残余应力使部分材料提前屈服的结果。

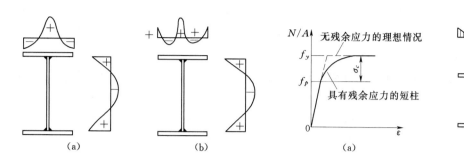

图 5-4 焊接工字形截面　　　　　图 5-5 残余应力对短柱平均应
　　　的残余应力　　　　　　　　　　　力—应变曲线的影响

当截面的平均应力超过有效比例极限 f_p 以后，杆件在弹塑性阶段工作。截面由变形模量不同的两部分组成，塑性区的变形模量为零，而弹性区的模量仍为 E。杆件发生微小弯曲时，能够产生抵抗力矩的只是截面的弹性区。因此，轴心压杆在残余应力影响下，只要用截面弹性部分的惯性矩 I_e 代替全截面的惯性矩 I，就可用欧拉公式形式来计算临界力及相应的临界应力，即

$$N_{cr} = \frac{\pi^2 E I_e}{l_0^2} = \frac{\pi^2 E I}{l_0^2} \left(\frac{I_e}{I} \right) \tag{5-4}$$

$$\sigma_{cr} = \frac{\pi^2 E}{\lambda^2} \left(\frac{I_e}{I} \right) \tag{5-5}$$

以上说明了由于残余应力的存在，使压杆截面提前出现塑性区，从而降低了压杆的临界力或临界应力，降低多少取决于 I_e/I 比值的大小。而 I_e/I 比值又与残余应力的分布与大小、杆件截面的形状以及屈曲时的弯曲方向有关。

现以图 5-6 所示截面为例来说明 I_e/I 比值的计算。截面的屈服区是翼缘的两端有阴影的部分，考虑到腹板靠近截面形心轴，计算时忽略其作用。

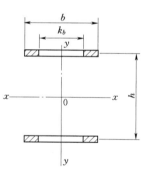

图 5-6 屈曲时截面
　　　部分屈服

对强轴（x—x 轴）屈曲时：

$$\frac{I_e}{I} = \frac{2kbt(h/2)^2}{2bt(h/2)^2} = k \tag{5-6}$$

对弱轴（y—y 轴）屈曲时：

$$\frac{I_e}{I} = \frac{2t(kb)^3/12}{2tb^3/12} = k^3 \tag{5-7}$$

由式（5-6）与式（5-7）可以看出，残余应力对临界力的降低影响，随杆件屈曲方向而不同。由于 $k<1$，故 $k^3 \leqslant k$，可见这种截面（屈服区在翼缘的两端），残余应力的不利影响对弱轴屈曲要比对强轴屈曲严重得多。因为截面远离弱轴的部分恰好是残余压应力最大的部分，见图 5-4（a），而远离强轴的部分则兼有残余压应力和残余拉应力。

三、实际轴心压杆的稳定极限承载力

理想的轴心压杆实际上是不存在的，工程实际中的轴心压杆与理想情况不同，总是存在各种初始缺陷，如初偏心、初弯曲、残余应力等。在前述压屈理论中是采用提高安全系

数的办法来考虑初始缺陷的影响。但提高的安全系数难以正确拟定，这就影响了计算结果的精确性。因此，近年来已采用极限承载力理论（也称压溃理论）代替压屈理论，来处理实际轴心压杆的整体稳定性问题。

实际轴心压杆与偏心压杆之间除了作用力的偏心大小有所不同以外，其工作性能并无本质区别。所谓压溃理论，就是按工程中的实际轴心压杆，考虑到它有初偏心（包含初弯曲影响），因而一开始就把它看作一根小偏心压杆，然后按偏心压杆的稳定理论来求它的极限荷载，同时也考虑制作时产生的残余应力。这个方法考虑了更多的因素，理论分析与试验结果比较吻合。目前国际上的趋势是采用这一方法来分析实际轴心压杆的稳定问题。

图 5-7 所示两端为铰支的偏心压杆，在偏心弯矩作用平面内，从加荷一开始杆件就产生弯曲变形。杆件中点截面上的平均应力 $\sigma = N/A$ 和杆件的侧向挠度 y_m 呈曲线关系。该曲线由上升段与下降段组成。当截面的平均应力位于上升段时，压杆是稳定的，因为要使杆件的侧向挠度增加，必须增加荷载。当截面的平均应力位于下降段时，压杆是不稳定的，因为这时荷载减小，杆件的侧向挠度反而急剧增加，并很快引起杆件破坏。曲线上的顶点 C 相当于由稳定平衡过渡到不稳定平衡的转折点的平均压应力，即为实际轴心压杆的稳定极限应力 σ_u。通常将 σ_u 也看作临界应力，并用 σ_{cr} 表示。相应的压力 N_{cr} 即为实用轴心压杆的稳定极限承载力。

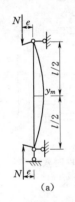
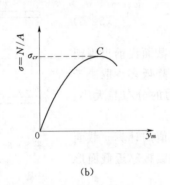
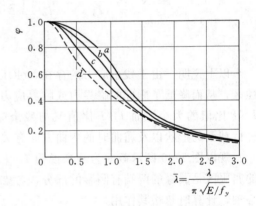

图 5-7 偏心压杆 σ—y_m 关系曲线 　　　　图 5-8 轴心受压构件的稳定系数

根据临界状态时内外力的平衡条件和变形协调条件等，可导出截面平均压应力 σ 和杆件中点侧向挠度 y_m 的函数关系，再取导数 $d\sigma/dy_m = 0$，即可确定曲线顶点 C 所对应的最大平均压应力，即轴心受压构件的临界应力 σ_{cr}。但具体的推导过程比较复杂，因为到达极限荷载时，受力最大的截面已有相当一部分材料已达屈服强度 f_y 而进入塑性状态。截面塑性区的大小对杆件的承载能力和变形的影响都很大，而塑性变形的扩展还随截面形状、弯曲方向和杆件长细比的变化有着很大的差异。当考虑残余应力的影响时，这种差别就更加复杂，不借助电算，简直无法完成。现行设计规范根据截面不同的形状和尺寸、不同的加工条件及相应的残余应力图，按上述压溃理论，采用比较精确的数值方法，算出了稳定系数 $\varphi = \sigma_{cr}/f_y$ 和长细比 $\bar{\lambda}$ 无量纲的关系曲线（图 5-8），最后按相近的计算结果归纳为 a 类、b 类、c 类和 d 类四条曲线，其中 d 类主要用于厚板组成的截面。与 a 类、b 类、c 类和 d 类四条柱子曲线相对应的轴心受压构件的截面分类见表 5-1。

表 5－1　　　　　　　　　轴心受压构件的截面分类（板厚 $t<40mm$）

截　面　形　式	对 x 轴	对 y 轴
轧制	a 类	a 类
轧制，$b/h\leqslant0.8$	a 类	b 类
轧制，$b/h>0.8$　　焊接，翼缘为焰切边　　焊接 轧制　　　轧制，等边角钢 轧制，焊接（板件宽厚比大于20）　　轧制或焊接 焊接　　轧制截面和翼缘为焰切边的焊接截面 格构式　　焊接，板件边缘焰切	b 类	b 类
焊接，翼缘为轧制或剪切边	b 类	c 类
焊接，板件边缘轧制或剪切　　焊接，板件宽厚比不大于20	c 类	c 类

续表

轴心受压构件的截面分类（板厚 $t \geqslant 40\text{mm}$）

截 面 形 式			对 x 轴	对 y 轴
轧制工字形或 H 形截面		$t<80\text{mm}$	b 类	c 类
		$t \geqslant 80\text{mm}$	c 类	d 类
焊接工形截面		翼缘为焰切边	b 类	b 类
		翼缘为轧制或剪切边	c 类	d 类
焊接箱形截面		板件宽厚比大于 20	b 类	b 类
		板件宽厚比不大于 20	c 类	c 类

注　当槽形截面用于格构式构件的分肢，计算分肢对垂直于腹板轴的稳定性时，应按 b 类截面考虑。

确定稳定系数曲线后，即得计算实腹式轴心受压构件整体稳定的设计公式：

$$\frac{N}{A} \leqslant \frac{\sigma_{cr}}{\gamma_R} = \frac{\sigma_{cr}}{f_y} \frac{f_y}{\gamma_R} = \varphi f \qquad (5-8)$$

式中　N——轴心压力；

　　　A——构件的毛截面面积；

　　　φ——轴心受压构件的稳定系数，应根据表 5-1 的截面分类，按钢号和长细比由附录七查得；

　　　f——钢材的抗压强度设计值；

　　　γ_R——材料的抗力分项系数。

按式（5-8）计算压杆或柱的稳定，在确定构件截面两主轴方向的长细比 $\lambda_x = l_{0x}/i_x$ 和 $\lambda_y = l_{0y}/i_y$ 时，应注意构件对截面主轴 x 和 y 的计算长度 l_{0x} 和 l_{0y} 可能相等或不相等，视其在两个方向的支承情况而定。例如图 5-9 所示两端铰支的柱，若在 x 轴方向设有中间连杆支承，则对 y 轴的计算长度 l_{0y} 为侧向两支承点的间距，即 $l_{0y} = l_1 = l/2$；而对 x 轴的计算长度 l_{0x} 为整个柱的长度，即 $l_{0x} = l$。

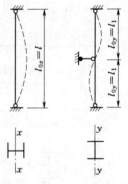

图 5-9　某两端铰支
柱的计算长度

按表 5-1 进行截面分类时应注意，对某些截面，例如翼缘为轧制或剪切边的焊接工字形截面，对两个主轴的稳定系数分属不同的截面类别，即对 x 轴为 b 类，对 y 轴为 c 类。

为了减小构件在制造、运输和安装过程中因偶然碰撞而产生变形，或在使用过程中因自重引起的弯曲以及因动载引起的振动而影响正常使用，因此，要保证构件有足够的刚度。长细比 λ 越大，表示构件的刚度越小，对正常使用越不利。对轴心受力构件还应按下式验算刚度：

$$\lambda = l_0/i \leqslant [\lambda] \qquad (5-9)$$

主要结构的压杆的容许长细比为 $[\lambda] = 150$；支撑中的压杆的 $[\lambda] = 200$。闸门构件的容许长细比见表 5-2。

表 5-2　　闸门构件的容许长细比 $[\lambda]$

构件种类	主要构件	次要构件	联系构件
受压构件	120	150	200
受拉构件	200	250	350

第三节　轴心受压实腹式构件的局部稳定性

在第四章中已介绍了有关薄板稳定的基本概念和基本原理。在轴心受压构件中，翼缘和腹板均受到压应力作用，同样存在着局部屈曲的问题。板丧失局部稳定，可能促使构件提前破坏，这是必须防止的。在计算中通常是以限制板的宽厚比来保证其局部稳定。

如图 5-10 所示工字形截面的翼缘板属于三边简支、一边自由的均布受压板，这种情况的稳定系数 K_{min} 可取为 0.425。由于腹板在平面外的抗弯刚度很小，故不考虑其对翼缘板的嵌固作用（$\chi=1$）。由式（4-47）并乘以弹塑性影响系数 $\sqrt{\eta_E}$，得出翼缘板在弹塑性阶段工作时的临界应力为

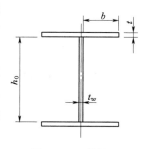

图 5-10　焊接工字形截面

$$\sigma_{cr}=8\times\left(\frac{100t}{b}\right)^2\sqrt{\eta_E} \qquad (5-10)$$

其中

$$\eta_E=0.1013\lambda^2\left(1-0.0248\lambda^2\frac{f_y}{E}\right)\frac{f_y}{E} \qquad (5-11)$$

式中　b——翼缘板的外伸宽度；

　　　t——翼缘板的厚度；

　　η_E——考虑弹塑性阶段时弹性模量的折减系数，由试验资料得出。

根据等稳定原则，翼缘板局部鼓曲时的临界应力应不小于构件丧失整体稳定时的临界应力，即

$$8\times\left(\frac{100t}{b}\right)^2\sqrt{\eta_E}\geqslant\varphi f_y \qquad (5-12)$$

在式（5-12）中，对 Q235 钢取 $f_y=235\text{N/mm}^2$，钢材的弹性模量 $E=206\times10^3\text{N/mm}^2$，因 η_E 与 φ 均为 λ 的函数，根据式（5-12）可绘出 b/t 与 λ 的关系曲线。为便于设计，将式（5-12）简化为直线式：

$$b/t\leqslant10+0.1\lambda$$

为了用于不同钢号，此式右端乘以 $\sqrt{235/f_y}$，即得出适用于各种钢号轴心受压构件翼缘板外伸宽度 b 与其厚度 t 之比的限值为

$$\frac{b}{t}\leqslant(10+0.1\lambda)\sqrt{\frac{235}{f_y}} \qquad (5-13)$$

式中　λ——构件两方向的长细比的较大值，当 $\lambda<30$ 时，取 $\lambda=30$；当 $\lambda>100$ 时，取 $\lambda=100$。

轴心受压柱的腹板，可看作四边简支，两端均匀受压的薄板，其稳定系数可取为 $K_{min}=4$，由于翼缘板比腹板厚，且具有一定的宽度，对腹板具有一定的弹性嵌固作用，这种嵌固作用可使腹板的临界应力提高约 30%（$\chi=1.3$），考虑这一因素，由式（4-47）得腹板的临界应力为

$$\sigma_{cr}=1.3\times74.4\times\left(\frac{100t_w}{h_0}\right)^2\sqrt{\eta_E} \qquad (5-14)$$

式中 h_0——腹板的计算高度；

 t_w——腹板的厚度；

 η_E——弹性模量的折减系数，仍按式（5-11）计算。

根据等稳定条件：$\sigma_{cr} \geqslant \varphi f_y$，同理可得出轴心受压构件工字形截面腹板高厚比的限值为

$$\frac{h_0}{t} \leqslant (25 + 0.5\lambda) \sqrt{\frac{235}{f_y}} \qquad (5-15)$$

式中 λ——构件两方向长细比的较大值，当 $\lambda < 30$，取 $\lambda = 30$；当 $\lambda > 100$ 时，取 $\lambda = 100$。

第四节 轴心受压实腹柱设计

一、截面形式

实腹柱的截面形式有工字形，以及闭合的圆管形截面等（图5-11），其中以工字形截面最为常用。选择轴心受压实腹柱的截面形式时，应尽量使截面具有较大的回转半径，并使两主轴方向的稳定性接近相等，即尽量使 $\lambda_x = \lambda_y$（稳定性还与截面类别有关），同时还应考虑制造省工、便于和其他构件连接、符合现有钢材供应的规格等要求。

用轧成工字钢做柱身，见图5-11（a），制造简便，但其对 y 轴的回转半径 i_y 比对 x 轴的回转半径 i_x 小得多，当柱在 x 及 y 方向的计算长度相等时，采用这种截面形式是不经济的。采用宽翼缘工字钢，见图5-11（b），或在工字钢的翼缘上加焊钢板或槽钢，见图5-11（c）、（d），可以改善截面对 y 轴的稳定性。由三块钢板组成的焊接工字形截面，见图5-11（e），组合比较灵活，其优点是腹板较薄，翼缘较宽，截面的回转半径较大，钢板用量较省，构造简单且便于采用自动电焊，因此，应用很广。圆管形截面，见图5-11（f），在 x 和 y 方向的回转半径较大，封闭的柱身截面，用于海工结构防腐蚀有利，但两端也应注意密封，以防潮气或有害气体侵入。实腹柱虽具有构造简单、加工方便等优点，但比格构柱费钢材。

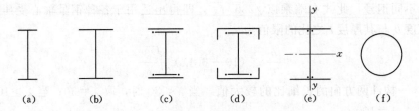

图5-11 轴心受压实腹柱截面形式

二、截面选择

当轴心受压构件的截面形式、计算长度 l_0 和钢材标号确定后，所需的截面面积 A，一般按稳定要求，由下式求得：

$$A = \frac{N}{\varphi f} \qquad (5-16)$$

式（5-16）中有两个互相关联的未知数 A 和 φ，故必须通过试算，才能选定截面尺寸。

现以焊接工字形截面柱（图 5-12）为例，说明截面的选择步骤：

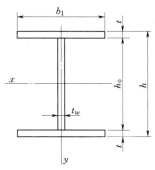

图 5-12　焊接工字形截面

（1）假定长细比 λ 值，由附录七查出相应的 φ 值，代入式（5-16）求出所需截面面积 A。假定 λ 值时，可参考经验数据：当 $l_0 = 5\sim6\text{m}$，$N < 1500\text{kN}$ 时，可假定 $\lambda = 70\sim100$；$N = 1500\sim3500\text{kN}$ 时，可假定 $\lambda = 50\sim70$。

（2）根据假定的 λ 值和等稳定条件（一般可取 $\lambda_x = \lambda_y = \lambda$，因稳定性尚与截面类别有关）求得截面所需的回转半径为

$$i_x = \frac{l_{0x}}{\lambda} \quad i_y = \frac{l_{0y}}{\lambda}$$

各种截面的回转半径与轮廓尺寸之间的近似关系可表示为

$$i_x = \alpha_1 h \quad i_y = \alpha_2 b_1$$

其中系数 α_1 和 α_2 的值，可根据所选的截面形式由附录八查得。

由此，可初步确定所需截面的宽度和高度为

$$b_1 = \frac{i_x}{\alpha_1} \quad h = \frac{i_y}{\alpha_2}$$

当采用工字形截面时，因两主轴的回转半径相差很大，一般 $i_x = 0.43h$，$i_y = 0.24b_1$。如果 $l_{0x} = l_{0y}$，为满足等稳定条件，应使 $l_{0x}/0.43h = l_{0y}/0.24b_1$，得 $b_1 \approx 1.8h$。这种扁而宽的截面，在构造上很不合适，使制造及与其他构件的连接发生困难。通常将 h 放大，采用 $h \approx b_1$。这样在 $l_{0x} = l_{0y}$ 的情况下，$\lambda_y \geqslant \lambda_x$，截面受对 y 轴的稳定条件控制。

（3）根据初步估算的 A、b_1 和 h，试选翼缘厚度 t 和腹板厚度 t_w。

翼缘和腹板的厚度主要由局部稳定条件确定。通常先选腹板的厚度。腹板的高厚比宜满足 $h_0/t_w \leqslant (25 + 0.5\lambda)\sqrt{235/f_y}$ 的要求。腹板的厚度选得薄些比较经济，但不能小于 6mm。翼缘的厚度至少要大于腹板的厚度 2mm，以便识别。

按上述步骤计算时，因初步假定的长细比是任意的，常不能选出合适的截面。如果选择的 A 值过大，而初选的 b_1 和 h 相对较小，以致腹板和翼缘过厚，此时应适当扩展截面轮廓尺寸 b_1 和 h，减小截面面积，亦即长细比应假定得小一些；相反，如果选择的 A 过小而 b_1 和 h 过分扩展时，则应减小 b_1 和 h，增大 A，亦即长细比应假定得大一些。通常经过一两次调整，即可选出合适的截面。

（4）截面选定后，应按选定的截面尺寸，求得实际的截面面积 A 以及实际的长细比 λ_x 和 λ_y，再根据长细比、钢号和截面类别查得 φ_x 与 φ_y，并取较小的 φ 值，按 $N/A \leqslant \varphi f$ 验算整体稳定性。

（5）当截面上有孔洞等削弱时，还应按下式验算截面强度：

$$\sigma = \frac{N}{A_n} \leqslant f \tag{5-17}$$

（6）对于截面高度需要很大的实腹柱，如果腹板的高厚比 h_0/t_w 不能满足局部稳定的要求时，可采用以下三种办法解决：①增加腹板厚度 t_w。这种方法简单，但是不经济。②布置纵向加劲肋（图 5-13），减小腹板的计算高度。纵向加劲肋的宽度不小于 $10t_w$，厚度不小于 $3t_w/4$，其中 t_w 为腹板的厚度。③由于设置纵向加劲肋会增加制造工作量，也可在计算中，只考虑腹板两侧宽度各为 $20t_w\sqrt{235/f_y}$ 的部分（图 5-14），作为有效截面的组成部分，进行整体稳定性验算，但计算其长细比时，仍用全部截面。

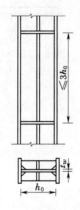

图 5-13　在实腹柱上布置
纵向加劲肋

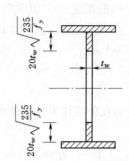

图 5-14　当不满足局部稳定时
腹板两侧的宽度取值

三、构造要求

凡需设置纵向加劲肋的柱以及当腹板 $h_0/t_w\geqslant80$ 时，为防止腹板在施工和运输过程中发生扭曲变形，必须成对布置横向加劲肋，其间距不得大于 $3h_0$（图 5-13），每个运送单元中不少于两道。横向加劲肋的尺寸要求与梁的腹板横向加劲肋的尺寸要求相同。

在轴心受压构件中，由于偶然性弯曲所引起的剪力很小，故翼缘与腹板的连接焊缝的 h_f，可取为 6～8mm。

【例题 5-1】　设计一轴心受压实腹柱的截面。柱高 7m，上端铰支，下端固定。承受轴心压力设计值为 2700kN（包括自重）。采用焊接工字形截面，翼缘为焰切边。钢材为 Q235。

解：假定 $\lambda=55$，由表 5-1 可知，当焊接工字形截面的翼缘为焰切边时，对 x 轴与对 y 轴均属 b 类截面；Q235，由附录七表 2 查得 $\varphi_x=\varphi_y=0.833$。

需要的截面面积　　　$A=\dfrac{N}{\varphi f}=\dfrac{2700\times10^3}{0.833\times215}=15076(\text{mm}^2)$

柱的计算长度　　　$l_{0x}=l_{0y}=0.7l=0.7\times700=490(\text{cm})$

需要的回转半径　　　$i_x=i_y=490/55=8.91(\text{cm})$

根据截面形式由附录八查得 $\alpha_1=0.43$，$\alpha_2=0.24$；所需的 $h=i_x/\alpha_1=8.91/0.43=20.7(\text{cm})$，$b_1=i_y/\alpha_2=8.91/0.24=37.1(\text{cm})$。取 $b_1=38\text{cm}$，并按构造要求取 $h\approx b_1$。所选截面尺寸如例图 5-1 所示。

翼缘　　　　　　　　　$2\times38\times1.6=121.6(\text{cm}^2)$

腹板　　　　　　　　　$1\times35\times0.8=28.0(\text{cm}^2)$

整体稳定性验算：因构件 $l_{0x}=l_{0y}$，且 $h\approx b_1$，可知 $\lambda_y\gg\lambda_x$，截面由对 y 轴的稳定条件控制。

$$A=121.6+28.0=149.6(\text{cm}^2)$$

$$I_y\approx 2\times\frac{1.6\times 38^3}{12}=14633(\text{cm}^4)$$

$$i_y=\sqrt{I_y/A}=\sqrt{14633/149.6}=9.89(\text{cm})$$

$$\lambda_y=l_{0y}/i_y=490/9.89=49.54<[\lambda]=150$$

由附录七表 2 查得 $\varphi_y=0.859$

$$\sigma=\frac{N}{\varphi A}=\frac{2700\times 10^3}{0.859\times 14960}=210(\text{N/mm}^2)<f=215\text{N/mm}^2$$

（满足要求）

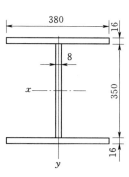

例图 5-1 轴心受压柱的焊接工字形截面
（单位：mm）

局部稳定性验算：取 $\lambda=\lambda_y$

翼缘 $b_1/t=(38-0.8)/1.6=23.25<2(10+0.1\lambda)=29.91$ （满足要求）

腹板 $h_0/t_w=35.0/0.8=43.75<25+0.5\lambda=49.77$ （满足要求）

第五节 轴心受压格构式构件的稳定性

格构式构件的两个单肢是由缀材（缀条或缀板）联系起来的，如图 5-1 (d)、(e)、(f) 所示。在截面上同单轴腹板相垂直的截面主轴（y 轴）称为实轴；同缀材平面相垂直的截面主轴（x 轴）称为虚轴（图 5-15）。

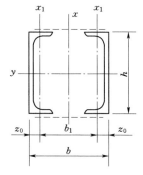

图 5-15 格构式构件截面的实轴（y 轴）和虚轴（x 轴）

格构式构件对实轴 y 的稳定计算与实腹式构件完全相同，因为它的两个单肢相当于两个并排的实腹式构件。但格构式构件对虚轴 x 的稳定性却比具有同样长细比的实腹式构件小，因为格构式构件的单肢是每隔一定距离用缀材联系起来的，当构件绕虚轴 x 失稳时，剪力引起的变形比实腹式构件大得多，计算时不能被忽略。

轴心受压构件屈曲时与梁的弯曲相同，会产生弯矩与剪力，它的变形是由弯矩与剪力两个因素共同引起的。对实腹式构件，由于剪切变形很小，一般都忽略不计。但格构式构件对虚轴 x 的稳定性，就必须考虑剪力对临界力的降低影响。

根据结构力学的推导，轴心受压构件考虑剪力的影响，其临界应力的计算公式为

$$\sigma_{cr}=\frac{\pi^2 E}{\lambda^2+\pi^2 EA\gamma_1} \tag{5-18}$$

式中 γ_1——剪力 $V=1$ 时产生的剪切角，称为单位剪切角。

对于实腹式构件，剪力由沿构件通长的腹板承受，所以剪切变形很小可忽略，即 $\gamma_1\approx 0$。这样由式（5-18）就得到式（5-2）。

格构式构件对虚轴 x 的稳定性不能忽略 γ_1 的影响，将式（5-18）中的 λ 换为 λ_x，并将格构式构件的换算长细比表示为

$$\lambda_{0x}=\sqrt{\lambda_x^2+\pi^2 EA\gamma_1} \tag{5-19}$$

这样就得到格构式构件对虚轴 x 稳定性的临界应力计算公式：

$$\sigma_{cr} = \frac{\pi^2 E}{\lambda_{0x}^2} \qquad (5-20)$$

式（5-20）具有与欧拉公式相同的形式。因此，格构式构件对虚轴 x 的稳定性是以加大长细比的办法来考虑剪切变形的影响。加大后的长细比 λ_{0x} 就称为换算长细比。格构式构件对虚轴 x 的稳定计算，只需求出换算长细比 λ_{0x}，并用 λ_{0x} 代替实腹式压杆采用的长细比 λ_x 去查轴心受压构件的稳定系数 φ 值，就可按轴心受压实腹式构件的整体稳定设计公式（5-8）进行计算。

从式（5-19）看出，只要求出单位剪切角 γ_1 的大小，换算长细比 λ_{0x} 不难求出。现以两单肢缀条式构件为例，说明在剪力 $V=1$ 作用下，单位剪切角 γ_1 的计算。如图 5-16 所示，假设缀条与柱肢的连接为铰接，并忽略横缀条的变形，则由剪力 $V=1$ 引起的单位剪切角 γ_1 可取为

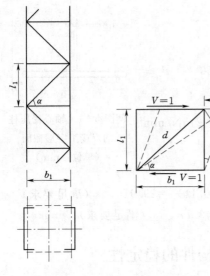

图 5-16 两单肢缀条式构件
单位剪切角计算图

$$\gamma_1 = \frac{\Delta_1}{d \sin\alpha} = \frac{\Delta d}{d \sin\alpha \cos\alpha}$$

式中　d——斜缀条的原长；

　　　Δd——斜缀条的伸长；

　　　α——斜缀条的倾角。

在剪力 $V=1$ 作用下，两根斜缀条所受的拉力之和为

$$N_1 = \frac{1}{\cos\alpha}$$

设两根斜缀条的总面积为 A_1，则斜缀条的伸长为

$$\Delta d = \frac{N_1 d}{EA_1} = \frac{d}{EA_1 \cos\alpha}$$

因此

$$\gamma_1 = \frac{1}{EA_1 \sin\alpha \cos^2\alpha}$$

将上式代入式（5-18）得

$$\lambda_{0x} = \lambda_x^2 + \sqrt{\frac{\pi^2}{\sin\alpha \cos^2\alpha} \frac{A}{A_1}}$$

因斜缀条的倾角 α 一般为 $35° \sim 45°$，算式中 α 取 $43°$，$\sin\alpha \cos^2\alpha \approx 0.365$，则可求得两单肢缀条式构件的换算长细比为

$$\lambda_{0x} = \sqrt{\lambda_x^2 + 27 \frac{A}{A_1}} \qquad (5-21)$$

对于缀板柱，在单位剪力 $V=1$ 的作用下，如图 5-17 所示，从缀板柱取出一个节间

来求单位剪切角 γ_1。已知柱的截面积为 A，略去节点 A 或 B 的受弯转动，则一个分肢 AC 的侧移 δ 可由悬臂梁的挠度公式获得，其值为

$$\delta = \frac{\frac{1}{2}\left(\frac{a}{2}\right)^3}{3EI_1}$$

式中 I_1——单肢的惯性矩。

单位剪切角 γ_1 为

$$\gamma_1 = \frac{\delta}{\frac{a}{2}} = \frac{a^2}{24EI_1}$$

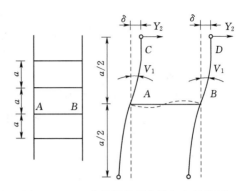

图 5-17 双肢缀板柱单位剪切角计算图

将 γ_1 代入式（5-19），得

$$\lambda_{0x} = \sqrt{\lambda_x^2 + \pi^2 EI \frac{a^2}{24EI_1}}$$

因 $A = 2A_1$（A_1 为单肢截面积），$i_1^2 = \dfrac{I_1}{A_1}$（i_1 单肢回转半径），则

$$\lambda_{0x} = \sqrt{\lambda_x^2 + \frac{\pi^2}{12}\frac{a^2}{i_1^2}}$$

取 $\dfrac{\pi^2}{12} \approx 1$，则

$$\lambda_{0x} = \sqrt{\lambda_x^2 + \lambda_1^2} \qquad\qquad (5-22)$$

现将各种截面形式的格构式构件的换算长细比 λ_{0x} 列于表 5-3，以便计算时查用。

表 5-3   格构式构件的换算长细比 λ_0 计算公式

项次	构件截面形式	缀材类别	计 算 公 式	符 号 意 义
1	(a)	缀板	$\lambda_{0x} = \sqrt{\lambda_x^2 + \lambda_1^2}$	λ_x、λ_y 为整个构件对 x 轴和 y 轴的长细比；λ_1 为单肢对最小刚度轴 1—1 的长细比，其计算长度在焊接连接时为相邻两缀板间的净距离，螺栓连接时，为相邻两缀板边缘螺栓的最近距离；A_{1x}、A_{1y} 为垂直于 x 轴和 y 轴的平面内各斜缀条的毛截面面积之和；A_1 为各斜缀条的毛截面面积之和；θ 为夹角（图 c）
2		缀条	$\lambda_{0x} = \sqrt{\lambda_x^2 + 27\dfrac{A}{A_1}}$	
3		缀板	$\lambda_{0x} = \sqrt{\lambda_x^2 + \lambda_1^2}$ $\lambda_{0y} = \sqrt{\lambda_y^2 + \lambda_1^2}$	
4	(b)	缀条	$\lambda_{0x} = \sqrt{\lambda_x^2 + 40\dfrac{A}{A_{1x}}}$ $\lambda_{0y} = \sqrt{\lambda_y^2 + 40\dfrac{A}{A_{1y}}}$	
5	(c)	缀条	$\lambda_{0x} = \sqrt{\lambda_x^2 + \dfrac{42A}{A_1(1.5 - \cos^2\theta)}}$ $\lambda_{0y} = \sqrt{\lambda_y^2 + \dfrac{42A}{A_1\cos^2\theta}}$	

注 斜缀条与构件轴线间的夹角应为 40°～70°。

第六节　轴心受压格构柱设计

一、构造形式

格构柱常用两个槽钢作为单肢，并以缀条或缀板将其连成整体，见图 5-1（d）、（e）、（f）。布置槽钢时，宜将其翼缘向内伸，见图 5-18（a），这样可使缀条或缀板的长度与宽度较小，且外表平整。当承受荷载较大时，可采用两个工字钢，见图 5-18（b），甚至两个组合工字形截面，见图 5-18（c）作为单肢。

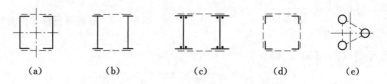

(a)　　　　(b)　　　　(c)　　　　(d)　　　　(e)

图 5-18　轴心受压格构柱截面形式

对荷载较小而长度很大的轴心受压构件，应具有扩展的截面，以保证必需的刚度。为此，可采用由四个角钢组成的截面，见图 5-18（d），在其四周用缀条或缀板相连。这种截面回转半径较大，稳定性好，但制造较费工。

在工程中也有采用由 3 根或 4 根钢管组成的格构式构件，在各管之间用钢管或圆钢缀条相连，见图 5-18（e）。这种截面稳定性较好，而且受风力或波浪压力的影响小。

缀条或缀板布置在构件的两侧，可以保证两单肢共同工作，它对构件的整体稳定性和单肢的稳定性均有很大的作用。缀条与两单肢构成桁架式体系，见图 5-1（d）、（e），刚性较大；缀板与两单肢则构成刚架式体系，见图 5-1（f）。变形时各杆均有弯曲，故缀条柱的刚度较缀板柱大。

缀板式格构柱构造简单、外形平整，因此对受力不大的柱常采用缀板式格构柱。但缀条式格构柱刚度大，对受力较大的柱，应采用缀条式格构柱。

二、截面选择

选择双肢格构柱的截面尺寸，应先按实轴 y 的稳定性选择单肢的型钢截面，然后再按等稳定条件，即 $\lambda_{0x} = \lambda_y$（一般格构式构件的截面对实轴与虚轴均为 b 类截面），来确定两单肢的间距 b_1（图 5-15）。具体选择的步骤如下。

1. 按实轴 y 的稳定性选择两单肢的截面

步骤与实腹柱相同。先假定 λ_y，对于 $l_0 = 5\sim7\mathrm{m}$，$N = 1000\sim2500\mathrm{kN}$，可假定 $\lambda_y = 70\sim90$；$N = 2500\sim3500\mathrm{kN}$，可假定 $\lambda_y = 50\sim70$。根据假定的 λ_y，采用的钢号，按 b 类截面查得 φ，即可由式（5-16）求得需要的截面积 $A = N/(\varphi f)$，并求出需要的回转半径 $i_y = l_{0y}/\lambda_y$，这样就可根据需要的 A 和 i_y，从型钢表中选择合适的型钢截面尺寸。截面选定后，应按实际的 A 和 λ_y，用式（5-8）验算对 y 轴的稳定性。

2. 按等稳定条件 $\lambda_{0x} = \lambda_y$，确定两单肢的间距

对缀条柱，由 $\lambda_{0x} = \sqrt{\lambda_x^2 + 27A/A_1} = \lambda_y$，可求得需要的长细比 $\lambda_x = \sqrt{\lambda_y^2 - 27A/A_1}$。式中 λ_y 和 A 均已确定。两个缀条平面内的斜缀条毛截面面积之和 A_1

可预先估计（对于受力不大的柱，一般采用L40×5或L50×6作为缀条）。

对缀板柱，由 $\lambda_{0x} = \sqrt{\lambda_x^2 + \lambda_1^2} = \lambda_y$，可求得需要的长细比 $\lambda_x = \sqrt{\lambda_y^2 - \lambda_1^2}$。式中 λ_1 为缀板柱的单肢长细比，可取单肢长细比的最大限值，即 $\lambda_1 = 25$（当 $\lambda_y \leqslant 50$）；$\lambda_1 = 0.5\lambda_y$（当 $\lambda_y = 50 \sim 80$）；$\lambda_1 = 40$（当 $\lambda_y \geqslant 80$）。

求得了需要的回转半径 $i_x = l_{0x}/\lambda_x$，再利用回转半径的移轴公式 $i_x^2 = i_1^2 + (b_1/2)^2$，即可求得两单肢截面重心的间距 $b_1 = 2\sqrt{i_x^2 - i_1^2}$（图5-15）。或中 i_1 为单肢截面对本身重心轴 x_1 的回转半径。

当截面形式为翼缘内伸的两槽钢组合时（图5-15），则柱的宽度 $b = b_1 + 2z_0$，其中 z_0 为槽钢重心至肢背的距离。并注意两槽钢翼缘之间的空隙应不小于100mm，以便构件内表面的油漆。

若最后选定的 b 值不小于所算得的 b 值，即能保证整个构件对虚轴 x 的稳定性，可不进行验算。

三、缀条和缀板

1. 剪力的确定

缀条和缀板的作用在于保证将各单肢连成整体共同工作。缀条或缀板的实际受力情况比较复杂，通常作这样的近似考虑：当轴心受压格构式构件保持理论上的直线状态平衡时，则构件的剪力为零，缀条或缀板也不受力；但当格构式构件达临界状态绕虚轴弯曲时，缀条或缀板要承受横向剪力的作用。只有先算出横向剪力，然后才可进行缀条或缀板的设计。

为了说明因弯曲变形而产生横向剪力的概念，取如图5-19（a）所示的两端铰支、杆长为 l 的等截面构件。当其绕虚轴弯曲时，假定挠曲线为一正弦曲线，即：

$$y = y_m \sin\frac{\pi z}{l}$$

式中　y_m——构件中点的挠度。

任意截面的弯矩为 $M = N_{cr}y$，则剪力为

$$V = \frac{\mathrm{d}M}{\mathrm{d}Z} = N_{cr}\frac{\mathrm{d}y}{\mathrm{d}z} = \frac{N_{cr}\pi y_m}{l}\cos\frac{\pi z}{l}$$

剪力沿构件长度呈余弦曲线分布，见图5-19（b），其最大值在构件的两端为

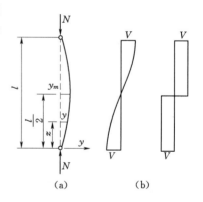

图5-19　轴心受压构件
剪力计算简图

$$V = \frac{N_{cr}\pi y_m}{l}$$

构件中点挠度 y_m 可根据临界状态时，构件挠曲的凹侧柱肢截面全部屈服的条件决定，即

$$\frac{N_{cr}}{2} + \frac{N_{cr}y_m}{b_1} = \frac{A}{2}f_y$$

式中 b_1 为柱肢轴线之间的距离（图5-15），由上式得

$$y_m = \frac{f_y - \sigma_{cr}}{2N_{cr}} A b_1$$

将上式中的 y_m 代入最大剪力的公式中，并近似取 $b_1 = 2i_x$，可求得

$$V = \frac{\pi A}{\lambda_x}(f_y - \sigma_{cr}) = \frac{\pi A}{\lambda_x} f_y (1 - \varphi_x)$$

无疑，对于格构柱 λ_x 应采用考虑剪切变形影响的换算长细比 λ_{0x}，将上式写成设计公式[❶]：

$$V = \frac{\pi A}{\lambda_{0x}} f(1 - \varphi_x) \tag{5-23}$$

式中　A——构件的毛截面面积；

　　　φ_x——格构式构件对虚轴的整体稳定系数，由 λ_{0x}、钢号按 b 类截面查得。

规范采用的设计公式与式（5-23）类似：

$$V = \frac{Af}{85} \sqrt{\frac{f_y}{235}} \tag{5-24}$$

由式（5-23）与式（5-24）比较可见：按式（5-23）所决定的剪力 V 与 φ_x 直接相关，说明其剪力值与柱的整体稳定性在安全度方面是一致的。从而说明按式（5-23）求得的剪力比较精确。

算得的剪力 V 值假定沿构件全长不变，由承受剪力的缀材（缀条或缀板）面共同分担（图 5-20）。

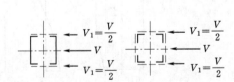 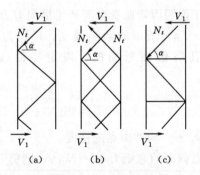

图 5-20　剪力沿缀材面的分配　　　　图 5-21　缀条的布置

2. 缀条的设计

缀条的布置形式一般宜采用单斜式缀条，见图 5-21（a）；对于受力很大的柱，可采用双缀条，见图 5-21（b）。此外，当两肢的间距较大时，也可在斜缀条之间设置横缀条来减小单肢的计算长度，见图 5-21（c）。在单斜式缀条布置中，一般采用倾角 $\alpha = 40°$，而在后两种布置中，则采用 $\alpha = 45°$。

计算斜缀条的内力时，可将格构柱侧面的缀条与单肢视作平行弦桁架来分析。剪力由每个缀条面承担，每根斜缀条的内力为

❶　范崇仁．关于轴心受压格构柱剪力的计算，武汉水利电力学院学报，1984 年第二期。

$$单斜式缀条 \qquad N_t = \frac{V_1}{\cos\alpha} \; \Bigg\}$$

$$双斜式缀条 \qquad N_t = \frac{V_1}{2\cos\alpha} \; \Bigg\} \qquad (5-25)$$

式中　V_1——分配到一个缀条面的剪力（图 5-20）。

斜缀条的截面在选择格构柱的截面时已初步选定。求出内力 N_t 后，将斜缀条按轴心受压构件验算。缀条通常采用单个角钢，由于单角钢单面（一个肢）与柱肢的连接存在偏心，为考虑这个不利影响，计算其稳定性时应将强度设计值乘以折减系数。例如采用等边角钢的折减系数 η 为

$$\eta = 0.6 + 0.0015\lambda（但不大于 1.0）$$
$$\lambda = 0.9 l_t / i_0$$

式中　l_t——斜缀条的几何长度，当 $\lambda < 20$ 时，取 $\lambda = 20$；

　　　i_0——单角钢的最小回转半径。

缀条与柱肢连接的焊缝参照第三章进行计算，同理，焊缝的强度设计值则乘以折减系数 0.85。

横缀条主要用来减小单肢的计算长度，一般采用与斜缀条相同的截面，不进行计算。

格构柱在两个相邻缀条节点之间的单肢，是一单独的轴心受压实腹构件。为了保证柱的单肢稳定性不低于柱的整体稳定性，对于缀条柱的单肢长细比 $\lambda_1 = l_{01}/i_1$，应不大于柱的 λ_y 与 λ_{0x} 中较大值的 0.7 倍。单肢计算长度 l_{01} 取缀条节点之间的距离，i_1 为单肢截面对 x_1 轴（图 5-15）的回转半径。

3. 缀板的设计

将缀板柱的缀板与两侧单肢视为一多层刚架。当格构柱受力弯曲时，柱的单肢与缀板随之弯曲。可近似认为各肢段的中点和各缀板的中点为反弯点，见图 5-22（a）。在反弯点处弯

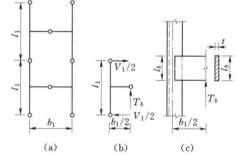

图 5-22　缀板计算

矩为零，仅承受剪力。从柱中取出一段脱离体，见图 5-22（b）进行缀板的内力分析。

利用平衡条件可求得一块缀板承受的垂直剪力为

$$T_b = V_1 l_1 / b_1 \qquad (5-26)$$

式中　V_1——分配到一个缀板面上的剪力；

　　　l_1——两缀板中心间的距离；

　　　b_1——单肢轴线的间距。

缀板与柱肢连接处的弯矩为

$$M_b = T_b b_1 / 2 \qquad (5-27)$$

缀板的内力一般不大，其截面尺寸可由构造要求决定。考虑到缀板与柱肢的连接应具有一定的刚度，因此，缀板的宽板 l_b，不应小于柱肢轴线距离 b_1 的 2/3，厚度 t 不小于 $b_1/40$，且不应小于 6mm，见图 5-22（c），缀板与柱肢采用角焊缝连接，搭接长度一般

为 $20\sim30$mm。焊缝的强度按缀板的剪力 T_b 和弯矩 M_b 计算。

格构柱在两个相邻缀板之间的单肢，是一个单独的轴心受压的实腹构件。为了保证柱的单肢稳定性不低于柱的整体稳定性，对于缀板柱的单肢长细比 $\lambda_1=l_{01}/i_1$ 不应大于 40，并不应大于柱最大长细比 λ_{max} 的 0.5 倍。当 $\lambda_{max}<50$ 时，取 $\lambda_{max}=50$。单肢计算长度 l_{01} 取缀板间的净距。

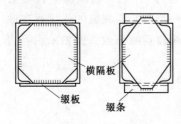

图 5-23　格构柱的横隔

四、构造要求

为了保证格构柱在制造、运输和安装过程中截面形状不变和增加柱的刚度，应设置横隔，其间距不得大于柱截面较大宽度的 9 倍或 8m。横隔可用钢板做成，焊在柱肢及缀板（或缀条）上（图 5-23）。在运输单元的端部和受有较大水平力处都应设置横隔。此外，在格构柱的两端还应设置缀板。

【例题 5-2】　设计由两个槽钢（肢尖相对）组成的轴心受压缀板式格构柱（例图 5-2）。柱长 6.2m，两端铰支。轴心压力（包括自重）设计值为 1000kN。钢材为 Q235，焊条为 E43 型，手工焊。

解：

1. 按实轴 y 的稳定性选择槽钢的型号

设 $\lambda_y=70$，按 b 类截面、Q235 钢由附录七表 2 查得 $\varphi=0.751$。

需要的截面面积和回转半径为

$$A=N/\varphi f=1000\times10^3/(0.751\times215)=6193(mm^2)$$

$$i_y=l_{0y}/\lambda_y=620/70=8.86(cm)$$

选用 2 [22a，实际面积：$A=2\times31.84=63.68(cm^2)$

$$i_y=8.67cm \qquad i_1=2.23cm \qquad z_0=2.1cm$$

对实轴 y 稳定性验算：

实际　　　　　　　　$\lambda_y=l_{0y}/i_y=620/8.67=71.5<[\lambda]=150$

查得　　　　　　　　$\varphi_y=0.741$（b 类）

$$\sigma=N/\varphi A=1000\times10^3/(0.741\times6368)=211.9(N/mm^2)<f=215N/mm^2$$

2. 按等稳定条件确定柱的宽度

取单肢长细比 $\lambda_1=35<0.5\lambda_y=0.5\times71.5=35.75$，且 $\lambda_1<40$；单肢稳定的要求满足。

按 $\lambda_{0x}=\lambda_y$，则需要的长细比为

$$\lambda_x=\sqrt{\lambda_{0x}^2-\lambda_1^2}=\sqrt{71.5^2-35^2}=62.3$$

需要的回转半径与两单肢的间距为

$$i_x=l_{0x}/\lambda_x=620/62.3=9.95(cm)$$

$$b_1=2\sqrt{i_x^2-i_1^2}=2\sqrt{9.95^2-2.23^2}=19.4(cm)$$

柱所需的宽度：

$$b = b_1 + 2z_0 = 19.4 + 2 \times 2.1 = 23.6 \text{(cm)}$$

考虑两槽钢翼缘间的空隙不小于 100mm，已知单个槽钢翼缘的宽度为 7.7cm，则

$$b = 2 \times 7.7 + 10 = 25.4 \text{cm，取} \ b = 26 \text{cm}$$

因所取 b 值比所需的 b 值大，故不必对虚轴 x 的稳定性进行验算。

3. 缀板设计

缀板纵向宽度与厚度：

$$l_b = \frac{2}{3}b_1 = \frac{2}{3} \times (26 - 2 \times 2.1) = 14.6 \text{(cm)，取} \ l_b = 20 \text{cm}$$

$$t = \frac{1}{40}b_1 = \frac{1}{40} \times (26 - 2 \times 2.1) = 0.55 \text{(cm)，取} \ t = 0.8 \text{cm}$$

缀板间的净距（单肢的计算长度）：

$$l_{01} = \lambda_1 i_1 = 35 \times 2.23 = 78.1 \text{(cm)，取} \ l_{01} = 75 \text{cm}$$

缀板间的中心距：

$$l_1 = l_{01} + l_b = 75 + 20 = 95 \text{(cm)}$$

横向剪力：按式（5-22）计算，式中 λ_{0x} 为简单计，取 $\lambda_{0x} = \lambda_y$

$$V = \frac{\pi A f}{\lambda_{0x}}(1 - \varphi) = \frac{3.14 \times 6368 \times 215}{71.5} \times (1 - 0.741) = 15573 \text{(N)}$$

按式（5-23）求得 $V = 16110 \text{N}$

缀板与柱肢连接处的剪力和弯矩为

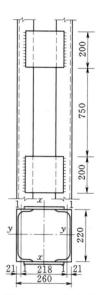

例图 5-2 格构柱
的缀板构造图
（单位：mm）

$$T_b = \frac{Vl_1}{2b_1} = \frac{15573 \times 95}{2 \times (26 - 2 \times 2.1)} = 33932 \text{(N)}$$

$$M_b = \frac{Vl_1}{4} = \frac{15573 \times 95}{4} = 369859 \text{(N·cm)}$$

焊缝强度验算：

取 $h_f = 0.7 \text{cm}$；$l_w = l_b - 1.0 = 20 - 1 = 19 \text{(cm)}$

$$\tau_v = \frac{T_b}{0.7 h_f l_w} = \frac{33932}{0.7 \times 7 \times 190} = 38.45 \text{(N/mm}^2)$$

$$\tau_M = \frac{6M_b}{0.7 h_f l_w^2} = \frac{6 \times 369859}{0.7 \times 7 \times 190^2} = 125.45 \text{(N/mm}^2)$$

$$\tau = \sqrt{\tau_v^2 + \left(\frac{\tau_M}{1.22}\right)^2} = \sqrt{36.45^2 + \left(\frac{125.45}{1.22}\right)^2} = 109.09 \text{(N/mm}^2)$$

$$< f_f^w = 160 \text{N/mm}^2（满足要求）$$

第七节　实腹式压弯构件的承载能力

压弯构件是同时承受轴向压力和弯矩作用的构件。由于这种构件兼有梁和柱两方面的

性质，故又称为梁柱。压弯构件主要有三种类型：偏心受压，见图 5-24（a）；轴向压力和端弯矩共同作用，见图 5-24（b）；轴向压力和横向均布荷载或横向集中荷载同时作用，见图 5-24（c）。

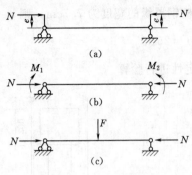

图 5-24　压弯构件

压弯构件的承载能力决定于构件的整体稳定性与强度，通常由整体稳定性控制，其整体稳定性的丧失可能有下面两种情况：

（1）构件在弯矩作用平面内的弯曲失稳；

（2）构件在弯矩作用平面外的弯曲扭转失稳。

为了保证压弯构件的整体稳定性，必须分别进行弯矩作用平面内和弯矩作用平面外的稳定计算。

一、弯矩作用平面内的稳定性

考虑到压弯构件是介于轴心受压和梁之间的构件，其计算公式应尽量与这两者相衔接，故目前多采用相关公式来确定构件的稳定承载力。

压弯构件在弯矩作用平面内相关公式是由截面受压边缘纤维刚达屈服强度所得的相关公式推广修正而来。图 5-25 所示两端铰接的偏心受压构件，在开始承受荷载时就会发生弯曲，以致该构件除承受轴向压力 N 和弯矩 $M_x = Ne$ 外，尚需承受由轴向压力 N 和挠度 y 所引起的附加弯矩 Ny。当假定构件的挠曲线为正弦曲线，即 $y = y_m \sin \dfrac{\pi z}{l}$ 时。在构件中点处 $z = \dfrac{l}{2}$，可求得 $y'' = -\dfrac{\pi^2}{l^2} y_m$，利用 $EIy'' = -N(e + y_m)$ 的关系，可求得构件中点的挠度为

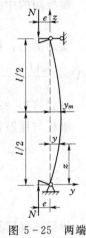

$$y_m = \frac{Ne}{\dfrac{\pi^2 EI}{l^2} - N} = \frac{e}{\dfrac{N_{Ex}}{N} - 1} \qquad (5-28)$$

$$N_{Ex} = \pi^2 EI / l^2 = \pi^2 EA / \lambda_x^2$$

图 5-25　两端
铰接偏心压杆

式中　N_{Ex}——欧拉临界力。

当偏心受压构件在弹性范围工作时，构件中点截面的最大弯矩可由下式求出：

$$M_{\max} = Ne + Ny_m = \frac{Ne}{\left(1 - \dfrac{N}{N_{Ex}}\right)} \qquad (5-29)$$

式中　$1 \Big/ \left(1 - \dfrac{N}{N_{Ex}}\right)$——考虑构件挠度 y_m 影响的弯矩放大系数。

若将对构件承载能力有影响的初始缺陷用一个等效的偏心距值 e_0 来表示，则此时构件中点截面的最大弯矩为

$$M_{\max} = \frac{N(e + e_0)}{\left(1 - \dfrac{N}{N_{Ex}}\right)} = \frac{M_x + Ne_0}{\left(1 - \dfrac{N}{N_{Ex}}\right)} \qquad (5-30)$$

假定钢材为理想的弹塑性体，若以截面的受压边缘纤维刚达屈服强度 f_y 时，近似

作为压弯构件弯矩作用平面内能够保持稳定的极限状态，可得轴心压力和弯矩的相关
公式为

$$\frac{N}{A} + \frac{M_x + Ne_0}{W_{1x}\left(1 - \dfrac{N}{E_{Ex}}\right)} = f_y \tag{5-31}$$

注意到，当 $M_x = 0$ 时，构件就是具有初始缺陷 e_0 的轴心受压构件，设此时其临界力
为 $N = \varphi_x f_y A$，则由式（5-31）可导得

$$e_0 = \frac{W_{1x}}{\varphi_x A}(1 - \varphi_x)\left(1 - \frac{\varphi_x f_y A}{N_{Ex}}\right) \tag{5-32}$$

将 e_0 值代回式（5-31），整理得

$$\frac{N}{\varphi_x A} + \frac{M_x}{W_{1x}\left(1 - \varphi_x \dfrac{N}{N_{Ex}}\right)} = f_y \tag{5-33}$$

构件截面受压边缘纤维屈服后，再适当考虑截面的塑性发展，在式（5-33）第二项
分母中引入截面塑性发展系数 γ_x，并将 N_{Ex} 改为 N'_{Ex}。同时，通过对多种常用截面的计
算表明，将式（5-33）中第二项分母中的 φ_x 取为 0.8，可提高计算精度与方便使用。这
样，式（5-33）经部分修改后，写成设计公式为

$$\frac{N}{\varphi_x A} + \frac{\beta_{mx} M_x}{\gamma_x W_{1x}\left(1 - 0.8\dfrac{N}{N'_{Ex}}\right)} \leqslant f \tag{5-34a}$$

对式中 N'_{Ex} 引入抗力分项系数后，规范 GB 50017 规定实腹式压弯构件在弯矩作用（绕 x
轴）平面内的稳定性按下式验算：

$$\frac{N}{\varphi_x A} + \frac{\beta_{mx} M_x}{\gamma_x W_{1x}\left(1 - 0.8\dfrac{N}{N'_{Ex}}\right)} \leqslant f \tag{5-34b}$$

式中　N——所计算构件段范围内的轴心压力；

　　　φ_x——弯矩作用平面内的轴心受压构件的稳定系数，查附录七；

　　　M_x——所计算构件段范围内的最大弯矩；

　　　γ_x——截面塑性发展系数，由表 5-4 采用，直接承受动力荷载时取 $\gamma_x = 1$；

　　　N'_{Ex}——欧拉临界力，$N'_{Ex} = \pi^2 EA/(1.1\lambda_x^2)$；

　　　W_{1x}——弯矩作用平面内最大受压纤维的毛截面模量；

　　　β_{mx}——等效弯矩系数。

β_{mx} 应按下列规定采用：

（1）对于框架柱和两端支承的构件：①当无横向荷载作用时，$\beta_{mx} = 0.65 + 0.35\dfrac{M_2}{M_1}$，
其中 M_1 和 M_2 为端弯矩，使构件产生同向曲率（无反弯点）时取同号；使构件产生反向
曲率（有反弯点）时取异号，$|M_1| \geqslant |M_2|$。②当有端弯矩和横向荷载同时作用时，
使构件产生同向曲率时，$\beta_{mx} = 1.0$；使构件产生反向曲率时，$\beta_{mx} = 0.85$。③当无端弯矩
但有横向荷载作用时，$\beta_{mx} = 1.0$。

表 5 - 4 截面塑性发展系数 γ_x、γ_y 值

项次	截面形式	γ_x	γ_y
1			1.2
2		1.05	1.05
3		$\gamma_{x1}=1.05$	1.2
4		$\gamma_{x2}=1.2$	1.05
5		1.2	1.2
6			1.05
7		1.0	1.0
8		1.15	1.15

注 当压弯构件受压翼缘的自由外伸宽度与其厚度之比大于 $13\sqrt{235/f_y}$ 时（但不超过 $15\sqrt{235/f_y}$），应取 $\gamma_x=1.0$。

（2）对于悬臂构件以及分析内力时未考虑二阶效应的无支撑纯框架和弱支撑框架柱，$\beta_{mx}=1.0$。

引入系数 β_{mx} 是考虑到式（5-34）是根据轴心受压构件两端作用有等弯矩条件下得到的，当轴心受压构件的两端弯矩不等或同时受横向荷载作用，这时可用两端作用有等效端弯矩 $\beta_{mx}M_x$ 的轴心受压构件的情况代替，故 β_{mx} 称为等效弯矩系数。

对于单轴对称截面压弯构件（图 5-26），当弯矩作用在对称轴平面内且使较大翼缘受压时，较小翼缘有可能由于拉应力较大而先于受压区进入塑性阶段。对于这种情况，除应按式（5-34b）计算外，尚应按下式计算：

$$\left| \frac{N}{A} - \frac{\beta_{mx}M_x}{\gamma_x W_{2x}\left(1 - 1.25\dfrac{N}{N'_{Ex}}\right)} \right| \leqslant f \qquad (5-35)$$

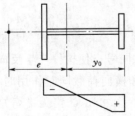

图 5-26 单轴对称截面

式中 W_{2x}——较小翼缘最外纤维的毛截面模量。

二、弯矩作用平面外的稳定性

当压弯构件两个方向的刚度相差较大，且弯矩作用在刚度较大的平面内时，对这样的构件当其侧向刚度较小又没有足够的支撑时，它就有可能首先产生侧向弯曲及扭转的屈曲而丧失承载能力，我们常称此为弯矩作用平面外的稳定性问题。

压弯构件弯矩作用平面外的稳定计算的相关公式是在理论分析的基础上结合试验成果建立的。

求解偏心受压构件弯扭屈曲的临界力时，一般都假定构件在弯矩作用平面内的刚度比较大，弯曲变形很小，从而忽略弯曲变形使轴向力的偏心距逐渐增大的影响。对于双轴对称的工字形截面的偏心受压构件（图 5-27），当荷

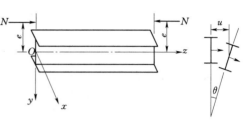

图 5-27　偏心受压构件弯矩作用平面外弯扭屈曲

载 N 逐渐增大达临界值时，在弹性工作阶段的弯扭屈曲临界条件方程为

$$\left(1-\frac{N}{N_{Ey}}\right)\left(1-\frac{N}{N_{\omega}}\right)i^2-\frac{(Ne)^2}{N_{Ey}N_{\omega}}=0 \qquad (5-36)$$

$$N_{Ey}=\pi^2EI_y/l^2$$

$$N_{\omega}=\left(EI_{\omega}\frac{\pi^2}{l^2}+GI_K\right)/i^2$$

$$i=\sqrt{(I_x+I_y)/A}$$

式中　N_{Ey}——构件轴心受压时对 y 轴弯曲屈曲临界力；

$\qquad N_{\omega}$——构件轴心受压时绕 z 轴扭转屈曲临界力；

$\qquad i$——双轴对称截面对弯心的极回转半径；

$\qquad e$——荷载的偏心距。

构件受纯弯作用时，弯扭屈曲临界弯矩为

$$M_{cr}=i\sqrt{N_{Ey}N_{\omega}} \qquad (5-37)$$

将式（5-37）代入式（5-36），并让 $Ne=M$，可得相关公式：

$$\left(1-\frac{N}{N_{Ey}}\right)\left(1-\frac{N}{N_{\omega}}\right)-\left(\frac{M}{M_{cr}}\right)^2=0 \qquad (5-38)$$

由式（5-38）可见 N/N_{Ey} 和 M/M_{cr} 的相关关系和 N_{ω}/N_{Ey} 的比值有关。若给定不同的 N_{ω}/N_{Ey} 的值，则可绘出 N/N_{Ey}—M/M_{cr} 的相关曲线如图 5-28 所示。

对于一般钢结构中常用的偏心受压构件，经分析 N_{ω}/N_{Ey} 都大于 1，所以可以偏安全地取 $N_{\omega}/N_{Ey}=1$ 时的线性相关方程：

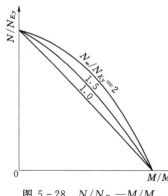

图 5-28　N/N_{Ey}—M/M_{cr} 相关关系

$$\frac{N}{N_{Ey}}+\frac{M}{M_{cr}}=1 \qquad (5-39)$$

构件在弹塑性工作范围，按理论分析方法难以得到像式（5-39）那样的相关公式，但通过具体计算，分析比较，算得 $N/N_{Ey}+M/M_{cr}$ 都大于 1 而且大得不多，因

此，同样可以偏安全地采用式（5-39）作为相关公式。

压弯构件在弯矩作用平面外的计算公式即以式（5-39）为基础。用 $N_{Ey}=\varphi_y A f_y$ 和 $M_{cr}=\varphi_b W_{1x} f_y$ 代入式（5-39），并用等效弯矩系数 β_{tx}、截面影响系数 η 对其他受力条件进行修正。同时将式（5-39）写成设计公式：

$$\frac{N}{\varphi_y A}+\eta\frac{\beta_{tx}M_x}{\varphi_b W_{1x}}\leqslant f \tag{5-40}$$

式中　φ_y——弯矩作用平面外的轴心受压构件稳定系数，按式（5-8）中的规定确定；

　　　φ_b——受均布弯矩的受弯构件整体稳定系数，对工字形（含 H 型钢）和 T 形截面，可按附录六第五项的近似公式确定，对闭口截面（如箱形），取 $\varphi_b=1.0$；

　　　M_x——所计算构件段范围内的最大弯矩；

　　　η——截面影响系数，闭口截面 $\eta=0.7$，其他截面 $\eta=1.0$；

　　　β_{tx}——等效弯矩系数。

β_{tx} 应按下列规定采用：

（1）对在弯矩作用平面外有支承的构件，应根据两相邻支承点间构件段内的荷载和内力情况确定：①所考虑构件段无横向荷载作用时，$\beta_{tx}=0.65+0.35\frac{M_2}{M_1}$，其中 M_1 和 M_2 是在弯矩作用平面内的端弯矩，使构件段产生同向曲率时取同号；产生反向曲率时取异号，$|M_1|\geqslant|M_2|$。②所考虑构件段内有端弯矩和横向荷载作用时，使构件段产生同向曲率时，$\beta_{tx}=1.0$；使构件段产生反向曲率时，$\beta_{tx}=0.85$。③所考虑构件段内无端弯矩但有横向荷载作用时，$\beta_{tx}=1.0$。

（2）对悬臂构件，$\beta_{tx}=1.0$。

三、强度计算

对承受静力荷载或间接承受动力荷载的压弯构件考虑截面部分发展塑性的强度设计公式为

$$\frac{N}{A_n}+\frac{M_x}{\gamma_x W_{nx}}\leqslant f \tag{5-41}$$

式中　A_n——构件的净截面面积；

　　　W_{nx}——对 x 轴的净截面模量；

　　　γ_x——截面塑性发展系数，按表5-4采用。

对直接承受动力荷载的压弯构件不考虑截面塑性的发展，其承载能力以截面的边缘开始屈服为极限，强度设计公式为

$$\frac{N}{A_n}+\frac{M_x}{W_{nx}}\leqslant f \tag{5-42}$$

第八节　偏心受压实腹柱设计

一、截面形式

偏心受压柱可采用双轴对称的截面形式或单轴对称的截面形式。在轴向压力和弯矩作

用下，截面上的应力为轴向压应力和弯曲正应力之和，而最大的组合应力在弯曲受压一侧的边缘上。按照节约钢材的原则，对于单方向的偏心弯矩较大或正负弯矩相差较大的情况，采用单轴对称的截面形式比较合理（图 5-29）。当偏心弯矩不大或正负弯矩的绝对值比较接近时，则采用双轴对称的截面形式。双轴对称的截面形式和轴心受压实腹柱的截面形式相同，只是在弯矩作用平面内的截面高度应加大一些。

图 5-29 偏心受压实腹柱的单轴对称截面形式

二、截面验算

当偏心受压柱的截面尺寸初步选定后，应验算其整体稳定性、强度、局部稳定性和刚度。整体稳定性和强度的计算公式上节已得出，刚度可按轴心受压构件同样考虑。下面介绍偏心受压构件的局部稳定性。

偏心受压构件工字形截面（图 5-30）的受压翼缘局部稳定，与梁一样，要求翼缘外伸宽度 b 与其厚度 t 的比值应满足下式要求：

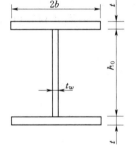

图 5-30 工字形截面

$$\frac{b}{t} \leqslant 13\sqrt{\frac{235}{f_y}} \qquad (5-43)$$

在偏心受压构件的强度与整体稳定计算中，当截面强轴的塑性发展系数 γ_x 取为 1.0 时，b/t 可放宽至 $15\sqrt{\dfrac{235}{f_y}}$。

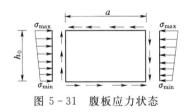

图 5-31 腹板应力状态

偏心受压构件工字形截面的腹板同时承受非均布正应力和均布剪应力的作用（图 5-31），它的屈曲临界应力可采用裴拉德所推荐的近似公式计算：

$$\sigma_{cr} = K_p \frac{\pi^2 E}{12(1-\mu^2)} \left(\frac{t_w}{h_0}\right)^2 \qquad (5-44)$$

用 $\sigma_{cr} \geqslant f_y$ 的条件，可得腹板的极限高厚比为

$$\frac{h_0}{t_w} \leqslant \sqrt{\frac{K_p \pi^2 E}{12(1-\mu^2) f_y}} \qquad (5-45)$$

其中，K_p 称为板的塑性屈曲系数，决定的因素较多，需通过比较复杂的计算才能得到。设计规范以式（5-45）为依据，推荐使用的简化公式为

当 $0 \leqslant \alpha_0 \leqslant 1.6$ 时 $\qquad \dfrac{h_0}{t_w} \leqslant (16\alpha_0 + 0.5\lambda + 25)\sqrt{\dfrac{235}{f_y}} \qquad (5-46)$

当 $1.6 \leqslant \alpha_0 \leqslant 2.0$ 时 $\qquad \dfrac{h_0}{t_w} \leqslant (48\alpha_0 + 0.5\lambda - 26.2)\sqrt{\dfrac{235}{f_y}} \qquad (5-47)$

$$\alpha_0 = (\sigma_{max} - \sigma_{min})/\sigma_{max}$$

式中 $\sigma_{\max}$——腹板计算高度边缘的最大压应力，计算时不考虑构件的稳定系数和截面塑性发展系数；

$\quad\quad\sigma_{\min}$——腹板计算高度另一边缘相应的应力，压应力取正值，拉应力取负值；

$\quad\quad\lambda$——构件在弯矩作用平面内的长细比，当 $\lambda < 30$ 时，取 $\lambda = 30$，当 $\lambda > 100$ 时，取 $\lambda = 100$。

【例题 5-3】 有一焊接工字形截面（例图 5-3）。翼缘为焰切边的偏心受压柱。柱长 5.6m，两端铰接。轴心压力设计值 $N = 2500$kN，柱一端作用的弯矩，其设计值为 $M_x = 510$kN·m，另一端作用的弯矩为零。钢材为 Q235。试验算该柱。

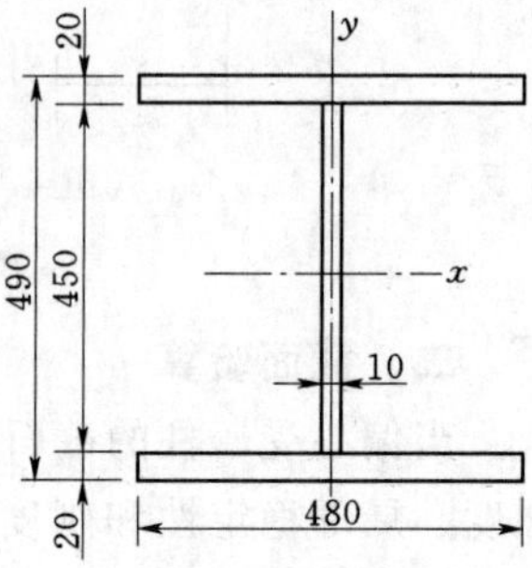

例图 5-3 焊接工字形截面（单位：mm）

解：

1. 截面几何特性计算

$$A = 45 \times 1 + 2 \times 48 \times 2 = 237(\text{cm}^2)$$

$$I_x = \frac{1 \times 45^3}{12} + 2 \times 48 \times 2 \times 23.5^2 = 113600(\text{cm}^4)$$

$$I_y \approx 2 \times \frac{2 \times 48^3}{12} = 36860(\text{cm}^4)$$

$$W_x = \frac{113600}{24.5} = 4637(\text{cm}^3)$$

$$i_x = \sqrt{I_x/A} = \sqrt{113600/237} = 21.9(\text{cm})$$

$$i_y = \sqrt{I_y/A} = \sqrt{36860/237} = 12.5(\text{cm})$$

2. 验算弯矩作用平面内的稳定性

$$\lambda_x = l_{0x}/i_x = 560/21.9 = 25.57$$

按 b 类截面，Q235 钢由附录七表 2 查得 $\varphi_x = 0.951$。

由表 5-4 查得 $\gamma_x = 1.05$。

对两端支承的构件，一端的弯矩为 M_x，另一端的弯矩为零，则

$$\beta_{mx} = 0.65 + 0.35 \times \left(\frac{0}{510}\right) = 0.65$$

计算欧拉临界力

$$N'_{Ex} = \pi^2 EA/(1.1\lambda_x^2) = 3.14^2 \times 2.06 \times 10^5 \times 237 \times 10^2/(25.57^2 \times 1.1) = 669 \times 10^5(\text{N})$$

$$\frac{N}{\varphi_x A} + \frac{\beta_{mx} M_x}{\gamma_x W_{1x}\left(1 - 0.8\dfrac{N}{N'_{Ex}}\right)} = \frac{25 \times 10^5}{0.951 \times 237 \times 10^2} + \frac{0.65 \times 51 \times 10^7}{1.05 \times 4367 \times 10^3\left(1 - 0.8\dfrac{25 \times 10^5}{669 \times 10^5}\right)}$$

$$= 110.92 + 74.52 = 185.4(\text{N/mm}^2) < f = 215\text{N/mm}^2(\text{满足要求})$$

3. 验算弯矩作用平面外的稳定性

$$\lambda_y = l_{0y}/i_y = 560/12.5 = 44.91 < [\lambda] = 150$$

按 b 类截面，Q235 钢由附录七表 2 查得 $\varphi_y = 0.878$。

按有关 β_{tx} 的取值规定，取 $\beta_{tx} = 0.65$。

φ_b 由附录六第五项所列近似公式计算，即

当 $\lambda_y = 44.91 < 120\sqrt{235/f_y} = 120$，双轴对称工字形截面，则

$$\varphi_b = 1.07 - \frac{\lambda_y^2}{44000} \times \frac{f_y}{235} = 1.07 - \frac{44.91^2}{44000} = 1.02 > 1.0, \quad 取 \varphi_b = 1.0。$$

$$\frac{N}{\varphi_y A} + \eta\frac{\beta_{tx}M_x}{\varphi_b W_{1x}} = \frac{25 \times 10^5}{0.878 \times 237 \times 10^2} + 1.0 \times \frac{0.65 \times 51 \times 10^7}{1 \times 4637 \times 10^3}$$

$$= 120.14 + 71.48 = 191.63(\text{N/mm}^2) < f = 215\text{N/mm}^2(满足要求)$$

4. 验算强度

考虑到验算稳定的等效弯矩为 $0.65M_x < M_x$，而且小得较多，故需验算强度：

$$\frac{N}{A_n} + \frac{M_x}{\gamma_x W_{mx}} = \frac{25 \times 10^5}{237 \times 10^2} + \frac{51 \times 10^7}{1.05 \times 4637 \times 10^3} = 210.24(\text{N/mm}^2) < f = 215\text{N/mm}^2(满足要求)$$

5. 验算局部稳定性

翼缘：
$$\frac{b}{t} = \frac{240}{20} = 12 < 13\sqrt{\frac{235}{f_y}} = 13(满足要求)$$

腹板：
$$\sigma_{max} = \frac{N}{A} + \frac{M_x}{W_x}\frac{h_0}{h} = \frac{25 \times 10^5}{237 \times 10^2} + \frac{51 \times 10^7}{4637 \times 10^3} \times \frac{450}{490}$$

$$= 105.49 + 101.01 = 206.50(\text{N/mm}^2)$$

$$\sigma_{min} = \frac{N}{A} - \frac{M_x}{W_x}\frac{h_0}{h} = 105.49 - 101.01 = 4.48(\text{N/mm}^2)$$

$$\alpha_0 = \frac{\sigma_{max} - \sigma_{min}}{\sigma_{max}} = \frac{206.50 - 4.48}{206.50} = 0.98 < 1.6$$

$$\frac{h_0}{t_w} = \frac{450}{10} = 45 < (16\alpha_0 + 0.5\lambda + 25)\sqrt{\frac{235}{f_y}}$$

$$= 16 \times 0.98 + 0.5 \times 30 + 25 = 55.68(满足要求)$$

在上式中因 $\lambda_x = 25.57 < 30$，故取 $\lambda = 30$。

第九节 偏心受压格构柱设计

为了节约材料，对于截面宽度很大的偏心受压柱，常采用格构式构件。根据受力情况和使用要求，偏心受压格构柱可以是双轴对称或单轴对称截面。由于在弯矩作用平面内的截面宽度一般较大，所以柱肢间常采用缀条连接。

一、弯矩绕虚轴（x 轴）作用时

1. 弯矩作用平面内的稳定计算

荷载的偏心矩为 e_y，见图 5-32（a）、（b），弯矩绕虚轴作用时，柱绕虚轴丧失整体稳定。它和实腹柱的不同之处，主要在于格构柱截面中部是空心的，发展塑性变形的潜力不大，不能考虑截面塑性的开展，因而只能以受压最大柱肢的边缘纤维达到屈服强度作为极限状态。这样，以式（4-32）为依据计算，在式中左边第二项中引入等效弯矩系数 β_{mx} 并考虑抗力分项系数后，写成设计公式为

$$\frac{N}{\varphi_x A} + \frac{\beta_{mx} M_x}{W_{1x}\left(1 - \varphi_x \dfrac{N}{N'_{Ex}}\right)} \leqslant f \qquad (5-48)$$

式中的系数 φ_x 由换算长细比 λ_{0x} 和 b 类截面查得，N'_{Ey} 由 λ_{0x} 确定。另外，$W_{1x} = I_x /$ y_0，其中 I_x 为对 x 轴的毛截面惯性矩；y_0 值按图 5-32（a）、（b）所示取值。对于图 5-32（a）所示截面，y_0 值取从 x 轴到较大压力柱肢腹板外边缘的距离；而对于图 5-32（b）所示截面，边缘屈服后，还考虑了部分发展塑性的潜力，所以 y_0 值取从 x 轴到压力较大柱肢轴线的距离。

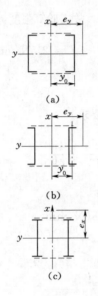

图 5-32　截面上偏心位置

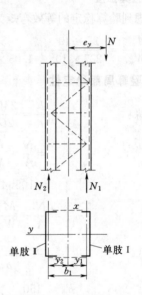

图 5-33　单肢计算简图

2. 单肢稳定性计算

当弯矩绕虚轴作用时，格构柱除验算弯矩作用平面内的整体稳定性外，还应验算单肢对其本身两个主轴的稳定性。

单肢的轴心压力按平行弦桁架弦杆的原理计算（图 5-33），即

$$\left.\begin{array}{l}
\text{单肢 I} \qquad N_1 = \dfrac{y_2 + e_y}{b_1} N \\[2mm]
\text{单肢 II} \qquad N_2 = N - N_1
\end{array}\right\} \qquad (5-49)$$

当两单肢截面相同时，则 $y_1 = y_2 = b_1/2$。

缀条式偏心受压柱的单肢按轴心受压构件计算。单肢的计算长度在缀条平面内取缀条体系的节间长度，平面外则取侧向固定点的距离。

由于单肢在弯矩作用平面外的稳定性已经计算，在单肢稳定有保证的情况下，不必再验算整个偏心受压格构柱在弯矩作用平面外的稳定性。

二、弯矩绕实轴（y 轴）作用时

当弯矩绕实轴作用时，见图 5-32（c）。当两个分肢对称于 x 轴时，则每个分肢承担 $M_y/2$，然后分肢按照实腹式压弯构件进行稳定计算；当两个分肢不对称于 x 轴时，M_y

分配给两个分肢的弯矩为

分肢 1
$$M_{y1} = \frac{I_1/y_1}{I_1/y_1 + I_2/y_2} M_y \qquad (5-50a)$$

分肢 2
$$M_{y1} = \frac{I_2/y_2}{I_1/y_1 + I_2/y_2} M_y \qquad (5-50b)$$

式中　I_1、I_2——分肢 1、分肢 2 对 y 轴的惯性矩；

　　　y_1、y_2——M_y 作用的主轴平面至分肢 1、分肢 2 轴线的距离。

求出两个分肢承担的弯矩后，按照实腹式压弯构件进行稳定计算。计算弯矩作用平面外的整体稳定时，长细比应取换算长细比，同时将 φ_b 取为 1.0。

三、缀条的设计

计算偏心受压格构柱的缀条时，则应取柱的实际剪力和按式（5-23）或式（5-24）计算所得剪力两者中的较大值。缀条的计算方法及柱的构造要求与轴心受压格构柱相同。

第十节　梁和柱的连接

梁和柱的连接方式有顶面连接和侧面连接两种。下面着重介绍梁和柱的连接构造。

一、顶面连接

顶面连接的构造是在柱头顶面焊上一块顶板，直接将梁放置在顶板上。

图 5-34（a）所示的构造，是将梁端加劲肋的突缘部分刨平，然后与柱头的顶板直接顶紧，将梁的反力直接传给柱子。这种连接方式，可使柱子接近轴心受力。为了提高顶板的抗弯刚度，应在顶板上加焊一块垫板，在它的下面正对着梁端加劲肋位置，在柱的腹板上设一对加劲肋。顶板应具有足够的刚度，一般厚为 16~20mm。顶板的平面尺寸应比柱截面的轮廓大出约 30mm，以便于顶板与柱身的连接。相邻梁之间留 10~20mm 的空隙，以便于梁的安装，最后用填板嵌入并用构造螺栓固定。图 5-34（b）所示构造，是将梁端加劲肋对准柱的翼缘而直接传递梁的反力。采用这种构造连接，当两边梁的反力不等时，柱将偏心受力。

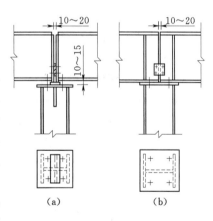

图 5-34　梁和柱的顶面
连接构造（单位：mm）

二、侧面连接

梁和柱的侧面连接，可采用支托来传递梁的支座反力，见图 5-35（a）、（b）。梁端加劲肋的实缘需刨平与柱侧的支托顶紧。支托可用厚钢板或厚角钢做成。厚钢板的厚度应大于梁端加劲肋的厚度再加上 5mm。梁端加劲肋可用粗制螺栓与柱相连。如果梁和柱是铰接连接，这种螺栓可按构造放置，不用计算。如果梁和柱是刚性连接，则螺栓数目需按刚节点弯矩计算。为了加强柱头刚度，实腹柱应设置顶板，见图 5-35（a）。格构柱应在柱顶设置纵向隔板以及缀板，见图 5-35（b）。纵向隔板的高度应不小于梁端加劲肋的高度。这种构造方案,对梁长的制造精度要求较高,为简化制造与安装,可在梁与柱侧留有空隙,安装时用填板填实。图 5-35 (c) 所示的梁与柱的侧面连接,可传递反力并有效地传递弯矩。这种连接是在柱上预先焊上一段与横梁截面相同的短梁,安装时采用拼接板和高强螺栓进行拼装。这种连接施工方便,在高层框架钢结构中应用较多。

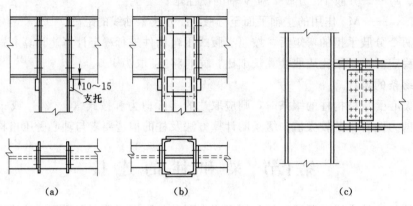

图 5-35 梁和柱的侧面连接构造(单位:mm)

第十一节 柱脚的设计

柱脚是柱中构造较为复杂,制造最费工的部分。设计时应力求构造简单,重量轻,并尽可能符合计算图式。

一、轴心受压柱柱脚的构造

轴心受压柱都采用铰接柱脚,一般钢结构中铰接柱脚都采用平板连接。

如果柱的受力不大,可将柱端切割整齐,直接焊在底板上,通过贴角围焊缝传力,见图 5-36 (a)。底板与基础用锚栓相连。

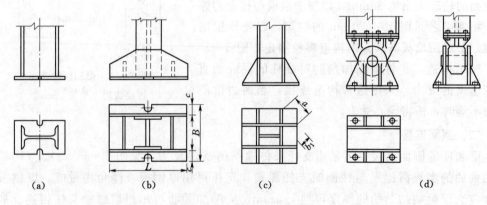

图 5-36 轴心受压柱柱脚

平板式铰接柱脚应用最广泛的是带有靴梁的形式,见图 5-36 (b)。靴梁的作用是将柱身的底端放宽,使内力能较均匀地通过底板传到基础上去,靴梁在一个方向与柱身相连，通常设置在便于与柱身连接的方向。当底板尺寸较大时，常采用隔板加强，以提高底板的空间刚度和承载能力。

柱脚有时也采用靴梁和三角形肋板合用的形式，见图 5 - 36（c）。

轴承式铰接柱脚，见图 5 - 36（d），比较符合铰接计算图式，但制造复杂，安装费工，仅用于有特殊要求的结构。例如浮码头撑杆支座，弧形钢闸门的支铰等。

轴心受压柱锚栓的作用只是固定柱的位置，常用直径为 20～30mm，不用计算。

二、轴心受压柱柱脚的计算

1. 底板的计算

底板的平面尺寸应根据基础混凝土的抗压强度决定，假设基础对底板的压应力是均匀分布的，则底面积 A 按下式计算：

$$A = BL \geqslant \frac{N}{f_c} + A_0 \tag{5 - 51}$$

式中 B、L——底板的宽度和长度；

$\quad\quad N$——轴向压力设计值；

$\quad\quad f_c$——混凝土的抗压强度设计值；

$\quad\quad A_0$——锚栓孔的面积。

一般先由构造确定 B，然后再算出 L。

$$B = h + 2t_1 + 2c \tag{5 - 52}$$

式中 h——柱的截面高度或宽度；

$\quad\quad t_1$——靴梁的厚度，一般取 10～20mm；

$\quad\quad c$——底板悬臂长度，可取锚栓直径（锚栓常用直径为 20～24mm）的 3～4 倍，如果不在悬臂部分布置锚栓，可取 $c = 20～40$mm。

应使算得的 $L \leqslant 2B$，否则底板过长，增加隔板使构造复杂，并使板底压应力不均匀。

选定底板的 B 和 L 后，底板的压应力为

$$q = \frac{N}{BL - A_0} \leqslant f_c \tag{5 - 53}$$

底板的厚度由钢板的抗弯强度确定。

可将底板看作一块支承于柱底端、靴梁和隔板的平板，承受从基础传来的均匀反力。这样就将底板划分为许多不同支承情况的区格，其中有四边支承区格板、三边支承区格板、两边支承区格板和悬臂板［图 5 - 36（b）、（c）］。荷载是基础下面的压应力 q。

在均匀分布的基础反力作用下，各种区格板单位宽度上的最大弯矩为

四边支承板　　　　　　　　　$M = \beta q a^2$

式中 β——系数，由长边 b 与短边 a 的比值，查附录九表 1 四边简支矩形薄板受均载时的弯矩系数。

三边支承板和两相邻边支承板　　　　　　　$M = \beta q a^2$

式中 a——三边支承板为自由边的长度，两相邻边支承板为两支承边对角线的长度；

$\quad\quad \beta$——系数，根据 b_1/a 的比值，查附录九表 5，三边简支另一边自由的矩形薄板受均载时的弯矩系数，对两相邻边支承板，通常近似并偏安全地按三边支承板计算；

b_1——三边支承板为垂直于自由边的长度，两相邻边支承板为支承边的交点到对角线的长度，见图 5-36（c）。

当三边支承板 $b_1/a < 0.5$ 时，可按悬臂长度为 b_1 的悬臂板计算。

悬臂板
$$M = 0.5qc^2$$

式中 c——板的悬臂长度。

底板的厚度 t 应按各区格求得的弯矩中的最大弯矩值 M_{max} 决定：

$$t = \sqrt{\frac{6M_{max}}{f}} \tag{5-54}$$

设计时应尽量使各区格的弯矩值基本接近，这可通过调整底板尺寸与靴梁位置和加设隔板等办法来实现。

底板厚度 t 通常采用 20～40mm，以保证必要的刚度。

2. 靴梁的计算

靴梁的长度等于底板的长度。靴梁的厚度等于或略小于柱身翼缘板的厚度。靴梁的高度则应由靴梁与柱身连接的焊缝长度决定。靴梁与柱身间的竖直焊缝应能传递全部柱压力 N，则靴梁的高度为

$$h \geqslant \frac{N}{n \times 0.7 h_f f_f^w} + 2h_f \tag{5-55}$$

选定焊缝厚度 h_f，决定焊缝条数 n 后，可定出靴梁的高度。同时，注意每条竖直焊缝的计算长度不应大于 $60h_f$。

靴梁的尺寸确定后，将其视为承受均布荷载的悬臂梁（悬臂的长度取靴梁与柱身连接的焊缝处至底板边缘的距离），验算悬臂处的抗弯与抗剪强度。一般情况下，靴梁的强度有富裕，为简便计，偏于安全不考虑底板参加工作。

3. 焊缝计算

通常都偏安全地假定柱端与底板间的焊缝不传力，仅起联系之用，只考虑靴梁、隔板、肋板与底板间的焊缝受力。因此，靴梁、隔板、肋板与柱脚底板之间的角焊缝厚度由下式计算：

$$h_f = \frac{N}{0.7 \sum l_w \times 1.22 f_f^w} \tag{5-56}$$

式中 $\sum l_w$——焊缝的总长度，可根据靴梁、隔板、肋板与柱脚底板之间可能焊到的地方决定，但柱身与柱脚底板之间的联系焊缝不计入 $\sum l_w$ 之内。

【例题 5-4】 设计［例题 5-2］轴心受压格构柱的柱脚。轴心压力（包括自重）设计值为 1000kN。柱截面尺寸如例图 5-2 所示。钢材为 Q235；焊条为 E43 型，手工焊。基础混凝土抗压强度等级 C15。

解：

1. 底板尺寸

采用例图 5-4 所示的柱脚形式。

用 M20 锚栓，锚栓孔面积

$$A_0 = 2\left(40 \times 30 + \frac{\pi \times 40^2}{8}\right) = 3657(\text{mm}^2)$$

则

$$BL = \frac{N}{f_c} + A_0 = \frac{1000 \times 10^3}{7.5} + 3657 = 136990 (\text{mm}^2)$$

取底板宽度

$$B = h + 2t_1 + 2c = 220 + 2 \times 10 + 2 \times 70 = 380 (\text{mm})$$

底板长度

$$L = 136990/380 = 361 (\text{mm}),\ \text{取}\ L = 400\text{mm}$$

底板压应力

$$q = N/(BL - A_0) = 1000 \times 10^3/(380 \times 400 - 3657)$$
$$= 6.74 (\text{N/mm}^2) < f_c = 7.50\text{N/mm}^2$$

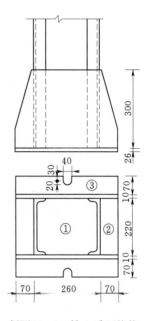

例图 5 - 4　轴心受压格构
柱柱脚（单位：mm）

2. 底板厚度

将底板分为三个区格，各区格单位宽度上的最大弯矩分别为：

区格①为四边支承板

由 $b/a = 260/220 = 1.18$，由附录九表 1 查得 $\beta = 0.0613$，则

$$M = \beta q a^2 = 0.0613 \times 6.74 \times 220^2 = 19997 (\text{N} \cdot \text{mm})$$

区格②为三边支承板

因 $b_1/a = 70/220 = 0.318 < 0.5$，故按悬臂长度为 b_1 的悬臂板计算：

$$M = 0.5 q b_1^2 = 0.5 \times 6.74 \times 70^2 = 16513 (\text{N} \cdot \text{mm})$$

区格③为悬臂板

$$M = 0.5 q c^2 = 0.5 \times 6.74 \times 70^2 = 16513 (\text{N} \cdot \text{mm})$$

取 $M_{max} = 19997 \text{N} \cdot \text{mm}$，$f = 200\text{N/mm}^2$（第二组钢材）

$$t = \sqrt{\frac{6M_{max}}{f}} = \sqrt{\frac{6 \times 19997}{200}} = 24.5 (\text{mm}),\ \text{取}\ t = 26\text{mm}$$

3. 靴梁计算

靴梁与柱身用四条角焊缝连接，设 $h_f = 8\text{mm}$，则靴梁所需高度为

$$h = \frac{N}{4 \times 0.7 h_f f_f^w} + 2h_f = \frac{1000 \times 10^3}{4 \times 0.7 \times 8 \times 160} + 2 \times 8$$
$$= 295 (\text{mm}) < 60 h_f = 60 \times 8 = 480 (\text{mm})$$

取靴梁高度为 300mm，厚度为 10mm。

每块靴梁板承受的荷载为

$$q_1 = q \frac{B}{2} = 6.74 \times \frac{380}{2} = 1281 (\text{N/mm})$$

最大弯矩与最大剪力为

$$M = 0.5 q_1 a^2 = 0.5 \times 1281 \times 70^2 = 3138450 (\text{N} \cdot \text{mm})$$
$$V = q_1 a = 1281 \times 70 = 89670 (\text{N})$$

强度验算：

$$\sigma = \frac{M}{W} = \frac{6 \times 3138450}{10 \times 300^2} = 20.92(\text{N/mm}^2) < f = 215\text{N/mm}^2$$

$$\tau = 1.5 \frac{V}{A} = 1.5 \times \frac{89670}{10 \times 300} = 44.84(\text{N/mm}^2) < f_v = 125\text{N/mm}^2$$

4. 靴梁与底板的连接焊缝

$$\sum l_w = 2 \times (400 - 10) + 4 \times (70 - 10) = 1020(\text{mm})$$

$$h_f = \frac{N}{0.7 \sum l_w \times 1.22 f_f^w} = \frac{1000 \times 10^3}{0.7 \times 1020 \times 1.22 \times 160} = 7.18(\text{mm})$$

取 $h_f = 8\text{mm} > 1.5\sqrt{t} = 1.5\sqrt{26} = 7.65(\text{mm})$

三、偏心受压柱的柱脚

偏心受压实腹柱与单肢间距小于 1.5m 左右的格构柱多采用整体式柱脚，见图 5-37

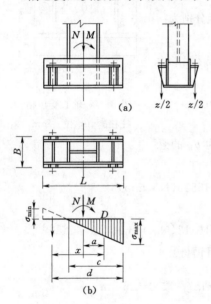

(a)。对这种刚接柱脚的构造要求是能传递弯矩与压力，剪力一般由底板与基础间摩擦力平衡。要设置锚栓承受弯矩所产生的拉力，锚栓须经过计算。为保证柱脚与基础能形成刚性连接，锚栓不是固定在底板上，而是固定在靴梁两侧由肋板和水平板组成的托座上。为便于安装，锚栓不宜穿过底板，而是从底板的外缘通过。

偏心受压柱整体式柱脚有实用近似计算方法以及考虑锚栓和混凝土基础弹性性质计算方法两种。下面介绍比较简单的实用计算方法。

假定柱脚底板下的压应力成直线分布，则求出的最大压应力应不超过混凝土的抗压强度设计值 f_c，即

图 5-37 偏心受压柱的整体式柱脚

$$\sigma_{\max} = \frac{N}{BL} + \frac{6M}{BL^2} \leqslant f_c \quad (5-57)$$

根据此条件可确定底板的宽度 B 和长度 L。一般按构造要求先定出宽度 B（底板悬臂长度 c 取 20～30mm 为宜），然后再求出底板的长度 L。

底板另一边缘的应力为

$$\sigma_{\min} = \frac{N}{BL} - \frac{6M}{BL^2} \quad (5-58)$$

如图当 $\sigma_{\min} < 0$ 时，则底板与基础间产生拉应力。此时认为拉应力的合力由锚栓承担。根据对压应力合力作用点 D 的力矩平衡条件，可求得锚栓拉力 Z，见图 5-37 (b)：

$$Z = \frac{M - Na}{x} \quad (5-59)$$

其中

$$a = \frac{L}{2} - \frac{c}{3} \quad x = d - \frac{c}{3} \quad c = \frac{\sigma_{\max}}{\sigma_{\max} + \sigma_{\min}} L$$

锚栓所需的有效截面积为

$$A_e = \frac{Z}{f_t^a} \qquad (5-60)$$

式中　f_t^a——锚栓的抗拉强度设计值。

底板厚度采用与轴心受压柱柱脚相同的计算方法。在计算弯矩时可偏安全地取各区格下的最大压应力作为该区格的均匀压应力 q 进行计算。底板的厚度一般大于 20mm。

决定靴梁的高度时，假定柱底端不直接传力于底板，内力全部由柱身与靴梁的连接焊缝传递。靴梁的高度不宜小于 450mm。靴梁的强度计算与轴心受压柱脚类似。

锚栓的拉力作用于肋板托座上，可按悬臂梁计算肋板的截面以及肋板和靴梁的连接焊缝。肋板的高度一般不小于 350～400mm。

思　考　题

5-1　理想轴心压杆与实际轴心压杆有何区别？这两类压杆在逐渐加载过程中的平衡形式有何不同？

5-2　残余应力对压杆的稳定性有何影响？

5-3　轴心受压构件的稳定系数 φ 为什么要按截面形式和对应轴分类？举一种截面形式为例，说明对两个主轴的稳定系数 φ_x 与 φ_y 分属哪种截面类别？

5-4　轴心受压构件焊接工字形截面的翼缘与腹板局部稳定的计算式中，λ 为什么要取两个长细比中的较大值？

5-5　轴心受压格构式构件对虚轴的稳定性为什么要采用换算长细比？

5-6　轴心受压实腹式与格构式构件的截面选择有哪些步骤？

5-7　轴心受压柱柱脚与偏心受压柱整体式柱脚中锚栓的作用与固定构造措施有何不同？

5-8　压弯构件的稳定计算式中为什么要引入等效弯矩系数？

5-9　验算偏心受压实腹柱的截面是否符合要求，包括哪几方面内容？各采用什么计算式？

5-10　偏心受压格构柱当弯矩绕虚轴作用时，为什么不计算弯矩作用平面外的稳定性？

习　题

5-1　设计一焊接工字形截面的轴心受压柱。柱高 6m，两端铰接，轴心压力（包括自重）设计值为 1600kN，钢材 Q235，翼缘板为剪切边，$[\lambda]=150$。

5-2　设计一轴心受压实腹柱。轴心压力设计值为 $N=1200$kN，计算长度 $l_{0x}=6$m，$l_{0y}=3$m，钢材为 Q235，$[\lambda]=150$。要求：①采用轧制工字钢截面；②采用焊接工字形截面，翼缘板为焰切边；③比较这两种截面的用钢量。

5-3 设计一轴心受压缀条式格构柱，截面由一对槽钢组成。柱长 6m，两端铰接，轴心压力设计值 $N=1500kN$，钢材 Q235，焊条 E43 型，$[\lambda]=150$。

5-4 图 5-38 所示为一两端铰接的压弯构件，弯矩作用平面外有侧向支撑，其间距为 4m，荷载设计值为轴心压力 $N=900kN$，跨度中点集中力 $F=125kN$，钢材 Q235，截面形式与尺寸如图示，翼缘板为焰切边，$[\lambda]=150$，试验算该构件的整体稳定性与局部稳定性。

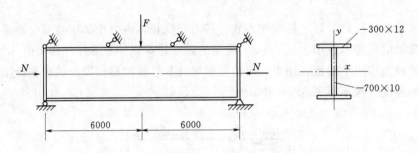

图 5-38 压弯构件截面验算（单位：mm）

5-5 图 5-39 所示为偏心受压柱，在 y 方向的上端为自由，下端固定；在 x 方向的上、下端均为不动铰支承。柱长 $l=5m$，内力设计值 $N=500kN$，$M_x=125kN \cdot m$，柱肢采用 2 I 25a，缀条采用 L 50×5，钢材 Q235，试验算该柱的稳定性。

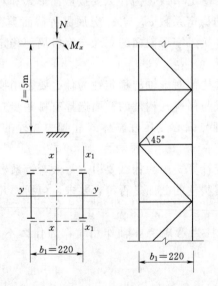

图 5-39 偏心受压格构柱（单位：mm）

5-6 设计一轴心受压柱的柱脚。资料及所选截面尺寸见习题 5-1（或习题 5-3），基础混凝土抗压强度设计值 $f_c=7.5N/mm^2$，锚栓用 Q235 钢。

第六章 钢 桁 架

第一节 概 述

平面钢桁架（图6-1）和钢梁一样，是钢结构中应用非常广泛的基本受弯构件。它和实腹式钢梁相比较，主要特点是以弦杆代替梁的翼缘和以腹杆代替梁的腹板，而在各节点上将腹杆用节点板与弦杆相连接。平面桁架整体受弯，而各杆件在节点荷载作用下主要受轴向拉力和压力，应力沿截面分布均匀，能充分利用材料，因而结构自重较轻，型钢又较钢板价廉，特别是当结构的跨度很大而荷载较小时，采用桁架更显得经济合理。此外，桁架还便于按照不同要求制成各种外形。因此，钢桁架是一种刚度较大、用材经济、外形美观的格构式结构。但是桁架杆件和节点较多，制造较为费工。

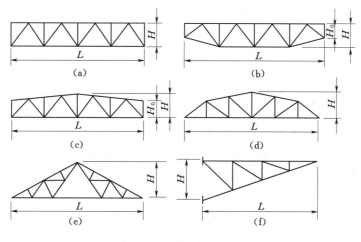

图6-1 桁架的外形

桁架在钢结构中应用很广，例如工业与民用建筑中的大跨度屋架、水工建筑中各种类型的大跨度钢闸门、浮码头的钢引桥、水利施工和海上油码头钢栈桥、海洋采油平台以及各种类型塔架（如输电、钻井、通信及起重机用塔架）等，常用桁架作为承重结构的主要构件。海洋采油平台的桩基导管架也是一种空间桁架结构。此外，桁架也常作为承重结构之间的支撑系统。

在水工钢结构中，梁式简支静定桁架最为常用，因为这种桁架受力明确，杆力不受支座沉陷和温度变化的影响，构造简单、安装方便，但用钢量稍大。刚架式及多跨连续桁架等虽能节约钢材，但对支座沉陷和温度变化的影响较敏感，制造安装精度要求较高，因此，采用较少。

桁架按照杆件受力大小、截面形式以及节点构造，可分为重型桁架、普通桁架、轻型桁架和薄壁型钢桁架四种。重型桁架杆件受力很大，需采用强大的 H 形截面或箱形截面，在节点处用两块平行的节点板与杆件连接，构造较为复杂，一般只适用于大跨度桥梁、闸门、海洋平台以及升船机等重型结构中。普通桁架一般采用单腹式杆件，如常用两个角钢组成的 T 形截面等（图 6-9），在节点处用一块节点板连接而成，构造简单，应用最为普遍。轻型桁架由圆钢和小角钢（小于∟45×4 或∟56×36×4）组成。它仅适用于跨度不超过 18m 的轻屋盖结构中。薄壁型钢桁架的杆件分为开口和闭口截面，壁厚一般为 1.5～5mm，目前主要用于荷载较小的屋架中。

本章将着重讲述钢结构中常用的梁式普通桁架的设计，其中包括桁架选型、腹杆布置、支撑设置、杆件与节点的计算与构造等。

第二节　桁架的外形、尺寸和腹杆布置

一、桁架外形的选择

设计钢桁架需要解决的首要问题之一就是选择桁架的外形。它应充分考虑使用要求，受力合理，节约钢材，桁架与柱或其他构件的连接方法（铰接或刚接），以及整个桁架结构的刚度等问题。此外，为了便于制造、安装，应尽量使桁架的杆件及节点统一化。

在梁式桁架中，平行弦、梯形、多边形、三角形桁架较为典型（图 6-1），工程实践中都有应用。

平行弦桁架在水工钢结构中应用最广，见图 6-1（a）、（b）。它的最大优点是弦杆和腹杆长度均能一致，节点的构造可以统一，上下弦杆的拼接数量较少。它主要用于平面闸门、钢引桥、栈桥及海洋采油平台导管架等。平行弦桁架两端可和钢柱做成刚性连接，共同形成承重刚架，这样可提高整体结构的刚度，如弧形闸门主框架。

梯形桁架上弦带有缓坡，见图 6-1（c），常用的坡度是 1∶8～1∶12，以适应卷材（例如油毡）防水屋面的排水要求，它是厂房屋架的基本形式，桁架两端和柱子连接也易于构成刚性框架，因而可提高厂房横向刚度。

多边形桁架由于外形接近于弯矩图形，这种桁架不但腹杆内力较小，而且各节间弦杆内力相差也不大，这样，可用同一截面尺寸，见图 6-1（d）。这种桁架由于上弦杆需要做成折线形，比较费工，但是用于大跨度桁架中能节约钢材，如油码头钢栈桥等。

三角形桁架上弦坡度一般大于 1∶5，适用于轻屋面材料的屋架，见图 6-1（e）。跨度在 18m 以下由小角钢和圆钢组成的轻型钢屋架，常可取得经济合理的效果。

三角形悬臂式桁架，见图 6-1（f），多用于海洋采油平台上直升机场承重支架。

二、桁架的基本尺寸

桁架的基本尺寸是指桁架的跨度 L 和高度 H（图 6-1）。跨度主要决定于结构的使用要求。对于屋面采用钢筋混凝土大型屋面板的屋架，因受大型屋面板常用宽度为 1.5m 或 3m 的尺寸限制，故屋架跨度一般为 3m 的倍数，常用跨度为 15m、18m、21m、…、36m等，屋架间距常采用 6m。

桁架高度与组合梁的高度相似，主要应根据经济和刚度的要求而定。桁架的经济高度应由桁架的弦杆和腹杆总重量最轻的条件决定。桁架由刚度条件要求的高度是根据相对挠度的限值 $[w/L]$ 来决定的。在水工钢闸门中主桁架的 $[w/L] = 1/600 \sim 1/700$，钢屋架的 $[w/L] = 1/500$，钢引桥的 $[w/L] \approx 1/400$。

根据上述要求，梯形和平行弦桁架的高度常采用 $H \approx (1/5 \sim 1/10)L$，$[w/L]$ 限值愈小，则桁架高度 H 应愈大。三角形屋架 $H \approx (1/4 \sim 1/6)L$，三角形悬臂桁架 $H \approx (1/1.5 \sim 1/2.5)L$。桁架的最大高度还应考虑运输条件的限制（如铁路运输限高为 3.85m）。

当桁架与柱刚接时桁架端部高度 H_0 应有足够的大小，以便形成力臂来传递支座弯矩而不使端部弦杆产生过大的内力，则通常要求 $H_0 \approx (1/9 \sim 1/18)L$。

桁架杆件截面选出后，尚需按结构力学中的变位公式验算桁架的挠度：

$$w = \sum_{i=1}^{n} \frac{N_i \overline{N_i}}{EA_i} l_i \leqslant [w]$$

式中　N_i——由外荷载标准值在 i 杆中引起的内力；

　　　$\overline{N_i}$——在挠度最大的节点处沿挠度方向加单位力所引起的 i 杆件内力；

　l_i、A_i——i 杆的几何长度和截面面积；

　　　　E——钢材弹性模量；

　　　$[w]$——挠度限值，见有关规范中的规定。

三、腹杆布置和节间长度

桁架腹杆的体系应力求简单。腹杆的布置应使桁架受力合理，构造简单。一般说来，腹杆和节点的数目要少，杆件和节点的形状与尺寸尽量划一，使长杆受拉、短杆受压，并且尽量使节点荷载能以较短的途径传至支座。斜杆的倾角对其本身内力的影响很大，一般应取 30°~60°，最好是 45°左右，可以使节点的构造合理，节点板尺寸不至于过长或过宽。这样，均可以减少钢材用量和制造的劳动量。

腹杆布置和桁架节间长度的划分应同时进行。节间数宜为偶数，这样能使腹杆布置对称，以适应桁架之间支撑的布置。当钢闸门和钢引桥中桁架与次梁相连接时，宜使次梁布置在桁架弦杆的节点上，以避免弦杆因受节间荷载而引起的弯矩，故节间的长度划分一般应与次梁的间距配合一致。桁架节间一般不宜大于 1.5~2.5m。

在平行弦或梯形桁架中，腹杆体系通常用人字式，见图 6-2（a）或单斜式，见图 6-2（d），以人字式最为常用。人字式腹杆数及节点数最少，适用于跨度较小或节点荷载数较少的桁架。从受力情况分析，腹杆承受剪力，人字式腹杆体系中荷载从所作用的节点至支座的内力传递途径最短。对于中等以上跨度的桁架，由于斜杆合理倾角的要求，节间长度将随桁架高度而增大，常需附加竖杆，借以减小上弦的节间长度，适应次梁或屋架檩条间距的要求，并减少上弦压杆的计算长度，见图 6-2（b），故较经济、常用，如水工闸门和上承式钢引桥中的主桁架等。下承式钢引桥主桁架下弦节点与次梁连接，为传递次梁的节点荷载尚须附加受拉竖杆（吊杆），见图 6-2（c）。附加受压或受拉竖杆因只承受局部节点荷载，故所需截面较小。有时也采用单斜式腹杆体系，见图 6-2（d），其优点是较小的斜杆受拉，用钢较省，节点形状相同，加工方便，但杆数和节点数较多，比人字式腹杆费工。单斜式腹杆中从荷载作用的节点向支座传递内力的途径最长。在大跨度、大高度桁架中，为了缩小受压弦杆长度和竖杆长度，并使斜杆保持合理倾角，可采用较复杂的腹杆体系，如再分式，见图 6-3（a）、（c）；K 形，见图 6-3（b）、（d）及菱形桁架，见图 6-3（e）等。这些桁架常用于大跨度结构中。

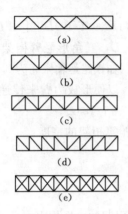

图 6-2 常用的腹杆体系

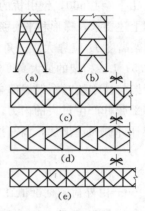

图 6-3 较复杂的腹杆体系

此外，当桁架作为支撑桁架时，常采用交叉式的腹杆体系，见图 6-2（e）。它的特点是腹杆可以承受变向荷载（如风荷载、水压力等），并能提高结构的稳定性和刚度。这种多次超静定桁架一般可简化为静定桁架来计算，即认为只有一组受拉斜杆起作用，而另一组受压斜杆将因长细比较大，稍一受力就会发生纵向弯曲而退出工作。当荷载的方向改变时，则两组斜杆的工作即互相交换。

第三节　桁架间的支撑和压杆的计算长度

一、支撑

（一）支撑的作用

平面桁架在自身平面内为几何不变体系，且具有较大刚度。但是，当缺乏必要的支撑时，不但在垂直于桁架平面（即桁架平面外）方向的刚度很小，不能保持桁架及其受压弦杆的侧向稳定，而且会发生侧向倾斜，如图 6-4（a）虚线所示。为了克服这些问题，必须将桁架用支撑连接于稳定可靠的构件上，见图 6-4（b），使桁架形成稳定的空间体系。在桁架体系中，支撑是很重要的，它的主要作用是：

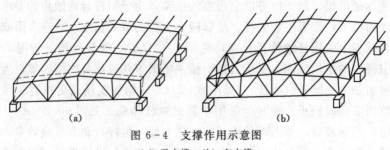

图 6-4 支撑作用示意图
(a) 无支撑；(b) 有支撑

（1）保证桁架体系的空间几何稳定性。

（2）为桁架弦杆提供必要的侧向支承点，减少受压弦杆在桁架平面外的计算长度，提高桁架的侧向刚度及稳定性。

（3）支撑与桁架弦杆配合起来还可以承受垂直于桁架平面的各种荷载所引起的侧向弯曲及扭转作用，提高结构的侧向抗弯刚度和抗扭刚度。

（4）使结构具有空间整体作用，改善桁架的工作性能。

（5）支撑又可以保证结构安装的方便及可靠性。

（二）支撑布置

支撑按布置方向分横向支撑和纵向支撑。现以屋架为例来说明支撑的布置。

1. 横向水平支撑

屋架的上弦横向水平支撑和下弦横向水平支撑（图6-5），要上下对应地设置在厂房两端（当有横向温度伸缩缝时，还应在温度区段的两端）的第一个柱间或第二个柱间（当有天窗时）（图6-5）。且沿着相邻两榀屋架之间全跨设置，以形成空间稳定体系。

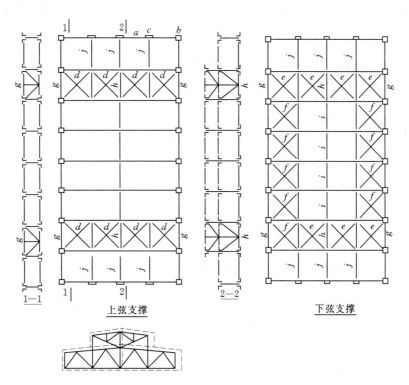

图6-5　屋架支撑布置

a—屋架；b—柱；c—抗风柱；d—上弦横向水平支撑；e—下弦横向水平支撑；f—下弦纵向水平支撑；
g—端部垂直纵向支撑；h—跨中垂直纵向支撑；i—柔性系杆；j—刚性系杆

2. 下弦纵向水平支撑

对于有桥式吊车的厂房屋架或房屋高度、跨度较大或有较大的空间刚度要求时，除了应设置上、下弦横向水平支撑外，还应设置下弦纵向水平支撑（图6-5）。它和横向支撑配合，共同形成封闭式的框式稳定体系。

3. 垂直纵向支撑

应设置在相邻两榀屋架之间的两端纵向垂直平面内（图6-5）。它是屋架横向水平支撑的支承结构。此外，这应根据屋架跨度的大小在跨中或跨度1/3处或在天窗侧柱处再设置一道或两道垂直纵向支撑。例如：对梯形屋架当跨度 $L \leqslant 30\text{m}$，三角形屋架 $L \leqslant 24\text{m}$ 时，仅在跨中设一道；当屋架的跨度超过这一数值时，应在跨度1/3处设两道。

4. 系杆

对于厂房中部一些未设横向水平支撑的各桁架，其上、下弦的侧向支承点由桁架之间的系杆来提供。因为系杆的最终端要连接在厂房两端的垂直纵向支撑或上、下弦横向水平支撑的节点上。对于能承受拉力也能承受压力的系杆称为刚性系杆。对于仅能承受拉力的系杆称为柔性系杆。当屋架横向水平支撑设置在厂房端部第二柱间时，则第一柱间所有系杆均应设计成刚性系杆，以传递山墙所承受的部分风压力等。

支撑杆系与桁架杆系相配合也构成了桁架——支撑桁架。如横向水平支撑桁架的弦杆即屋架的弦杆，其竖腹杆即屋架间的系杆。横向水平支撑桁架的节间长度通常取屋架节间长度的两倍，这是由于屋架间距常比屋架节间长度要大，这样可使支撑的斜杆保持合理倾角。

二、桁架杆件的计算长度和容许长细比

（一）杆件的计算长度

桁架中压杆和拉杆都必须先求得其计算长度 l_0，因为确定了计算长度才能按稳定性选择压杆的截面以及进行压杆和拉杆的刚度验算。

1. 桁架平面内（图6-9中对 x 轴）的计算长度 l_x

如图6-6（a）所示，在理想的铰接桁架中，杆件的计算长度等于节点中心间的距离，即杆件的几何长度 l。但在钢桁架中，由于汇交于节点的各杆通过节点板焊接在一起而且具有一定刚性，同时，节点上还有受拉杆件对节点转动起到约束作用。因此，在桁架平面内，节点不是真正的铰接。如图6-7所示，当某一压杆如 ED 在桁架平面内屈曲而绕节点转动时，将受到与节点相连的其他杆件的约束，节点的这种弹性嵌固作用对压杆的工作是有利的。理论分析和试验证明，约束节点转动的主要因素是拉杆。它有拉直绷紧的倾向，节点上的拉杆数量愈多，拉力和拉杆的线刚度愈大，则节点的嵌固程度也愈大。而压杆易屈曲，有促使节点转动的倾向，节点上的压杆数量愈多，则节点转动倾向也愈大。故把汇集压杆较多的上弦节点和桁架的端节点视作铰接，其他节点视作弹性嵌固，由此可确定杆件在桁架平面内的计算长度。图6-6（a）和图6-7所示桁架的受压弦杆、支座竖杆和支座斜杆的计算长度一律取 $l_x = l$。对于中间腹杆其计算长度取 $l_x = 0.8l$。至于受拉弦杆，其所受嵌固作用比受压弦杆要大些，但为了简化取 $l_x = l$。

2. 桁架平面外（图6-9中对 y 轴）的计算长度 l_y

如图6-6（b）所示，受压弦杆的计算长度 l_y 应等于侧向支承点的间距 l_1。因为它在垂直于桁架平面方向发生纵向弯曲时，只能在侧向支承点间发生弯曲。在无横向支撑的开间，则由纵向系杆作为侧向支承点。图6-6（b）的左半部分，由于横向水平支撑在交叉点与系杆无连接，故 l_y 为2倍的节间长度；图6-6（b）的右半部分，由横向水平支撑在交叉点与系杆相连时，则 l_y 为节间长度。

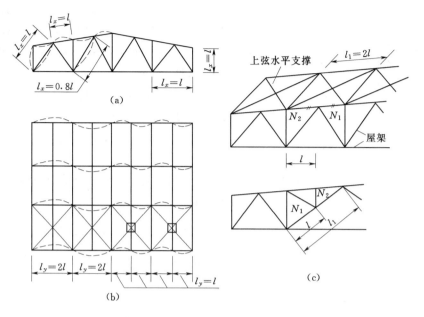

图 6-6 桁架杆件计算长度

由于节点板在桁架平面外的刚度很小，相当于板铰，故不能约束腹杆端部的转动，故受压腹杆在桁架平面外的计算长度 $l_y = l$。

单角钢腹杆和双角钢十字形截面腹杆，当截面的两主轴均不在桁架平面内时，此时杆件沿最小刚度平面（斜平面）发生纵向弯曲，杆端的节点板起着不完全的嵌固作用，故其计算长度取为 $l_y = 0.9l$。

现将各种桁架杆件的计算长度综合列于表 6-1。

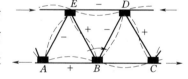

图 6-7 桁架杆件在节点上的嵌固

表 6-1　　　　　　　　　桁架弦杆和单系腹杆的计算长度 l_0

项次	弯曲方向	弦杆	腹杆	
			支座斜杆和支座竖杆	其他腹杆
1	在桁架平面内	l	l	$0.8l$
2	在桁架平面外	l_1	l	l
3	斜平面	—	l	$0.9l$

如果桁架弦杆侧向支撑点之间的距离 l_1 为 2 倍节间长度 l（$l_1 = 2l$），且两个节间杆件内力不等时，见图 6-6（c），一边有较大的压力 N_1，另一边有较小的压力或拉力 N_2（计算时压力取正、拉力取负），此时，这种杆件在桁架平面外的稳定性比支撑点之间均受较大压力有利，故当按较大压力 N_1 验算该弦杆在桁架平面外的稳定性时，其计算长度 l_y 可对 l_1 进行折减，按下式确定：

$$l_y = l_1 \left(0.75 + 0.25 \frac{N_2}{N_1} \right) \text{且} \ l_y \geqslant 0.5 l_1$$

确定桁架交叉腹杆的计算长度，在桁架平面内应取节点中心到交叉点间的距离，即

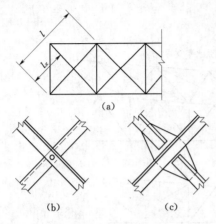

图 6-8　桁架交叉腹杆计算长度的确定

$l_x = 0.5l$，见图 6-8（a）；在桁架平面外的计算长度 l_y，应根据另一斜杆的受力情况和在交叉点的构造形式而定，见图 6-8（b）、（c），其具体规定如下：

（1）压杆。

1）相交另一杆受压，两杆截面相同并在交叉点均不中断，则

$$l_0 = l \sqrt{\frac{1}{2} \left(1 + \frac{N_0}{N} \right)}$$

2）相交另一杆受压，且该杆在交叉点中断但以节点板搭接，则

$$l_0 = l \sqrt{1 + \frac{\pi^2}{12} \frac{N_0}{N}}$$

3）相交另一杆受拉，两杆截面相同并在交叉点均不中断，则

$$l_0 = l \sqrt{\frac{1}{2} \left(1 - \frac{3}{4} \frac{N_0}{N} \right)} \geqslant 0.5l$$

4）相交另一杆受拉，且该杆在交叉点中断但以节点板搭接，则

$$l_0 = l \sqrt{1 - \frac{3}{4} \frac{N_0}{N}} \geqslant 0.5l$$

当此拉杆连续而压杆在交叉点中断但以节点板搭接，若 $N_0 \geqslant N$ 或拉杆在桁架平面外抗弯刚度 $EI_y \geqslant \frac{3N_0 l^2}{4\pi^2} \left(\frac{N}{N_0} - 1 \right)$ 时，取 $l_0 = 0.5l$。

以上各式中 l 如图 6-8 所示；N 为所计算杆的内力；N_0 为相交另一杆的内力，均为绝对值。两杆均受压时，取 $N_0 \leqslant N$，两杆截面应相同。

（2）拉杆。应取 $l_0 = l$。

当确定交叉腹杆中单角钢杆件斜平面内的计算长度时，应取节点中心至交叉点的距离。

3. 斜平面的计算长度 l_a

斜平面系指与桁架平面斜交的平面，其构件截面的两个主轴均不在桁架平面内且与桁架平面成角 α（α 一般为 $45°$），如单角钢做成的腹杆或双角钢十字形截面腹杆，见图 6-9（d）它们在斜面内的计算长度一般取上述 l_x 及 l_y 的平均值，即支座腹杆 $l_a = l$，一般腹杆 $l_a = 0.9l$。

钢管桁架和轻型钢桁架的节点连接不采用节点板时，节点对腹杆的嵌固作用很小，腹杆在桁架平面内及平面外的计算长度取 $l_x = l_y = l$。

（二）桁架杆件的容许长细比

桁架或支撑杆件应设计成具有一定刚度的杆件，长细比（$\lambda = l_0 / i$）对于受压杆件具有特别重要意义。过于细长的杆件不仅对压杆的稳定不利，而且在使用中将因自重而变形下垂，使杆件出现不利的偏心，在动载作用下容易产生振动，另外也不便于运输和安装。

对于受拉杆件同样也不应过于细柔，以防在运输和安装时因偶然碰撞而弯曲和损坏。在动载作用下如拉杆的刚度不够也会引起振动。静载作用的拉杆，一般只需验算在竖直平面内的长细比，以防过大的垂度。GB 50017—2003《钢结构设计规范》对不同用途的压、拉杆规定了不同的容许长细比［λ］，见表 6-2。对于闸门构件的容许长细比［λ］，SL 74—95 规范规定如表 6-3 所示。

表 6-2　　　　　　　　　　　桁架杆件的容许长细比［λ］

受压杆件	柱、桁架的压杆、柱的缀条、柱间支撑	150
	支撑（柱间支撑除外）	200
受拉杆件	承受静载或间接动载的桁架拉杆	350
	直接承受动载的拉杆	250
	支撑系统中的拉杆	400

注　1. 在桁架（包括空间桁架）结构中的角钢受压腹杆，当其内力不大于承载能力的 50％ 时，长细比限值可取为 200；

　　2. 在直接或间接承受动载的结构中，计算单角钢拉杆的长细比时，应采用角钢的最小回转半径，但在计算单角钢交叉拉杆平面外的长细比时，应采用与角钢肢平行轴的回转半径；

　　3. 受拉杆件在恒载与风荷载组合作用下受压时，长细比不宜超过 250。

表 6-3　　　　　　　　　　　闸门构件容许长细比［λ］

构件种类	主要构件	次要构件	联系构件	构件种类	主要构件	次要构件	联系构件
受压构件	120	150	200	受拉构件	200	250	350

第四节　桁架的杆件设计

一、桁架的荷载

作用于桁架上的荷载有永久荷载和可变荷载两大类。以屋架为例说明：

（1）永久荷载，如桁架自重（包括支撑）、屋面材料重等。

（2）可变荷载，如风荷载、雪荷载、厂房屋面积灰荷载以及悬挂吊车荷载等。

作用在屋架上的荷载标准值及它们的分项系数、组合系数等，可参阅 GB 50009—2001《建筑结构荷载规范》或由其他有关手册查得。

计算桁架杆件内力时，应根据使用过程和施工过程中可能出现的最不利荷载组合进行计算。对屋架设计应考虑以下三种荷载组合：

（1）全跨永久荷载＋全跨可变荷载。

（2）全跨永久荷载＋半跨可变荷载。

（3）全跨屋架、支撑及天窗架自重＋半跨檩条、屋面板和活（或雪）荷载，其中屋面活荷载主要指人群荷载，它与雪荷载不会同时出现，可取两者中的较大值计算。

在荷载组合中，对轻质屋面的屋架，在风荷载和永久荷载作用下，由于风荷载可能出现负压的情况（当屋面坡度很小时），桁架杆件内力可能会变号，即原来受拉的杆件可能变为受压，设计时应当注意这种可能性。

二、桁架杆件的内力计算

桁架杆件内力的计算是根据理想的桁架计算简图进行的，即假定节点为理想的铰，桁架中所有杆件的轴线为直线且都在同一平面内，各杆轴线相交于节点中心，荷载作用于节点上。在这些条件下，可用结构力学的方法，如图解法、节点法或截面法等进行计算。当手算时为了简化计算，可先取节点荷载为单位力，而求得各杆的轴心力称为内力系数，然后再乘以节点荷载的实际数值，从而得出杆件的实际内力。在多种荷载下，为了求得桁架各杆最不利的内力，可按上述荷载组合方式，列表进行计算杆件最不利的内力，较为方便。

按照理想的桁架计算简图所算出的各杆的轴心力，使杆件截面上产生的均匀正应力叫做主应力。但实际结构中，由于节点不是理想铰接，杆件是用焊缝连接于节点板上，且具有相当大的刚性，不能使各杆绕节点自由转动，从而产生弯矩（称次弯矩）。在这种情况下，若按刚接桁架计算杆件的应力，由于增加了弯应力故比按铰接桁架算出的应力要大。增加的这部分应力称为次应力。根据研究分析，在普通钢桁架中次应力与主应力相比很小，计算时一般不予考虑。但当桁架杆件截面为 H 形或箱形等刚度较大的截面，且在桁架平面内的杆件截面高度与节间长度之比大于 $1/10$（对弦杆）或大于 $1/15$（对腹杆）时，次应力可达主应力的 $10\%\sim30\%$。这时，必须考虑次应力的影响。

桁架所受的荷载一般是通过次梁、檩条或其他构件传递作用于桁架节点上。这时桁架各杆基本上只受轴心力作用。如在弦杆节间内尚有荷载作用时，在计算杆件的内力时，需先将节间荷载按杠杆原理分配到与该节间相邻的两节点上，再按上述方法求出各杆轴心力。然后，再计算由节间荷载而产生的弯矩。为了简化计算：端节间正弯矩取 $+0.8M_0$，其他节间的正弯矩和节点上的负弯矩均取 $\pm6M_0$，其中 M_0 为相应节间按简支梁计算的最大弯矩。对于存在节间荷载作用的弦杆，应按压弯或拉弯杆件设计。由于这类受力杆件所需的截面较大，因此，在作布置时应尽量使荷载直接作用在节点上。

当桁架和柱刚性连接组成刚架结构时，在桁架计算中必须考虑由于刚性连接的弯矩和水平力所引起的桁架杆件内力。

三、杆件的截面形式

在选择桁架杆件截面形式时，应考虑既便于弦杆和腹杆在桁架平面内的节点连接，又便于在垂直于桁架平面与支撑、次梁、檩条等相连接。对于作为桁架外框的上、下弦杆，还要具有足够的侧向刚度，以免在运输和安装时发生侧向弯曲。对于轴心受力杆件应使其两主轴方向的稳定性接近相等，即 $\lambda_x\approx\lambda_y$，以便节约钢材。

普通桁架杆件通常采用由两个等肢角钢或不等肢角钢组成的 T 形截面、十字形截面或管形截面（图 6-9）。这些截面能较好地满足上述构造要求。

（一）普通型钢截面

1. 弦杆截面

当弦杆为轴心受压杆时，根据等稳定性要求，截面形式应按两方向的计算长度而定。当 $l_y=2l_x$ 时，应采用两个不等肢角钢以短肢拼合的截面，见图 6-9（b）。因其回转半径 $i_y\approx2.2i_x$，则两方向的稳定性比较接近。当 $l_y=l_x$ 时，如仅考虑等稳定性要求，可采用两个不等肢角钢以长肢拼合的截面，见图 6-9（c）。但实际上还应考虑运输和安装对弦

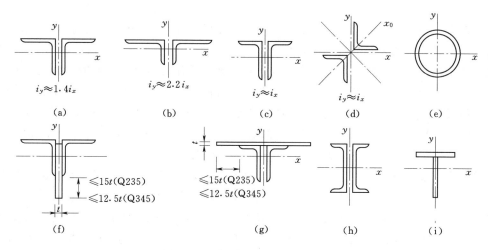

图 6-9　普通桁架杆件截面形式

杆侧向刚度的要求，故常采用两个等肢角钢拼合的截面，见图 6-9（a）。

当弦杆为压弯杆件时，为了增大桁架平面内的抗弯能力，如弯矩很小时，仍可采用等肢角钢拼合或不等肢角钢长肢拼合截面。如弯矩较大时，可采用两角钢间夹一钢板条来加强，见图 6-9（f）。钢板条沿弦杆通长设置，在节点上可兼起节点板的作用，将腹杆直接焊置其上，钢板条外伸部分不得超过板厚的 15 倍（对 Q235 钢），并且弦杆高度不宜超过 1/10 节间长度。当弦杆直接与钢面板相连时（如钢闸门主桁架），则可利用部分钢板参加弦杆截面，见图 6-9（g），详见第七章介绍。如弯矩很大时，也可采用一对槽钢组成的截面，见图 6-9（h），但这种截面形式与横向连接系的连接构造较为复杂。如具备自动焊条件时，可采用由两块钢板条焊成的 T 形截面，见图 6-9（i）。当节点强度有保证时，可不用节点板而将腹杆直接焊于弦杆，因而用钢量较经济，但这种截面制造费工，焊接变形不易控制。在实际工程中有采用将工字钢沿腹板纵向切开的方法做成 T 形截面，由轧钢厂直接供应。

轴心受拉弦杆不必考虑等稳定性以及桁架平面内的抗弯刚度问题，在选择截面形式时主要考虑和腹杆的连接方便。根据运输及安装时对弦杆侧向刚度的要求，一般采用等肢角钢或不等肢角钢以短肢拼合的截面。

2. 腹杆截面

受压腹杆一般采用等肢角钢拼合截面，因 $l_x = 0.8l = 0.8l_y$，即 $l_y = 1.25l_x$，而截面的回转半径 $i_y \approx 1.4i_x$，两方向稳定性比较接近，但对于支承端的压杆因 $l_x = l_y$，故宜采用两长肢拼合的截面。受拉腹杆一般也采用等肢角钢拼合截面。

当桁架竖杆须与纵向垂直支撑连接时，宜采用两个等肢角钢拼合的十字形截面，见图 6-9（d），其回转半径较大对压杆稳定有利，而且纵向垂直支撑的杆件轴线能通过十字形截面中心，受力较好。

对于受力很小或不受力的腹杆也可采用单角钢截面。但由于单面连接偏心的影响，若按轴心受力杆件验算其强度和连接时，规范规定其设计强度应乘以相应的折减系数 0.85，按轴心受压计算稳定性时，设计强度折减系数的规定见第五章第六节。

（二）钢管截面

钢桁架采用钢管截面也是一种很好的形式。钢管壁厚较薄，而截面材料分布离几何中心较远，且各方面的回转半径均等，见图 6-9（e），与其他型钢截面相比回转半径较大，相应的长细比较小，因而管形截面作为受压或压弯构件比其他型钢截面的承载能力要大很多。钢管的抗扭能力也较其他型钢截面强。圆管绕流条件好，如承受风载或波浪压力时其阻力可降低 2/3 左右。一般轧制无缝钢管及焊接钢管规格均可满足管壁的局部稳定性。设计大直径的焊接薄壁钢管构件，为了保证局部稳定性要求，应按有关规范确定直径和壁厚的比值。露天结构采用封闭圆管的壁厚不应小于 4mm。管结构的节点一般不用另加节点板，而将腹管端部切成马鞍形与弦管壁直接焊接，构造简单，连接平滑，做成大跨度的钢管平面桁架或空间桁架结构都较方便。因此，钢管结构比型钢结构可节约钢材达 20％～30％。此外，钢管端部可以密封，抗大气及海水腐蚀比较有利，管截面周长最小，所需油漆等维护费用也小。缺点是无缝钢管价格较普通型钢贵，目前国内生产的管径规格少，大直径焊接钢管制造较费工，对管节点的切割和焊接质量要求较高。对于海洋工程的桁架结构来说，管形截面是主要形式，如固定式采油平台桩基导管架、自升式钻井船的桁架桩腿结构、平台间大跨度联络桥以及平台上直升机场支承桁架等杆件也多采用钢管截面。

四、普通桁架杆件的截面选择

（一）一般原则

（1）为了节约钢材应尽量选用薄而宽的角钢，因为在同一重量下，薄而宽的角钢比厚而窄的角钢回转半径大，可以提高压杆稳定性。

（2）为了简化备料和制造，整个桁架中所选用的型钢截面规格不宜过多。例如，在 24m 梯形钢屋架的标准图中有 7～10 种规格。为减小型钢截面规格，设计时可适当调整统一相近的规格，以便减少截面规格、便于制造。上、下弦杆一般采用通长等截面杆件。但梯形和平行弦桁架 l＞30m 以及三角形桁架 l＞24m 时，可考虑在半跨内改变截面一次。改变截面通常是改变角钢宽度而保持厚度不变，在节点处改变并作拼接。拼接处两边的角钢通常做成外表面平齐。

（3）对于受力很小或不受力的杆件，其截面尺寸须按容许长细比 [λ] 或构造要求决定。在水工闸门钢结构中桁架最小角钢一般为 L 50×6 或 L 63×40×6；建筑钢结构中最小角钢为 L 45×4 或 L 56×36×4（对焊接结构），L 50×5（对螺栓连接结构）。

在桁架杆件截面选择过程中的数据及结果，最好列成表格以便绘制施工图。表格形式可参考本章设计例题。

（二）轴心受拉或拉弯杆件的截面选择

1. 轴心受拉杆件

所需的截面积可按下列强度条件求得

$$A = \frac{N}{\alpha f} \tag{6-1}$$

式中　A——杆件的毛截面面积；

　　　α——截面被螺栓孔削弱的减损系数，在焊接桁架中当无安装螺栓孔削弱时 $\alpha=$
　　　　　1.0，有削弱时 $\alpha≈0.85$。

按上述所需的截面面积从型钢表中选出适当的截面后，对于有螺栓孔的杆件，则应在螺孔排列后按实际的净截面面积 A_n 验算其强度。

此外，所选的截面还应满足容许长细比的要求，即 $\lambda = l_0/i \leqslant [\lambda]$，其中 $[\lambda]$ 值的规定见表 6-2 或表 6-3。

2. 拉弯杆件

当桁架下弦承受节间荷载时，则应按拉弯杆选择截面，一般可先按轴心拉杆初估截面并予以适当放大，然后再行验算。

对于承受静载或间接承受动载的桁架，其拉弯杆可以考虑部分截面塑性发展，按下式验算其强度：

$$\frac{N}{A_n} + \frac{M_x}{\gamma_x W_{nx}} \leqslant f \qquad (6-2)$$

对于直接承受动载的桁架，其拉弯杆则按下式验算强度：

$$\frac{N}{A_n} + \frac{M_x}{W_{nx}} \leqslant f \qquad (6-3)$$

上两式中　A_n　　杆件的净截面面积；

$\quad\quad\quad W_{nx}$——杆件对 x 轴的净截面模量；

$\quad\quad\quad \gamma_x$——截面塑性发展系数，按表 5-4 采用；

$\quad\quad\quad M_x$——节间荷载所引起的弯矩。

同样，所选的截面还应满足容许长细比的要求。

（三）轴心受压和压弯杆件的截面选择

1. 轴心受压杆件的截面选择

轴心受压杆件的截面尺寸主要按稳定性条件求得

$$A = \frac{N}{\varphi f} \qquad (6-4)$$

以上计算公式和截面选择方法已在第五章中讨论。选择普通桁架压杆截面时，同样首先假定长细比 λ 值，再按不同截面类型查得稳定系数 φ 值，从而求出所需截面面积 A 和回转半径 i_x 后，即可从型钢表中选出截面，然后按实际的 A 和 φ_{min} 验算其稳定性。对于钢闸门、钢引桥等主桁架，其弦杆可假定 $\lambda = 40\sim80$，腹杆 $\lambda = 60\sim100$，对于屋架等桁架的弦杆可假定 $\lambda = 40\sim100$，腹杆 $\lambda = 80\sim120$。计算长度愈大或压力愈小，则假定的 λ 值应愈大。

按照上述步骤计算时，因假定的 λ 值不一定合适，常需作相应的修正才能满足要求。

在验算稳定性的同时，还应校核容许长细比，即 $\lambda_{min} \leqslant [\lambda]$。一般的压杆通常都不会超过 $[\lambda]$。

2. 压弯杆件的截面选择

通常由于节间荷载所引起的弯矩较小，故可先按轴心压杆初估截面，一般可假定 $\lambda_x = 30\sim60$，并考虑弯矩的影响将截面尺寸适当放大，然后再按压弯杆验算稳定性（弯矩作用平面内和平面外）和强度，其验算公式及方法可参看第五章第七节。

（四）桁架杆件的缀合填板

为了保证由一对角钢（或双槽钢）所组成的杆件能够整体工作，并使杆件受压时角钢不致单独翘曲，在两角钢或槽钢之间必须布置填板（图6-10）。填板的间距 l_s 在压杆中不得超过 $40i_1$；在拉杆中不得超过 $80i_1$。i_1 是单个角钢（或槽钢）对于与填板平行的形心轴 y_1 的回转半径；对于双角钢组成的十字形截面，则取单个角钢的最小回转半径。在一般情况下，压杆在一个节间内或两个侧向支承点之间填板数不宜少于两个。

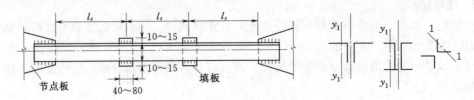

图6-10　桁架杆件间缀合填板（单位：mm）

填板和角钢相连的角焊缝一般采用 $h_f = 6mm$，填板宽宽应比角钢肢宽些以便焊接，一般每边伸出不小于10mm。填板长度一般采用 $40\sim80mm$，填板厚度应与节点板厚度相等。在十字形截面杆件中，需从角钢肢尖缩进 $10\sim15mm$，以便焊接，且应一竖一横交替设置。

第五节　普通桁架节点设计和桁架施工图绘制

桁架各杆件截面形成和尺寸确定后，即可进行各节点设计。它是桁架设计中的重要环节，必须予以足够重视。节点设计一般与绘制施工图同时进行。在节点设计中，首先要确定各杆件的相互位置，再根据杆件内力计算焊缝并满足构造要求，以确定杆件与节点板之间的焊缝尺寸、定出节点板形状与尺寸。

一、节点构造的一般要求

1. 杆件的轴线

在绘制桁架节点图时，首先要画出汇交于节点的各杆件轴线（即桁架几何简图轴线），然后画出各杆件的轮廓线，先画弦杆、再画竖杆、后画斜杆。在理论上，杆件的重心线应与桁架的杆件轴线重合，以免各杆件在节点连接处产生偏心而引起附加弯矩。但是考虑制造方便，在焊接桁架中取角钢肢背到桁架轴线距离 Z_0 为5mm的倍数。如果弦杆采用两种不同的截面尺寸，为了便于拼接和放置次梁等构件，则将角钢水平肢的外边缘对齐。一般在节点处改变截面，改变后的两截面重心距的平均值 $Z_0 = (Z_1 + Z_2)/2$ 也取为5mm的倍数处作为弦杆的公共轴线，各腹杆的轴线交汇于公共轴线上。

2. 节点板的形状及其厚度

节点板的作用主要是通过它将交汇于节点上的腹杆连接到弦杆上，并传递和平衡节点上各杆内力。因此，节点板的形状和尺寸取决于被连接杆件的受力和构造要求。节点板的形状应尽量简单，一般采用矩形、梯形或平行四边形等，使切割节点板时省工而杆件传力好。腹杆内力是通过焊缝逐渐传给节点板的，故节点板宽度应随其受力的逐渐增大而放宽，一般规定节点板边缘与杆件轴线夹角不应小于 $15°\sim20°$，见图6-11（a）、（b）。此外，节点板的形状还应避免有凹角，以防止形成严重的应力集中和切割困难。

节点板的厚度决定于腹杆最大内力的大小。因为弦杆一般是连续的，腹杆的内力是

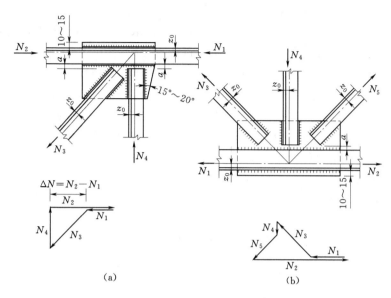

图 6-11　桁架节点的构造（单位：mm）

通过节点板相平衡的，但节点板上的应力状态比较复杂，既有压应力，也有拉应力，还有剪应力，应力分布极不均匀，且有较大的应力集中，因而难于计算。在一般桁架设计中，中间节点板的厚度可根据桁架腹杆最大内力（对三角形桁架可根据端部弦杆内力）参照表 6-4 中的经验数据来决定（此表用于 Q235 钢的节点板，如用 Q345 钢和 Q390 钢可将其厚度减薄 1~2mm），并在整个桁架中采用相同的厚度。桁架支座节点板厚度应较中间节点板加厚 2mm。

表 6-4　　　　　　　　　　　　桁架节点板厚度选用表

桁架腹杆内力或三角形屋架弦杆端节间内力 N/kN	≤170	171~290	291~510	511~680	681~910	911~1290	1291~1770	1771~3090
中间节点板厚度 t/mm	6	8	10	12	14	16	18	20

注　1. 本表的适用范围为：
　　（1）适用于焊接桁架的节点板强度验算，节点板钢材为 Q235，焊条 E43；
　　（2）节点板边缘与腹杆轴线之间的夹角应不小于 30°；
　　（3）节点板与腹杆用侧焊缝连接，当采用围焊时，节点板的厚度应通过计算确定，见式（6-5）、式（6-6）；
　　（4）对有竖腹杆的节点板，当 $c/t \leqslant 15\sqrt{235/f_y}$ 时，可不验算节点板的稳定，对无竖腹杆的节点板，当 $c/t \leqslant 10\sqrt{235/f_y}$ 时，可将受压腹杆的内力乘以增大系数 1.25 后再查表示节点板厚度，此时亦可不验算节点板的稳定，其中 c 为受压腹杆连接肢端面中点沿腹杆轴线方向至弦杆的净距离。
　　2. 支座节点板的厚度宜较中间节点板增加 2mm。

3. 腹杆角钢的切割和腹杆长度的确定

角钢切割通常垂直于轴线。当角钢肢较宽时，为了减小节点板尺寸，可将角钢与节点板相连的一肢切去一个角；当构造上有特殊要求时，可将一肢斜切。

为了减小节点板尺寸，应尽量将腹杆端部靠近弦杆，使布置紧凑，但弦杆与腹杆、腹杆与腹杆之间须保持一定的间隙 a（图 6-11），以免焊缝过分密集，使节点板经多次焊接而变脆，或产生过高的应力集中。在不直接承受动载的桁架中，间隙 a 不应小于 20mm，相邻腹杆连接角焊缝焊趾间净距应不小于 5mm。直接承受动载的桁架中，间隙 a 不应小于 40mm，在绘制节点图时即可确定腹杆的实际长度。

4. 腹杆焊缝

桁架腹杆与节点板的连接焊缝，一般采用两边侧焊，当内力较大以及在直接承受动载的桁架中可采用三面围焊，这样可使节点板尺寸减小，改善节点抗疲劳性能。当内力较小时也可采用仅有角钢肢背和杆端的 L 形围焊缝。围焊转角处必须连续施焊。此外，为了简化制造，在同一桁架中角焊缝的厚度不宜多于 3 种。

二、节点板的计算

在焊接桁架中，由于杆件内力不同和焊接残余应力的影响，在节点板中引起的应力十分复杂。根据静力试验研究，在受拉腹杆附近的节点板（图 6-12），在拉力 N 的作用下，首先在 B 点出现塑性，随着荷载增加，塑性延伸至 c 点以致整个 $ABCD$ 线全部进入塑性，各段上的折算应力同时达到抗拉强度 f_u 时，试件破坏。根据平衡条件有

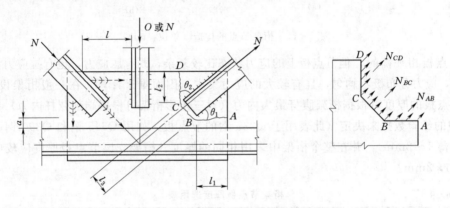

图 6-12 节点板的静力强度和稳定性

$$\sum N_i = \sum \sigma_i l_i t = N$$

式中　l_i——第 i 撕裂段长度；

　　　t——节点板厚度。

设 θ_i 为第 i 段撕裂线与腹杆轴力 N 的夹角，则第 i 段上的平均正应力 σ_i 和平均剪应力 τ_i 为

$$\sigma_i = \sigma'_i \sin\theta_i = \frac{N_i}{l_i t}\sin\theta_i \quad \tau_i = \sigma'_i \cos\theta_i = \frac{N_i}{l_i t}\cos\theta_i$$

折算应力　$\sigma_{\text{red}} = \sqrt{\sigma_i^2 + 3\tau_i^2} = \frac{N_i}{l_i t}\sqrt{\sin^2\theta_i + 3\cos^2\theta_i} = \frac{N_i}{l_i t}\sqrt{1 + 2\cos^2\theta_i} \leqslant f_u$

$$N_i \leqslant \frac{1}{\sqrt{1 + 2\cos^2\theta_i}}l_i t f_u$$

令 $\eta_i = 1/\sqrt{1 + 2\cos^2\theta_i}$，则

$$N_i \leqslant \eta_i l_i t f_u = \eta_i A_i f_u$$

$$\sum N_i = \sum (\eta_i A_i f_u) \geqslant N_u \tag{6-5}$$

按极限状态法设计，即
$$\sigma = \frac{N}{\sum(\eta_i A_i)} \le f$$

桁架节点板也可采用有效宽度法进行承载力计算，所谓有效宽度 b_e 如图 6-13 所示，即认为腹杆轴力 N 将通过连接件在节点板内按照某一个应力扩散角度传至连接件端部与 N 相垂直的一定宽度，该宽度即称为有效宽度。有效宽度法按下式计算：

$$\sigma = \frac{N}{b_e t} \le f \qquad (6-6)$$

式中　b_e——板件的有效宽度（图 6-13），当用螺栓连接时，应取净宽度。

图中 θ 可取为 30°。

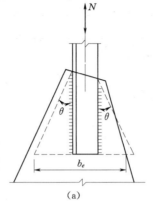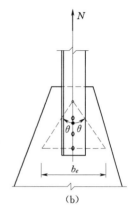

图 6-13　板件的有效宽度

三、节点设计

1. 无集中荷载的节点（图 6-11）

首先按各腹杆的内力计算出腹杆与节点板相连的角焊缝尺寸为

$$\sum l_w = \frac{N_3(N_4 \ 或 \ N_5)}{2 \times 0.7 h_f f_f^w} \qquad (6-7)$$

式中　N_3、N_4、N_5——双角钢腹杆内力。

$\sum l_w$ 是一个角钢与节点板之间需要焊缝总长度（不包括两端焊口缺限值 $2h_f$），然后将 $\sum l_w$ 按比例分配于肢尖和肢背。再考虑到上述构造要求，就可确定节点板的外形和尺寸。

弦杆采用通长的角钢与节点板连接时，其连接角焊缝只承受与该节点相邻的两个节间弦杆内力差值。

$$\Delta N = N_1 - N_2 \qquad （设 \ N_1 > N_2）$$

求得 ΔN 后，仍按式（6-7）进行计算。但一般 ΔN 很小，所需焊缝一般按构造要求用连续焊缝沿节点板全长布置，焊缝厚度可采用 6mm。节点板伸出弦杆角钢肢背 10～15mm，以便施焊。

2. 有集中荷载的节点（图 6-14）

在集中荷载作用下，根据荷载情况和构造要求，节点板有伸出弦杆表面的和缩进弦杆表面的两种做法。做法不同，计算方法也不同。

（1）当节点板伸出弦杆表面时，弦杆与节点板之间的焊缝将承受集中荷载 P 和弦杆内力差 ΔN。在 ΔN 作用下，弦杆肢背与节点板之间角焊缝所引起的剪应力为

$$\tau_{\Delta N} = \frac{k_1 \Delta N}{2 \times 0.7 h_f l_w}$$

式中　k_1——分配系数见图 3-21。

在集中荷载 P 作用下，倘若忽略 P 与焊缝形心 C 的影响（一般偏心小且焊缝长）。

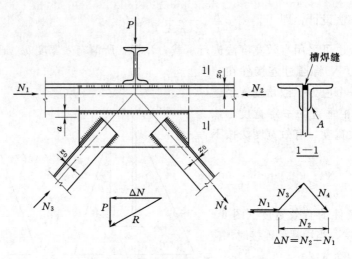

图 6-14　上弦杆设置次梁的节点构造

弦杆与节点板之间的 4 条角焊缝引起的剪应力为

$$\tau_p = \frac{P}{0.7l_w \sum\limits_{i=1}^{4} h_{fi}}$$

当弦杆为水平或倾斜不大时，可认为 $\tau_{\Delta N}$ 与 τ_p 相垂直，其合成剪应力 τ_f 应满足强度条件：

$$\tau_f = \sqrt{\tau_{\Delta N}^2 + \left(\frac{\tau_p}{1.22}\right)^2} \leqslant f_f^w \qquad (6-8)$$

当 P 为直接动力荷载时，式（6-8）τ_p 项的分母值取为 1，设计时先取 h_f 及 l_w（l_w 为实际长度减 $2h_f$），然后按上述公式验算。弦杆肢尖与节点板之间角焊缝的计算方法与上述相同，只需将 $\tau_{\Delta N}$ 算式中的 k_1 换成 k_2 即可。

（2）当节点板缩进弦杆表面时（图 6-14），桁架上弦为便于搁置其他构件，常将节点板缩进弦杆角钢肢背约 $0.6t$（t 为节点板厚度），用槽焊缝 "K" 施焊。

槽焊缝质量不易保证，因此常假设它只承受荷载 P 的作用，并将焊缝设计强度适当降低，近似地按两条焊脚尺寸为 $h_f' = t/2$ 的角焊缝进行强度验算：

$$\tau = \frac{P}{2 \times 0.7 h_f' l_w} \leqslant 0.8 f_f^w$$

肢尖焊缝 "A" 除承受弦杆内力差 $\Delta N = N_1 - N_2$（当 $N_1 > N_2$）以外，还承受 ΔN 沿角钢轴线到肢尖所形成的偏心弯矩 $M = \Delta N e$（e 为角钢轴线到肢尖的距离）。ΔN 在焊缝 "A" 中引起的平均剪应力为

$$\tau_{\Delta N} = \frac{\Delta N}{2 \times 0.7 h_f l_w}$$

由偏心弯矩 M 在焊缝 "A" 中引起的剪应力为

$$\tau_M = \frac{6M}{2 \times 0.7 h_f l_w^2}$$

焊缝 "A" 两端的最大合成应力应满足：

$$\tau_f = \sqrt{\tau_{\Delta N}^2 + \left(\frac{\tau_M}{1.22}\right)^2} \leqslant f_f^w$$

3. 弦杆拼接节点

由于运输条件、材料订货尺寸的限制以及构造的要求（如弦杆有弯折时），弦杆需要拼接，其位置通常布置在节点上，如图 6-15 所示。在设计弦杆的拼接时，应保证拼接的强度不低于弦杆的强度，并应尽量使拼接处传力平顺。由于节点板的厚度只是根据传递腹杆的最大杆力的需要而定，因此，断开的弦杆不能依靠节点板来传递弦杆内力，而依靠另加拼接角钢或拼接板。拼接角钢一般采用与弦杆相同规格的角钢。

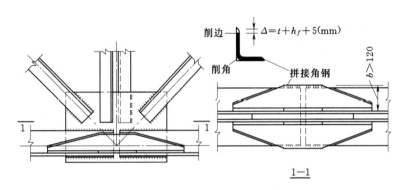

图 6-15　桁架下弦的拼接节点构造

拼接角钢与弦杆相连的焊缝可按相邻节间的最大杆力来计算（偏于安全）。为了便于拼接角钢与弦杆角钢贴合紧密，须将拼接角钢肢背的棱角铲去，同时为了便于焊接，它的竖直肢应切去 $\Delta = t + h_f + 5$（mm）（图 6-15），其中 t 为拼接角钢的厚度，h_f 为角钢焊缝焊脚尺寸，5mm 为所留余量。为了尽量缩短拼接角钢长度，h_f 应尽量采用构造容许的最大值。当拼接角钢肢宽较大时（大于 120mm），应将角钢肢斜切（图 6-15），使它在全部截面上均匀传递内力而减缓应力集中。

4. 支座节点

钢桁架是简支在钢筋混凝土柱或砖柱上（图 6-16）。它与钢柱则可做成刚性连接（图 6-17）。

图 6-16 为三角形和梯形钢屋架的简支支座。该支座上的各杆轴线应汇交于一点，该点的竖向合力应通过或接近于底板形心，此时，底板的承压应力可视为均布。为保证底板和节点板的刚度，应设加劲肋（图 6-16），加劲肋应设在节点竖向合力线上（与支座反力线重合）。加劲肋的高度与厚度分别与节点板的高度与厚度相同。

在梯形屋架中，为便于施焊，下弦角钢水平肢的底面与支座底板之间的净矩不应小于下弦水平肢的宽度。支座底板厚度一般取 20mm 左右，按轴心受压柱底板的设计方法进行计算。底板固定于设在混凝土中的锚固螺栓上，锚固螺栓沿中线埋设，与加劲肋对齐。为使屋架安装时容易就位，底板上应有较大的螺栓孔，就位后再用垫板上的精确孔套进螺杆并将垫板焊牢于底板。锚栓直径常不小于 20mm。在图 6-16（b）中，竖杆设在加劲肋外侧也是常见的做法。为便于施焊，也可将竖杆角钢背朝外放置，肢尖靠近加劲肋。

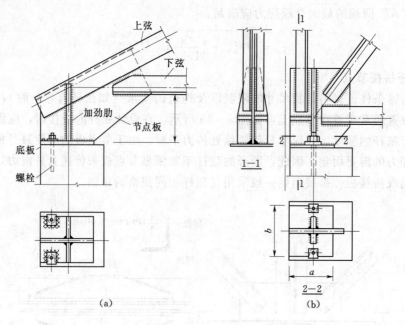

图 6-16　支座节点

(a) 三角形屋架支座节点；(b) 梯形屋架支座节点

　　总之，支座节点的构造和设计（图 6-16）大体上与轴心受压柱脚相同。

　　桁架与钢柱的刚性连接见图 6-17。

四、桁架施工图的绘制

　　结构设计的成果要反映到施工图中。施工图用以供给结构制造和安装使用，因而图纸内容必须简明、准确。在设计前应与制造厂和安装单位相结合，考虑制造厂的设备、加工能力以及安装程序、吊车起重等条件，这样绘制的施工图纸就能比较符合实际。施工图的绘制是一项很细致的工作，它直接关系到结构建造的速度和质量，因而必须充分重视。

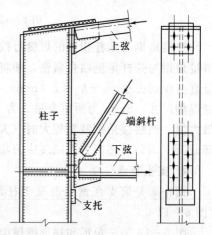

图 6-17　桁架与钢柱的刚性连接

　　在桁架施工图中，应绘出桁架的正面图，侧面图、上下弦杆的平面图以及若干必要的剖面图和细部构造图。在图纸上还常常附有单线条绘出的整个桁架几何简图（比例为 1∶100～1∶200），在简图的左半跨注明各杆的几何长度，右半跨注明各杆的内力（参阅例图 6-9）。

　　为了使桁架各部分的构造细部都能表达清楚，在同一图中可采用两种不同的比例尺。桁架的轴线一般采用 1∶20 或 1∶30，而节点和杆件轮廓则采用 1∶10 或 1∶15。

　　施工图中应注明桁架各杆件的截面尺寸和实际长度。桁架节点的主要尺寸是节点中心至腹杆端部的距离。腹杆实际长度应为 10mm 的整倍数。定出杆端位置后，即可根据焊缝的布置画出节点板的合理外形，并在图中注明节点板的尺寸、厚度和定位尺寸。节点焊缝尺寸用焊缝代号标明，并区分是在工厂施焊还是在工地安装时施焊。

在施工图中应包括材料表。每根杆件、节点板和零件等依次编号，只有几何形状、尺寸以及制作要求完全相同的零件才能用同一编号，然后将编号的零部件逐项填入材料表中，写明尺寸、规格、数量和重量以及备料加工的特殊要求等。材料表中还应包括焊缝重量，它占结构总重的 1%～3%。

施工图中还应附有说明，提出对钢材、焊条和螺栓的材质要求和标号，以及必要的制作要求。图中全部尺寸均以 mm 为单位，特殊情况要注明采用的长度单位。

钢结构施工图一般应按现行的国家标准《建筑制图标准》进行绘制。

第六节　设计例题——焊接钢屋架设计

一、设计资料

根据下列资料选择屋架杆件截面和设计屋梁的节点：

屋架跨度 $l=24m$，屋架间距 $b=6m$，屋架支座高度 $H_0=2m$，屋面坡度 $i=1/12$，屋架上弦节间长度 $d=3m$。

屋面采用 1.5m×6.0m 预应力钢筋混凝土屋面板和卷材屋面（由二毡三油防水层、2cm 厚水泥砂浆找平层及 8cm 厚的泡沫混凝土保温层组成），屋架选用梯形钢屋架，跨中高度 $H=3.0m$，屋架简支在钢筋混凝土柱顶上。当地基本雪压为 $S_0=0.7kN/m^2$。

屋架上弦平面利用屋面板（用埋固的小钢板和上弦杆焊住）代替水平支撑，在屋架下弦平面的端部及两侧端面布置水平及竖直支撑。

钢材牌号：Q235-F　　　　　焊条标号：E43 型，手工焊。

设计规范：GB 50017—2003《钢结构设计规范》，GB 50009—2001《建筑结构荷载规范》。

二、荷载计算

恒载标准值计算：

防水层（二毡三油上铺小石子）0.35kN/m² 沿屋面坡向分布。

找平层（2cm 水泥砂浆）0.4kN/m² 沿屋面坡向分布。

保温层（8cm 泡沫混凝土）0.48kN/m² 沿屋面坡向分布。

预应力混凝土屋面板（包括灌缝）1.40kN/m² 沿屋面坡向分布。

屋架自重（包括支撑）按经验公式计算。

$q=0.12+0.011L$（L 单位用 m）$=0.12+0.011×24=0.384$（kN/m²）沿水平投影面分布。

因屋面坡度很小，故以上各项可直接相加，得恒载标准值为 3.014kN/m²。

恒载设计值：3.014×1.2（恒载分项系数）=3.62（kN/m²）。

活载标准值计算：

屋面均布活荷载（不上人的屋面）0.7kN/m² 沿水平投影面分布。

雪载：$S=\mu_r S_0$（因屋面与水平面的倾角 $\alpha=4.76°<15°$，故屋面积雪分布系数 $\mu_r=1.0$）。

$S=1.0×0.7=0.7$（kN/m²）沿水平投影面分布。

风载：因 $\alpha=4.76°<15°$，风载体型系数 μ_s 对屋面为吸力（-0.6），故可不考虑风载影响。

活载设计值：0.7×1.4（活载分项系数）=0.98（kN/m²）。

在屋架内力计算时，节点荷载由屋面恒载和均布活载经过组合而成。已知屋架上弦节间水平长度为3m，屋架间距为6m。

设计屋架时应考虑以下三种荷载组合。

1. 全跨恒载＋全跨活载

屋架上弦节点荷载　　　　　$P=(3.62+0.98)\times 3\times 6=82.8(\text{kN})$

2. 屋架及支撑自重＋半跨屋面板＋半跨活载（作用在左半跨）

$$P_{左}=[(0.384+1.4)\times 1.2+0.7\times 1.4]\times 3\times 6=56.17(\text{kN})$$

$$P_{右}=0.384\times 1.2\times 3\times 6=8.29(\text{kN})$$

3. 全跨恒载＋半跨活载（作用在左半跨）

$$P_{左}=(3.62+0.98)\times 3\times 6=82.8(\text{kN})$$

$$P_{右}=3.62\times 3\times 6=65.16(\text{kN})$$

经过计算，第三种荷载组合所产生的杆件内力对本屋架的杆件不起控制作用，故未列入。

三、内力计算

例图6-1为屋架计算简图，杆件内力用图解法求得（也可用平面桁架程序上机计算）。屋架上弦杆除了承受轴心压力外，尚承受节间集中荷载而产生的弯矩，其值为

第一节间　　　　$M=0.8M_0=0.8\times\dfrac{41.4\times 3}{4}=24.84(\text{kN}\cdot\text{m})$

中间节间　　　　$M=0.6M_0=0.6\times\dfrac{41.4\times 3}{4}=18.63(\text{kN}\cdot\text{m})$

中间节点　　　　$M=-0.6M_0=-18.63(\text{kN}\cdot\text{m})$

屋架在上述第一种和第二种荷载组合作用下的计算简图如例图6-1所示。在全跨恒载和全跨活载作用下，屋架弦杆、竖杆和靠近支座斜杆的内力均较大。在屋架及支撑自重和半跨屋面板与活载作用下，靠近跨中的斜杆内力可能发生变号，故要注意。计算结果列于例表6-1中。例表6-1中仅列入控制设计的杆件内力。

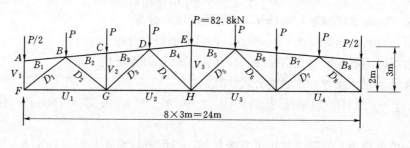

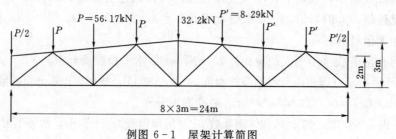

例图 6-1　屋架计算简图

桁架杆件内力及截面选择表

例表 6-1

杆件名称	编号	计算长度/cm		设计内力		截面形式与尺寸/mm	截面积A/cm²	截面抵抗模量W/cm³	回转半径/cm		长细比		稳定系数 φx	计算应力值/(N/mm²)
		l_x	l_y	N/kN	M/(kN·m)				i_x	i_y	λ_x	λ_y		
上弦	B_1	300	150	0	+24.84 −18.63	⊤140×14	75.2	133.4 (min)	4.28	6.27	70.10	23.90	—	+150.4
	B_2	300	150	−598.15	+18.63 −18.63		75.2	360	4.28	6.27	70.10	23.90	0.751	—
	B_3	300	150	−598.15	+18.63 −18.63		75.2	360	4.28	6.27	70.10	23.90	0.751	—
	B_4	300	150	−664.64	−18.63		75.2	360 133.4	4.28	6.27	70.10	23.90	0.751	−201.27
下弦	U_1	600	600	+386.68	—	⊤100×8	31.2	—	3.08	—	194.8	—	—	+123.94
	U_2	600	1200	+677.3	—		31.2	—	3.08	—	194.8	—	—	+217
斜杆	D_1	375	375	−483.3	—	⊤140×90×10	44.6	—	4.47	3.67	83.9	102.2	0.541	−200.3
	D_2	300	375	+262.48	—	⊤63×6	14.58	—	1.93	—	155	—	—	+180
	D_3	328	410	−110.12	—	⊤75×6	17.6	—	2.31	3.44	142	119	0.337	−185.7
	D_4	328	410	−61.1	—	⊤75×6	17.6	—	2.31	3.44	142	119	0.337	−103
	D_5	328	410	−20.45 +45.19	—	⊤75×6	17.6	—	2.31	3.44	142	119	—	—
竖杆	V_1	200	200	−41.4	—	⊤63×6	14.6	—	1.93	3.00	104	67	0.529	−53.7
	V_2	200	250	−82.8	—	⊤63×6	14.6	—	1.93	3.00	104	83.3	0.533	−106.6
	V_3	$l_0=270$		+27.6	—	⊥63×6	14.6	—	$i_{min}=2.43$		$\lambda_{max}=111$		—	18.9

四、杆件截面选择

1. 上弦杆截面选择

按受力最大的弦杆设计，沿跨度全长截面保持不变。

上弦杆 B_4 为压弯杆件：$N = -664.64\text{kN}$；$M_x = 18.63\text{kN} \cdot \text{m}$；$l_x = 300\text{cm}$；$l_y = 150\text{cm}$。

其中由于上弦杆和屋面板埋固小钢板焊住可代替水平支撑，故上弦杆平面外的计算长度 $l_y = 150\text{cm}$。

假设 λ 选择截面的步骤作用不大，可直接估计选出截面进行验算。

选用 $2 \llcorner 140 \times 14$，$A = 37.6 \times 2 = 75.2\text{cm}^2$；$W_{1x} = 173 \times 2 = 346\text{cm}^3$；$W_{2x} = 68.8 \times 2 = 137.6\text{cm}^3$；$i_x = 4.28\text{cm}$；$i_y = 6.27\text{cm}$（节点板厚度选用 $t = 12\text{mm}$）

（1）按式（5 - 34b）验算弯矩作用平面内的稳定性。

由第五章表 5 - 4 查得截面塑性发展系数：

$$\gamma_{1x} = 1.05 \quad \gamma_{2x} = 1.2$$

$$\lambda_x = \frac{l_x}{i_x} = \frac{300}{4.28} = 70.1 < [\lambda] = 150$$

由附录七查得压杆稳定系数 $\varphi_x = 0.751$，则

$$N'_{Ex} = \frac{\pi^2 EA}{1.1\lambda_x^2} = \frac{\pi^2 \times 2.06 \times 10^5 \times 75.2 \times 10^2}{1.1 \times 70.1^2 \times 10^3} = 2828.5(\text{kN})$$

此处节点间弦杆相当于两端支承有端弯矩和横向荷载同时作用，且使构件产生反向曲率的情况，根据规范等效弯矩系数 $\beta_{mx} = 0.85$。

将以上数据代入式（5 - 34b），验算弯矩作用平面内的稳定性：

$$\frac{N}{\varphi_x A} + \frac{\beta_{mx}M_x}{\gamma_x W_{1x}\left(1 - 0.8\dfrac{N}{N'_{Ex}}\right)} = \frac{664.64 \times 10^3}{0.751 \times 75.2 \times 10^2} + \frac{0.85 \times 1863 \times 10^4}{1.05 \times 346 \times 10^3 \times \left(1 - 0.8 \times \dfrac{664640}{2828.5 \times 10^3}\right)}$$

$$= 117.69 + 53.7 = 171.39(\text{N/mm}^2) < f = 215\text{N/mm}^2$$

对于这种 T 形截面压弯杆件，还应验算截面另一侧，按式（5 - 34），即

$$\left| \frac{N}{A} - \frac{\beta_{mx}M_x}{\gamma_x W_{2x}\left(1 - 1.25\dfrac{N}{N'_{Ex}}\right)} \right| = \left| \frac{664.64 \times 10^3}{75.2 \times 10^2} - \frac{0.85 \times 1863 \times 10^4}{1.05 \times 137.6 \times 10^3 \times \left(1 - 1.25 \times \dfrac{664.64 \times 10^3}{2828.5 \times 10^3}\right)} \right|$$

$$= |\, 88.38 - 155.18 \,| = 66.8(\text{N/mm}^2) < f = 215\text{N/mm}^2$$

所以可保证弦杆弯矩作用平面内的稳定性。

（2）按式（5 - 39）验算弯矩作用平面外的稳定性：

$$\lambda_y = \frac{l_y}{i_y} = \frac{150}{6.27} = 23.9 < [\lambda] = 150$$

由附录七查得 $\varphi_y = 0.957$

对于双角钢 T 形截面的整体稳定性系数 φ_b：

$$\varphi_b = 1 - 0.0017\lambda_y\sqrt{\frac{f_y}{235}} = 1 - 0.0017 \times 23.9 \times \sqrt{\frac{235}{235}} = 0.96$$

$$\beta_{tx} = 0.85$$

将以上数据代入式（5-39）验算弯矩作用平面外的稳定性：

$$\frac{N}{\varphi_y A} + \frac{\beta_{tx} M_x}{\varphi_b W_{1x}} = \frac{664.64 \times 10^3}{0.957 \times 75.2 \times 10^2} + \frac{0.85 \times 1863 \times 10^4}{0.96 \times 346 \times 10^3}$$

$$= 92.35 + 47.70 = 140.05 (\text{N/mm}^2) < f = 215 \text{N/mm}^2$$

所以可保证弦杆弯矩作用平面外的稳定性。

（3）强度验算。由于上弦杆两端的弯矩比较大，同时 W_{2x}（例图 6-2）较小。因此，尚需按式（5-40）验算节点负弯矩截面翼缘一边的强度：

$$\frac{N}{A} + \frac{M_x}{\gamma_{2x} W_{2x}} = \frac{664.64 \times 10^3}{75.2 \times 10^2} + \frac{1863 \times 10^4}{1.2 \times 137.6 \times 10^3}$$

$$= 88.38 + 112.89 = 201.27 (\text{N/mm}^2) < f = 215 \text{N/mm}^2$$

因上弦杆 B_2、B_3 的弯矩值和 B_4 的相同，而轴心力均小于 B_4，为了简化制造工作，故可采用与 B_4 相同的截面尺寸而不必验算。

上弦杆 $B_1 = 0$，$N = 0$，$M = 24.84 \text{kN} \cdot \text{m}$。

$$\frac{M_x}{\gamma_{2x} W_{2x}} = \frac{2484 \times 10^4}{1.2 \times 137.6 \times 10^3} = 150.4 (\text{N/mm}^2) < f = 215 \text{N/mm}^2$$

2. 下弦杆截面选择

按轴心拉杆设计，沿全长截面不变，截面采用等肢角钢拼合（例图 6-3）。

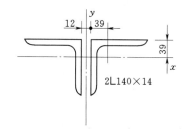

例图 6-2 上弦杆截面（单位：mm）　　　　例图 6-3 下弦杆截面（单位：mm）

最大设计拉力 U_2：

$$N = 677.3 \text{kN}; \quad l_x = 600 \text{cm}; \quad l_y = 1200 \text{cm}$$

需要

$$A = \frac{N}{f} = \frac{677.3 \times 10^3}{215 \times 10^2} = 31.51 (\text{cm}^2)$$

选用 $2 \llcorner 100 \times 8$，$A = 2 \times 15.6 = 31.2$（cm²），可满足要求，$i_x = 3.08 \text{cm}$。

$$\lambda_x = \frac{l_x}{i_x} = \frac{600}{3.08} = 194.8 < [\lambda] = 350$$

此屋架不受动力作用，故可以仅验算在竖直平面内的长细比。

3. 腹杆截面选择

各腹杆截面选择过程从略，其结果列于例表 6-1。

五、节点设计

腹杆最大设计压力 D_1：$N = -483.3 \text{kN}$，中间节点板厚度采用 $t = 12 \text{mm}$，支座节点

板厚度采用 $t=14\text{mm}$。焊条用 E43 型，角焊缝强度设计值 $f_f^w=160\text{N/mm}^2$。

（一）杆件与节点板的连接焊缝

斜杆 D_1　$N=-483.3\text{kN}$，$\text{⌐}\,140\times90\times10$ 每个角钢需要的焊缝面积：

$$A_w=\frac{N}{2f_f^w}=\frac{483.3\times10^3}{2\times160\times10^2}=15.1(\text{cm}^2)$$

采用长肢拼合，角钢肢背和肢尖所需的焊缝面积分别为

$$A'_w=0.65A_w=0.65\times15.1=9.82(\text{cm}^2)$$
$$A''_w=0.35A_w=0.35\times15.1=5.28(\text{cm}^2)$$

焊缝布置如下：

肢背焊缝取 $h'_f=8\text{mm}$，$l'_w=\dfrac{A'_w}{0.7h'_f}=\dfrac{9.82}{0.7\times0.8}=17.5$（cm），采用 19cm。

肢尖焊缝取 $h'_f=6\text{mm}$，$l'_w=\dfrac{A''_w}{0.7h'_f}=\dfrac{5.28}{0.7\times0.6}=12.6$（cm），采用 14cm。

除端斜杆外，其他杆件均为等肢角钢，肢背和肢尖的焊缝面积按 0.7 和 0.3 分配。计算结果综合见例表 6-2。

例表 6-2　　　　　　　　　　桁架杆件端部焊缝计算表

杆 件		设计内力 /kN	角钢尺寸	每个角钢所需的焊缝面积/cm²			采用的焊缝尺寸/mm			
名称	编号			A_w	A'_w	A''_w	h'_f	l'_w	h''_f	l''_w
斜杆	D_1	-483.3	$\text{⌐}\,140\times90\times10$	15.1	9.82	5.28	8	190	6	140
	D_2	$+262.48$	$\text{⌐}\,63\times6$	8.2	5.7	2.5	6	150	6	70
	D_3	-110.12	$\text{⌐}\,75\times6$	3.44	2.4	1.04	6	80	6	80
	D_4	-61.1	$\text{⌐}\,75\times6$	—	—	—	6	80	6	80
竖杆	V_1	-41.4	$\text{⌐}\,63\times6$	—	—	—	6	70	6	70
	V_2	-82.8	$\text{⌐}\,63\times6$	—	—	—	6	70	6	70
	V_3	$+27.6$	$\llcorner\,63\times6$	—	—	—	6	70	6	70
上弦	B_1	0	$\text{⌐}\,140\times14$	—	—	—	6	150	6	150
下弦	U_1	$+386.68$	$\text{⅃⌐}\,100\times8$	12.0	8.46	3.54	8	170	6	100

（二）弦杆与节点的连接焊缝

1. 节点 B（例图 6-4）

弦杆肢背为塞焊缝，节点板缩进角钢背 7mm，节点板厚度 $t=12\text{mm}$。

塞焊缝强度验算：

设焊脚尺寸　　　$h'_f=\dfrac{t}{2}=\dfrac{12}{2}=6\text{mm}$　$l_w=710\text{mm}$

$$\tau=\frac{P}{2\times0.7\times h'_f l_w}=\frac{82.8\times10^3}{2\times0.7\times6\times710}=14(\text{N/mm}^2)<0.8\times160=128\text{N/mm}^2$$

弦杆肢尖角焊缝强度验算：

设焊脚尺寸　　　　$h_f=6\text{mm}$　　　$l_w=710\text{mm}$
$$\Delta N=598.15\text{kN}$$
$$M=\Delta Ne=598.15\times100=59815(\text{kN}\cdot\text{mm})$$
$$\tau_{\Delta N}=\frac{\Delta N}{2\times0.7h_f l_w}=\frac{598.15\times10^3}{2\times0.7\times6\times710}=100.3(\text{N/mm}^2)$$

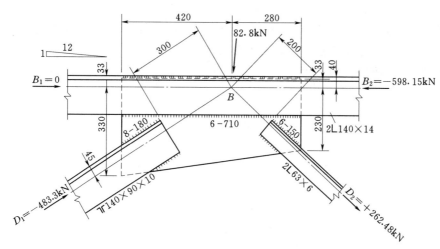

例图 6-4　节点 B（单位：mm）

$$\tau_M = \frac{6M}{2 \times 0.7 h_f l_w^2} = \frac{6 \times 59815 \times 10^3}{2 \times 0.7 \times 6 \times 710^2} = 84.8(\text{N/mm}^2)$$

$$\tau_f = \sqrt{\tau_{\Delta N}^2 + \left(\frac{\tau_m}{1.22}\right)^2} = \sqrt{100.3^2 + \left(\frac{84.8}{1.22}\right)^2} = 122.3(\text{N/mm}^2) < 160\text{N/mm}^2$$

满足强度要求。

2. 节点 E（屋脊节点）

　　拼接角钢采用与上弦相同截面 L 140×14，需将拼接角钢略微弯折并切去肢背的棱角，再将竖肢斜切，使其传力平顺（例图 6-5）。假设拼接角钢的四条角缝均匀受力，当 $h_f = 8\text{mm}$ 时，则拼接角钢一侧每条焊缝长度为

$$l_m = \frac{664.64 \times 10^3}{4 \times 0.7 \times 0.8 \times 160 \times 10^2} = 18.5(\text{cm})$$

拼接角钢全长取 50cm。

　　上弦与节点板的连接焊缝，按上弦内力 664.64kN 的 15% 与半个节点荷载 41.4kN 的合力计算，但数值较小，故按构造布置。

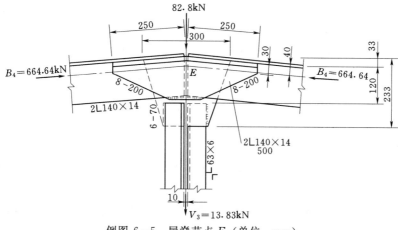

例图 6-5　屋脊节点 E（单位：mm）

193

竖杆 V_3 和节点板的连接构造,实际焊缝长度比需要长度大很多。

跨中屋脊节点和下弦中央节点处是否需要工地拼装焊缝,还是整跨制造运到工地安装,需视运输和吊装设备而定,在此未考虑工地焊缝问题。

3. 节点 G (例图 6-6)

下弦杆
$$\Delta N = 677.3 - 386.68 = 290.62 (\text{kN})$$

$$A_w = \frac{290.62 \times 10^3}{2 \times 160 \times 10^2} = 9.08 (\text{cm}^2)$$

肢背焊缝
$$A'_w = 0.7 \times 9.08 = 6.4 (\text{cm}^2)$$

取 $h'_f = 6\text{mm}$,
$$l'_w = \frac{6.4}{0.7 \times 0.6} = 15.2 (\text{cm})$$

肢尖焊缝
$$A''_w = 0.3 \times 9.08 = 2.68 (\text{cm}^2)$$

取 $h''_f = 6\text{mm}$,
$$l_w = \frac{2.68}{0.7 \times 0.6} = 6.4 (\text{cm})$$

l_w 及 l'_w 的实际长度均取节点板长度施焊(例图 6-6)。

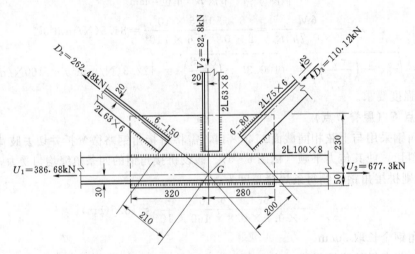

例图 6-6 节点 G(单位:mm)

4. 节点 H (下弦中央节点) (例图 6-7)

下弦与节点板的连接焊缝,按弦杆内力 677.3kN 的 15％ 计算,但数值不大,实际焊缝尺寸由节点构造尺寸决定。

下弦中央节点的拼接采用 2L100×8 拼接角钢,接缝一侧每条焊缝长度(取 $h_f = 6\text{mm}$):

$$l_w = \frac{677.3 \times 10^3}{4 \times 0.7 \times 0.6 \times 160 \times 10^2} = 25.2 (\text{cm})$$

根据 l_w 要求,拼接角钢全长采用 52cm,竖肢削去 $\Delta = 8 + 6 + 5 = 19\text{mm}$。需将角钢棱角削除,如例图 6-7 所示。

(三)支座节点

屋架支承在钢筋混凝土柱上,支座反力 $R = 331.2\text{kN}$。混凝土强度等级为 C20,其抗压强度设计值 $f_c = 9.5\text{N/mm}^2$。

为了将屋架集中的支座反力较均匀地传给混凝土柱顶,避免柱顶面被压坏,屋架支座节点的构造除要有节点板外,还要有平板式支座底板和加劲肋(例图 6-8)。加劲肋的作

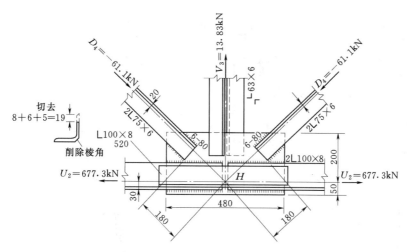

例图 6-7 节点 H（单位：mm）

用是分散支座处的压力和提高节点板的侧向刚度。

支座节点处端斜杆 D_1 和下弦杆 U_1 的轴线应交于通过支座中心的竖线上，加劲肋对称地布置在节点板两侧，而竖杆 V_1 内力很小，布置时对支座中心竖线略有偏心，影响不大。为了便于施焊，下弦杆与支座底板之间的距离不应小于下弦角钢伸出肢的宽度，也不小于 100~150mm，现用 120mm。

需要的支座底板面积：

$$A = \frac{R}{f_c} = \frac{331.2 \times 10^3}{9.5 \times 10^2} = 348 (\text{cm}^2)$$

考虑构造要求，采用底板平面尺寸为 28cm×28cm，锚固螺栓直径采用 $d = 20$mm，底板上锚孔直径用 50mm，则底板净面积：

$$A_n = 28 \times 28 - 2 \times \frac{\pi \times 5^2}{4}$$
$$= 745 (\text{cm}^2) > 348\text{cm}^2$$

底板的厚度按屋架反力作用下产生的弯矩计算（参阅第五章第十一节），一般不小于 16~20mm，现选用 $t = 20$mm。

加劲肋尺寸、加劲肋和节点板连接焊缝及其与底板的连接焊缝均应按计算及构造要求决定，现采用如例图 6-8 所示。

最后，绘制屋架的施工图（只绘出主要部分），见例图 6-9 及所附材料表例表 6-3。

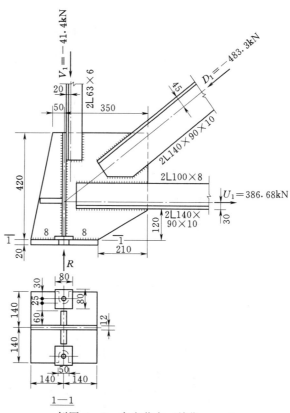

例图 6-8 支座节点（单位：mm）

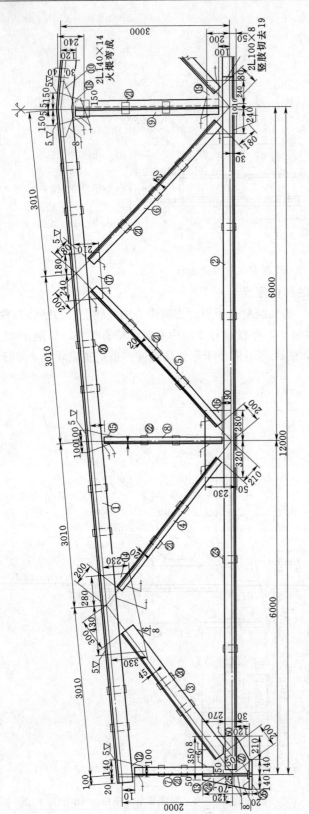

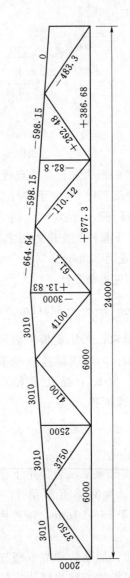

杆件内力/kN

杆件几何长度/mm

例图 6-9 24m屋架施工图

例表 6-3　　　　　　　　　材　料　表

零件号	截面尺寸	长度 /mm	数量		重量/kg	
			正	反	单个	共计
1	∟140×14	12140	2	2	358	1432.5
2	∟100×8	11940	2	2	146	584.0
3	∟140×90×10	3250	2	2	57	227.5
4	∟63×6	3340	4		18.5	74.0
5	∟75×6	3700	4		25.5	102.0
6	∟75×6	3740	4		25.8	103.0
7	∟63×6	1720	4		9.8	39.2
8	∟63×6	2290	4		13.1	52.4
9	∟63×6	2780	2		15.8	31.6
10	Ι 140×14	500	2		12.7	25.4
11	∟100×8	520	2		6.3	12.6
12	100×12	240	2		2.3	4.6
13	420×14	490	2		22.6	45.2
14	363×12	710	2		24.3	48.6
15	200×12	210	2		4.0	8.0
16	280×12	160	2		4.3	8.6
17	243×12	420	2		9.6	19.2
18	233×12	300	1		6.6	6.6
19	250×12	480	1		11.3	11.3
20	60×12	160	20		0.9	18.0
21	60×12	95	23		0.5	12.3
22	60×12	95	4		0.5	2.0
23	60×12	120	8		0.7	5.6
24	60×12	420	4		2.4	9.5
25	60×12	100	4		0.6	2.4
26	280×20	280	2		12.3	24.6
27	80×20	80	2		1.0	2.0

屋架总重量 2913kg=28.547kN

注　1. 未注明的角焊缝厚度均为 6mm；

　　　2. 未注明长度的焊缝一律满焊；

　　　3. 钢材采用 Q235-F；

　　　4. 焊条采用 E43 型。

思　考　题

6-1　钢桁架与钢梁相比，桁架具有哪些特点？为什么它适合于大跨度？

6-2　三角形、梯形屋架各适用于哪种情况？优缺点如何？

6-3　腹杆布置的原则是什么？

6-4　桁架支撑的作用是什么？屋架支撑如何布置？

6-5　在桁架平面内与平面外的杆件计算长度是如何确定的？如何取值？

6-6　屋架内力计算时考虑了几种荷载组合，为什么？

6-7　钢桁架杆件内力按铰节点计算带来的误差是什么？什么情况下可以忽略这一误差的影响？

6-8　由双角钢组成的杆件截面，一对等肢的、一对长肢相靠的和一对短肢相靠的各适用于什么情况？

6-9　节点设计的步骤及要点是什么？

6-10　试述桁架节点施工图绘制的步骤。

6-11　桁架杆件与节点板之间的连接焊缝如何计算？构造上应注意些什么？

习　题

6-1　某桁架腹杆设计内力 $N=-430\text{kN}$（压力），$l_{0x}=l_{0y}=250\text{cm}$，选用 $2 \llcorner 100 \times 80 \times 10$ 的角钢与厚度为 12mm 的节点板用长肢相连，用 Q235 钢，查得强度设计值 $f=215\text{N/mm}^2$，试验算杆件的稳定性。

6-2　试设计一桁架上弦杆用不等肢双角钢组成的截面尺寸。已知设计内力 $N=-880\text{kN}$，$l_{0x}=150\text{cm}$，$l_{0y}=300\text{cm}$，节点板厚 12mm，短肢相靠。钢材为 Q235，强度设计值 $f=215\text{N/mm}^2$。

第七章 平面钢闸门

第一节 概　　述

　　闸门是用来关闭、开启或局部开启水工建筑物中过水孔口的活动结构，其主要作用是控制水位、调节流量。闸门是水工建筑物的重要组成部分，它的安全和适用，在很大程度上影响着整个水工建筑物的运行效果。

　　闸门的类型很多，主要划分如下：

　　（1）按闸门的功用可分为工作闸门、事故闸门、检修闸门和施工闸门。工作闸门系指经常用来调节孔口流量的闸门，这种闸门是在动水中启闭的。事故闸门系指上、下游水道或其设备发生事故时，能在动水中关闭的闸门，当需要并且能够快速关闭时，则称为快速事故闸门，这种闸门一般是在静水中开启。检修闸门是在工作闸门或水工建筑物的某一部位或设备需要检修时用以挡水的闸门，这种闸门一般是在静水中启闭。施工闸门是用来封闭施工导流孔口并在动水中关闭的闸门。

　　（2）按闸门孔口的位置分为露顶闸门和潜孔闸门（图 7-1）。露顶闸门的门顶是露出水面的，而潜孔闸门的门顶是潜没于水面以下的，其多数为深孔闸门。深孔闸门按其承受的水头大小又可分为：低水头闸门（水头一般小于 25m）、中水头闸门（水头一般在 25～50m）、高水头闸门（水头超过 50m）。目前我国闸门水头最高的是龙羊峡水电站的深孔闸门，其水头高达 120m。瑞士的莫瓦赞水电站底孔平面闸门水头高达 200m。

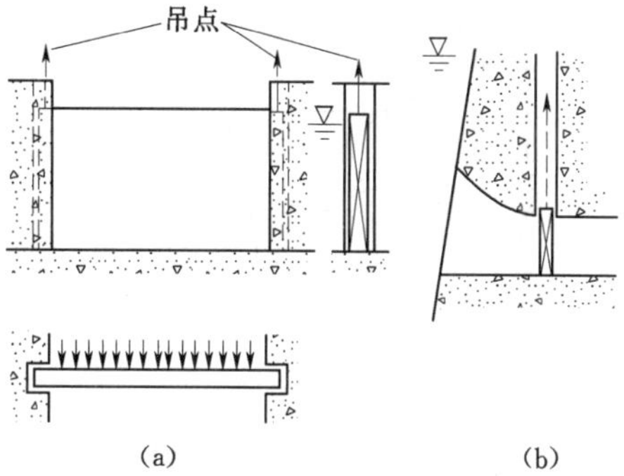

　　（3）按闸门结构形式可分为平面闸门、弧形闸门以及船闸上常采用的人字闸门等。

图 7-1　按孔口位置划分平面闸门类型

（a）露顶平面闸门；（b）潜孔平面闸门

　　闸门形式和尺寸的选择，主要考虑建筑物的运行要求、水力条件、设计、制造、安装和启闭条件、经济合理性要求以及材料供应等条件。单扇门叶所承受的总水压力表征闸门综合尺度，反映了闸门材料、设计、制造和安装等技术水平。20 世纪 80 年代国外的水工钢闸门其单扇门叶上的总水压力超过 50000kN（约5000t）者已有 10 余座，最大荷载如巴西、巴拉圭的伊泰普水电站的导流底孔平面闸门为190000kN（约 19000t），其挡水面积为 6.7m×22m、水头为 140m。我国已建的白山水电站导流隧洞闸门，其挡水面积为 9m×21m，水头近 80m，总水压力达 140000kN（约 14000t）。

　　闸门结构实际上是一个比较复杂的空间结构体系，可以使用计算机和结构优化理论进行闸门选型和结构设计。但我国目前仍较普遍地采用结构力学按平面体系的设计方法，这种方法简单，对于中小型闸门按平面体系与按空间体系设计其实际状况与经济效果相差不大，故本章仍按平面体系的设计方法进行讲述。

设计闸门时，应按具体情况，分别提供下列有关资料：闸门用途及其在水工建筑物中的位置，孔口尺寸和孔口数量，闸门上、下游的设计水位和校核水位，风荷载和波浪压力，泥沙情况，温度变化和地震烈度，材料供应和启闭方式，制造、运输和安装等条件。

进行闸门结构设计，除掌握上述必要的资料和设计方法以外，还应清晰地了解闸门的结构组成和荷载在结构上的传递途径。要使所设计的闸门具有使用方便、技术先进和经济合理的特点，对结构进行合理的布置和选型确实是十分关键的。

第二节　平面钢闸门的组成和结构布置

一、平面钢闸门的组成

平面钢闸门一般是由可以上下移动的门叶结构、埋固构件和启闭闸门的机械设备三大部分所组成。

（一）门叶结构的组成

门叶结构是用来封闭和开启孔口的活动挡水结构。图 7-2 所示为平面钢闸门门叶结构立体示意图。图 7-3 所示为平面钢闸门的门叶结构总图。由图可见，门叶结构是由面板、梁格、横向和纵向连接系（即横向和纵向支承）、行走支承（滚轮或滑块）以及止水等部件所组成。

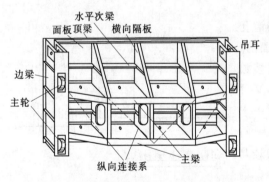

图 7-2　平面钢闸门门叶结构立体示意图

1. 面板

用面板直接挡水，将承受的水压力传给梁格。面板通常设在闸门上游面，这样可以避免梁格和行走支承浸没于水中而聚积污物，也可以减少因门底过水而产生的振动。仅对静水启闭的闸门或当启闭闸门时门底流速较小的闸门，为了设置止水的方便，面板可设在闸门的下游面。

2. 梁格

梁格用来支承面板，以减少面板跨度而达到减少面板厚度的目的。由图 7-2 和图 7-3 可见，梁格一般包括主梁、次梁（包括水平次梁、竖直次梁、顶梁和底梁）和边梁。它们共同支承着面板，并将面板传来的水压力依次通过次梁、主梁、边梁而后传给闸门的行走支承。

3. 空间连接系（空间支撑）

由于门叶结构是一个竖放的梁板结构，梁格自重是竖向的，而梁格所承受的水压力却是水平的，因此，要使每根梁都能处在它所承担的外力作用的平面内，就必须用连接系来保证整个梁格在闸门空间的相对位置。同时，连接系还起到增加门叶结构在横向竖平面内

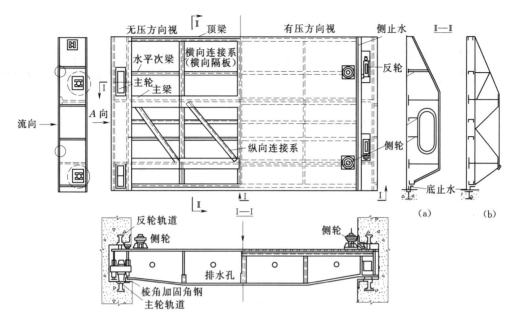

图 7-3　平面钢闸门门叶结构总图

(a) 横向隔板；(b) 横向桁架

和纵向竖平面内（图 7-4）刚度的作用。

横向连接系位于闸门横向竖平面内（图 7-4），其形式一般为实腹隔板式，见图 7-3 剖面Ⅱ—Ⅱ (a)，也有桁架式，见图 7-3 剖面Ⅱ—Ⅱ (b)。横向连接系用来支承顶梁、底梁和水平次梁，并将所承受的力传给主梁。同时，横向连接系能够保证门叶结构在横向竖平面内的刚度，使门顶和门底不致产生过大的变形。

纵向连接系一般采用桁架式或刚架式。桁架式结构的杆件由横向连接系的下弦、主梁的下翼缘和另设的斜杆所组成（图 7-3）。这个桁架支承在边梁上，其主要作用是承受门叶自重及其他可能产生的竖向荷载，并配合横向连接系保证整个门叶结构在空间的刚度。

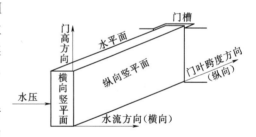

图 7-4　平面闸门的坐标示意图

4. 行走支承

为保证门叶结构上下移动的灵活性，需要在边梁上设置滚轮或滑块，这些行走支承还将闸门上所承受的水压力传递到埋设在门槽内的轨道上。

5. 吊具

用来连接启闭机的牵引构件。

6. 止水

为了防止闸门漏水，在门叶结构与孔口周围之间的所有缝隙里需要设置止水（也称水封）。最常用的止水是固定在门叶结构上的定型橡皮止水。

（二）埋设构件

如图 7-3 剖面 I-I 所示，门槽的埋设构件主要有：行走支承的轨道、与止水橡皮相接触的型钢、为保护门槽和孔口边棱处的混凝土免遭破坏所设置的加固角钢等。

由上述的结构组成可以知道，在挡水时闸门所承受的水压力是沿着下列途径传递到闸墩上去的，即

$$水压力 \longrightarrow 面板 \begin{array}{c} \longrightarrow 水平次梁 \\ \longrightarrow 竖直次梁 \end{array} \longrightarrow 主梁 \longrightarrow 边梁 \longrightarrow 主轮（或滑道） \longrightarrow 轨道 \longrightarrow 闸墩$$

了解闸门结构的传力途径，对于掌握各种构件的受力情况和闸门的设计程序是有帮助的。

（三）闸门的启闭机械

对于小型闸门，常用螺杆式启闭机，对于大、中型闸门常采用卷扬式启闭机或油压式启闭机。对于如何选用闸门启闭机械的问题，可参考有关资料，本章不予叙述。

二、平面闸门的结构布置

平面闸门结构布置的主要内容是：确定闸门上需要的构件，每种构件需要的数目以及确定每个构件的所在位置等。结构布置是否合理，直接牵涉到闸门能否满足运行可靠灵活、安全耐久、节约材料、构造简便和便于制造等方面的要求。下面具体阐述结构布置的原则和方法。

（一）主梁的布置

1. 主梁的数目

主梁是闸门的主要受力构件，其数目主要取决于闸门的尺寸。当闸门的跨度 L 不大于门高 H 时（$L \leqslant H$），主梁的数目一般应多于两根，则称为多主梁式。反之，当闸门的跨度较大，而门高较小时（如 $L \geqslant 1.5H$），主梁的数目一般应减小到两根，则称为双主梁式。为什么跨度大而主梁的数目反而减少呢？我们知道：简支梁在均布荷载作用下的最大弯矩（$M_{max} = qL^2/8$）与相对挠度（$w/L = \dfrac{5qL^3}{384EI}$）分别与梁跨 L 的平方和立方成正比，当跨度增大时，弯矩和挠度增加得更快。为了抵抗增大的弯矩和挠度，有效的措施是把多个主梁的材料集中在少数梁上使用，因为抗弯截面模量 W 与梁高的平方成正比，且抗挠曲变形的惯性矩与梁高的立方成正比，所以减少主梁的数目，增大主梁的高度，可以充分发挥材料的作用来抵抗增大的弯矩和挠度。这一观点，也可以从刚度要求的最小梁高与经济梁高的关系来说明：为了满足经济的要求，主梁的间距应随其跨度的增大而加大，否则会出现按刚度要求而决定的最小梁高 h_{min} 反而大于经济梁高 h_{ec} 的不合理情况。这是因为最小梁高 $\left[h_{min} = 0.208 \dfrac{[\sigma]}{E} \dfrac{L}{[w/L]} \right]$ 只是与跨度 L 成正比，而与荷载大小无关。但是经济梁高 $\left[h_{ec} = 3.1 W^{2/5} = 3.1 \left(\dfrac{M}{[\sigma]} \right)^{2/5} \right]$ 不仅随跨度增减而增减，并且也随荷载的增减而增减。若主梁的间距相对较小时，则主梁所受的荷载也随之减小，那么经济高度就可能小于最小梁高。这时，主梁截面的高度就必须由刚度条件控制而不能满足经济的要求。因此，

在大跨度的露顶闸门中多采用双主梁式。

2. 主梁的位置

主梁沿闸门高度的位置，一般是根据每个主梁承受相等水压力的原则来确定的，这样每个主梁所需的截面尺寸相同，便于制造。

根据等荷载的原则来确定多主梁式闸门的主梁位置方法，其思路是：有几个主梁，就将闸门所承受的水压分布图分成面积相等的几等份。每块等分面积的形心高程，就是主梁应在的位置，其具体计算如下：

假定水面至门底的距离为 H，主梁的个数为 n，第 k 根主梁至水面的距离为 y_k，则：

对于露顶闸门［图 7-5 (a)］

$$y_k = \frac{2H}{3\sqrt{n}}\left[K^{1.5} - (K-1)^{1.5}\right] \qquad (7-1)$$

对于潜孔闸门［图 7-5 (b)］

$$y_k = \frac{2H}{3\sqrt{n+\beta}}\left[(K+\beta)^{1.5} - (K+\beta-1)^{1.5}\right] \qquad (7-2)$$

其中

$$\beta = \frac{na^2}{H^2 - a^2}$$

式中　　a——水面至门顶止水的距离。

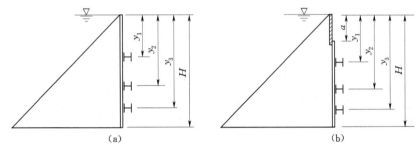

图 7-5　主梁位置
(a) 露顶闸门；(b) 潜孔闸门

对于高水头的深孔闸门，一般孔口尺寸较小，门顶与门底的水压强度差值相对较小，此时，主梁的位置也可按等间距来布置。设计时按最下面的那根受力最大的主梁来设计。各主梁采用相同的截面尺寸。这样主梁的用钢量虽然稍有增加，但加工制造方便许多。

对于双主梁式闸门的主梁位置，显然应该对称于水压力的合力 P（图 7-6），两个主梁的间距 b 应适当大些，使闸门上悬臂 c 不宜过长，通常要求 $c \leqslant 0.45H$，且不宜大于 3.6m，以保证门顶悬臂部分有足够的刚度。对于实腹式主梁的工作闸门和事故闸门，即对于动水启闭的闸门，下主梁到门底的距离 a 还应符合图 7-7 所示的底缘布置的要求。即底缘的下游倾角不小于 30°。同时，在利用水柱降门的事故闸门中，为减小水柱压力，而将面板下部向下游倾斜，其上游倾角应为 45°～60°。这也是为了保证门底水的射流不至于冲击主梁腹板而形成真空进而引起振动的措施之一。

在确定主梁位置时，还要注意到主梁间距需满足滚轮嵌设的要求，有时也要考虑到制造、运输和安装的需要。

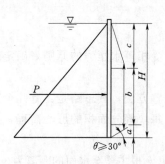

图 7-6　双主梁闸门的主梁布置图

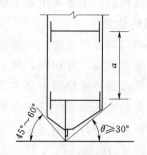

图 7-7　闸门底缘的布置要求

（二）梁格的布置

梁格是用来支承面板的。在钢闸门中，面板的用钢量占整个闸门重量的比例较大，而且钢板也较贵，为了使面板的厚度经济合理，同时也能使梁格材料的用量合理，根据闸门跨度的大小，可以将梁格的布置分为以下三种情况：

（1）简式（纯主梁式）。如图 7-8（a）所示，对于跨度较小而门高较大的闸门，可不设次梁，面板直接支承在多根主梁上。

（2）普通式。如图 7-8（b）所示，适用于中等跨度的闸门。

（3）复式。如图 7-8（c）所示，适用于露顶式大跨度闸门。

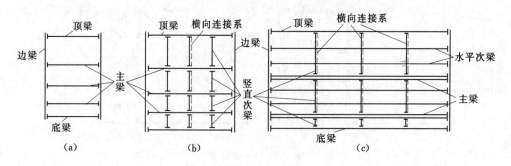

（a）　　　　　　　　　（b）　　　　　　　　　（c）

图 7-8　梁格布置图

（a）简式；（b）普通式；（c）复式

布置梁格时，竖直次梁的间距一般为 1~2m。当主梁为桁架时，竖直次梁的间距应与桁架节间相配合。水平次梁的间距一般为 40~120cm。根据水压力的变化应上疏下密。

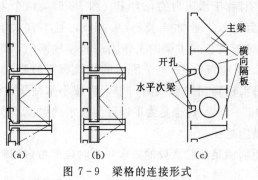

（a）　　　　（b）　　　　（c）

图 7-9　梁格的连接形式

（三）梁格连接形式

梁格的连接形式如图 7-9 所示。有齐平连接和降低连接两种。

（1）齐平连接如图 7-9（a）所示，即水平次梁、竖直次梁与主梁的上翼缘表面齐平于面板且与面板直接相连。这种连接形式的优点是：梁格与面板形成刚强的整体；可以把部分面板作为梁截面的一部分，以减少梁格的用钢量；面板为四边支承，其受力条件好。这种连接形式的缺点是：水平次梁遇到竖直次梁时，水平次梁需要切断再与竖直次梁连接。因此，这种连接构件多、接头多、制造费工。所以现在较多采用横隔板兼作竖直次梁，见图7-9（c）。由于隔板截面尺寸较大且强度富裕较多，故可以在隔板上预留开孔，使水平次梁直接从孔中穿过并连接于孔壁而成为连续梁，从而改善了水平次梁的受力条件，也简化了接头的构造。

（2）降低连接如图7-9（b）所示，即主梁与水平次梁直接与面板相连，而竖直次梁则离开面板降低到水平次梁下游，使水平次梁可以在面板与竖直次梁之间穿过而成为连续梁。此时面板为两边支承，面板和水平次梁都可以看作主梁截面板的一部分，参加主梁的抗弯工作。

（四）边梁的布置

边梁的截面形式有单腹式和双腹式两种，见图7-10（a）、（b）。

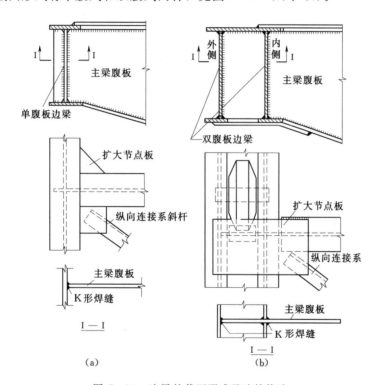

图7-10 边梁的截面形式及连接构造

单腹式边梁构造简单，便于与主梁连接，但抗扭刚度差，这对于因闸门弯曲变形、温度变化引起的胀缩及其他偶然力作用而在边梁中产生扭矩的情况是不利的。单腹式截面的边柱主要适用于滑道式支承的闸门，对于悬臂轮式的小型定轮闸门也可以采用单腹板式边梁，但必须在边梁腹板内侧的两主梁之间增加一道轮轴支承板。

双腹式边梁抗扭刚度大，也便于设置滚轮和吊轴，但构造复杂且用钢量较多。双腹式边梁广泛用于定轮闸门。

综上所述，可以看出结构布置是结构设计的重要环节，也是一项比较复杂的工作，必须进行综合的分析比较，才能选定合理的方案，为优秀的设计奠定基础。

第三节　面板和次梁的设计

一、面板的设计

对于四边固定的面板（图 7-11），根据理论分析和试验结果可知，在均布荷载作用下最大弯矩发生在面板支承边的长边中点 A 处。但是当该点的应力达到所用钢材的屈服强度时，面板的承载能力还远远没有耗尽。随着荷载的增加，支承边上其他各点的弯矩都随着增加而使面板上下游面逐步达到屈服强度。这时，面板仍然能够承受继续增大的荷载。根据试验的结果[1]，当荷载增加到设计荷载的三倍半时，面板跨中部分才开始出现局部的塑性变形。这就说明面板的强度储备是很大的。因此在设计面板厚度时，可以将承载能力提高60%左右而仍有足够的安全度。容许应力的提高是通过将其乘以大于 1 的所谓的弹塑性调整系数[2] α 来实现的。

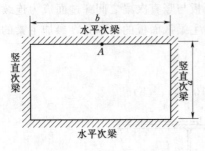

图 7-11　四边固结板在均匀水压力作用下最大弯矩作用点示意图

关于面板厚度的计算和面板参加主梁整体抗弯的强度验算应按下列步骤进行：

（一）初选面板厚度 t

作用在面板上的水压力强度是上面小下面大，计算时可以近似地取面板区格中心处的水压强度作为该面板区格的均布荷载。由于四边固定板在均布荷载作用下，在长边中点 A 处（图 7-11）的局部弯应力最大，根据理论分析其值为

$$\sigma_{max} = kpa^2/t^2$$

式中　k——四边固定矩形弹性薄板在支承长边中点的弯应力系数，可按附录九表 2 查得[3]；

　　　p——面板计算区格中心的水压强度（$p = \gamma hg = 0.0098hN/mm^2$）；

　　　γ——水的密度，一般对淡水可取 $10kN/m^3$；对海水可取 $10.4kN/m^3$；含沙水按试验确定；

　　　h——区格中心的水头，m；

　a、b——面板区格的短边和长边的长度，从面板与主（次）梁的连接焊缝算起，mm。

根据强度条件 $\sigma_{max} \leqslant 0.9\alpha [\sigma]$，可得面板厚度：

$$t \geqslant a \sqrt{\frac{kp}{0.9\alpha[\sigma]}} \quad (mm) \tag{7-3}$$

式中　0.9——面板参加主梁工作需要保留一定的强度储备系数；

---

[1]　华东水利学院学报，1978 年第一期。
[2]　范崇仁．对钢闸门面板计算中的弹塑性调整系数的确定，武汉水利电力学院学报，1980 年第一期。
[3]　k：当面板为其他支承情况时的弯应力系数可查附录九的其他表格。

α——弹塑性调整系数，当 $b/a \leqslant 3$ 时，$\alpha = 1.5$，当 $b/a > 3$ 时，$\alpha = 1.4$；

$[\sigma]$——钢材的抗弯容许应力，以 N/mm^2 计。

把闸门的面板从上到下每个区格的厚度初选之后，如各个区格之间的板厚相差较大，应当调整区格竖向间距再次试选，使各区格所需的板厚大致相等，这样既节约材料，又便于订货与制造。常用的面板厚度为 8~16mm，一般不小于 6mm。

计算所得面板厚度 t 还应根据工作环境、防锈条件等因素，增加 1~2mm 的腐蚀裕度。

（二）面板参加主（次）梁整体弯曲时的强度验算

为充分利用面板的强度，梁格布置时宜使面板的长短边比 $b/a > 1.5$，并将长边布置在沿主梁轴线方向。

在按式（7-3）选出面板厚度并选定主梁截面后，考虑到面板本身在局部弯曲的同时，还随着主（次）梁受整体弯曲的作用，则面板为双向受力状态，故应按强度理论对折算应力进行验算。

（1）当面板的边长比 $b/a > 1.5$，且长边沿主梁轴线方向时（图 7-12），只需按下式验算面板 A 点在上游面的折算应力，其算式为

$$\sigma_{zh} = \sqrt{\sigma_{my}^2 + (\sigma_{mx} + \sigma_{0x})^2 - \sigma_{my}(\sigma_{mx} + \sigma_{0x})} \leqslant 1.12[\sigma] \qquad (7-4)$$

式中 $\sigma_{my} = k_y pa^2/t^2$——垂直于主（次）梁轴线方向、面板区格的支承长边中点的局部弯曲应力 [图 7-12（b）]；

$\sigma_{mx} = \mu \sigma_{my}$——面板区格沿主（次）梁轴线方向的局部弯曲应力 [图 7-12（b）]，其中 μ 为泊松比，取 $\mu = 0.3$；

σ_{0x}——对应于面板验算点的主（次）梁上翼缘的整体弯曲应力；

k_y——支承长边中点弯应力系数，可按附录九表 2~表 4 查得；

σ_{my}、σ_{mx}、σ_{0x}——均以拉应力为正号，压应力为负号；

其他符号意义同前。

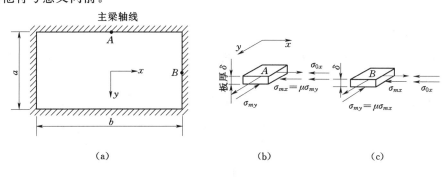

图 7-12 当面板的边长比 $b/a > 1.5$ 且长边沿主梁轴线方向时的面板应力状态
（a）面板计算区格；（b）长边中点 A 的应力状态；（c）短边中点 B 的应力状态

（2）当面板的边长比 $b/a \leqslant 1.5$ 或面板长边方向与主（次）梁轴线垂直时（图 7-13），面板在 B 点下游面的应力值 $\sigma_{mx} + \sigma_{0xB}$ 较大，这时虽然 B 点下游面的双向应力为同号，但还是可能比 A 点上游面更早地进入塑性状态，故还需按式（7-4）验算 B 点下游面在同号平面应力状态下的折算应力。但这时式中的 $\sigma_{max} = kpa^2/t^2$ 为面板在 B 点沿主梁轴线方向的局部弯曲应力，k 值对图 7-13（a）取附录九表 2~表 4 中的 k_x、对图 7-13（b）取附

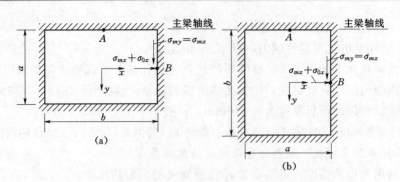

图 7-13　当面板的边长比 $b/a \leqslant 1.5$ 或面板长边方向与
主梁轴线垂直时的面板应力状态

录九表 2～表 4 中的 k_y；$\sigma_{my} = \mu (\sigma_{mx} + \sigma_{0xB})$，其中 σ_{0xB} 为面板随主梁整体弯曲时在 B 点引起的弯应力。虽然当梁整体弯曲时在梁轴线上的弯应力为 $\dfrac{M}{W}$，但 B 点远离主梁轴线，由于剪力滞后，所以 B 点实际的弯应力 σ_{0xB} 有较大的衰减。根据试验和理论分析，σ_{0x} 沿面板宽度呈二次抛物线分布如图 7-14 所示。图中 $\xi_1 \dfrac{b}{2}$ 为主梁轴线一侧的面板兼作主梁上翼缘的有效宽度，其中 ξ_1 为有效宽度系数，它是根据梁跨 l 和梁的间距 b 由理论分析所确定，由表 7-1 可查得。当已知 ξ_1，可以根据有效宽度与主梁在上翼缘的弯应力 $\dfrac{M}{W}$ 的乘积以及抛物线与 AB 所围成的面积应相等的条件，来求得 B 点实际的整体弯曲应力 σ_{0xB}，即由

$$\xi_1 \frac{b}{2} \frac{M}{W} = \frac{b}{2} \left[\sigma_{0xB} + \frac{1}{3} \left(\frac{M}{W} - \sigma_{0xB} \right) \right]$$

得

$$\sigma_{0xB} = (1.5 \xi_1 - 0.5) \frac{M}{W} \tag{7-5}$$

式（7-5）的使用条件为 $\xi_1 \geqslant \dfrac{1}{3}$。

计算所得面板厚，尚应根据工作环境，防腐条件等因素，增加 1～2mm 腐蚀裕度。

（三）面板与梁格的连接计算

当在水压力作用下面板弯曲时，由于梁格之间互相移近受到约束，在面板与梁格之间的连接焊缝将产生垂直于焊缝方向的侧拉力。导出每单位焊缝长度上的侧拉力常按下面近似公式来计算，即

$$P = 0.07 t \sigma_{max} \tag{7-6}$$

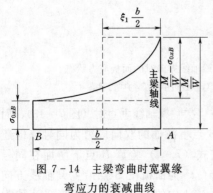

图 7-14　主梁弯曲时宽翼缘
弯应力的衰减曲线

式中　σ_{max}——厚度为 t（mm）的面板中的最大弯应力，计算时可采用 $\sigma_{max} = [\sigma]$。

此外，由于面板作为主梁的翼缘，当主梁弯曲时，面板与主梁之间的连接焊缝还受有沿焊缝长度方向作用的水平剪力，主梁轴线一侧的焊缝每单位长度内的剪力为 T，则

$$T = \frac{VS}{2I}$$

已知角焊缝容许剪应力为 $[\tau_f^w]$，则面板与梁格连接焊缝厚度 h_f 可近似地按下式确定：

$$h_f \geqslant \sqrt{P^2 + T^2} / (0.7[\tau_f^w]) \qquad (7-7)$$

面板与梁格的连接焊缝应采用连续焊缝，并且焊缝厚度 h_f 不应小于 6mm。

二、次梁的设计

（一）次梁的荷载与计算简图

1. 梁格为降低连接时次梁的荷载和计算简图

如图 7-15（b）所示的降低连接，水平次梁是支承在竖直次梁上的连续梁，由面板传给水平次梁的水压力，其作用范围是按面板跨度的中心线来划分的，见图 7-15（a）、（b），水平次梁所承受的均布荷载由下式计算：

$$q = p \frac{a_{上} + a_{下}}{2} \qquad (7-8)$$

式中 p——次梁轴线处的水压强度，N/cm^2；

$a_{上}$、$a_{下}$——水平次梁轴线到上、下相邻梁之间的距离，图 7-15（b）。

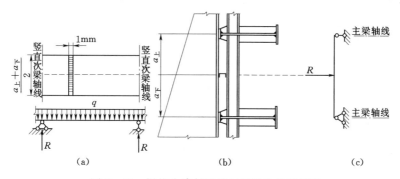

图 7-15 梁格为降低连接时次梁的计算简图

（a）水平次梁计算简图；（b）面板承受水压力的作用图；（c）竖直次梁计算简图

水平次梁的计算简图为图 7-15（a）所示的连续梁。

竖直次梁为支承在主梁上的简支梁，承受由水平次梁传来的集中荷载 R，R 为水平次梁边跨内侧支座反力，其计算简图如图 7-15（c）所示。

2. 梁格为齐平连接时次梁的荷载和计算简图 [图 7-16（a）]

水平次梁和竖直次梁同时支承着面板，面板上的水压力是按梁格夹角的平分线来划分各梁所负担水压力作用的范围。例如：当水平次梁的跨度大于竖直次梁的跨度时，水平次梁（如 AB 梁）所负担水压力作用面积为六边形，见图 7-16（a）中的阴影部分。该六边形面积上作用的水压力化算到水平次梁上的荷载分布图为梯形，见图 7-16（b）、（d），其中跨中的荷载集度为 $q = p \frac{a_{上} + a_{下}}{2}$，式中 p 为六边形面积中心处的水压强度。当水平次梁是在竖直次梁处断开后再连接于竖直次梁上时，水平次梁应按简支梁计算，其计算简图如图 7-16（b）所示。当采用实腹隔板来代替竖直次梁时，水平次梁是在实腹隔板的预留孔中穿过并被连接于隔板上，这时，水平次梁应按连续梁计算，见图 7-16（d）。

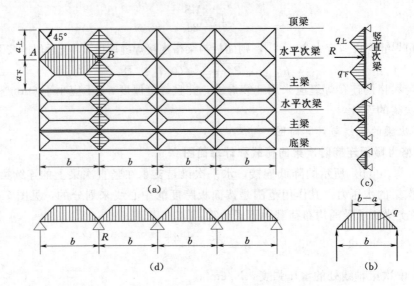

图 7-16　梁格为齐平连接时次梁的荷载和计算简图

竖直次梁为支承在主梁以及顶、底梁上的简支梁，如图 7-16（c）所示。它们除承受由水平次梁传来的集中荷载外，还承受由面板直接传来的分布压力，由图 7-16（a）知道这个水压力作用面积为有一个对角线与梁轴垂直的正方形。因此，作用到竖直次梁上的荷载是三角形分布的荷载，其上、下两个三角形顶点处的荷载集度 $q_上$、$p_下$ 分别为

$$\left. \begin{array}{l} q_上 = a_上\, p_上 \\ q_下 = a_下\, p_下 \end{array} \right\} \tag{7-9}$$

式中　$a_上$、$a_下$——如图 7-16（a）所示，分别为水平次梁的上、下间距，cm；

　　　$p_上$、$p_下$——上、下两个正方形的平均水压强度，N/cm。

（二）次梁的截面设计

当次梁的计算简图确定以后，就可以求其内力。根据最大弯矩可以求出次梁所需的截面模量为

$$W \geqslant \frac{M_{\max}}{[\sigma]} \tag{7-10}$$

再根据 W 和满足刚度要求的最小梁高从型钢表（附录三）中选取型钢截面的规格。在一个闸门中型钢规格不宜过多，以便订货与加工制造。

闸门中的水平次梁，一般是采用角钢或槽钢，它们宜肢尖朝下与面板相连，见图 7-17（a），以免因上部形成凹槽积水积淤而加速钢材腐蚀。竖直次梁常采用工字钢［图 7-17（b）］或实腹隔板。

当次梁直接焊于面板时，焊缝两侧的面板在一定的宽度（称有效宽度）内可以兼作次梁的翼缘参加次梁的抗弯工作。面板参加次梁工作的有效宽度 B 可按下列两式计算，然后取两式算得的较小值。

（1）考虑面板兼作梁翼缘在受压时不致丧失稳定而限制的有效宽度（图 7-17）

$$B \leqslant b_l + 2c \tag{7-11}$$

式中　c——对 Q235 钢，$c=30t$（t 为面板厚度），对 Q345、Q390 钢 $c=25t$；

　　　　b_l——见图 7-17。

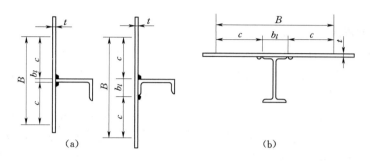

图 7-17　次梁截面形式及面板兼作梁翼的有效宽度

（a）水平次梁；（b）竖直次梁

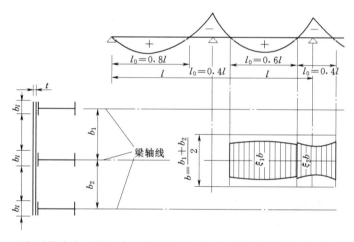

图 7-18　面板因沿宽度上的应力分布不均，在参加次梁工作时的折算有效宽度示意图

（2）考虑面板沿宽度上应力分布不均而折算的有效宽度（图 7-18）

$$B=\xi_1 b \quad 或 \quad B=\xi_2 b \qquad (7-12)$$

式中　$b=\dfrac{b_1+b_2}{2}$——b_1 和 b_2 分别为次梁与两侧相邻梁的间距；

　　　　ξ_1、ξ_2——有效宽度系数，可按表 7-1 查用，ξ_1 适用于梁的正弯矩图为抛物线
　　　　　　的梁段，如在均布荷载作用下的简支梁或连续梁的跨中部分，ξ_2 适
　　　　　　用于负弯矩图可近似地取为三角形的梁段，如连续梁的支座部分或
　　　　　　悬臂梁的悬臂部分。

表 7-1　　　　　　　　　　　　　面板的有效宽度系数 ξ_1 和 ξ_2

$\dfrac{l_0}{b}$	0.5	1.0	1.5	2.0	2.5	3	4	5	6	8	10	12
ξ_1	0.20	0.40	0.58	0.70	0.78	0.84	0.90	0.94	0.95	0.97	0.98	1.00
ξ_2	0.16	0.30	0.42	0.51	0.58	0.64	0.71	0.77	0.79	0.83	0.86	0.92

注　l_0 为主（次）梁弯矩零点之间的距离，对于简支梁 $l_0=l$，其中 l 为主（次）梁的跨度（图 7-18）；对于连续梁的
　　边跨和中间跨的正弯矩段，可近似地分别取 $l_0=0.8l$ 和 $l_0=0.6l$；对于连续梁的负弯矩段可近似地取 $l_0=0.4l$。

第四节 主 梁 设 计

一、主梁的形式

主梁是平面闸门中的主要受力构件,根据闸门的跨度和水头大小,主梁的形式有轧成梁、组合梁和桁架。轧成梁用于小跨度低水头的闸门。对于中等跨度(5~10m)的闸门常采用组合梁,为缩小门槽宽度和节约钢材,常采用变高度的主梁(图4-10或图7-20)。对于大跨度的露顶闸门,主梁可采用桁架形式(图7-19)。桁架节间应取偶数,以便闸门所有杆件都对称于跨中,并便于布置主桁架之间的连接系。为了避免弦杆承受节间集中荷载,宜使竖直次梁的间距与桁架节间尺寸相一致,一般为1~2m。桁架的高度一般为桁架跨度的$\frac{1}{5}$~$\frac{1}{8}$。

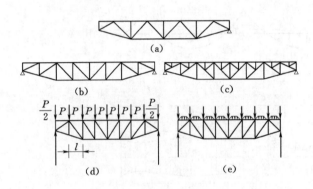

图 7-19 平面闸门主桁架
形式及其计算简图

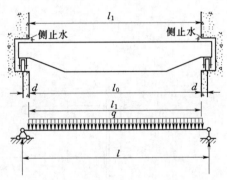

图 7-20 侧止水布置在闸门
上游面时主梁的计算简图

二、主梁的荷载

主梁除承受竖直次梁传来的集中荷载外,还承受面板直接传来的分布荷载。然后,为了简化计算,可近似地将作用在主梁上的荷载换算为均布荷载。当主梁按等荷载的原则布置时,只需把闸门在跨度方向单位长度上的总水压力P除以主梁的根数n,即得每根主梁单位长度上的荷载$q=P/n$。如果主梁不是按等荷载布置,各主梁所受的荷载可按杠杆原理分配确定,最后按承受荷载最大的主梁进行设计。

主梁的计算简图如图7-19所示。其计算跨度l为闸门行走支承中心线之间的距离,即

$$l=l_0+2d$$

式中 l_0——闸门孔口宽度;

d——行走支承中心线到闸墩侧壁的距离,根据跨度和水头的大小,一般取$d=0.15$~0.4m。

主梁的荷载跨度等于两侧止水之间的距离。

当侧止水布置在闸门的下游边而面板设在上游边时,还应考虑闸门侧向水压力对主梁

引起的轴向压力。其计算简图如图 7-21 所示。应按压弯构件设计。

当主梁为桁架时，应将图 7-20 所示的均布荷载化算为节点荷载，若桁架的间节长度为 l，则节点荷载 $p=ql$，见图 7-19（d），然后即可计算杆件内力并进行截面选择。但是对于直接与面板相连的上弦杆，在选择截面时，还必须考虑面板传来的水压力对上弦杆引起的局部弯曲，见图 7-19（e）。

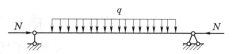

图 7-21　闸门受侧向水压力
时主梁的计算简图

三、主梁设计特点

（1）部分面板可以兼作主梁的上翼缘。面板可被利用的有效宽度与水平次梁中的规定基本相同。只是式（7-12）中的 b 应取为每根主梁承受荷载面的宽度。例如多主梁式闸门为主梁的平均间距。

（2）由图 7-2 可见，主梁的下翼缘（或主桁架的下弦）同时兼作纵向连接系的杆件将承受闸门的部分自重，故当设计主梁或主桁架时，可将容许应力降低为 $0.9[\sigma]$。待纵向连接系的杆件内力算出以后，再将分别由水压力与门重产生的两种应力相叠加而后按 $[\sigma]$ 来验算强度。

（3）为防止主梁变形过大影响闸门的正常使用，应限制主梁的挠度不超过最大相对挠度限值：

对露顶式工作闸门、事故闸门，$\left[\dfrac{w}{l}\right]=\dfrac{1}{600}$；

对潜孔式工作闸门、事故闸门，$\left[\dfrac{w}{l}\right]=\dfrac{1}{750}$；

对检修闸门，$\left[\dfrac{w}{l}\right]=\dfrac{1}{500}$。

（4）次梁最大挠度与跨度之比的限值为 $\left[\dfrac{w}{l}\right]=\dfrac{1}{250}$。

（5）为保证主梁腹板局部稳定而设置的横向加劲肋，其间距应与横向连接系相配合。当横向连接系采用实腹隔板时，见图 7-3 剖面 Ⅱ—Ⅱ（a），则隔板可代替横向加劲肋。

（6）由于主梁与面板焊牢，所以主梁的整体稳定性得到了保证，设计时不必对此验算。

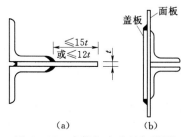

图 7-22　主桁架上弦的加强图

（7）对于主桁架的受压上弦杆，由于承受面板直接传来的水压力而引起局部弯曲，则上弦杆的截面可以采用在两个角钢之间放置钢板的办法来进行加强，加强钢板伸出角钢肢以外的宽度，对 Q235 号钢不得超过 15 倍的板厚，见图 7-22（a）；对 Q345 号钢不得超过 12 倍的板厚。对于大跨度的主桁架，为了节约钢材，可以采用变截面的弦杆，在内力较大的跨中部分，可采用焊在面板外侧的辅助盖板来增加跨中部分的弦杆截面，见图 7-22（b）。

第五节 横向连接系（横向支撑）和
纵向连接系（纵向支撑）

一、横向连接系

横向连接系（图 7-3 剖面 Ⅱ—Ⅱ）的作用是：承受次梁（包括顶、底梁）传来的水压力，并将它传给主梁，当水位变更等原因而引起各主梁的受力不均时，横向连接系可以均衡主梁的受力并且保证闸门横截面的刚度。

横向连接系可布置在每根竖直次梁所在的竖平面内，或每隔一根竖直次梁布置一个。横向连接系的数目宜取单数，其间距一般不大于 4m。

横向连接系的形式有隔板式和桁架式两种（图 7-23）。它们的截面高度均与主梁截面高度相同。对于隔板厚度，通常不大于 8～10mm。因为有面板的存在，横隔板可不另设上翼缘，其下翼缘一般用宽度为 100～200mm、厚度为 10～12mm 的扁钢做成。这种由构造要求确定的尺寸，使横隔板的应力很小，可不进行强度验算。为了减轻闸门重量，可在隔板中部开孔，并在孔边周围焊上一圈扁钢以加强其刚度，见图 7-23（a）。

在主梁截面高度和间距都较大的双主梁闸门中，为节约钢材，常采用桁架式的横向连接系——称为横向桁架，见图 7-23（b）、（c）、（d）。横向桁架可以看作是支承在主梁上具有上、下悬臂的桁架（图 7-24）。其上弦为竖直次梁，在上弦节点承受了由顶梁、底梁和水平次梁传来的集中力，当上弦杆直接与面板接触时，其上弦节间还承受面板传来的分布力，计算时可按杠杆原理先将节间荷载分配到节点上，并与直接作用在节点上的荷载相加，最后得到如图 7-24 所示的计算简图。

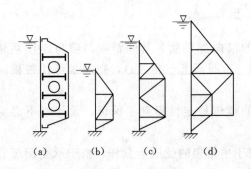

图 7-23 横向连接系的形式
（a）隔板式；（b）、（c）、（d）桁架式

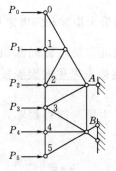

图 7-24 横向桁架计算简图

二、纵向连接系

纵向连接系位于闸门各主梁下翼缘之间的竖平面内（图 7-2 和图 7-25）。它的主要作用是：承受闸门的部分自重和其他竖向荷载；保证闸门在竖平面内的刚度；另外与主梁构成封闭的空间体系以承受偶然的作用力对闸门引起的扭矩。

纵向连接系多为桁架式（图7-25）。它的弦杆即为上、下主梁的下翼缘或主桁架的下弦杆。它的竖杆即为横向桁架的下弦或横隔板的下翼缘，只有斜杆是另设的。该桁架被支承在闸门两侧的边梁上。计算它承受闸门的自重时，首先由附录十一的公式算出闸门自重，然后根据闸门重心位置偏向面板一侧（图7-25剖面Ⅱ—Ⅱ中 $c_1 \approx 0.4h$），当起吊闸门时，面板负担 $0.6G$，而该桁架负担 $0.4G$。若该桁架的节间数为 n，则每个节点荷载为 $0.4G/n$。然后即可对该桁架进行内力分析。若桁架的弦杆为折线形时（图7-25），可

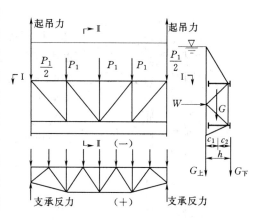

图7-25 纵向连接系计算简图

近似地将弦杆所在的折面展开为平面，其中的斜杆应按实际杆长计算。对于兼用的杆件，如弦杆和竖杆，由于双重受力的作用，若出现同号内力，应叠加验算，若出现异号应力时，应分别验算。当选择斜杆截面时，考虑闸门可能因偶然扭转使斜杆出现压力，建议按压杆容许长细比 $[\lambda] = 150$ 来校核。

在跨度较小、主梁数目较多的闸门时，纵向连接系可采用人字形斜杆或交叉斜杆以及刚架的形式（图7-26）。

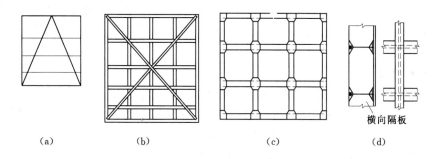

（a） （b） （c） （d）

图7-26 纵向连接系形式

（a）、（b）桁架式；（c）框架式；（d）横向隔板的连续
翼缘焊在主梁翼缘外面的节点形式

第六节 边 梁 设 计

边梁是设在闸门两侧的竖直构件，主要用来支承主梁和边跨的顶梁、底梁、水平次梁以及纵向连接系，并在边梁上设置行走支承（滚轮或滑块）和吊耳。从图7-27可见，作用在边梁上的外力有：梁系传来的水平水压力 P_1、P_2、…、P_8 和行走支承的反力 R_1、R_2，在竖直方向有闸门自重 $G/2$、启闭闸门时行走支承和止水与埋固构件之间的摩阻力 $T_{zd}/2$ 和 $T_{zs}/2$，门底过水时的下吸力 P_x，有时还有门顶水柱压力 W_s 以及作用在边梁顶端吊耳上的启门力 $T/2$ 等。由此可见，边梁是平面闸门中重要的受力构件。其截面尺寸

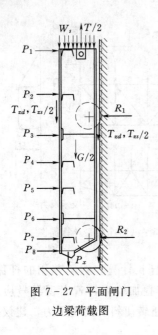

图 7-27 平面闸门
边梁荷载图

一般是按构造要求确定（图 7-10）。截面高度应与主梁端部高度相等，腹板厚度宜等于主梁端部腹板厚度，翼缘厚度则应大于腹板厚度，可用面板兼作上翼缘，也可另设单独的翼缘板。单腹式边梁的翼缘宽度不宜小于 300mm，以便于安装行走支承。双腹式边梁的两个下翼缘通常用宽度为 100~200mm 的扁钢做成，见图 7-10（b），为便于在两块腹板之间焊接，其间距不应小于 300~400mm。

计算边梁时可按图 7-27 绘出弯矩、剪力和轴力图，在弯矩图内应包括各轴向荷载因偏心作用而在边梁中引起的偏心弯矩。当闸门处于开启过程时，应按拉弯构件校核截面的强度，当闸门关闭时，应按压弯构件校核截面的强度。边梁需要验算的危险截面一般是上、下轮轴支承处或与主梁连接处。如果边梁的翼缘或腹板直接承受水压，还应验算由于板的局部弯应力和上述的边梁所引起的应力按折算应力校核。

第七节 行 走 支 承

闸门的行走支承有滑道式和滚轮式两种类型（图 7-28）。行走支承承受闸门全部的水压力并将之传给轨道。为了使闸门在闸槽中移动方便，还需在门叶上设置导向的反轮和侧轮（图 7-3）。

一、胶木滑道

滑道式支承目前最广泛采用的是压合胶木滑道。胶木是一种用多层桦木片浸渍酚醛树脂后，经过加热加压制成的胶合层压木。它具有较高的机械性能、较低的摩擦系数和良好的加工性能。压合胶木当有一定量的横向压紧力时，其顺纹承压极限强度可以达到 160N/mm^2。它与光滑的不锈钢轨道之间的摩擦系数仅为 0.09~0.13。如果在压合胶木中掺进 15% 的聚四氟乙烯，其摩擦系数还可进一步降低。

压合胶木滑块，是将总宽度为 100~150mm 的三条胶木压入宽度稍小的铸钢夹槽中，见图 7-29（a）、（b）。三条胶木的总宽度应比夹槽的宽度大 1.3%~1.7%，这样可以使胶木受到足够的横向夹紧力以提高

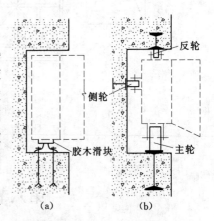

图 7-28 行走支承类型
（a）滑道式；（b）滚轮式

承压面的强度。在压入夹槽以前的胶木含水率不应大于 5%，压入后的胶木表面应略高于槽顶，见图 7-29（a），然后将其加工粗糙度 R_a 达到 3.2μm，见图 7-29（b），使胶木表面比槽面低 2~4mm，用螺栓将钢夹槽固定到边梁上。

支承胶木滑块的钢轨表面通常做成圆弧形，见图 7-29（c）。为了减少摩阻力，在钢

轨表面上堆焊一层 3～5mm 厚的不锈钢，然后加工到粗糙度 R_a 为 $3.2\mu m$，加工后的不锈钢厚度应不小于 2～3mm。轨头设计宽度 b 和轨顶圆弧半径 R 应按胶木与轨面之间单位长度上的支承压力由表 7 - 2 来决定。

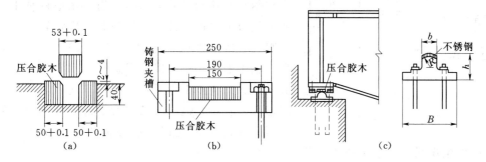

图 7 - 29　胶木滑道构造图（单位：mm）

表 7 - 2　　　　　　　　　　　　钢轨工作表面宽度与圆弧半径

支承压力 q/(N/mm)	<1000	1000～2000	2000～3000	3000～4000
轨顶圆弧半径 R/mm	100	150	200	300
轨头设计宽度 b/mm	25	35	40	50

注　b 值不得与滑块中间的一条胶木同宽。

钢轨底面宽度 B［图 7 - 29（c）］应根据混凝土的容许承压强度（见附录十表 2）决定。钢轨高度 h 不应小于 $B/3$。

胶木滑块与轨道弧面之间的最大接触应力可按下式❶计算：

$$\sigma_{max} = 104\sqrt{\frac{q}{R}} \leqslant [\sigma_j] \qquad (7 - 13)$$

式中　　q——滑块单位长度上的计算荷载，N/mm；

　　　　R——轨道工作表面的曲率半径，mm；

　　　　$[\sigma_j]$——胶木容许接触应力，$[\sigma_j]=500N/mm^2$。

如图 7 - 30 所示的夹槽，当胶木以公盈尺寸压入夹槽以后，在槽壁产生的侧压力 P 按下式计算：

$$P = E_c\varepsilon h \qquad (7 - 14)$$

式中　　E_c——胶木沿层压方向的弹性模量，$E_c=2500\sim$
　　　　　　$3500N/mm^2$；

　　　　ε——胶木宽度公盈量与夹槽宽度之比值，一般
　　　　　　为 1.3％～1.7％；

　　　　h——夹槽深度，mm。

求出 P 值后，即可对夹槽断面 I—I 和断面 II—II

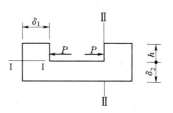

（图 7 - 30）进行强度验算。

图 7 - 30　胶木滑道之铸钢夹槽

❶　该式是按胶木顺纹方向弹性模量 $E=31100N/mm^2$ 和泊松比 $\upsilon=0.475$ 推算出的。

二、滚轮支承

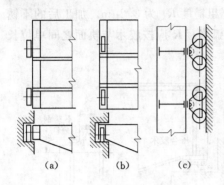

图 7-31 滚轮支承的形式

滚轮支承的形式如图 7-31 所示。轮子的位置应按等荷载布置，在闸门的每个边梁上最好只布置两个支承点，使轮子受力明确。当采用滚柱轴承滚轮或采用弧形轨道的升卧式闸门时，应将轮子装设在双腹式边梁的外侧，见图 7-31（a）。当然，对于滑动轴承的滚轮也可以采用悬臂轴（图 7-32）。悬臂轴滚轮的优点是轮子安装和检修比较方便，所需门槽深度较小。但悬臂轴增大了边梁外侧腹板的支承压力并使边梁受扭，悬臂轴的弯矩也较大，因此，一般情况只用于水头和孔口都较小的闸门。

当闸门的水头和孔口都较大时，宜将轮子装设在边梁的两块腹板之间，见图 7-31（b）和图 7-33。这种简支轴避免了上述悬臂轴的缺点，在工程上用得较多。我国目前最大轮压已达 3200kN。

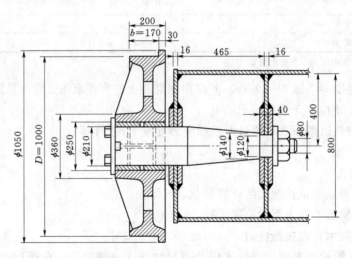

图 7-32 悬臂式滚轮（单位：mm）

滚轮的材料，对小型闸门常采用铸铁。当轮压较大（超过 200kN）时，铸铁轮子的尺寸就显得太大，必须采用碳钢或合金钢。轮压在 1200kN 以下时，可选用普通碳素铸钢；超过 1200kN 则可选用合金铸钢，如 ZG50Mn2、ZG35Cr1Mo、ZG34Cr2Ni2Mo 等。轮子的表面还可根据需要进行硬化处理，以提高表面硬度。表面硬化深度，一般取为发生最大接触剪应力处深度的 2 倍（约等于接触面的半径）。

轮子的主要尺寸是轮径 D 和轮缘宽度 b（图 7-33）。这些尺寸是根据轮缘与轨道之间接触应力的强度条件来确定的。对于圆柱形滚轮与平面轨道的接触情况是线接触，其接触应力可按下式计算：

$$\sigma_{max} = 0.418 \sqrt{\frac{P_l E}{bR}} \leqslant 3f_y \tag{7-15}$$

式中 P_l——一个轮子的计算压力，N；

b、R——轮缘宽度和轮半径（$R = D/2$），mm；

　　　　E——材料的弹性模量，当互相接触的两种材料其弹性模量不同时，应采用合

　　成弹性模量 $\left(E' = \dfrac{2E_1 E_2}{E_1 + E_2} \right)$ 来计算，N/mm²；

　　　　f_y——互相接触两种材料的屈服强度中之较小者，N/mm²。

　　轮子直径 D 通常为 $300\sim1000$mm，轮缘宽度 b 通常为 $80\sim150$mm。$D/b \approx 4\sim6$。

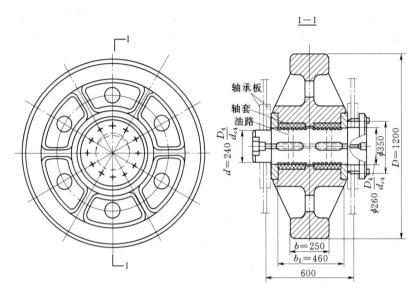

图 7 - 33　简支轴滚轮（单位：mm）

　　为了减少滚轮转动时的摩擦阻力，在滚轮的轴孔内还要装设滑动轴承或滚动轴承。滑动轴承也叫轴衬或轴套，轴套要有足够的耐压耐磨性能，并能保持润滑，其材料有铜合金、胶木及复合材料等。

　　轴和轴套间压力的传递也是接触应力的形式，可按下式验算：

$$\sigma_{cg} = \frac{P_l}{d b_1} \leqslant [\sigma_{cg}] \tag{7 - 16}$$

式中　　P_l——滚轮的计算压力，N；

　　　　d——轴的直径，mm；

　　　　b_1——轴套的工作长度，mm；

　　$[\sigma_{cg}]$——滑动轴套的容许应力，N/mm²，见第二章表 2 - 11。

　　轮轴常用 45 号优质碳素钢或 Q275 号钢做成。轮轴的直径 d 与轮径 D 之比一般为 $0.15\sim0.30$。在决定轴径 d 时，应根据轮轴的布置（悬臂式或简支式）来验算弯曲应力和剪应力。轴在轴承板（也称浮动板[●]）连接处（图 7 - 32 或图 7 - 33），还应按下式验算轮轴与轴承板之间的紧密接触局部承压应力：

　　[●]　为了便于滚轮定位，通常使边梁腹板上的轴孔直径大于轴径，在安装定位以后，再将轴承板焊在边梁腹板上。故轮轴仅与轴承板接触。

$$\sigma_{cj} = \frac{N}{d \sum t} \leqslant [\sigma_{cj}] \qquad (7-17)$$

式中　　N——轴承板所受的压力（$N = P_t/2$）；

　　　　$\sum t$——轴承板叠总厚度，mm；

　　　　$[\sigma_{cj}]$——紧密接触局部承压容许应力（见第二章表2-9）。

为了使滚轮安装位置正确，轮轴可采用偏心轴的办法（图7-34），它是一根两端支承中心在同一轴线上而与滚轮接触的中段轴线偏离5mm（可得调整幅度10mm）的偏心轴，安装时利用偏心轴的转动，可以调整轮子到正确的位置，然后再将轮轴固定在边梁腹板上。

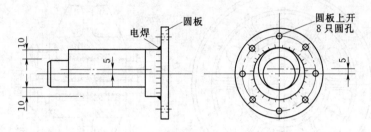

图7-34　偏心轴（单位：mm）

三、平面钢闸门的导向装置——侧轮与反轮

闸门启闭时，为了防止闸门在闸槽中因左右倾斜而被卡住或前后碰撞，并减少门下过水时的振动，需设置导向装置——侧轮和反轮（图7-35）。

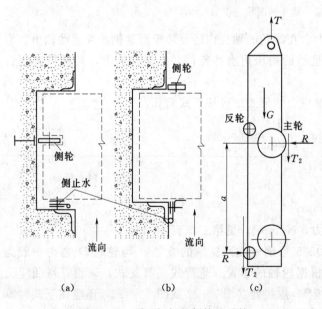

图7-35　平面闸门的侧轮及反轮

侧轮设在闸门的两侧，每侧上下各一个，侧轮的间距应尽量大些，以承受因闸门左右倾斜时引起的反力，见图7-35（a）。在深孔闸门中，由于孔口上部有胸墙的影响，侧轮应设在闸门两侧的闸槽内，见图7-35（a），在露顶闸门中侧轮可以设在孔口之间闸门边部的构件上，见图7-35（b）。侧轮与其轨道间的空隙为10～20mm。

反轮设在与主轮相反的一面，承受在偏心拉力作用下闸门发生前后倾斜时的反力R，见图7-35（c）。反轮与其轨道间的空隙为15～30mm。对于高压闸门，为了减少振动，常把反轮安装在板式弹簧上或把反轮安装在具有橡皮垫块的缓冲车架上，使反轮紧贴在轨道上。在中小型闸门中，常利用悬臂式主轮兼作反轮，可不另设反轮。

第八节 轨道及其他埋件

一、轨道

根据轮压大小可采用如图 7-36 所示的不同形式。轮压在 200kN 以下时，可采用如图 7-36（a）所示的轧成工字钢；轮压在 200～500kN 时，轨道可由三块钢板焊成如图 7-36（b）所示的截面或用重型钢轨、起重钢轨［图 7-36（c）］；轮压在 500kN 以上时，需要采用铸钢轨。为了提高轨道的侧向刚度，常把主轮轨道与门槽的护角角钢连接起来（图 7-36）。

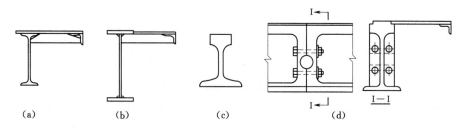

$$(a) \qquad (b) \qquad (c) \qquad (d)$$

图 7-36 轨道形式

铸造轨道的表面一般应按粗糙度不大于 $4.5\mu m$ 加工。铸造轨道的长度一般为 2～3m，各段之间的连接如图 7-36（d）所示。

轨道的计算主要是核算轨顶与腹板之间的承压应力以及轨道与混凝土之间的承压应力。

在轮压力 P 的作用下，轨道底部沿轨长方向的压应力分布可当作三角形（图 7-37）。其三角形底边长度之半的 a 值可按下式求得

$$a = 3.3 \sqrt[3]{\frac{EI_x}{E_h b}} \qquad (7-18)$$

式中　EI_x——轨道的抗弯刚度，其中 E 为钢材的弹性模量，I_x 为钢轨对自身中和轴 x 的截面惯性矩；

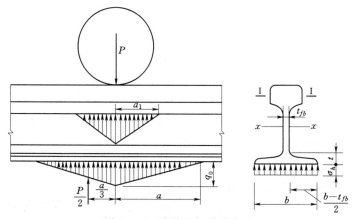

图 7-37 滚轮的轨道受力图

b——轨道底部宽度；

E_h——轨底混凝土的弹性模量，一般为 $(2.5\sim3)\times10^4\mathrm{N/mm^2}$。

从图 7-37 知，根据力的平衡条件有 $ab\sigma_h=P$，因此，轨底与混凝土之间的最大承压应力 σ_h 可按下式验算：

$$\sigma_h=\frac{P}{ab}\leqslant[\sigma_h]\qquad(7-19)$$

式中　$[\sigma_h]$——混凝土的容许承压应力（表 2-12）。

轨道颈部的局部承压应力分布情况和计算与上述方法相同。由于轨道的上翼缘与其腹板的弹性模量相同，并且取代式（7-18）中的 b 为腹板厚度 t_{fb}，所以式（7-18）应改为

$$a_1=3.3\sqrt[3]{\frac{I_1}{t_{fb}}}\qquad(7-20)$$

式中　a_1——轮压在轨头与腹板交接处的分布长度之半（图 7-37）；

I_1——轨头对其自身中和轴 $\mathrm{I-I}$ 的截面惯性矩（图 7-37）。

求出 a_1 之后，即可类似于式（7-19）写出轨道颈部的承压应力 σ_{cd} 的验算公式为

$$\sigma_{cd}=\frac{P}{a_1 t_{fb}}\leqslant[\sigma_{cd}]\qquad(7-21)$$

式中　$[\sigma_{cd}]$——钢材的局部承压容许应力（见第二章表 2-9）。

轨道的抗弯强度可按倒置的悬臂梁验算，由图 7-37 知，抗弯条件为

$$M=\frac{Pa}{6}\leqslant[\sigma]W\qquad(7-22)$$

式中　$[\sigma]$——钢轨的容许弯应力（第二章表 2-9）；

W——钢轨的截面模量。

同样，轨道的底板厚度 t 也可按倒置的悬臂梁验算，即沿轨道长度方向取单位长度的板条当作脱离体来验算其固定端（腹板处）的抗弯强度，即

$$M=\frac{\sigma_h(b-t_{fb})^2}{8}\leqslant[\sigma]\frac{t^2}{6}\qquad(7-23)$$

为了便于把闸门引入闸槽，常将轨道的上端做成斜坡形（图 7-38）。即把轨道上端的腹板切割去一个三角形部分，再将轨道的翼缘弯到剩下的部分上焊接起来。

二、止水座

在门体止水橡皮紧贴于混凝土的部位，应埋设表面光滑平整的钢质止水座，以满足止水橡皮与之贴紧后不漏水，并减少在橡皮滑动时的磨损。对于重要的工程，在钢质止水座的表面再焊一条不锈钢条（图 7-39）。对于中、小型工程也可采用非金属材料如水磨石等。

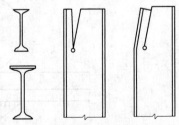

图 7-38　轨道上端构造

在潜孔闸门中，与顶止水相接触的胸墙护面板如图 7-40 所示。当闸门需要借助门顶水柱压力才能关闭时，护面板的竖直段需适当加高，如图 7-41 所示。因为只有当闸门的

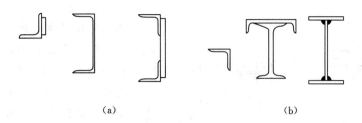

(a)　　　　　　　　　　(b)

图 7-39　止水座形式

(a) 侧止水底座；(b) 底止水底座

顶止水与护面板的竖直段紧贴不漏水时才能产生完全的门顶水柱压力。为了避免护面板耗费钢材过多，根据试验成果表明，只要闸门的上游边留有足够的供水净空 S_0（图 7-41），闸门下游边的净空（$S_1+\Delta$）适当地小（如图 7-41 中的 $S_0 \geqslant 5S_1$，$\Delta = 100$mm 或 $\Delta \approx S_1$），则关闭闸门时，闸门顶部的水位就可以得到及时的补充，这时护面板的竖直段高度 h 仅需为孔口高度 H 的 5%～10%，但不得少于 300mm。这样就可以利用水柱压力迅速关闭闸门。

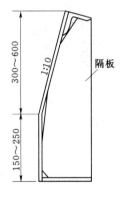

图 7-40　潜孔闸门胸墙护面
板形式（单位：mm）

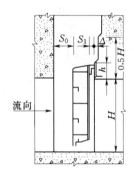

图 7-41　形成门顶水柱压力
时的门槽布置图

第九节　止水、启闭力和吊耳

一、止水

为了防止闸门与门槽之间的缝隙中漏水，需设置止水。露顶闸门上有侧止水和底止水，潜孔闸门上还有顶止水。当闸门孔口较高需要采用分段闸门时，尚须在各段闸门之间另设中间止水。

止水的材料主要是橡皮。底止水为条形橡皮，侧止水和顶止水（图 7-42）为 P 形橡皮。它们用垫板与压板夹紧再用螺栓固定到门叶上。螺栓直径一般为 14～20mm，间距为 150～200mm。

露顶闸门的侧止水与底止水通常随面板的位置来设置，例如当面板设在上游面时，这些止水也都设在上游面（图 7-43）。

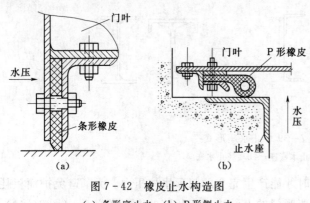

图 7－42 橡皮止水构造图

(a) 条形底止水；(b) P 形侧止水

潜孔闸门止水的布置主要根据胸墙的位置和操作的要求。当胸墙在闸门的上游面时，侧止水应布置在闸槽内，顶止水布置在上游面，见图 7－43 (b)、(c)。考虑到门叶受力的挠曲变形会使顶止水脱离止水座，故设计时应使顶止水与止水座之间有一定的预压值，压缩量可取 3～10mm。当闸门的跨度较大时，还可选用图 7－43 (c) 的形式，使顶止水转动产生较大的变形

以适应门叶挠曲变形的要求。

在深孔闸门中，若因摩阻力较大而不能靠闸门自重关闭时，为使闸门顶部形成水柱压力促使闸门关闭，这时，侧止水和顶止水均需布置在下游面，而底止水布置在靠近上游面(图 7－7)。

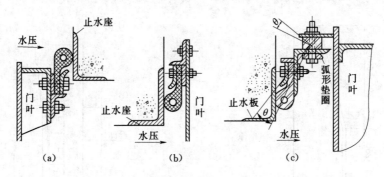

图 7－43 顶止水

二、启闭力

闸门启闭力的计算，对于确定启闭机械的容量、牵引构件的尺寸以及对闸门吊耳的设计等都是必要的。

1. 动水中启闭的闸门

此类闸门特别是深孔闸门，在水压力作用下，由于摩阻力大，有时仅靠自重还不能关闭，因此，必须分别计算闭门力和启门力。在确定闸门启闭力时，除考虑闸门自重 G 外，还要考虑由于水压力作用而在滚轮或滑道支承处产生的摩擦阻力 T_{zd}、止水摩擦阻力 T_{zs}、闭门时门底的上托力 P_t，启门时由于门底水流形成部分真空而产生的下吸力 P_x（根据试验资料表明下吸力大约为 $20kN/m^2$）。有时还有门顶水柱压力 W_s 等（图 7－27）。现将平面闸门的闭门力和启门力的计算分述如下。

(1) 闭门力按下式计算：

$$T_{闭} = 1.2(T_{zd} + T_{zs}) - n_G G + P_t \qquad (7-24)$$

其中支承摩阻力 T_{zd} 按支承形式如下计算。

对于滑动轴承的滚轮：

$$T_{zd} = \frac{W}{R}(f_1 r + f_k)$$

对于滚动轴承的滚轮： $\quad T_{zd} = \frac{W f_k}{R}\left(\frac{R_1}{d} + 1\right)$

对于滑动支承： $\quad T_{zd} = f_2 W$

止水摩阻力： $\quad T_{zs} = f_3 P_{zs}$

上托力： $\quad P_t = \gamma HDB$

上六式中　　 1.2——摩阻力超载系数；

$\quad n_G$——门重修正系数，闭门时选用 $0.9 \sim 1.0$；

$\quad G$——闸门自重，kN，见附录十；

$\quad W$——作用在闸门上的总水压力，kN；

$\quad r$——轮轴半径，cm；

$\quad R$——滚轮半径，cm；

$\quad d$——滚动轴承的滚柱半径，cm；

$\quad R_1$——滚动轴承的平均半径（ $R_1 = r + d$）；

$\quad f_k$——滚动摩擦系数，钢对钢 $f_k = 0.1$cm；

f_1, f_2, f_3——滑动摩擦系数（附录十一），计算闭门力和启门力时取大值；

$\quad P_{zs}$——作用在止水上的总水压力，kN；

$\quad \gamma$——水的密度，kN/m³，可采用 10kN/m³；

$\quad H$——门底水头，m；

$\quad D$——底止水到上游面的间距，m；

$\quad B$——两侧止水间距，m。

当计算结果 $T_闭$ 为"正"值时，需要加重闸门才能下落，加重方式有加重块、利用水柱压力或机械下压力等。当 $T_闭$ 为"负"值时，说明闸门依靠自重可以关闭孔口。

（2）启门力按下式计算：

$$T_启 = 1.2(T_{zd} + T_{zs}) + n'_G G + P_x + G_j + W_s \qquad (7-25)$$

其中 $\qquad\qquad\qquad\qquad P_x = p D_2 B$

式中　 n'_G——门重修正系数，启门时采用 $1.0 \sim 1.1$；

$\quad G_j$——加重块重量，kN；

$\quad W_s$——作用在闸门上的水柱压力，kN；

$\quad P_x$——下吸力，kN；

$\quad D_2$——闸门底止水至主梁下翼缘的距离，m；

$\quad p$——闸门底缘 D_2 部分的平均下吸强度，一般按 20kN/m² 计算，对溢流坝顶闸门、水闸闸门和坝内明流底孔闸门，当下游流态良好、通气充分时，可以不计下吸力；

其他符号意义同上。

2. 静水中启闭的闸门

启门力的计算除计入闸门的自重外，尚应考虑一定的水位差引起闸门的摩阻力。露顶闸门和电站尾水闸门可采用不大于 1m 的水位差；潜孔闸门可根据水头的大小采用 $1 \sim 5$m

的水头差。

三、吊耳

吊耳是连接闸门与启闭机的部件。至于吊具则有柔性钢索、劲性拉杆和劲性压杆等。

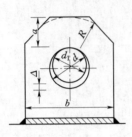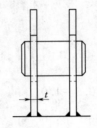

吊具与设在门叶上的吊耳相连接（图 7-44）。吊耳应设在闸门重心与行走支承之间的闸门顶部。根据闸门的高宽比和启闭机的要求等因素，闸门可采用单吊点和双吊点。一般当闸门高宽比小于 1 时宜采用双吊点。吊耳多数是用一块或两块钢板做成，设轴孔与吊轴相连接（图 7-44）。

图 7-44　吊耳的构造

吊轴的强度验算与前述的轮轴相同，也需要按机械零件的容许应力验算其弯应力和剪应力。

当吊轴直径为 d 时，则吊耳板的尺寸可按下列各式初选：

$$b = (2.4 \sim 2.6)d$$

$$t \geqslant \frac{b}{20}$$

$$a = (0.9 \sim 1.05)d$$

$$\Delta = d - d_1 \leqslant 0.02d$$

吊耳板孔壁的强度应按下列两式验算。

1. 孔壁的局部紧接承压应力

孔壁的局部紧接承压应力为

$$\sigma_{cj} = \frac{N}{dt} \leqslant [\sigma_{cj}] \tag{7-26}$$

式中　N——一块吊耳板上所受的荷载，该荷载按启门力计算时应乘以 1.1～1.2 的因受力不均而引起的超载系数；

　　　d——吊轴直径；

　　　t——吊耳板的厚度（当有轴承板时，应为轴承板厚度）；

　　$[\sigma_{cj}]$——局部紧接承压容许应力（第二章表 2-9）。

2. 孔壁拉应力

孔壁拉应力可近似地按下列弹性力学中的拉美（G. Lame）公式验算：

$$\sigma_K = \sigma_{cj} \frac{R^2 + r^2}{R^2 - r^2} \leqslant [\sigma_K] \tag{7-27}$$

式中　R、r——吊耳板孔心到板边的最近距离和轴孔半径（$r = d/2$），见图 7-44；

　　$[\sigma_K]$——孔壁容许拉应力（第二章表 2-9），如对 Q235 钢，则 $[\sigma_K] = 120 \text{N/mm}^2$，对于可以自由转动或能抽出的轴，应将 $[\sigma_K]$ 再乘以 0.8 的系数。

第十节　设计例题——露顶式平面钢闸门设计

一、设计资料

闸门形式：溢洪道露顶式平面钢闸门；

孔口净宽：10.00m；

设计水头：6.00m；

结构材料：Q235；

焊条：E43；

止水橡皮：侧止水用 P 形橡皮，底止水用条形橡皮；

行走支承：采用胶木滑道，压合胶木为 MCS-2；

混凝土强度等级：C20。

二、闸门结构的形式及布置

1. 闸门尺寸的确定（例图 7-1）

闸门高度：考虑风浪所产生的水位超高为 0.2m，故闸门高度＝6+0.2=6.2（m）；

闸门的荷载跨度为两侧止水的间距：$L_1=10$m；

闸门计算跨度：$L=L_0+2d=10+2×0.2=10.40$（m）。

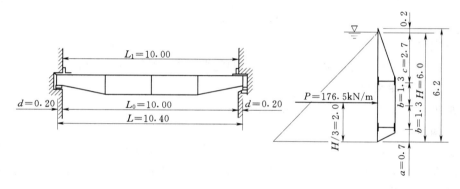

例图 7-1　闸门主要尺寸图（单位：m）

2. 主梁的形式

主梁的形式应根据水头和跨度大小而定，本闸门属中等跨度，为了便于制造和维护，决定采用实腹式组合梁。

3. 主梁的布置

根据闸门的高跨比，决定采用双主梁。为使两个主梁在设计水位时所受的水压力相等，两个主梁的位置应对称于水压力合力的作用线 $\overline{y}=H/3=2.0$m（例图 7-1），并要求下悬臂 $a≥0.12H$ 和 $a≥0.4$m、上悬臂 $c≤0.45H$，今取

$$a=0.7\text{m}≈0.12H=0.72(\text{m})$$

主梁间距：
$$2b=2(\overline{y}-a)=2×1.3=2.6(\text{m})$$

则
$$c=H-2b-a=6-2.6-0.7=2.7(\text{m})=0.45H（满足要求）$$

4. 梁格的布置和形式

梁格采用复式布置和等高连接，水平次梁穿过横隔板上的预留孔并被横隔板所支承。水平次梁为连续梁，其间距应上疏下密，使面板各区格需要的厚度大致相等，梁格布置的具体尺寸详见例图 7-2。

5. 连接系的布置和形式

（1）横向连接系，根据主梁的跨度，决定布置 3 道横隔板，其间距为 2.6m，横隔板

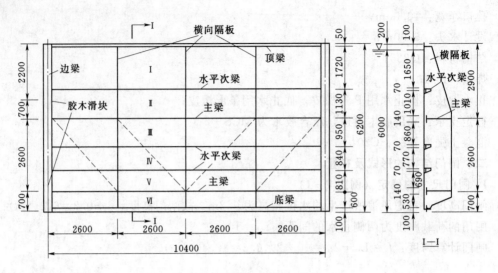

例图 7-2　梁格布置尺寸图（单位：mm）

兼作竖直次梁。

（2）纵向连接系，设在两个主梁下翼缘的竖平面内，采用斜杆式桁架。

6. 边梁与行走支承

边梁采用单腹式，行走支承采用胶木滑道。

三、面板设计

根据 SL 74—95《水利水电工程钢闸门设计规范》修订送审稿，关于面板的计算，先估算面板厚度，在主梁截面选择之后再验算面板的局部弯曲与主梁整体弯曲的折算应力。

1. 估算面板厚度

假定梁格布置尺寸如例图 7-2 所示。面板厚度按式（7-3）计算：

$$t = a \sqrt{\frac{kp}{0.9a[\sigma]}}$$

当 $b/a \leqslant 3$ 时，$a=1.5$，则 $t = a\sqrt{\dfrac{kp}{0.9 \times 1.5 \times 160}} = 0.068a\sqrt{kp}$

当 $b/a > 3$ 时，$a=1.4$，则 $t = a\sqrt{\dfrac{kp}{0.9 \times 1.4 \times 160}} = 0.07a\sqrt{kp}$

现列例表 7-1 计算如下：

例表 7-1　　　　　　　　　**面板厚度的估算**

区格	a /mm	b /mm	b/a	k	p /(N/mm²)	$\sqrt{kp}$	t /mm
Ⅰ	1650	2590	1.57	0.584	0.007	0.064	7.18
Ⅱ	1010	2590	2.57	0.500	0.021	0.102	7.01
Ⅲ	860	2590	3.01	0.500	0.031	0.125	7.50
Ⅳ	770	2590	3.37	0.500	0.040	0.142	7.65
Ⅴ	690	2590	3.75	0.500	0.048	0.155	7.48
Ⅵ	530	2590	4.89	0.750	0.055	0.203	7.53

注　1. 面板边长 a、b 都从面板与梁格的连接焊缝算起，主梁上翼缘宽度为 140mm（详见于后）；

2. 区格 Ⅰ、Ⅵ 中系数 k 由三边固定一边简支板查得。

根据上表计算，选用面板厚度 $t=8\text{mm}$。

2. 面板与梁格的连接计算

面板局部挠曲时产生的垂直于焊缝长度方向的横拉力 P 按式（7-6）计算，已知面板厚度 $t=8\text{mm}$，并且近似地取板中最大弯应力 $\sigma_{\max}=[\sigma]=160\text{N/mm}^2$，则

$$P=0.07t\sigma_{\max}=0.07\times8\times160=89.6(\text{N/mm})$$

面板与主梁连接焊缝方向单位长度内的剪力：

$$T=\frac{VS}{2I_0}=\frac{441000\times620\times8\times306}{2\times1617000000}=207(\text{N/mm})$$

由式（7-7）计算面板与主梁连接的焊缝厚度：

$$h_f=\sqrt{P^2+T^2}/(0.7[\tau_t^w])$$

$$=\sqrt{89.6^2+207^2}/(0.7\times113)=2.9(\text{mm})$$

面板与梁格连接焊缝取其最小厚度 $h_f=6\text{mm}$。

四、水平次梁、顶梁和底梁的设计

1. 荷载与内力计算

水平次梁和顶、底梁都是支承在横隔板上的连续梁，作用在它们上面的水压力可按式（7-8）计算，即

$$q=p\frac{a_{\text{上}}+a_{\text{下}}}{2}$$

列例表7-2计算后得

$$\sum q=181.24\text{kN/m}$$

例表 7-2　　　　　　　　水平次梁、顶梁和底梁均布荷载的计算

梁　号	梁轴线处水压强度 p /(kN/m²)	梁间距 /m	$\dfrac{a_{\text{上}}+a_{\text{下}}}{2}$ /m	$q=p\dfrac{a_{\text{上}}+a_{\text{下}}}{2}$ /(kN/m)	备　　注
1（顶梁）				3.68①	①顶梁荷载按下图计算
		1.72			$R_1=\dfrac{\dfrac{1.57\times15.4}{2}\times\dfrac{1.57}{3}}{1.72}=3.68$ (kN/m)
2	15.4		1.425	21.95	
		1.13			
3（上主梁）	26.5		1.040	27.56	
		0.95			
4	35.8		0.895	32.04	
		0.84			
5	44.0		0.825	36.30	
		0.81			
6（下主梁）	51.9		0.705	36.59	
		0.60			
7（底梁）	57.8		0.400	23.12	

根据例表7-2计算，水平次梁计算荷载取 36.30kN/m，水平次梁为四跨连续梁，跨度为2.6m（例图7-3）。水平次梁弯曲时的边跨中弯矩为

$$M_{\text{次中}}=0.077ql^2=0.077\times36.3\times2.6^2=18.9(\text{kN}\cdot\text{m})$$

支座 B 处的负弯矩为

$$M_{\text{次}B}=0.107ql^2=0.107\times36.3\times2.6^2=26.26(\text{kN}\cdot\text{m})$$

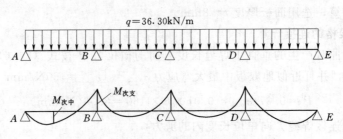

例图 7-3 水平次梁计算简图和弯矩图

2. 截面选择

$$W = \frac{M}{[\sigma]} = \frac{26.26 \times 10^6}{160} = 164125 (mm^3)$$

考虑利用面板作为次梁截面的一部分，初选 [18a，由附录三表 4 查得
$A = 2569 mm^2$；$W_x = 141400 mm^3$；$I_x = 12727000 mm^4$；$b_1 = 68 mm$；$d = 7 mm$。

面板参加次梁工作有效宽度分别按式（7-11）及式（7-12）计算，然后取其中较小值。

式（7-11） $B \leqslant b_1 + 60t = 68 + 60 \times 8 = 548 (mm)$

式（7-12） $B = \xi_1 b$ （对跨间正弯矩段）

$B = \xi_2 b$ （对支座负弯矩段）

按 5 号梁计算，设梁间距 $b = \dfrac{b_1 + b_2}{2} = \dfrac{840 + 810}{2} = 825 (mm)$。确定式（7-12）中面板的

有效宽度系数 ξ 时，需要知道梁弯矩零点之间的距离 l_0 与梁间距 b 之比值。对于第一跨中
正弯矩段取 $l_0 = 0.8l = 0.8 \times 2600 = 2080 (mm)$，对于支座负弯矩段取 $l_0 = 0.4l = 0.4 \times 2600 = 1040 (mm)$。根据 l_0/b 查表 7-1：

对于 $l_0/b = 2080/825 = 2.521$，得 $\xi_1 = 0.78$，则 $B = \xi_1 b = 0.78 \times 825 = 644 (mm)$；

对于 $l_0/b = 1040/825 = 1.261$，得 $\xi_2 = 0.364$，则 $B = \xi_2 b = 0.364 \times 825 = 300 (mm)$。

对第一跨中选用 $B = 548 mm$，则水平次梁组合截面面积（例图 7-4）为

$$A = 2569 + 548 \times 8 = 6953 (mm^2)$$

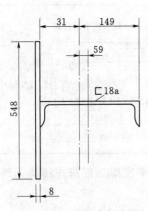

例图 7-4 面板参加水平次梁工作后的组合截面（单位：mm）

组合截面形心到槽钢中心线的距离为

$$e = \frac{548 \times 8 \times 94}{6953} = 59 (mm)$$

跨中组合截面的惯性矩及截面模量为

$$I_{次中} = 12727000 + 2569 \times 59^2 + 548 \times 8 \times 35^2$$
$$= 27040000 (mm^4)$$

$$W_{min} = \frac{27040000}{149} = 181500 (mm^2)$$

对支座段选用 $B = 300 mm$，则组合截面面积：

$$A = 2569 + 300 \times 8 = 4969 (mm^2)$$

组合截面形心到槽钢中心线距离：

$$e = \frac{300 \times 8 \times 94}{4969} = 45 (mm)$$

支座处组合截面的惯性矩及截面模量：

$$I_{次B} = 12727000 + 2569 \times 45^2 + 300 \times 8 \times 49^2 = 23691625(\text{mm}^4)$$

$$W_{\min} = \frac{23691625}{135} = 175493(\text{mm}^2)$$

3. 水平次梁的强度验算

由于支座 B（例图 7-3）处弯矩最大，而截面模量较小，故只需验算支座 B 处截面的抗弯强度，即

$$\sigma_{次} = \frac{M_{次B}}{W_{\min}} = \frac{26.26 \times 10^6}{175493} = 149.6(\text{N/mm}^2) < [\sigma] = 160\text{N/mm}^2$$

说明水平次梁选用 [18a 满足要求。

轧成梁的剪应力一般很小，可不必验算。

4. 水平次梁的挠度验算

受均布荷载的等跨连续梁，最大挠度发生在边跨，由于水平次梁在 B 支座处截面的弯矩已经求得 $M_{次B} = 26.26\text{kN} \cdot \text{m}$，则边跨挠度可近似地按下式计算：

$$\frac{w}{l} = \frac{5}{384} \frac{ql^3}{EI_{次}} - \frac{M_{次B}l}{16EI_{次}}$$

$$= \frac{5 \times 36.3 \times (2.6 \times 10^3)^3}{384 \times 2.06 \times 10^5 \times 2704 \times 10^4} - \frac{26.26 \times 10^6 \times 2.6 \times 10^3}{16 \times 2.06 \times 10^5 \times 2704 \times 10^4}$$

$$= 0.000725 \leqslant \left[\frac{w}{l}\right] = \frac{1}{250} = 0.004$$

故水平次梁选用 [18a 满足强度和刚度要求。

5. 顶梁和底梁

顶梁所受荷载较小，但考虑水面漂浮物的撞击等影响，必须加强顶梁刚度，所以也采用 [18a。

底梁也采用 [18a。

五、主梁设计

（一）设计资料

（1）主梁跨度（例图 7-5）：净跨（孔口宽度）$L_0 = 10\text{m}$，计算跨度 $L = 10.4\text{m}$，荷载跨度 $L_1 = 10\text{m}$；

（2）主梁荷载：$q = 88.2\text{kN/m}$；

（3）横向隔板间距：2.6m；

（4）主梁容许挠度 $[w] = L/600$。

（二）主梁设计

主梁设计内容包括：①截面选择；②截面改变；③翼缘焊缝；④腹板的加劲肋和局部稳定验算；⑤面板局部弯曲与主梁整体弯曲的折算应力验算。

1. 截面选择

（1）弯矩与剪力。弯矩与剪力计算如下：

$$M_{\max} = \frac{88.2 \times 10}{2} \times \left(\frac{10.4}{2} - \frac{10}{4}\right) = 1191(\text{kN} \cdot \text{m})$$

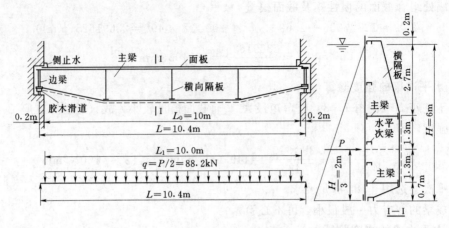

例图 7-5　平面钢闸门的主梁位置和计算简图

$$V_{\max} = \frac{qL_1}{2} = \frac{1}{2} \times 88.2 \times 10.0 = 441 (\text{kN})$$

（2）需要的截面模量。已知 Q235 钢的容许应力 $[\sigma] = 160\text{N/mm}^2$，考虑钢闸门自重引起的附加应力作用，取容许应力为 $[\sigma] = 0.9 \times 160 = 144\text{N/mm}^2$，则需要的截面模量为

$$W = \frac{M_{\max}}{[\sigma]} = \frac{1191 \times 100}{144 \times 0.1} = 8271 (\text{cm}^3)$$

（3）腹板高度选择。按刚度要求的最小梁高（变截面梁）为

$$h_{\min} = 0.96 \times 0.23 \frac{[\sigma]L}{E[w/L]} = 0.96 \times 0.23 \times \frac{144 \times 10^2 \times 10.4 \times 10^2}{2.06 \times 10^7 \times (1/600)} = 96.3 (\text{cm})$$

经济梁高　　　　　　　$h_{ec} = 3.1W^{2/5} = 3.1 \times 8271^{2/5} = 114 (\text{cm})$

由于钢闸门中的横向隔板重量将随主梁增高而增加，故主梁高度宜选得比 h_{ec} 小，但不小于 $h_{\min}$。现选用腹板高度 $h_0 = 100\text{cm}$。

（4）腹板厚度选择。按经验公式计算：$t_w = \sqrt{h}/11 = \sqrt{100}/11 = 0.91$（cm），选用 $t_w = 1.0\text{cm}$。

（5）翼缘截面选择。每个翼缘需要截面为

$$A_1 = \frac{W}{h_0} - \frac{t_w h_0}{6} = \frac{8271}{100} - \frac{1.0 \times 100}{6} = 66 (\text{cm}^2)$$

下翼缘选用　　　　　　　$t_1 = 2.0\text{cm}$（符合钢板规格）

需要 $b_1 = \dfrac{A_1}{t_1} = \dfrac{66}{2.0} = 33$（cm），选用 $b_1 = 34\text{cm}\left(\text{在} \dfrac{h}{2.5} \sim \dfrac{h}{5} = 40 \sim 20\text{cm 之间}\right)$。

上翼缘的部分截面积可利用面板，故只需设置较小的上翼缘板同面板相连，选用 $t_1 = 2.0\text{cm}$，$b_1 = 14\text{cm}$。

面板兼作主梁上翼缘的有效宽度取为

$$B = b_1 + 60\delta = 14 + 60 \times 0.8 = 62 (\text{cm})$$

上翼缘截面积

$$A_1 = 14 \times 2.0 + 62 \times 0.8 = 77.6 (\text{cm}^2)$$

（6）弯应力强度验算。主梁跨中截面（例图 7-6）的几何特性见例表 7-3。

截面形心矩：

$$y_1 = \frac{\sum Ay'}{\sum A} = \frac{12408}{245.6} = 50.5 (\text{cm})$$

截面惯性矩：

$$I = \frac{t_w h_0^3}{12} + \sum Ay^2 = \frac{1 \times 100^2}{12} + 384230 = 467600 (\text{cm}^4)$$

截面模量：

上翼缘顶边　　$W_{max} = \dfrac{I}{y_1} = \dfrac{467600}{50.5} = 9270 (\text{cm}^3)$

下翼缘底边　　$W_{min} = \dfrac{I}{y_2} = \dfrac{467600}{54.3} = 8620 (\text{cm}^3)$

弯应力：

$$\sigma = \frac{M_{max}}{W_{min}} = \frac{1191 \times 100}{8620} = 13.8 (\text{kN/cm}^2) < 0.9 \times 16$$

$$= 14.4 (\text{kN/cm}^2)(安全)$$

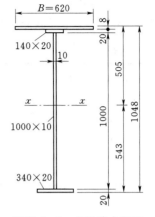

例图 7-6　主梁跨中截面
（单位：mm）

例表 7-3　　　　　　　　主梁跨中截面的几何特性

部　位	截面尺寸 /(cm×cm)	截面面积 A /cm²	各形心离面板表面距离 y' /cm	Ay' /cm³	各形心离中和轴距离 y=y'-y₁ /cm	Ay² /cm⁴
面板部分	62×0.8	49.6	0.4	19.8	−50.1	124300
上翼缘板	14×2.0	28.0	1.8	50.3	−48.7	66200
腹板	100×1.0	100	52.8	5280	2.3	530
下翼缘	34×2.0	68.0	103.8	7058	53.3	193200
合　计		245.6		12408		384230

（7）整体稳定性与挠度验算。因主梁上翼缘直接同钢面板相连，按规范规定可不必验算整体稳定性。又因梁高大于按刚度要求的最小梁高，故梁的挠度也不必验算。

2. 截面改变

因主梁跨度较大，为减小门槽宽度和支承边梁高度（节省钢材），有必要将主梁支承端腹板高度减小为 $h_0^s = 0.6$，$h_0 = 60\text{cm}$（例图 7-7）。

梁高开始改变的位置取在邻近支承端的横向隔板下翼缘的外侧（例图 7-8），离开支承端的距离为 $260 - 10 = 250\text{cm}$。

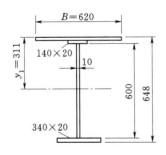

例图 7-7　主梁支承端截面（单位：mm）

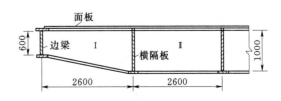

例图 7-8　主梁变截面位置图（单位：mm）

233

剪切强度验算：考虑到主梁端部的腹板及翼缘都分别同支承边梁的腹板及翼缘相焊接，故可按工字形截面来验算剪应力强度。主梁支承端截面的几何特性见例表 7 – 4。

例表 7 – 4　　　　　　　　　主梁端部截面的几何特性

部　位	截面尺寸 /(cm×cm)	A /cm²	y' /cm	Ay' /cm³	$y=y'-y_1$ /cm	Ay^2 /cm⁴
面板部分	62×0.8	49.6	0.4	19.8	−30.6	46443
上翼缘板	14×2.0	28	1.8	50.4	−29.2	23874
腹板	60×1.0	60	32.8	1968	1.8	194
下翼缘	34×2.0	68	63.8	4338	32.8	73157
合　计		205.6		6376		143668

截面形心距：
$$y_1 = \frac{6376}{205.6} = 31(\text{cm})$$

截面惯性矩：
$$I_0 = \frac{1 \times 60^3}{12} + 143668 = 161668(\text{cm}^4)$$

截面下半部对中和轴的面积矩：
$$S = 68 \times 32.8 + 31.8 \times 1.0 \times \frac{31.8}{2} = 2736(\text{cm}^3)$$

剪应力：
$$\tau = \frac{V_{max}S}{I_0 t_w} = \frac{441 \times 2736}{161668 \times 1.0} = 7.46(\text{kN/cm}^2) < [\tau] = 9.5\text{kN/cm}^2 \text{（安全）}$$

3. 翼缘焊缝

翼缘焊缝厚度 h_f 按受力最大的支承端截面计算。最大剪力 $V_{max} = 441\text{kN}$，截面惯性矩 $I_0 = 161668\text{cm}^4$。

上翼缘对中和轴的面积矩：
$$S_1 = 49.6 \times 30.6 + 28 \times 29.2 = 2335(\text{cm}^3)$$

下翼缘对中和轴的面积矩：
$$S_2 = 68 \times 32.7 = 2220(\text{cm}^3) < S_1$$

需要
$$h_f = \frac{VS_1}{1.4 I_0 [\tau_f^w]} = \frac{441 \times 2335}{1.4 \times 161668 \times 11.3} = 0.403(\text{cm})$$

角焊缝最小厚度：　　$h_f \geqslant 1.5\sqrt{t} = 1.5 \times \sqrt{20} = 6.7(\text{mm})$

全梁的上、下翼缘焊缝都采用 $h_f = 8\text{mm}$。

4. 腹板的加劲肋和局部稳定验算

加劲肋的布置：因为 $\dfrac{h_0}{t_w} = \dfrac{100}{1.0} = 100 > 80$，故需设置横加劲肋，以保证腹板的局部稳定性。

因闸门上已布置横向隔板可兼作横加劲肋，其间距 $a = 260\text{cm}$。腹板区格划分见例图 7 – 8。

梁高与弯矩都较大的区格 Ⅱ 可按式（4 – 66）即 $\left(\dfrac{\sigma}{\sigma_{cr}}\right)^2 + \left(\dfrac{\tau}{\tau_{cr}}\right)^2 + \dfrac{\sigma_c}{\sigma_{c.cr}} \leqslant 1$ 验算：

区格 Ⅱ 左边及右边截面的剪力分别为
$$V_{Ⅱ左} = 441 - 88.2 \times (5 - 2.6) = 229(\text{kN}); \quad V_{Ⅱ右} = 0$$

区格 Ⅱ 截面的平均剪应力为
$$\tau = \frac{(V_{Ⅱ左} + V_{Ⅱ右})/2}{h_0 t_w} = \frac{229/2}{100 \times 1.0} = 1.15(\text{kN/cm}^2) = 11.5\text{N/mm}^2$$

区格 Ⅱ 左边及右边截面上的弯矩分别为

$$M_{II左} = 441 \times 2.6 - 88.2 \times \frac{(5-2.6)^2}{2} = 893(kN \cdot m)$$

$$M_{II右} = M_{max} = 1191 kN \cdot m$$

区格 II 的平均弯矩为

$$M_{II} = \frac{M_{II左} + M_{II右}}{2} = \frac{893 + 1191}{2} = 1042(kN \cdot m)$$

区格 II 的平均弯应力为

$$\sigma_{II} = \frac{M_{II} y_0}{I} = \frac{1042 \times 477 \times 10^6}{467600 \times 10^4} = 106.3(N/mm^2)$$

由式（4-61）计算 σ_{cr}

$$\lambda_b = \frac{h_0/t_w}{177}\sqrt{\frac{f_y}{235}} = \frac{100/1.0}{177} \times \sqrt{\frac{235}{235}} = 0.56 < 0.85$$

$$\sigma_{cr} = [\sigma] = 160 N/mm^2$$

计算 τ_{cr}，由于区格长短边之比为 2.6/1.0 > 1.0，采用式（4-54b）计算 λ_s：

$$\lambda_s = \frac{h_0/t_w}{41 \times \sqrt{5.34 + 4(h_0/a)^2}}\sqrt{\frac{f_y}{235}} = \frac{100/1.0}{41 \times \sqrt{5.34 + 4 \times (100/260)^2}}\sqrt{\frac{235}{235}} = 1.0$$

则 $\quad \tau_{cr} = [1 - 0.59(\lambda_s - 0.8)][\tau] = [1 - 0.59 \times (1 - 0.8)] \times 95 = 83.8(N/mm^2)$

$$\sigma_c = 0$$

将以上数据代入式（4-66）有

$$\left(\frac{106.3}{160}\right)^2 + \left(\frac{11.5}{83.8}\right)^2 = 0.44 + 0.02 = 0.46 < 1.0 \text{（满足局部要求）}$$

故在横隔板之间（区格 II）不必增设横加劲肋。

再从剪力最大的区格 I 来考虑：

该区格的腹板平均高度 $\overline{h}_0 = \frac{1}{2}(100 + 60) = 80(cm)$。

因 $\overline{h}_0/t_w = 80$，不必验算，故在梁高减小的区格 I 内也不必另设横加劲肋。

5. 面板局部弯曲与主梁整体弯曲的折算应力验算

从上述的面板计算可见，直接与主梁相邻的面板区格，只有区格 IV 所需要的板厚较大，这意味着该区格的长边中点应力也较大，所以选取区格 IV（例图 7-2）按式（7-4）验算其长边中点的折算应力。

面板区格 IV 在长边中点的局部弯曲应力：

$$\sigma_{my} = \frac{kpa^2}{t^2} = \frac{0.5 \times 0.04 \times 770^2}{8^2} = \pm 185(N/mm^2)$$

$$\sigma_{mx} = \mu\sigma_{my} = \pm 0.3 \times 185 = \pm 56(N/mm^2)$$

对应于面板区格 IV 在长边中点的主梁弯矩（例图 7-5）和弯应力：

$$M = 88.2 \times 5 \times 3.9 - \frac{88.2 \times 3.7^2}{2} = 1720 - 604$$

$$= 1116(kN \cdot m)$$

$$\sigma_{0x} = \frac{M}{W} = \frac{1116 \times 10^6}{9.27 \times 10^6} = 120(N/mm^2)$$

面板区格 IV 的长边中点的折算应力

$$\sigma_{zh} = \sqrt{\sigma_{my}^2 + (\sigma_{mx} + \sigma_{0x})^2 - \sigma_{my}(\sigma_{mx} + \sigma_{0x})}$$
$$= \sqrt{185^2 + (56 - 120)^2 - 185 \times (56 - 120)}$$
$$= 224(\text{N/mm}^2) < \alpha[\sigma] = 1.55 \times 160 = 248(\text{N/mm}^2)$$

上式中 σ_{my}、σ_{mx} 和 σ_{0x} 的取值均以拉应力为正号，压应力为负号。

故面板厚度选用 8mm，满足强度要求。

六、横隔板设计

1. 荷载和内力计算

横隔板同时兼作竖直次梁，它主要承受水平次梁、顶梁和底梁传来的集中荷载以及面板传来的分布荷载，计算时可把这些荷载用以三角形分布的水压力来代替（例图 7-1），

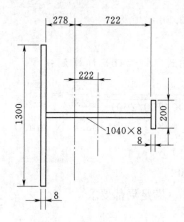

例图 7-9　横隔板截面
（单位：mm）

并且把横隔板作为支承在主梁上的双悬臂梁。则每片横隔板在上悬臂的最大负弯矩为

$$M = \frac{2.7 \times 26.5}{2} \times 2.60 \times \frac{2.7}{3} = 83.7(\text{kN} \cdot \text{m})$$

2. 横隔板截面选择和强度计算

其腹板选用与主梁腹板同高，采用 $1000\text{mm} \times 8\text{mm}$，上翼缘利用面板，下翼缘采用 $200\text{mm} \times 8\text{mm}$ 的扁钢。上翼缘可利用面板的宽度按 $B = \xi_2 b$ 确定，其中 $b = 2600\text{mm}$，按 $\dfrac{l_0}{b} = \dfrac{2 \times 2700}{2600} = 2.077$，从表 7-1 查得有效宽度系数 $\xi_2 = 0.51$，则 $B = 0.51 \times 2600 = 1326$（mm），取 $B = 1300\text{mm}$。

计算如例图 7-9 所示的截面几何特性。

截面形心到腹板中心线的距离：

$$e = \frac{1300 \times 8 \times 504 - 200 \times 8 \times 504}{1300 \times 8 + 200 \times 8 + 1000 \times 8} = 222(\text{mm})$$

截面惯矩：

$$I = \frac{8 \times 1000^3}{12} + 8 \times 1000 \times 222^2 + 8 \times 200 \times 726^2 + 8 \times 1300 \times 282^2 = 273131 \times 10^4 (\text{mm}^4)$$

截面模量：

$$W_{\min} = \frac{273131 \times 10^4}{730} = 3741500(\text{mm}^3)$$

验算弯应力：

$$\sigma = \frac{M}{W_{\min}} = \frac{83.71 \times 10^6}{3741500} = 22.4(\text{N/mm}^2) < [\sigma]$$

由于横隔板截面高度较大，剪切强度更不必验算。横隔板翼缘焊缝采用最小焊缝厚度 $h_f = 6\text{mm}$。

七、纵向连接系设计

1. 荷载和内力计算

纵向连接系承受闸门自重。露顶式平面钢闸门门叶自重 G 按附录十一式（附11-1）计算：

$$G = K_z K_c K_g H^{1.43} B^{0.88} \times 9.8$$
$$= 0.81 \times 1.0 \times 0.13 \times 6.0^{1.43} \times 10^{0.88} \times 9.8 = 101.5(\text{kN})$$

下游纵向连接系承受 $0.4G=0.4×101.5=40.6(kN)$

纵向连接系视作简支的平面桁架，其桁架腹杆布置如例图 7-10 所示：

其节点荷载为

$$\frac{40.6}{4}=10.15(kN)$$

杆件内力计算结果如例图 7-10 所示。

2. 斜杆截面计算

斜杆承受最大拉力 $N=21.53kN$，同时考虑闸门偶然扭曲时可能承受压力，故长细比的限制值应与压杆相同，即 $λ≤[λ]=200$。

选用单角钢 L $100×8$，由附录三表 2 查得

截面面积　$A=15.6cm^2=1560mm^2$

回转半径　$i_{y0}=1.98cm=19.8mm$

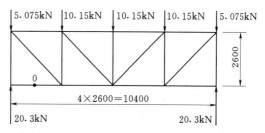

例图 7-10　纵向连接系计算图（单位：mm）

斜杆计算长度　$l_0=0.9×\sqrt{2.6^2+2.6^2+0.4^2}=3.33(m)$

长细比　　　　$λ=\dfrac{l_0}{i_{y0}}=\dfrac{3.33×10^3}{19.8}=168.2<[λ]=200$

验算拉杆强度

$$σ=\frac{21.53×10^3}{1560}=13.8(N/mm^2)<0.85[σ]=133N/mm^2$$

考虑单角钢受力偏心的影响，将容许应力降低 15% 进行强度验算。

3. 斜杆与节点板的连接计算（略）

八、边梁设计

边梁的截面形式采用单腹式（例图 7-11），边梁的截面尺寸按构造要求确定，即截面高度与主梁端部高度相同，腹板厚度与主梁腹板厚度相同，为了便于安装压合胶木滑块，下翼缘宽度不宜小于 300mm。

边梁是闸门的重要受力构件，由于受力情况复杂，故在设计时可将容许应力值降低 20% 作为考虑受扭影响的安全储备。

1. 荷载和内力计算

在闸门每侧边梁上各设两个胶木滑块。其布置尺寸见例图 7-12。

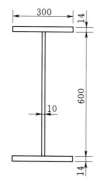

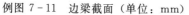

例图 7-11　边梁截面（单位：mm）

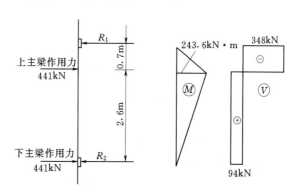

例图 7-12　边梁计算图

（1）水平荷载。主要是主梁传来的水平荷载，还有水平次梁和顶、底梁传来的水平荷载。为了简化起见，可假定这些荷载由主梁传给边梁。每个主梁作用于边梁的荷载为 $R = 441\text{kN}$。

（2）竖向荷载。有闸门自重、滑道摩阻力、止水摩阻力、起吊力等。

上滑块所受的压力　　　　$R_1 = \dfrac{441 \times 2.6}{3.3} = 348 (\text{kN})$

下滑块所受的压力　　　　$R_2 = 882 - 348 = 534 (\text{kN})$

最大弯矩　　　　　　　　$M_{max} = 348 \times 0.7 = 243.6 (\text{kN·m})$

最大剪力　　　　　　　　$V_{max} = R_1 = 348 (\text{kN})$

最大轴向力为作用在一个边梁上的起吊力，估计为 200kN（详细计算见后）。在最大弯矩作用截面上的轴向力，等于起吊力减去上滑块的摩阻力，该轴向力 $N = 200 - R_1 f = 200 - 348 \times 0.12 = 158.24 (\text{kN})$。

2. 边梁的强度验算

截面面积　　　　　$A = 600 \times 10 + 2 \times 300 \times 14 = 14400 (\text{mm}^2)$

面积矩　　　$S_{max} = 14 \times 300 \times 307 + 10 \times 300 \times 150 = 1739400 (\text{mm}^3)$

截面惯性矩　$I = \dfrac{10 \times 600^3}{12} + 2 \times 300 \times 14 \times 307^2 = 971691600 (\text{mm}^4)$

截面模量　　　　　$W = \dfrac{971691600}{314} = 3094600 (\text{mm}^3)$

截面边缘最大应力验算：

$$\sigma_{max} = \frac{N}{A} + \frac{M_{max}}{W} = \frac{158.24 \times 10^3}{14400} + \frac{243.6 \times 10^6}{3094600} = 11 + 79$$

$$= 90 (\text{N/mm}^2) < 0.8[\sigma] = 0.8 \times 157 = 126 (\text{N/mm}^2)$$

腹板最大剪应力验算：

$$\tau = \frac{V_{max} S_{max}}{I t_w} = \frac{348 \times 10^2 \times 1739400}{971691600 \times 10}$$

$$= 62 (\text{N/mm}^2) < 0.8[\tau] = 0.8 \times 95 = 76 (\text{N/mm}^2)$$

腹板与下翼缘连接处折算应力验算：

$$\sigma = \frac{N}{A} + \frac{M_{max}}{W} \frac{y'}{y} = 11 + 79 \times \frac{300}{314} = 85.5 (\text{N/mm}^2)$$

$$\tau = \frac{V_{max} S_i}{I t_w} = \frac{348 \times 10^3 \times 300 \times 14 \times 307}{97.16916 \times 10^7 \times 10} = 46.2 (\text{N/mm}^2)$$

$$\sigma_{2h} = \sqrt{\sigma^2 + 3\tau^2} = \sqrt{85.5^2 + 3 \times 46.2^2}$$

$$= 117 (\text{N/mm}^2) < 0.8[\sigma] = 0.8 \times 160 = 128 (\text{N/mm}^2)$$

以上验算均满足强度要求。

九、行走支承设计

胶木滑块计算：滑块位置如例图 7-12 所示，下滑块受力最大，其值为 $R_2 = 534\text{kN}$。设滑块长度为 350mm，则滑块单位长度的承压力为

$$q = \frac{534 \times 10^2}{350} = 1526(\mathrm{N/mm})$$

根据上述 q 值由表 7-2 查得轨顶弧面半径 $R = 150\mathrm{mm}$，轨头设计宽度为 $b = 35\mathrm{mm}$。胶木滑道与轨顶弧面的接触应力按式（7-13）进行验算：

$$\sigma_{max} = 104\sqrt{\frac{q}{R}} = 104 \times \sqrt{\frac{1526}{150}}$$

$$= 332(\mathrm{N/mm^2}) \leqslant [\sigma_j] = 500\mathrm{N/mm^2}$$

选定胶木高 30mm，宽 120mm，长 350mm。

十、胶木滑块轨道设计（例图 7-13）

1. 确定轨道底板宽度

轨道底板宽度按混凝土承压强度决定。根据 C20 混凝土由第二章表 2-12 查得混凝土的容许承压应力为 $[\sigma_h] = 7\mathrm{N/mm^2}$，则所需要的轨道底板宽度为

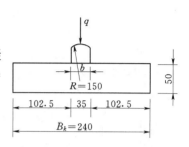

例图 7-13　胶木滑块支承
轨道截面（单位：mm）

$$B_h = \frac{q}{[\sigma_h]} = \frac{1526}{7} = 218(\mathrm{mm})，取 B_h = 240\mathrm{mm}$$

故轨道底面压应力：

$$\sigma_h = \frac{1526}{240} = 6.4(\mathrm{N/mm^2})$$

2. 确定轨道底板厚度

轨道底板厚度 δ 按其弯曲强度确定。轨道底板的最大弯应力：

$$\sigma = 3\sigma_h \frac{c^2}{t^2} \leqslant [\sigma]$$

式中轨道底板的悬臂长度 $c = 102.5\mathrm{mm}$，对于 Q235 由第二章表 2-9 查得 $[\sigma] = 100\mathrm{N/mm^2}$。

故所需轨道底板厚度：

$$t = \sqrt{\frac{3\sigma_h c^2}{[\sigma]}} = \sqrt{\frac{3 \times 6.4 \times 102.5^2}{100}} = 44.9(\mathrm{mm})，取 t = 50\mathrm{mm}$$

十一、闸门启闭力和吊座计算

1. 启门力按式（7-25）计算

$$T_启 = 1.1G + 1.2(T_{zd} + T_{zs}) + P_x$$

其中闸门自重 $\qquad\qquad\qquad G = 101.5\mathrm{kN}$

滑道摩阻力 $\qquad\qquad T_{zd} = fP = 0.12 \times 1764 = 212(\mathrm{kN})$

止水摩阻力 $\qquad\qquad T_{zs} = 2fbHp$

因　橡皮止水与钢板间摩擦系数 $\qquad f = 0.65$

橡皮止水受压宽度取为 $\qquad\qquad b = 0.06\mathrm{m}$

每边侧止水受水压长度 $\qquad\qquad H = 6.0\mathrm{m}$

侧止水平均压强 $\qquad\qquad\qquad p = 29.4\mathrm{kN/m^2}$

故 $\qquad\qquad T_{zs} = 2 \times 0.65 \times 0.06 \times 6 \times 29.4 = 13.8(\mathrm{kN})$

下吸力 P_x 底止水橡皮采用 I110-16 型，其规格为宽 16mm，长 110mm。底止水沿门跨长 10.4m。根据规范 SL 74—2013：启门时闸门底缘平均下吸强度一般按 20kN/m² 计算，则下吸力：

$$P_x = 20 \times 10.4 \times 0.016 = 3.3 \text{(kN)}$$

故闸门启门力：

$$T_{启} = 1.1 \times 101.5 + 1.2 \times (212 + 13.8) + 3.3 = 386 \text{(kN)}$$

2. 闭门力按式 (7-24) 计算

$$T_{闭} = 1.2(T_{zd} + T_{zs}) - 0.9G$$
$$= 1.2 \times (212 + 13.8) - 0.9 \times 101.5 = 179.6 \text{(kN)}$$

显然仅靠闸门自重是不能关闭闸门的。由于该溢洪道闸门孔口较多，若把闸门行走支承改为滚轮，则边梁需由单腹式改为双腹式，加上增设滚轮等设备，则总造价增加较多。为此，宜考虑采用一个重量为 200kN 的加载梁，在闭门时可以依次对需要关闭的闸门加载下压关闭。加载梁的设计本章不予详述。

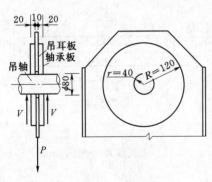

例图 7-14 吊轴和吊耳板（单位：mm）

3. 吊轴和吊耳板验算（例图 7-14）

（1）吊轴。采用 Q235 钢，由第二章表 2-9 查得 $[\tau] = 60 \text{N/mm}^2$，采用双吊点，每边起吊力为

$$P = 1.2 \times \frac{T_{启}}{2} = 1.2 \times \frac{386}{2} = 231.6 \text{(kN)}$$

吊轴每边剪力

$$V = \frac{P}{2} = \frac{231.6}{2} = 115.8 \text{(kN)}$$

需要吊轴截面积

$$A = \frac{V}{[\tau]} = \frac{115.8 \times 10^3}{60} = 1930 \text{(mm}^2)$$

又

$$A = \frac{\pi d^2}{4} = 0.785 d^2$$

故吊轴直径 $d \geqslant \sqrt{\dfrac{A}{0.785}} = \sqrt{\dfrac{1930}{0.785}} = 63.2$ （mm），取 $d = 80\text{mm}$

（2）吊耳板强度验算。按局部紧接承压条件，吊耳板需要厚度按式（7-26）计算，由第二章表 2-9 查得 Q235 钢的 $[\sigma_{cj}] = 80 \text{N/mm}^2$，故

$$t = \frac{P}{d[\sigma_{cj}]} = \frac{231.6 \times 10^3}{80 \times 80} = 36 \text{(mm)}$$

因此在边梁腹板上端部的两侧各焊一块厚度为 20mm 的轴承板。轴承板采用圆形，其直径取为 $3d = 3 \times 80 = 240$ （mm）。

吊耳孔壁拉应力按式（7-27）计算：

$$\sigma_k = \sigma_{cj} \frac{R^2 + r^2}{R^2 - r^2} \leqslant 0.8[\sigma_k]$$

式中 $\sigma_{cj} = \dfrac{P}{td} = \dfrac{231.6 \times 10^3}{40 \times 80} = 72.4\,(\text{N/mm}^2)$，吊耳板半径 $R = 120\text{mm}$，轴孔半径 $r = 40\text{mm}$，由第二章表 2-9 查得 $[\sigma_k] = 115\text{N/mm}^2$，所以孔壁拉应力：

$$\sigma_k = 72.4 \times \frac{120^2 + 40^2}{120^2 - 40^2} = 90.5\,(\text{N/mm}^2) < 0.8 \times 115 = 92\,(\text{N/mm}^2)$$

故满足要求。

🐟 思 考 题

7-1 根据平面钢闸门的功用分有几种类型？它们之间的启闭方式有何不同？由于启闭方式不同，在设计上有何区别？

7-2 门叶结构由哪些部件和构件组成？它们的作用是什么？水压力是通过什么途径传至闸墩的？

7-3 主梁一般按什么原则布置？这种布置的优点是什么？试推证式（7-1）和式（7-2）。

7-4 梁格齐平连接和降低连接各有何优缺点？

7-5 为什么梁的跨度越大，梁的数目宜越少？大跨度平面闸门的主梁数为何又不宜少于 2 个？

7-6 怎样确定面板的厚度？又怎样验算它的强度？

7-7 面板参与梁截面的宽度是根据什么条件确定的？

7-8 试画出梁格降低连接和齐平连接时的次梁计算简图？

7-9 平面闸门的主梁设计特点是什么？

7-10 单腹式边梁和双腹式边梁各适用于什么情况？

7-11 行走支承有哪两大类？它们的计算特点是什么？

7-12 平面闸门的主轨如何计算？

7-13 为什么要分别计算闸门的启门力和闭门力？若闭门力大于闸门自重时，可采用哪些措施使闸门关闭？

7-14 试画出几种止水的构造图。

第八章 预应力钢结构概述

第一节 基本原理及材料

一、什么是预应力钢结构?

为了提高钢结构的承载能力和刚度,使结构在承载之前或者在承受部分荷载之后,人为地对结构预先施加一个应力状态,这个应力状态和荷载引起的应力状态其符号刚好相反,因此,当荷载作用于结构时,必须先抵消预加的应力,然后结构再按一般情况工作。这样就提高了结构的承载能力和刚度。

在预应力钢结构中,常采用高强度材料(钢线绳或钢丝束等)做的构件来调整结构的内力分布,使这些高强材料最有效地承受拉力,以达到用高强钢来代替部分普通钢的目的。一简支梁跨中承受集中荷载 P,高强度钢索布置如图 8-1 所示。先拉紧钢索,使之产生与工作弯矩反向的预加弯矩,梁的工作弯矩与预加弯矩相抵之后,最后的工作弯矩大为减小,这样就提高了梁的承载能力和刚度。

采用这种方法可能会增加高强度钢材的用量。由于钢材强度提高的幅度较大,而价格提高的幅度很小,因此总的工程造价仍然较低。例如德国有关实际工程资料表明,如果钢材强度增加 $5\sim5.5$ 倍,其价格仅仅增加 $1\sim1.5$ 倍。

所采用的钢丝是如何形成高强的?首先要采用冶炼出来的高强度钢筋,其次再进行冷拔或冷拉。

冷拔是一种常温下的金属材料加工工艺。例如将直径为 $6\sim8mm$ 的钢筋通过特制的钨合金拔丝模孔(图 8-2),强拔使其塑性变形,经过几次冷拔后,拔成直径为 $3\sim4mm$ 的钢丝,这时钢丝的抗拉强度比冷拔前要提高 $50\%\sim90\%$。

冷拉,将钢筋拉过屈服点 σ_f(图 8-3),然后放松,这时由于钢筋的冷作硬化(强化)效应,再继续张拉时,钢筋的屈服点 σ_f' 就有明显的提高。若第一次张拉后,停放一

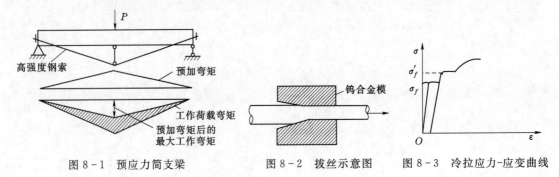

图 8-1 预应力简支梁   图 8-2 拔丝示意图   图 8-3 冷拉应力-应变曲线

段时间或者人工时效，由于时效作用，钢筋还可以提高强度。

高强度钢丝束就是由这些钢丝组合而成的。

施加预应力的方法如下：

（1）张拉钢索是预应力钢结构中施加预应力的主要方法。如图8-1所示的简支梁，在梁的下端设置高强度钢索，收紧钢索以提高梁的承载能力和提高梁的刚度。

（2）对连续梁可以通过调整支座高度来施加预应力，以改善弯矩沿梁长度方向的分布状态，使梁的用钢量减少。

图8-4（a）为一受均布荷载作用下的两等跨连续梁，其弯矩分布见图8-4（b），梁的跨中弯矩为$\frac{1}{16}ql^2$（距端支座为$\frac{3}{8}l$处的最大弯矩为$\frac{1}{14.22}ql^2$），而支座弯矩为$\frac{1}{8}ql^2$，如按最大弯矩（$\frac{1}{8}ql^2$）来设计等截面梁，则跨中截面有很大的强度富余，材料不能充分作用。若适当降低中间支座高度，由支座沉降引起的正弯矩［图8-4（c）］与荷载引起的负弯矩相叠加以后，可使支座弯矩与跨中弯矩的绝对值相等［图8-4（d）］。这样就达到了改善沿梁长弯矩分布的目的。武汉长江第一公铁两用钢桥就是利用了这一原理来优化弯矩的分布，改善弯矩分布的问题。

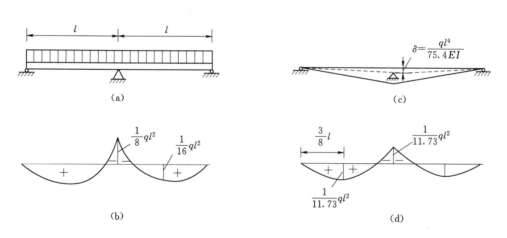

图8-4 降低支座调整弯矩

（3）强制变形法造成有利的预应力，见图8-5，对两个自由叠合的工字梁，在跨中作用一个与工作荷载相反的集中力P，强迫向上变形，由于两梁间无连接，如同两根单梁一样受力，截面应力分布见图8-5（a），这时再把两梁焊接起来变成整根梁，卸除外力P后，梁产生回弹应力见图8-5（b），回弹应力分布就是整个梁受到向下集中力P作用的应力状态。在无外荷载下，梁内存在的应力状态就是图8-5（a）、（b）两项的叠加，即图8-5（c）。从图8-5（c）可见，预应力梁在承受工作荷载前，在弯曲应力最大的梁上、下边缘处，已经存在与工作弯曲应力［图8-5（d）］符号相反的应力，当外荷载作用时，首先要抵消已有的预应力，然后再发挥材料的应有强度，由此就大大提高了梁的承载能力。

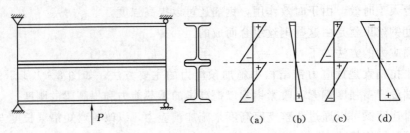

图 8-5 强制变形预应力梁内力图

二、钢丝束的弹性模量

预应力钢结构是由普通钢材和高强度钢索（钢丝束或钢绞线）共同组成的，这两种材料的内力分担一定会涉及变形协调条件，因此必须知道材料自身的弹性模量。已知普通钢的弹性模量为 $E = 206 \times 10^3 \, \text{N/mm}^2$，钢绞线的钢丝细而强度高，但由于扭绞关系，它的弹性模量较低，多股钢绞线为 $E = 150 \times 10^3 \, \text{N/mm}^2$；单股钢绞线为 $E = 180 \times 10^3 \, \text{N/mm}^2$。

钢丝束由多根钢丝平行布置于两端圆套筒及螺杆上（图 8-6）。从钢丝束的构造可知，套筒螺杆由普通钢加工而成，它与钢丝的弹性模量不同。为了确定钢丝和螺杆共同的折算弹性模量 E_k，可设钢丝锚固后在螺帽之间净长为 l，钢丝在套筒之间的净长为 l_1，则螺杆加套筒的长度为 $l_2 = l - l_1$。当钢丝束受张力 P 作用后：

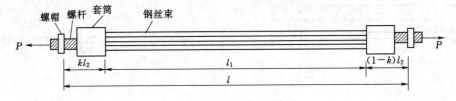

图 8-6 钢丝束的构成

钢丝部分的伸长量 $$\Delta l_1 = \frac{Pl_1}{A_1 E_1}$$

螺杆加套筒的伸长量 $$\Delta l_2 = \frac{Pl_2}{A_2 E_2}$$

式中 A_1、E_1——钢丝的总截面积和弹性模量；

A_2、E_2——螺杆的截面积和弹性模量。

整个钢丝束的折合截面积假设为 A_k，钢丝束总伸长为

$$\frac{Pl}{A_k E_k} = \Delta l_1 + \Delta l_2 = \frac{Pl_1}{A_1 E_1} + \frac{Pl_2}{A_2 E_2}$$

如果设 $A_k = A_1$，即可从上式求得钢丝束的折合弹性模量 E_k

$$E_k = \frac{l}{l_1 + \frac{E_1 A_1}{E_2 A_2} l_2} E_1 \tag{8-1}$$

三、预应力松弛和锚具压缩的应力补偿

拉索在参加工作张拉后，由于钢材的蠕变会引起拉索的应力松弛。锚具构造间隙的压

缩也会引起张拉应力的减少。因此在施加预应力时应计入这两项的应力损失而需要加大张拉的力度。

设锚具的压缩总量为 Δa，当用螺帽或楔形塞锚固时，$\Delta a = 0.1\text{cm}$；当用一块垫板锚固时，$\Delta a = 0.2\text{cm}$；每增加一块垫板，Δa 相应增加 0.1cm，因此尽量少用垫板。

应力松弛按 5% 计入，这只是经验值，采用不同钢材以及张拉应力值的不同，应力松弛损失也不一样，所以设计时应按 CECS212：2006《预应力钢结构技术规程》中的规定采用。

拉索实际张拉力的控制应按式（8-2）算出：

$$P_0 = \frac{P}{0.95} + \Delta a \frac{A_2 E_2}{l_2} \qquad (8-2)$$

式中　P_0——根据仪表控制的拉力值；

　　　P——拉索中的计算内力值；

　　　Δa——锚具压缩总量。

第二节　预应力拉杆设计

在结构工程中，拉杆被大量使用。在运输和使用过程中，为了避免自重下垂以及振动，拉杆应具有一定的刚度。拉杆的构造见图 8-7，外围由型钢构成，中间设置柔性钢索。

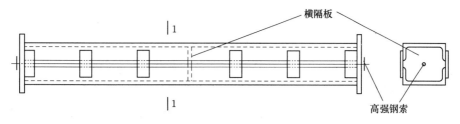

图 8-7　预应力拉杆

一、承载能力计算

承载能力可按照两阶段受力或三阶段受力来计算，下面以图 8-7 为例说明一般预应力拉杆承载能力的计算方法。

1. 按两阶段受力计算

两阶段受力就是在施加预应力阶段后再承受荷载。

（1）施加预应力阶段。在施加预应力前，刚性的基本构件是没有应力的。由于中间钢索太柔软，预加压力必须由刚性杆承担，故应按照轴压稳定条件控制刚性杆预应力值 σ_c，即满足：

$$\sigma_c = -\frac{N_0}{A_0} \leqslant \varphi f \qquad (8-3)$$

式中　N_0——预压力；

　　　A_0——刚性杆的毛截面积；

　　　φ——刚性杆轴心受压稳定系数；

　　　f——刚性杆的强度设计值。

由图 8-7 可以看出，刚性杆为格构式缀板柱，故必须按表 5-3 中关于缀板柱的折算长细比公式算出 λ_{0x} 再查附录七得到 φ 值。

（2）荷载拉力作用阶段。由于拉杆是由普通型钢构成的刚性杆和弹性模量 E_k 较低的钢索所组成。当拉力 N 作用后，两者均有同一的受拉变形，两者所分担的拉力，也应按这个变形协调来分配。即

刚性杆分担的外力

$$N_1 = \frac{EA}{EA + E_k A_k} N \qquad (8-4)$$

钢索分担的外力

$$N_2 = \frac{E_k A_k}{EA + E_k A_k} N \qquad (8-5)$$

式中　N——荷载；

EA——刚性杆弹性模量和截面积；

$E_k A_k$——钢索的弹性模量和截面积。

外力在刚性杆中引起的拉力，除了要抵消刚性杆的预压力 N_0 外，其余的则使刚性杆承受拉应力。而钢索的总拉力为施加预拉力 N_0 与分担的外拉力 N_2 之和。刚性杆与钢索都必须满足强度条件：

刚性杆

$$-\frac{N_0}{A} + \frac{EN}{EA + E_k A_k} \leqslant f \qquad (8-6)$$

钢索

$$\frac{N_0}{A_k} + \frac{E_k N}{EA + E_k A_k} \leqslant f_k \qquad (8-7)$$

式中　f_k——钢索的设计强度值；

其他符号意义同前。

从以上可见：预加应力越高（N_0 越大），构件承载能力也越高，经济效果越显著。但由于张拉时受刚性杆稳定性的控制，最大的预加力只能达到 $\varphi A_0 f$，因此，为了提高预应力的数值，对长细比较大的基本构件（图 8-7），可以在长度的中点加设一道横隔板来提高它的稳定性。钢索或钢绞线从横隔板的中孔通过，当刚性杆在预压力下发生微弯时，张拉绷直的钢索就迫使与横隔板相连的刚性杆起到中间弹性支撑的作用，从而提高了构件的稳定性，进而增加了预应力值。

2. 按三阶段受力计算

为了提高预应力值，还可以把拉杆承受的荷载 N 分成两个部分，即 N_1 及 N_2，先使构件承受 N_1，再施加预压力 N_c，预压力不但可以抵消构件中的拉应力，而且还可以使它变成承受轴心压力的构件。最后再使杆件连续承受 N_2。可见在这种加力条件下，对基本构件应按三个受力阶段来计算：

（1）初始外力 N_1 作用阶段。

对刚性杆

$$\sigma_1 = \frac{N_{01}}{A} \leqslant f \qquad (8-8)$$

式中　N_{01}——按式（8-4）算得的拉力值，式（8-4）中的 N 应为 N_1。

（2）预加应力阶段。

对刚性杆
$$\sigma_c = \frac{N_{01} - N_c}{A} \leqslant \varphi f \qquad (8-9)$$

式中 N_c——施加预压力，其值应大于 N_{01}。

（3）后加外力 N_2 阶段。

刚性杆应满足强度条件
$$\sigma = \frac{N_{01} - N_c}{A} + \frac{E N_2}{EA + E_k A_k} \leqslant f \qquad (8-10)$$

钢索应满足强度条件
$$\sigma_k = \frac{N_c}{A_k} + \frac{E_k N_2}{EA + E_k A_k} \leqslant f_k \qquad (8-11)$$

二、施工张力的计算

当钢索较多而不能同时张拉时，后张钢索对先张钢索有降低预应力的作用。为了使钢索在工作中保持一定的预应力，则先张钢索的实际张力应大于工作阶段的张力，此实际张力称为施工张力。它的大小按下述方法计算。

假设所有钢索在全部张拉过程中都保持受拉状态。把所有钢索平均分成 r 组，要张拉 r 次，每一次张拉的钢索应有的张力为 $F = \dfrac{N_0}{r}$；当第 i 组钢索张拉时施工张力假设为 V_i，它放松后回弹引起已张拉好的 $(i-1)$ 组钢索的张力损失值为 χ_i，此值也是基本构件受力 V_i 的损失值。根据基本构件和 $(i-1)$ 组钢索的变形相等条件可知：

$$\frac{V_i - \chi_i}{EA} = \frac{\chi_i}{(i-1)E_k A_k}$$

式中 EA——基本构本的抗拉刚度；

$E_k A_k$——每组钢索的抗拉刚度。

由上式可得

$$\chi_i = V_i \frac{i-1}{(i-1)+\beta}$$

其中
$$\beta = \frac{EA}{E_k A_k}$$

当施加第 i 组钢索后，使先前每组钢索的张力损失值为

$$\Delta \chi_i = \frac{\chi_i}{i-1} = V_i \frac{1}{(i-1)+\beta}$$

由上式可知，当张拉 r 次后，在第一组钢索中引起的张力损失值为

$$V_2 \frac{1}{1+\beta} + V_3 \frac{1}{2+\beta} + \cdots + V_r \frac{1}{(r-1)+\beta}$$

假设每次张拉的钢索最后应当获得的张力为 $F = \dfrac{N_0}{r}$，那么第一组钢索的施工张力 V_1，减去上述张力损失值后应该等于 F，同理对于第 2 组钢索也可建立方程

$$\left.\begin{array}{l}
V_1 - \left[V_2 \dfrac{1}{1+\beta} + V_3 \dfrac{1}{2+\beta} + \cdots + V_r \dfrac{1}{(r-1)+\beta} \right] = F \\[2mm]
V_2 - \left[V_3 \dfrac{1}{2+\beta} + V_4 \dfrac{1}{3+\beta} + \cdots + V_r \dfrac{1}{(r-1)+\beta} \right] = F \\[2mm]
\vdots \\[1mm]
V_r = F
\end{array}\right\} \qquad (8-12)$$

由式（8-12）解得各组钢索的施工张力：

$$V_1 = V_2\left(1 + \frac{1}{1+\beta}\right)$$

$$V_2 = V_3\left(1 + \frac{1}{2+\beta}\right)$$

$$\vdots$$

$$V_i = V_{i+1}\left(1 + \frac{1}{i+\beta}\right) \qquad (8-13)$$

$$\vdots$$

$$V_r = F = \frac{N_0}{r}$$

显然，若把钢索分为两组张力，每组预加拉力应为 $\frac{N_0}{2}$，则第一组钢索施工张力应达到

$$V_1 = \frac{N_0}{2}\left(1 + \frac{1}{1+\beta}\right) \qquad (8-14)$$

三、构造要求

对预应力拉杆，当选用基本构件（刚性杆）时，应考虑其截面方便设置拉索及锚具装置。钢索的布置必须对称于截面，图 8-8 为几种预应力拉杆的截面形式。

钢索间距应根据张拉设备所需要的空间而定。

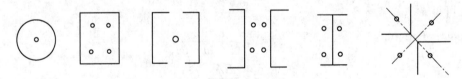

图 8-8 预应力拉杆截面

第三节 预应力桁架

一、钢索的布置与张拉

在桁架中采用钢索或钢丝束进行张拉，使桁架获得与外荷载作用时相反的力矩来实现预应力。钢索可以布置在桁架轮廓范围以内［图 8-9（a）～（d）］或在受拉下弦以外［图 8-9（e）］。

图 8-9（a）所示的预应力钢索布置，是将受力较大的拉杆分别加预应力，它的优点是能够在工厂张拉，现场安装简单，而缺点是钢索长度小，两端需要锚固零件太多，构造复杂。图 8-9（b）～（d）为贯通式配索，锚固材料可以少些，但是要在桁架拼装后才张拉。从预应力效果看，把钢索布置在桁架轮廓之外更加有利。

拉索的布置应对称于基本构件的截面重心（图 8-10），以防张拉时基本构件承受的偏心弯矩过大。而过早失稳。

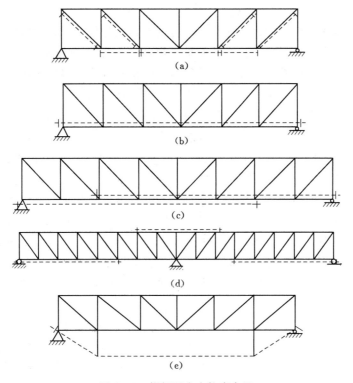

图 8-9 桁架预应力拉索布置

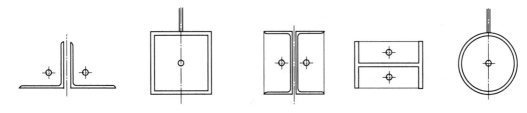

图 8-10 拉索沿基本构件的布置

在预应力张拉和承受荷载阶段，受拉构件出现受压情况时，必须按照压杆的设计原则进行计算，验算其强度和稳定性。

预应力钢索在桁架端部的锚固构造见图 8-11。

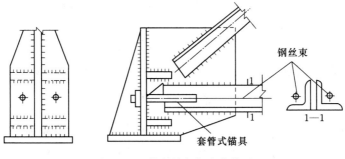

钢丝束

套管式锚具

1-1

图 8-11 桁架端部钢索的锚固

桁架的预应力可以一次张拉成功或者多次张拉成功。桁架在受荷载以前只进行一次张拉的最为简单。然而，桁架中因预应力而受压的最弱压杆件的承载力限制了张拉预应力的最大值。为了提高预应力，也可把桁架所承受恒载的一部分先加在桁架上，然后再张拉。而为了进一步提升张拉的效果，还可以采用多次张拉的方法。多次张拉是张拉和施加部分恒载的交替过程。即首先作第一次张拉，直到最弱压杆达到极限压力为止，接着以部分恒载加于桁架，直到受力最大的杆件达到张拉力的最大值。然后做第二次张拉直到最弱压杆再次出现极限压力为止，之后再继续加恒载。当然，还可以再重复这样的过程（第三次张拉）。这种方法虽然可以使桁架的用钢量最少，但是带来了施工上的困难。

二、计算方法

具有拉索的预应力桁架，从整体上说都是超静定体系。其中拉索内力为多余力，按力法求解。若桁架本身为 k 次超静定，当有 n 根拉索时，则总体为 $(k+n)$ 次超静定。对于只设一根拉索的简支桁架 ［图 8-9 （b）］，可按一次超静定计算，比较简单。

为了方便设计，可以先选择与本跨度相当的已建桁架作为参考，然后根据荷载的大小以及本桁架所采用的预应力情况进行截面尺寸预估等工作，在这个基础上再按预应力桁架进行设计。

当首先施加预应力时，见图 8-9 （b），桁架本身为静定结构，在钢索预拉力 χ_1 作用下，比较容易求出各杆内力值。钢索预拉力 χ_1 的最大值要保证桁架各杆的安全。图 8-9 （b）所示的钢索与下弦杆紧紧靠拢，显然钢索预拉力 χ_1 就是下弦杆的压力，但是 χ_1 应小于下弦杆最弱压杆的极限内力：

$$\chi_1 \leqslant \varphi A_1 f \tag{8-15}$$

式中　A_1——下弦杆最弱杆件的毛截面积；

　　　　φ——压杆整体稳定系数；

　　　　f——杆件材料的设计强度值。

当压杆下弦与张拉钢索之间有横隔板连系时，压杆的稳定系数 φ 可以大为提高，因为这时压杆的长细比可由联系点之间的距离来决定。

当钢索布置在桁架轮廓以外时（图 8-12），由于张拉钢索使下弦杆受压，张拉的最大拉力 χ_1 取决于受压力最大杆件 ab 的稳定条件。对 O 点的力矩，有

$$\chi_{1max} = \varphi A_1 f \frac{h}{H} \tag{8-16}$$

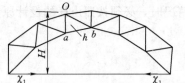

图 8-12　钢索在桁架平面内的布置

这时采用的整体稳定系数 φ 取决于按压杆 ab 全部长度求得的细长比。

图 8-12 所示桁架，为一次超静定结构。

在荷载作用下，假设钢索的内力 χ 作为多余未知力，其力法方程式如下：

$$\chi \delta_{11} + \Delta_{1p} = 0 \tag{8-17}$$

式中　δ_{11}——钢索在单位力（$\chi=1$）作用下，沿钢索方向产生的位移；

　　　　Δ_{1p}——荷载作用下当没有钢索时桁架在钢索方向产生的位移。

$$\delta_{11} = \sum \frac{\overline{N}_n^2 l_n}{EA_n} + \frac{l_k}{E_k A_k}$$

$$\Delta_{1p} = \sum \frac{\overline{N}_n N_{nq}}{EA_n} l_n$$

式中　$\overline{N}_n$——钢索单位拉力引起桁架中第 n 根杆件的内力;

　　　N_{nq}——由荷载作用下引起桁架中第 n 根杆件的内力;

　l_n，A_n——桁架第 n 根杆件的长度和截面积;

　l_k，A_k——钢索的长度和截面积。

根据上式不难求出钢索拉力 χ 的值。然而在求解 Δ_{1p} 的等式中，N_{nq} 是由荷载 q 作用下引起桁架中第 n 根杆件的内力，那么最大的荷载 q 是如何确定的呢？

因为杆件中的预应力与荷载产生的应力是相反的，所加荷载产生的应力应先抵消预应力，此后，杆内应力从零开始承受继续增加的荷载引起的应力，直到最弱杆件达到最大承载能力为止。

以上所述为同一根杆件，如图 8-9（b）所示桁架的跨中下弦杆。当不是同一根杆件时，最大荷载 q 取决于预加应力时最弱压杆的最大承载力 $\varphi A_{\mathrm{I}} f$ 和桁架在荷载下最弱拉杆最大承载力 $A_{\mathrm{II}} f$ 的差值。

为了确定荷载 q，需要先计算 $q=1$ 作用下的超静定桁架在最弱压杆（Ⅰ）和最弱拉杆（Ⅱ）中的内力 $\overline{N}_{\mathrm{I}q}$ 和 $\overline{N}_{\mathrm{II}q}$，然后将这两个内力分别除以对应的压杆和拉杆最大承载力 $\varphi A_{\mathrm{I}} f$ 和 $A_{\mathrm{II}} f$，即

$$\left. \begin{array}{l} q_1 = \dfrac{\varphi A_{\mathrm{I}} f}{\overline{N}_{\mathrm{I}q}} \\[3mm] q_2 = \dfrac{A_{\mathrm{II}} f}{\overline{N}_{\mathrm{II}q}} \end{array} \right\} \tag{8-18}$$

最大承载 q 为　　　　　　　　$q \leqslant q_2 - q_1$

在设计时，依次先张拉钢索再施加部分荷载 $\dfrac{q}{2}$。按照式（8-15）或式（8-16）和式（8-17）求得钢索中相应的内力 χ_1 和 χ。以后，可进行二次张拉钢索，直到有最弱压杆出现最大承载能力 $\varphi A_{\mathrm{I}} f$ 为止，这时，所张拉的钢索内力为 χ，而这时钢索中的总内力为

$$P = 2\chi + \chi_1 \tag{8-19}$$

以后再继续加载，若是加载仍为 $\dfrac{q}{2}$，则钢索中再次产生 χ，所以最后钢索的内力为

$$P = 3\chi + \chi_1 \tag{8-20}$$

当求出钢索总内力，并算出桁架各杆内力之后，各杆件都应满足自身承载能力的验算。

考虑应力松弛和锚具压缩的影响，钢索在张拉过程中用仪表控制的实际拉力 P_0 应当比理论值 P 要大些，实际控制值应为按式（8-2）所求出的数值。

当需要验算桁架的挠度时，对一次超静定桁架的挠度验算公式为

$$\omega = \sum_{i=1}^{m} \frac{\overline{N}_i N_{qi}}{EA_i} l_i + \frac{N_k \overline{N}_k}{E_k A_k} l_k \leqslant [\omega] \tag{8-21}$$

式中　$\overline{N}_i$——在桁架最大挠度处沿挠度方向作用单位力引起 i 杆的内力；

　　　N_{qi}——荷载作用下 i 杆的内力；

　　　N_k——钢索工作时的内力（$N_k=P$）；

　　　$\overline{N}_k$——桁架沿挠度方向作用单位力时在索内引起的内力；

　　　m——桁架杆件数目；

　E,E_k——杆件与拉索的弹性模量；

　A_i,A_k——i 杆与拉索截面积；

　l_i,l_k——i 杆与拉索长度。

预应力桁架的经济性随着跨度增大和恒载对活载的比值增大而有提高。对于桁架轮廓外设置钢索和多次施加预应力时，节约钢材可达 $25\%\sim30\%$。

第四节　预 应 力 梁

一、构造特点

梁和桁架预加应力的原理和加索的方式大体相同。高强度钢索的布置最好使预应力引起的弯矩与荷载弯矩对应相反，见图 8-1。对于受均布荷载的梁预应力钢索可按抛物线布置（图 8-13），张拉钢索以后，可以产生与外荷载相反的均布力，从而大大减小了使用弯矩的数值。

钢索或钢绞线必需对称于腹板两侧，为使钢索沿跨长形成曲线，必须在腹板上设置钢索的导向滑板，其构造见图 8-14。滑板上应涂上润滑油，以减少张拉时的摩擦阻力。

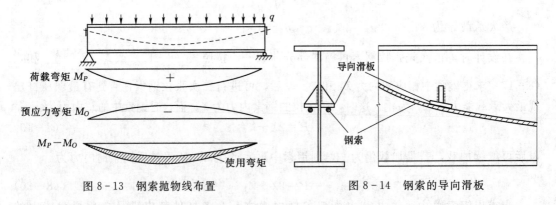

图 8-13　钢索抛物线布置　　　　图 8-14　钢索的导向滑板

对于纯弯矩的梁以及为了钢索布置上的方便，也可以采用如图 8-15 所示的直线布置。

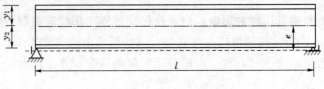

图 8-15　直线预应力钢索梁

钢索布置在下翼缘的梁，宜做成对于横轴为不对称的截面，上翼缘的截面积应大些，使梁的截面重心提高，以增大钢索拉力的力臂，同时下翼缘受力由钢索给予支持，这样可以提高预应力的效果。截面做成Ⅰ字形的，如图 8-16 所示。钢索截面形心一定要在梁腹板的竖平面内，以免形成扭力。图 8-16（b）、（c）所示下翼缘是封闭截面，优点是在张拉钢索以后，灌入防护材料以防止钢索锈蚀。缺点是增加材料和制造的成本。

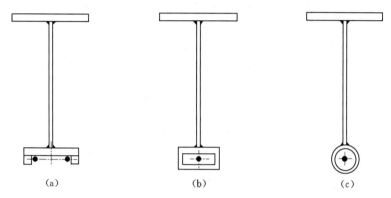

（a）　　　　　　　　　（b）　　　　　　　　　（c）

图 8-16　下翼缘钢索的布置

　　无论哪一种钢索的布置，张拉后对梁所形成的压力都必须考虑。

二、设计方法

　　截面设计以前，先简要说明梁的受力情况。和预应力拉杆一样，梁的工作，根据加荷的次序不同，也有二段受力和三段受力的区别。当预加应力之前，梁没有外荷载作用，这时梁只有预加应力阶段和使用荷载作用阶段，这是二段受力。然而，为了提高梁的承载效果，可以在预加应力之前，先施加部分使用荷载，然后施加预应力，最后再将余下的使用荷载加上。这种情况就是三阶段受力。无论是几阶段受力，在每一个阶段里都应保证梁的强度条件和稳定条件以及在最后使用阶段的刚度条件。

　　下面采用二阶段受力，即首先施加预应力，其次加上使用荷载。按照图 8-15 所示的钢索用直线布置说明单跨简支预应力梁的截面选择步骤和方法。

　　（1）按照普通梁截面设计方法在最大弯矩处确定梁的不对称截面，考虑到预应力的作用，使所选截面尺寸应该比普通梁的截面尺寸要小些。所以初选截面时，设计弯矩（未加预应力的）M 可按普通梁最大弯矩 M_{max} 的 70% 左右取值，即

$$M = 0.7 M_{max}$$

　　（2）根据梁的偏心受压强度条件来确定施加钢索的截面积。假设预应力梁在最后使用阶段钢索中的张力为 N，显然，钢索对梁施加的轴向压力也是 N，偏心矩为 Ne，这个偏心弯矩与使用荷载作用下的静定梁（不计钢索存在）的最大弯矩 M_{max} 方向相反。这时梁的偏心受压强度条件为

$$\frac{(M_{max} - Ne) y_1}{I_x} + \frac{N}{A} \leqslant f \tag{8-22}$$

对于钢索 $\qquad\qquad\qquad\qquad N \leqslant A_k f_k \tag{8-23}$

将式（8-23）代入式（8-22），整理后可得钢索需要的截面积

$$A_k = \frac{If - M_{\max}y_1}{\left(\dfrac{I}{A} - ey_1\right)f_k} \tag{8-24}$$

式中　A，I，f——梁的截面积，惯性矩，设计强度值；

　　　A_k，f_k——钢索的截面积，钢索的设计强度值；

　　　y_1——梁截面形心至受压翼缘外边缘的距离（图 8-15）；

　　　e——钢索至梁截面形心的距离。

（3）确定钢索在梁的使用荷载作用下而引起的张力 N_2。这时的梁为一次超静定体系。把钢索的张力 N_2 作为多余未知力，按下边力法方程式求解 N_2，即

$$N_2\delta_{11} + \Delta_{1p} = 0, \quad N_2 = -\frac{\Delta_{1p}}{\delta_{11}} \tag{8-25}$$

$$\delta_{11} = \int_0^l \frac{\overline{M}^2}{EI}\mathrm{d}x + \frac{\overline{N}^2 l}{EA} + \frac{\overline{N}_k^2 l}{E_k A_k}$$

$$\Delta_{1p} = \int_0^l \frac{\overline{M}M_p}{EI}\mathrm{d}x$$

式中　l——梁的距度；

　$\overline{M}$，$\overline{N}$——$N_2 = 1$ 时在梁内引起的弯矩和轴力；

　　M_p——使用荷载作用下在静定梁内引起的弯矩；

　　$\overline{N}_k$——钢索中的单位力（$\overline{N}_k = 1$）；

E_k，A_k——钢索的弹性模量，截面积。

（4）由于采用二阶段受力。在第一阶段，应先确定施加预张力的数值。该数值若为 N_1，则 N_1 为

$$N_1 = A_k f_k - N_2 \tag{8-26}$$

梁在每个受力阶段，都应该保证梁的强度和稳定性。由于梁仅在预应力作用下，梁受到轴心压力 N_1 和负弯矩（$-N_1 e$）。在 $-N_1 e$ 作用下，梁的上翼缘虽然受拉应力，但由梁的预压应力给予抵消了一部分，所以上翼缘不会出问题。关键是下翼缘的稳定性必须保证安全。故应满足：

$$\sigma_c = -\frac{N_1 e}{\varphi_b W_2} - \frac{N_1}{\varphi_y A} \tag{8-27}$$

$$W_2 = \frac{I_x}{h_2}$$

式中　W_2——梁下翼缘的抵抗矩；

　　I_x——梁截面惯性矩；

　　h_2——截面形心至下翼缘的外边缘的距离；

　　φ_b——梁的整体稳定系数（按附录六查用）；

　　φ_y——梁下翼缘绕竖轴 y 的柱的整体稳定系数（按附录七查用）；

　　A——梁的截面积。

（5）第二阶段即梁在使用荷载作用下，钢索最终最大的张力应为

$$N = N_1 + N_2 \tag{8-28}$$

为保证梁的强度和稳定性，应满足：

梁的上翼缘

$$\sigma_L = \frac{-M_p + Ne}{W_1} - \frac{N}{A} \leqslant f \quad （以拉为正）$$

梁的下翼缘

$$\sigma_{cr} = \frac{M_p - Ne}{\varphi_b W_2} - \frac{N}{\varphi_y A} \leqslant f$$

$$(8-29)$$

式中　W_1——梁上翼缘抵抗矩（$W_1 = \frac{I_x}{h_1}$）；

　　　M_p——荷载作用下的弯矩。

最后，应验算梁在预应力作用下的总挠度。假设梁在均布荷载 q 作用下，配有直线预应力拉索，总挠度为

$$w = \frac{5}{384} \frac{ql^4}{EI} - \frac{Nel^2}{8EI} \leqslant [w] \qquad (8-30)$$

式中　l——简支梁跨度；

　　　EI——梁截面抗弯刚度。

以上是按两阶段受力情况来阐述设计方法。对于三阶段受力的设计，除了预应力梁有初始应力外，其他都与上述的两阶段受力情况一样。但是初应力的求法也有两种情况：①未设钢索，梁在初始状态受到部分使用荷载作用，这时与普通梁一样计算内力；②若已设钢索，虽然尚未施加预应力，那么梁在初始部分使用荷载作用下就是超静定梁，即按钢索和梁共同工作计算。

对于下撑式预应力梁（图 8-1）的设计，其方法与上述类似。下撑式预应力梁的承载能力与普通梁相比可以提高 $25\% \sim 60\%$。这种梁由于截面减小，截面的刚度也相应减小，挠度会增大。

预应力钢结构的应用范围非常广泛，几乎涵盖各种结构。如大跨度穹顶结构，桥梁，塔桅结构等。同时还经常用于结构的加固和改造。详见陆赐麟等著的《现代预应力钢结构》。

第五节　测试张拉钢索内力的频率法

在已经建成的拉索上，装置测频率的设施。当敲击拉索后，拉索会引起自由振动，只要测出它的自振频率 ω，就可以知道它存在的拉力。

拉索在自由振动下的固有频率 ω 与张拉力 T 的关系，可由连续系统的振动理论建立，其关系为

$$\omega_n = \frac{n\pi}{l} \sqrt{\frac{T}{\rho}} \quad （n=1,2,3,\cdots） \qquad (8-31)$$

式中　n——振型数；

　　　l——索长；

　　　ρ——索单位长度的质量。

式（8-31）是这样建立的，见图 8-17，从弦中取一微分段 $\mathrm{d}x$，建立振动惯性力与

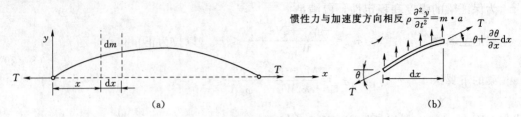

图 8 - 17 张拉弦（索）的振形

张力的关系。

从图 8 - 17（b）可知：由于 θ 很小，则 $\sin\theta \doteq \tan\theta \doteq \theta = \dfrac{\partial y}{\partial x}$ ［因 $y = f(x, t)$，故偏导数］。

由 $\sum Y = 0$ 得

$$T\left(\theta + \frac{\partial\theta}{\partial x}\mathrm{d}x\right) - T\theta + \left(-\rho\mathrm{d}x\frac{\partial^2 y}{\partial t^2}\right) = 0$$

即

$$T\frac{\partial^2 y}{\partial x^2} = \rho\frac{\partial^2 y}{\partial t^2}$$

令 $\sqrt{\dfrac{T}{\rho}} = a$ 表示弹性波沿弦长方向的传播速度。则上式写成

$$a^2\frac{\partial^2 y}{\partial x^2} = \frac{\partial^2 y}{\partial t^2} \tag{8 - 32}$$

式（8 - 32）可用分离变量法求解。为此设挠度 y 的解是两个函数的乘积。其中一个只与变量 x 有关，为 $Y(x)$；另一个只与 t 有关，为 $T(t)$，则

$$y(x, y) = Y(x)T(t) \tag{8 - 33}$$

因

$$\frac{\partial^2 y}{\partial x^2} = T(t)\frac{\partial^2 Y}{\partial x^2}$$

同理

$$\frac{\partial^2 y}{\partial t^2} = Y(x)\frac{\partial^2 T}{\partial t^2}$$

将以上两式代入式（8 - 33），有

$$\frac{a^2}{Y}\frac{\partial^2 Y}{\partial x^2} = \frac{1}{T}\frac{\partial^2 T}{\partial t^2}$$

上式左边与 t 无关，右边与 x 无关，所以两边必须等于一个常数，设常数为 $-\omega^2$，便得到我们熟悉的两个二阶常微分方程式：

$$\frac{\mathrm{d}^2 T}{\mathrm{d}t^2} + \omega^2 T = 0 \tag{8 - 34a}$$

$$\frac{\mathrm{d}^2 Y}{\mathrm{d}x^2} + \frac{\omega^2}{a^2}Y = 0 \tag{8 - 34b}$$

以上两式的解分别为

$$T(t) = C_1\sin\omega t + C_2\cos\omega t \tag{8 - 35a}$$

$$Y(x) = C_3\sin\frac{\omega}{a}x + C_4\cos\omega\frac{\omega}{a}x \tag{8 - 35b}$$

将式（8-35a）及式（8-35b）代入式（8-33），则

$$y(x,t)=\left(C_3\sin\frac{\omega}{a}x+C_4\cos\frac{\omega}{a}x\right)(C_1\sin\omega t+C_2\cos\omega t) \tag{8-36}$$

根据弦的初始条件 $t=0$，则式（8-36）最右边的括弧内的值为常数 C_2，故 C_2C_3 及 C_2C_4 仍为常数。再根据弦的边界条件 $y(0,0)=y(l,0)=0$，因此有

$$C_4=0,\quad C_3\sin\frac{\omega}{a}l=0$$

其中 $C_3\neq0$，否则弦就始终没有振动了，故只可能

$$\sin\frac{\omega}{a}l=0 \tag{8-37}$$

式（8-37）为弦按正弦波振动的方程，即频率方程。由于系统为连续体，自由度为无限多，所以它有无限多的固有频率，即

$$\frac{\omega l}{a}=n\pi\quad(n=1,2,3,\cdots)$$

$$\omega_n=\frac{n\pi a}{l}$$

将 $a=\sqrt{\dfrac{T}{\rho}}$ 代回上式，则

$$\omega_n=\frac{n\pi}{l}\sqrt{\frac{T}{\rho}} \tag{8-38}$$

上式就建立了频率 ω 与拉索内力 T 的关系。

在索上设置传感器，通过传感器采集拉索的振动信号，经过滤波，放大和频谱分析，再由频谱图确定拉索的自振频率，从而可以确定索的拉力 T。

最后，钢材有"蠕变"的问题，也就是在定值应力下，引起的应变随时间变化的现象，称为蠕变。反过来，在维持恒定变形的材料中，应力会随时间而减小，这种现象称为"应力松弛"。目前预应力钢索采用超张拉来解决张力损失值，超张拉的数值还只是一个约值。

🐟 思 考 题

8-1 预应力钢结构与普通钢结构相比，它的优点是什么？

8-2 预应力钢拉索应布置在钢梁或钢桁架轮廓内的什么地方？能不能布置在轮廓以外？

8-3 钢压杆能不能利用钢拉索来提高其承压能力？

8-4 钢拉索在使用时会产生应力松弛，我们设计时应如何考虑这个问题？

附录一　钢材的化学成分和机械性能

表 1   碳素结构钢的化学成分

牌 号	质量等级	脱氧方法	C	Mn	Si	S≤	P≤
Q235	A	F b Z	0.14～0.22	0.30～0.60 0.30～0.65 0.30～0.65	≤0.07 ≤0.17 0.12～0.30	0.050	0.045
	B	F b Z	0.12～0.20	0.30～0.60 0.30～0.70 0.30～0.70	≤0.07 ≤0.17 0.12～0.30	0.045	0.045
	C	Z	≤0.18	0.35～0.80	0.12～0.30	0.040	0.040
	D	TZ	≤0.17			0.035	0.035

注　在保证钢材机械性能符合标准规定情况下，Q235-A 钢的 C、Mn 含量和 Q235-B、C、D 钢的 C、Mn 含量下
　　限可不作为交货条件。

表 2   碳素结构钢的机械性能

牌 号		拉 伸 试 验													冲击试验	
		屈服强度 f_y/(N/mm²)						抗拉强度 f_u/(N/mm²)	伸长率 δ_5/%						温度/℃	A_{KV}/J
		钢材厚度或直径/mm							钢材厚度或直径/mm							
屈服点	质量等级	≤16	>16～40	>40～60	>60～100	>100～150	>150		≤16	>16～40	>40～60	>60～100	>100～150	>150		
		≥							≥						≥	
Q235	A B C D	235	225	215	205	195	185	375～460	26	25	24	23	22	21	— 20 0 −20	27

表 3   低合金高强度结构钢的化学成分

牌 号	质量等级	C≤	Mn	Si≤	P≤	S≤	V	Nb	Ti	Al≥	Cr≤	Ni≤
Q345	A	0.20	1.00～1.60	0.55	0.045	0.045	0.02～0.15	0.015～0.060	0.02～0.20	—		
	B	0.20		0.55	0.040	0.040				—		
	C	0.20		0.55	0.035	0.035				0.015		
	D	0.18		0.55	0.030	0.030				0.015		
	E	0.18		0.55	0.025	0.025				0.015		

续表

牌号	质量等级	C≤	Mn	Si≤	P≤	S≤	V	Nb	Ti	Al≥	Cr≤	Ni≤
Q390	A	0.20	1.00 ~ 1.60	0.55	0.045	0.045	0.02 ~ 0.20	0.015 ~ 0.060	0.02 ~ 0.20	—	0.30	0.70
	B	0.20		0.55	0.040	0.040				—	0.30	0.70
	C	0.20		0.55	0.035	0.035				0.015	0.30	0.70
	D	0.20		0.55	0.030	0.030				0.015	0.30	0.70
	E	0.20		0.55	0.025	0.025				0.015	0.30	0.70
Q420	A	0.20	1.00 ~ 1.70	0.55	0.045	0.045	0.02 ~0.20	0.015 ~ 0.060	0.02 ~ 0.20	—	0.40	0.70
	B	0.20		0.55	0.040	0.040				—	0.40	0.70
	C	0.20		0.55	0.035	0.035				0.015	0.40	0.70
	D	0.20		0.55	0.030	0.030				0.015	0.40	0.70
	E	0.20		0.55	0.025	0.025				0.015	0.40	0.70

注 该表未列出新增牌号 Q460 钢的化学成分。

表 4　　　　　　　　　　低合金结构钢的力学性能和工艺性能

牌号	质量等级	屈服强度 f_y/(N/mm²) 厚度（直径，边长）/mm				抗拉强度 f_u/(N/mm²)	伸长率 δ_5/%	冲击功 A_{KV}（纵向）/J				180°弯曲试验 d 为弯心直径；a 为试样厚度 钢材厚度/mm	
		≤16	>16~35	>35~50	>50~100			+20℃	0℃	−20℃	−40℃	≤16	>16~100
							≥	≥					
Q345	A	345	325	295	275	470~630	21					$d=2a$	$d=3a$
	B						21	34					
	C						22		34				
	D						22			34			
	E						22				27		
Q390	A	390	370	350	330	490~650	19					$d=2a$	$d=3a$
	B						19	34					
	C						20		34				
	D						20			34			
	E						20				27		
Q420	A	420	400	380	360	520~680	18					$d=2a$	$d=3a$
	B						18	34					
	C						19		34				
	D						19			34			
	E						19				27		

注 该表未列出新增牌号 Q460 钢的化学成分。

附录二 疲劳计算的构件和连接分类

表1 非焊接的构件和连接分类

项次	构造细节	说　明	类别
1		• 无连接处的母材 轧制型钢	Z1
2		• 无连接处的母材 钢板 (1) 两边为轧制边或刨边 (2) 两侧为自动、半自动切割边（切割质量标准应符合现行国家标准 GB 50205《钢结构工程施工质量验收规范》）	Z1 Z2
3		• 连系螺栓和虚孔处的母材 应力以净截面面积计算	Z4
4		• 螺栓连接处的母材 高强度螺栓摩擦型连接应力以毛截面面积计算；其他螺栓连接应力以净截面面积计算 • 铆钉连接处的母材 连接应力以净截面面积计算	Z2 Z4
5		• 受拉螺栓的螺纹处母材 连接板件应有足够的刚度，保证不产生撬力。否则受拉正应力应考虑撬力及其他因素产生的全部附加应力 对于直径大于 30mm 的螺栓，需要考虑尺寸效应对容许应力幅进行修正，修正系数为 γ_t，$\gamma_t = \left(\dfrac{30}{d}\right)^{0.25}$，其中，$d$ 为螺栓直径，单位为 mm	Z11

注　箭头表示计算应力幅值的位置和方向。

表 2　　　　　　　　　　　　纵向传力焊缝的构件和连接分类

项次	构造细节	说　明	类别
6		• 无垫板的纵向对接焊缝附近的母材 焊缝符合二级焊缝标准	Z2
7		• 有连续垫板的纵向自动对接焊缝附近的母材 (1) 无起弧、灭弧 (2) 有起弧、灭弧	Z4 Z5
8		• 翼缘连接焊缝附近的母材 翼缘板与腹板的连接焊缝 自动焊，二级 T 形对接与角接组合焊缝 自动焊，角焊缝，外观质量标准符合二级 手工焊，角焊缝，外观质量标准符合二级 双层翼缘板之间的连接焊缝 自动焊，角焊缝，外观质量标准符合二级 手工焊，角焊缝，外观质量标准符合二级	 Z2 Z4 Z5 Z4 Z5
9		• 仅单侧施焊的手工或自动对接焊缝附近的母材，焊缝符合二级焊缝标准，翼缘与腹板很好贴合	Z5
10		• 开工艺孔处焊缝符合二级焊缝标准的对接焊缝、焊缝外观质量符合二级焊缝标准的角焊缝等附近的母材	Z8
11		• 节点板搭接的两侧面角焊缝端部的母材 • 节点板搭接的三面围焊时两侧角焊缝端部的母材 • 三面围焊或两侧面角焊缝的节点板母材（节点板计算宽度按应力扩散角 θ 等于 30° 考虑）	Z10 Z8 Z8

注　箭头表示计算应力幅值的位置和方向。

表 3 　　　　　　　　　　横向传力焊缝的构件和连接分类

项次	构造细节	说　明	类别
12		• 横向对接焊缝附近的母材，轧制梁对接焊缝附近的母材 　符合现行国家标准 GB 50205《钢结构工程施工质量验收规范》的一级焊缝，且经加工、磨平	Z2
		符合现行国家标准 GB 50205《钢结构工程施工质量验收规范》的一级焊缝	Z4
13	坡度≤1/4	• 不同厚度（或宽度）横向对接焊缝附近的母材 　符合现行国家标准 GB 50205《钢结构工程施工质量验收规范》的一级焊缝，且经加工、磨平	Z2
		符合现行国家标准 GB 50205《钢结构工程施工质量验收规范》的一级焊缝	Z4
14		• 有工艺孔的轧制梁对接焊缝附近的母材，焊缝加工成平滑过渡并符合一级焊缝标准	Z6
15	P P	• 带垫板的横向对接焊缝附近的母材 垫板端部超出母板距离 d $d\geqslant10\mathrm{mm}$ $d<10\mathrm{mm}$	Z8 Z11
16		• 节点板搭接的端面角焊缝的母材	Z7
17	$t_1\leqslant t_2$　坡度≤1/2　t_1 t_2	• 不同厚度直接横向对接焊缝附近的母材，焊缝等级为一级，无偏心	Z8

项次	构造细节	说　明	类别
18		• 翼缘盖板中断处的母材（板端有横向端焊缝）	Z8
19		• 十字形连接、T形连接 （1）K形坡口、T形对接与角接组合焊缝处的母材，十字形连接两侧轴线偏离距离小于 $0.15t$，焊缝为二级，焊趾角 $\alpha \leqslant 45°$ （2）角焊缝处的母材，十字形连接两侧轴线偏离距离小于 $0.15t$	Z6 Z8
20		• 法兰焊缝连接附近的母材 （1）采用对接焊缝，焊缝为一级 （2）采用角焊缝	Z8 Z13

注　箭头表示计算应力幅值的位置和方向。

表 4　　　　　　　　　　非传力焊缝的构件和连接分类

项次	构造细节	说　明	类别
21		• 横向加劲肋端部附近的母材 肋端焊缝不断弧（采用回焊） 肋端焊缝断弧	Z5 Z6
22		• 横向焊接附件附近的母材 （1）$t \leqslant 50mm$ （2）$50mm < t \leqslant 80mm$ t 为焊接附件的板厚	Z7 Z8

续表

项次	构造细节	说　明	类别
23	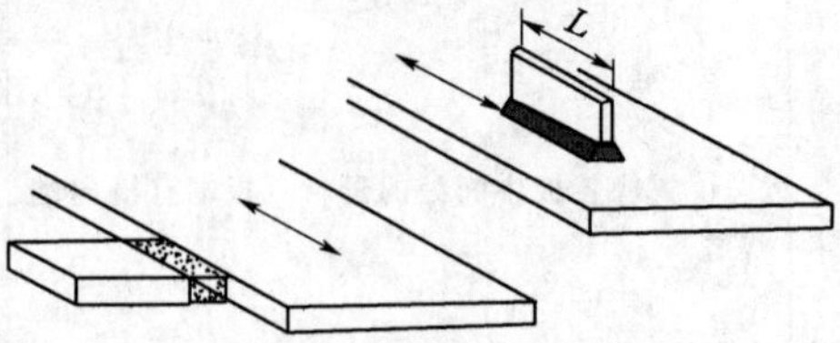	• 矩形节点板焊接于构件翼缘或腹板处的母材 （节点板焊缝方向的长度 $L>150mm$）	Z8
24	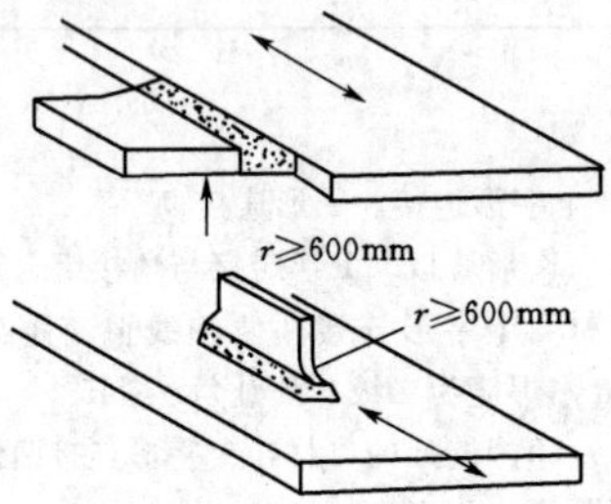 $r\geqslant600mm$　　$r\geqslant600mm$	• 带圆弧的梯形节点板用对接焊缝焊于梁翼缘、腹板以及桁架构件处的母材，圆弧过渡处在焊后铲平、磨光、圆滑过渡，不得有焊接起弧、灭弧缺陷	Z6
25	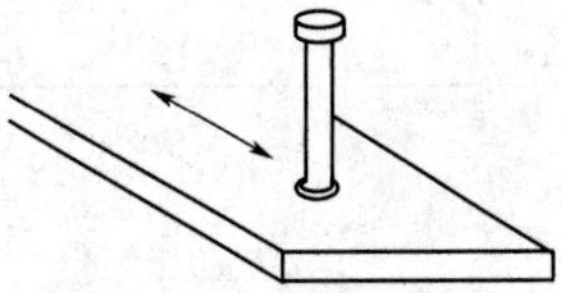	• 焊接剪力栓钉附近的钢板母材	Z7

注　箭头表示计算应力幅值的位置和方向。

表 5　　　　　　　　剪应力作用下的构件和连接分类

项次	构造细节	说　明	类别
26	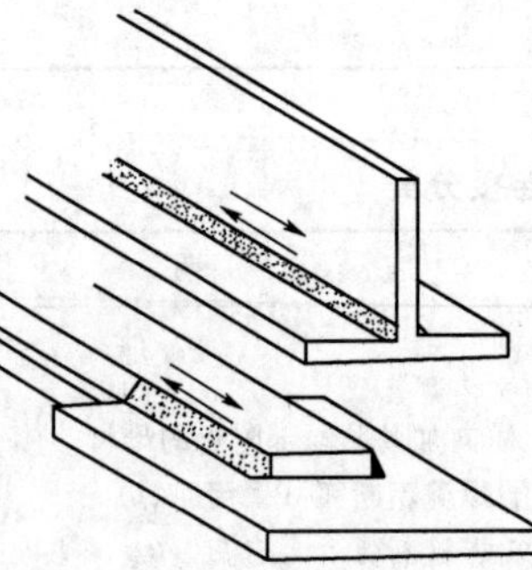	• 各类受剪角焊缝 剪应力按有效截面计算	J1
27	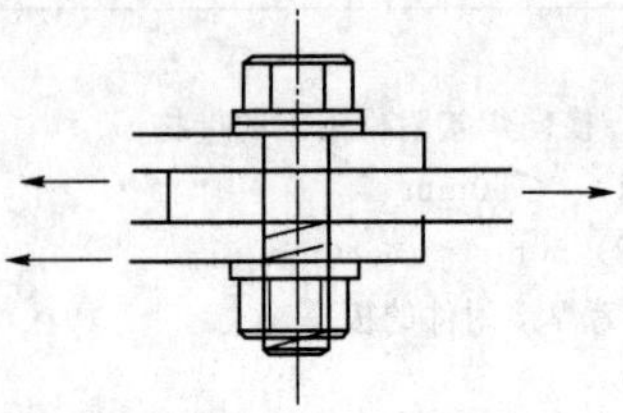	• 受剪力的普通螺栓 采用螺杆截面的剪应力	J2

264

项次	构造细节	说　明	类别
28	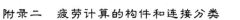	• 焊接剪力栓钉 采用栓钉名义截面的剪应力	J3

注　箭头表示计算应力幅值的位置和方向。

附录三 型钢规格和截面特性

表 1　　　　　　　　　　　　　　　　热 轧 等 肢 角 钢

角钢型号	圆角 r	重心距 Z_0	截面积	重量	惯性矩 I_x	截面模量		回转半径			i_y（当 t 为下列数值）			
						W_x^{max}	W_x^{min}	i_x	i_{x0}	i_{y0}	6mm	8mm	10mm	12mm
	mm		cm²	kg/m	cm⁴	cm³		cm			cm			
L 20×3*	3.5	6.0	1.13	0.89	0.4	0.67	0.29	0.59	0.75	0.39	1.08	1.16	1.26	1.34
L 20×4*		6.4	1.46	1.15	0.5	0.78	0.36	0.58	0.73	0.38	1.12	1.19	1.28	1.37
L 25×3*	3.5	7.3	1.43	1.12	0.82	1.11	0.46	0.76	0.95	0.49	1.28	1.36	1.44	1.53
L 25×4*		7.6	1.86	1.46	1.03	1.36	0.59	0.74	0.93	0.48	1.29	1.38	1.46	1.55
L 30×3*	4.5	8.5	1.75	1.37	1.46	1.74	0.68	0.91	1.15	0.59	1.47	1.54	1.66	1.71
L 30×4*		8.9	2.28	1.79	1.84	2.07	0.87	0.90	1.13	0.58	1.49	1.57	1.69	1.74
L 36×4　3	4.5	10.0	2.11	1.66	2.58	2.56	0.99	1.11	1.39	0.71	1.70	1.75	1.85	1.94
4		10.4	2.76	2.16	3.29	3.16	1.28	1.09	1.38	0.70	1.73	1.81	1.88	1.97
5		10.7	3.38	2.65	3.95	3.70	1.56	1.08	1.36	0.70	1.74	1.82	1.90	1.99
L 40×4*　3*	5	10.9	2.36	1.85	3.59	3.3	1.23	1.23	1.55	0.79	1.85	1.93	2.01	2.09
4*		11.3	3.09	2.42	4.60	4.1	1.60	1.22	1.54	0.79	1.88	1.96	2.03	2.12
5		11.7	3.79	2.98	5.53	4.7	1.96	1.21	1.52	0.78	1.90	1.98	2.06	2.14
L 45×　3	5	12.2	2.66	2.09	5.17	4.2	1.58	1.40	1.76	0.90	2.06	2.13	2.20	2.28
4		12.6	3.49	2.74	6.65	5.3	2.05	1.38	1.74	0.89	2.09	2.16	2.23	2.32
5		13.0	4.29	3.37	8.04	6.2	2.51	1.37	1.72	0.88	2.11	2.18	2.26	2.34
6		13.3	5.08	3.99	9.33	7.0	2.95	1.36	1.70	0.88	2.12	2.20	2.28	2.36
L 50×　3	5.5	13.4	2.97	2.332	7.18	5.4	1.96	1.55	1.96	1.00	2.25	2.32	2.40	2.48
4*		13.8	3.90	3.06	9.26	6.7	2.56	1.54	1.94	0.99	2.28	2.36	2.44	2.51
5*		14.2	4.80	3.77	11.21	7.8	3.13	1.53	1.92	0.98	2.30	2.38	2.46	2.53
6		14.6	5.69	4.47	13.05	9.0	3.68	1.52	1.91	0.98	2.32	2.40	2.48	2.56
L 56×　3	6	14.8	3.34	2.62	10.2	7.0	2.5	1.75	2.20	1.13	2.49	2.57	2.64	2.71
4		15.3	4.39	3.45	13.2	8.6	3.2	1.73	2.18	1.11	2.51	2.59	2.66	2.74
5		15.7	5.42	4.25	16.0	10.2	4.0	1.72	2.17	1.10	2.54	2.61	2.69	2.77
8		16.8	8.37	6.57	23.6	14.0	6.0	1.68	2.11	1.09	2.60	2.67	2.75	2.83

单角钢　　　　双角钢

角钢型号	圆角 r	重心距 Z_0	截面积	重量	惯性矩 I_x	截面模量		回转半径			i_y（当 t 为下列数值）			
						W_x^{max}	W_x^{min}	i_x	i_{x0}	i_{y0}	6mm	8mm	10mm	12mm
	mm	mm	cm²	kg/m	cm⁴	cm³	cm³	cm	cm	cm	cm	cm	cm	cm
4		17.0	4.98	3.91	19.0	11.2	4.1	1.96	2.46	1.26	2.79	2.85	2.93	3.01
5*		17.4	6.14	4.82	23.2	13.2	5.1	1.94	2.45	1.25	2.82	2.88	2.97	3.04
∟63×6*	7	17.8	7.29	5.72	27.1	15.2	6.0	1.93	2.43	1.24	2.84	2.91	3.00	3.06
8		18.5	9.52	7.47	34.5	18.6	7.8	1.90	2.40	1.23	2.87	2.94	3.02	3.10
10		19.3	11.66	9.15	41.1	21.3	9.4	1.88	2.36	1.22	2.91	2.99	3.07	3.15
4		18.6	5.57	4.37	26.4	14.5	5.14	2.18	2.74	1.40	3.06	3.14	3.21	3.28
5		19.1	6.88	5.40	32.2	16.8	6.32	2.16	2.73	1.39	3.08	3.16	3.23	3.30
∟70×6*	8	19.5	8.16	6.41	37.8	19.4	7.48	2.15	2.71	1.38	3.10	3.18	3.25	3.33
7*		19.9	9.42	7.40	43.1	21.6	8.59	2.14	2.69	1.38	3.13	3.20	3.28	3.36
8		20.3	10.67	8.37	48.2	23.8	9.68	2.12	2.68	1.37	3.15	3.22	3.30	3.37
5		20.4	7.37	5.82	40.0	19.6	7.32	2.33	2.92	1.50	3.28	3.35	3.42	3.49
6		20.7	8.80	6.91	47.0	22.6	8.64	2.31	2.90	1.49	3.30	3.37	3.44	3.52
∟75×7*	9	21.1	10.2	7.98	53.6	25.4	9.93	2.30	2.89	1.48	3.32	3.39	3.46	3.55
8*		21.5	11.5	9.03	60.0	27.8	11.2	2.28	2.88	1.47	3.35	3.42	3.49	3.57
10		22.2	14.1	11.1	72.0	32.4	13.6	2.26	2.84	1.46	3.38	3.46	3.53	3.61
5		21.5	7.91	6.21	48.8	22.7	8.34	2.48	3.13	1.60	3.49	3.56	3.63	3.71
6		21.9	9.40	7.38	57.4	26.0	9.87	2.47	3.11	1.59	3.51	3.58	3.65	3.72
∟80×7*	9	22.3	10.9	8.53	65.6	29.3	11.37	2.46	3.10	1.58	3.52	3.60	3.67	3.75
8*		22.7	12.3	9.66	73.5	32.4	12.8	2.44	3.08	1.57	3.55	3.62	3.70	3.77
10		23.5	15.1	11.9	88.4	37.6	15.6	2.42	3.04	1.56	3.59	3.66	3.74	3.81
6		24.4	10.6	8.35	82.8	33.9	12.6	2.79	3.51	1.80	3.90	3.97	4.04	4.11
7		24.8	12.3	9.66	94.8	38.2	14.5	2.78	3.50	1.78	3.92	3.99	4.06	4.13
∟90×8*	10	25.2	13.9	11.0	106.5	42.1	16.4	2.76	3.48	1.78	3.94	4.01	4.08	4.16
10*		25.9	17.2	13.5	128.6	49.7	20.1	2.74	3.45	1.76	3.98	4.05	4.13	4.20
12		26.7	20.3	15.9	149.2	56.0	23.6	2.71	3.41	1.75	4.02	4.10	4.17	4.25
6		26.7	11.9	9.37	115	43.1	15.7	3.10	3.90	2.00	4.29	4.36	4.44	4.51
7		27.1	13.8	10.8	132	48.6	18.1	3.09	3.89	1.99	4.31	4.38	4.45	4.52
8*		27.6	15.6	12.3	148	53.7	20.5	3.08	3.88	1.98	4.32	4.40	4.47	4.54
∟100×10*	12	28.4	19.3	15.1	180	63.2	25.1	3.05	3.84	1.96	4.37	4.44	4.51	4.59
12		29.1	22.8	17.9	209	71.9	29.5	3.03	3.81	1.95	4.42	4.49	4.56	4.64
14		29.9	26.3	20.6	237	79.1	33.7	3.00	3.77	1.94	4.45	4.53	4.61	4.68
16		30.6	29.6	23.3	263	89.6	37.8	2.98	3.74	1.94	4.49	4.56	4.64	4.72

续表

单角钢　　双角钢

角钢型号	圆角 r	重心距 Z_0	截面积	重量	惯性矩 I_x	截面模量		回转半径			i_y（当 t 为下列数值）			
						W_x^{max}	W_x^{min}	i_x	i_{x0}	i_{y0}	6mm	8mm	10mm	12mm
	mm	mm	cm²	kg/m	cm⁴	cm³		cm			cm			
	7	29.6	15.2	11.9	177	59.9	22.1	3.41	4.30	2.20	4.71	4.78	4.85	4.92
	8	30.1	17.2	13.5	200	64.7	25.0	3.40	4.28	2.19	4.73	4.80	4.88	4.95
L110×10	12 30.9	21.3	16.7	242	78.4	30.6	3.38	4.25	2.17	4.78	4.86	4.93	5.00	
	12	31.6	25.2	19.8	283	89.4	36.1	3.35	4.22	2.15	4.81	4.89	4.96	5.03
	14	32.4	29.1	22.8	321	99.2	41.3	3.32	4.18	2.14	4.85	4.92	5.00	5.07
	8	33.7	19.8	15.5	297	88.1	32.5	3.88	4.88	2.50	5.33	5.40	5.47	5.53
L125×	10* 34.5	24.4	19.1	362	105	40.0	3.85	4.85	2.48	5.37	5.45	5.51	5.59	
	12* 14	35.3	28.9	22.7	423	120	41.2	3.83	4.82	2.46	5.41	5.48	5.55	5.63
	14	36.1	33.4	26.2	482	133	54.2	3.80	4.78	2.45	5.45	5.52	5.50	5.67
	10*	38.2	27.4	21.5	515	135	50.6	4.34	5.46	2.78	5.98	6.05	6.12	6.19
L140×	12* 14	39.0	32.5	25.5	604	155	59.8	4.31	5.43	2.76	6.02	6.09	6.16	6.23
	14	39.8	37.6	29.5	689	173	68.8	4.28	5.40	2.75	6.05	6.12	6.20	6.27
	16	40.6	42.5	33.4	770	190	77.8	4.26	5.36	2.74	6.09	6.16	6.24	6.31
	10	43.1	31.5	24.7	780	180	66.7	4.98	6.27	3.20	6.77	6.83	6.90	6.98
L160×	12* 14*	43.9	37.4	29.4	917	208	79.0	4.95	6.24	3.18	6.81	6.88	6.95	7.02
	14*	44.7	43.3	34.0	1048	234	91.0	4.92	6.20	3.16	6.85	6.92	6.99	7.06
	16*	45.5	49.1	38.5	1175	258	103	4.89	6.17	3.14	6.89	6.96	7.03	7.10
	12	48.9	52.2	33.2	1321	271	101	5.59	7.05	3.58	7.63	7.70	7.77	7.83
L180×	14 16	49.7	48.9	38.4	1514	305	116	5.56	7.02	3.56	7.66	7.74	7.81	7.88
	16	50.5	55.5	43.5	1701	338	131	5.54	6.98	3.55	7.70	7.77	7.84	7.91
	18	51.3	62.0	48.6	1875	365	146	5.50	6.94	3.51	7.73	7.80	7.87	7.95
	14	54.6	54.6	42.9	2104	387	145	6.20	7.82	3.98	8.47	8.53	8.60	8.67
	16	55.4	62.0	48.7	2366	428	164	6.18	7.79	3.96	8.50	8.57	8.64	8.71
L200×18	18 56.2	69.3	54.4	2621	467	182	6.15	7.75	3.94	8.53	8.60	8.67	8.74	
	20	56.9	76.5	60.1	2867	503	200	6.12	7.72	3.93	8.57	8.64	8.72	8.79
	24	58.7	90.7	71.2	3338	570	236	6.07	7.64	3.90	8.65	8.72	8.80	8.87

注　1. 角钢长度：2～4 号，长 3～9m；4.5～8 号，长 4～12m；9～14 号，长 4～19m；16～20 号，长 6～19m。
　　2. 制造钢号：有 * 符号者为 Q235、Q235 – F、Q345、Q345 – Cu；其余为 Q235、Q235 – F。

表2　　热轧不等肢角钢

单角钢　双角钢

角钢型号	圆角 r (mm)	重心距 Z_x (mm)	重心距 Z_y (mm)	截面积 (cm²)	重量 (kg/m)	惯性矩 I_x (cm⁴)	惯性矩 I_y (cm⁴)	回转半径 i_x (cm)	回转半径 i_y (cm)	回转半径 i_{y0} (cm)	i_{y1} 6mm	i_{y1} 8mm	i_{y1} 10mm	i_{y1} 12mm	i_{y2} 6mm	i_{y2} 8mm	i_{y2} 10mm	i_{y2} 12mm
L25×16×3*	3.5	4.2	8.6	1.16	0.91	0.22	0.70	0.44	0.78	0.34	0.84	0.93	1.02	1.11	1.40	1.48	1.57	1.65
L25×16×4*	3.5	4.6	9.0	1.50	1.18	0.27	0.88	0.43	0.77	0.34	0.87	0.96	1.05	1.14	1.42	1.51	1.59	1.68
L32×20×3*	3.5	4.9	10.8	1.49	1.17	0.46	1.53	0.55	1.01	0.43	0.96	1.05	1.14	1.22	1.71	1.79	1.88	1.96
L32×20×4*	3.5	5.3	11.2	1.94	1.52	0.57	1.93	0.54	1.00	0.42	0.99	1.08	1.16	1.25	1.74	1.82	1.90	1.99
L40×25×3*	4	5.9	13.2	1.89	1.48	0.93	3.08	0.70	1.28	0.54	1.13	1.21	1.30	1.38	2.06	2.14	2.22	2.30
L40×25×4*	4	6.3	13.7	2.47	1.94	1.18	3.93	0.69	1.26	0.54	1.16	1.24	1.32	1.41	2.09	2.17	2.26	2.34
L45×28×3*	5	6.4	14.7	2.15	1.69	1.34	4.45	0.79	1.44	0.61	1.23	1.30	1.38	1.47	2.28	2.36	2.44	2.52
L45×28×4*	5	6.8	15.1	2.81	2.20	1.70	5.69	0.78	1.42	0.60	1.25	1.33	1.41	1.50	2.30	2.38	2.46	2.55
L50×32×3*	5.5	7.3	16.0	2.43	1.91	2.02	6.24	0.91	1.60	0.70	1.37	1.44	1.52	1.60	2.47	2.56	2.64	2.72
L50×32×4*	5.5	7.7	16.5	3.18	2.49	2.58	8.02	0.90	1.59	0.69	1.39	1.47	1.55	1.63	2.52	2.59	2.67	2.75
L56×36×3	6	8.0	17.8	2.74	2.15	2.92	8.88	1.03	1.80	0.79	1.51	1.58	1.66	1.74	2.75	2.83	2.90	2.98
L56×36×4*	6	8.5	18.2	3.59	2.82	3.76	11.5	1.02	1.79	0.79	1.53	1.60	1.68	1.76	2.77	2.85	2.93	3.01
L56×36×5*	6	8.8	18.7	4.42	3.47	4.49	13.9	1.01	1.77	0.78	1.55	1.63	1.71	1.79	2.79	2.87	2.95	3.03
L63×40×4*	7	9.2	20.4	4.06	3.19	5.23	16.5	1.14	2.02	0.88	1.66	1.73	1.81	1.89	3.08	3.15	3.23	3.31
L63×40×5*	7	9.5	20.8	4.99	3.92	6.31	20.0	1.12	2.00	0.87	1.68	1.75	1.83	1.91	3.11	3.19	3.26	3.34
L63×40×6	7	9.9	21.2	5.91	4.64	7.29	23.4	1.11	1.99	0.86	1.70	1.78	1.86	1.94	3.13	3.21	3.29	3.37
L63×40×7	7	10.3	21.5	6.80	5.34	8.24	26.5	1.10	1.98	0.86	1.72	1.80	1.89	1.96	3.16	3.24	3.33	3.40
L70×45×4	7.5	10.2	22.4	4.55	3.57	7.55	23.2	1.29	2.26	0.98	1.84	1.92	1.99	2.07	3.40	3.48	3.56	3.62
L70×45×5	7.5	10.6	22.8	5.61	4.40	9.13	27.9	1.28	2.23	0.98	1.85	1.93	2.01	2.08	3.41	3.49	3.58	3.64
L70×45×6	7.5	10.9	23.2	6.65	5.22	10.6	32.5	1.26	2.21	0.98	1.88	1.95	2.03	2.12	3.45	3.52	3.60	3.66
L70×45×7	7.5	11.3	23.6	7.66	6.01	12.0	37.2	1.25	2.20	0.97	1.90	1.97	2.05	2.14	3.47	3.54	3.63	3.68

注：i_{y1}（当 t 为下列数值）、i_{y2}（当 t 为下列数值），单位 cm。

续表

单角钢　　双角钢

角钢型号	圆角 r	重心距 Z_x	重心距 Z_y	截面积	重量	惯性矩 I_x	惯性矩 I_y	回转半径 i_x	回转半径 i_y	回转半径 i_{y0}	i_{y1}（当 t 为下列数值）6mm	8mm	10mm	12mm	i_{y2}（当 t 为下列数值）6mm	8mm	10mm	12mm
	mm	mm	mm	cm²	kg/m	cm⁴	cm⁴	cm	cm	cm	cm				cm			
L75×50× 5*	8	11.7	24.0	6.13	4.81	12.6	34.9	1.44	2.39	1.10	2.05	2.12	2.20	2.28	3.59	3.67	3.75	3.83
6*		12.1	24.4	7.26	5.70	14.7	41.1	1.42	2.38	1.08	2.07	2.15	2.22	2.30	3.62	3.70	3.78	3.86
8		12.9	25.2	9.47	7.43	18.5	52.4	1.40	2.35	1.07	2.12	2.19	2.27	2.35	3.67	3.75	3.83	3.91
10	8	13.6	26.0	11.6	9.10	22.0	62.7	1.38	2.33	1.06	2.16	2.25	2.32	2.40	3.71	3.81	3.88	3.96
L80×50× 5*		11.4	26.0	6.38	5.01	12.8	42.0	1.42	2.56	1.10	2.01	2.08	2.16	2.23	3.87	3.94	4.02	4.10
6*		11.8	26.5	7.56	5.94	15.0	49.5	1.41	2.56	1.08	2.02	2.10	2.18	2.26	3.90	3.97	4.05	4.13
7		12.1	26.9	8.72	6.85	17.0	56.2	1.39	2.54	1.08	2.06	2.13	2.20	2.27	3.92	4.00	4.07	4.15
8	8	12.5	27.3	9.87	7.75	18.9	62.8	1.38	2.52	1.07	2.08	2.16	2.23	2.31	3.95	4.03	4.10	4.18
L90×56× 5		12.5	29.1	7.21	5.66	18.3	60.5	1.59	2.90	1.23	2.22	2.30	2.36	2.43	4.32	4.40	4.47	4.54
6*		12.9	29.5	8.56	6.72	21.4	71.0	1.58	2.88	1.23	2.24	2.31	2.38	2.45	4.34	4.43	4.49	4.57
7*		13.3	30.0	9.88	7.76	24.4	81.0	1.57	2.86	1.22	2.26	2.33	2.41	2.47	4.36	4.44	4.52	4.60
8	9	13.6	30.4	11.2	8.78	27.2	91.0	1.56	2.85	1.21	2.28	2.35	2.43	2.50	4.39	4.47	4.55	4.62
L100×63× 6		14.3	32.4	9.62	7.55	30.9	99.1	1.79	3.21	1.38	2.48	2.55	2.62	2.70	4.76	4.84	4.92	4.99
7		14.7	32.8	11.1	8.72	35.3	114	1.78	3.20	1.38	2.50	2.57	2.64	2.72	4.79	4.87	4.95	5.02
8*		15.0	33.2	12.6	9.88	39.4	127	1.77	3.18	1.37	2.53	2.59	2.67	2.74	4.82	4.89	4.97	5.04
10	10	15.8	34.0	15.5	12.1	47.1	154	1.74	3.15	1.35	2.57	2.64	2.71	2.79	4.86	4.94	5.01	5.09
L100×80× 6		19.7	29.5	10.6	8.35	61.2	107	2.40	3.17	1.72	3.30	3.38	3.44	3.52	4.54	4.62	4.68	4.77
7		20.1	30.0	12.3	9.66	70.1	123	2.39	3.16	1.72	3.32	3.41	3.46	3.55	4.56	4.64	4.71	4.80
8		20.5	30.4	13.9	11.0	78.6	138	2.37	3.14	1.71	3.34	3.43	3.48	3.57	4.58	4.66	4.74	4.82
10	10	21.3	31.2	17.2	13.5	94.7	167	2.35	3.12	1.69	3.37	3.46	3.52	3.61	4.62	4.70	4.77	4.86
L110×70× 6		15.7	35.3	10.6	8.35	42.9	132	2.01	3.54	1.54	2.74	2.81	2.88	2.97	5.20	5.28	5.36	5.43
7*		16.1	35.7	12.3	9.66	49.0	153	2.00	3.53	1.53	2.75	2.82	2.89	2.98	5.23	5.30	5.37	5.45
8*		16.5	36.2	13.9	11.0	54.9	172	1.98	3.51	1.53	2.77	2.84	2.92	2.99	5.26	5.33	5.41	5.49
10	10	17.2	37.0	17.2	13.5	65.9	208	1.96	3.48	1.51	2.82	2.90	2.96	3.04	5.31	5.38	5.48	5.54

续表

单角钢　　双角钢

角钢型号	圆角 r	重心距 Z_x (mm)	重心距 Z_y (mm)	截面积 (cm²)	重量 (kg/m)	惯性矩 I_x (cm⁴)	惯性矩 I_y (cm⁴)	回转半径 i_x (cm)	回转半径 i_y (cm)	回转半径 i_{y0} (cm)	i_{y1}(当 t 为下列数值) 6mm	i_{y1} 8mm	i_{y1} 10mm	i_{y1} 12mm	i_{y2}(当 t 为下列值) 6mm	i_{y2} 8mm	i_{y2} 10mm	i_{y2} 12mm
L 125×80×7	11	18.0	40.1	14.1	11.1	74.4	228	2.30	4.02	1.76	3.11	3.17	3.24	3.31	5.89	5.96	6.04	6.11
8*		18.4	40.6	16.0	12.6	83.5	257	2.28	4.01	1.75	3.13	3.19	3.27	3.34	5.91	5.98	6.06	6.13
10*		19.2	41.4	19.7	15.5	101	312	2.26	3.98	1.74	3.17	3.23	3.31	3.38	5.97	6.04	6.11	6.19
12		20.0	42.2	23.4	18.3	117	364	2.24	3.95	1.72	3.21	3.28	3.35	3.43	6.00	6.08	6.15	6.23
L 140×90×8*	12	20.4	45.0	18.0	14.2	121	366	2.59	4.50	1.98	3.48	3.55	3.61	3.69	6.57	6.64	6.72	6.79
10*		21.2	45.8	22.3	17.5	146	446	2.56	4.47	1.96	3.52	3.59	3.67	3.74	6.62	6.69	6.77	6.84
12		21.9	46.6	26.4	20.7	170	522	2.54	4.44	1.95	3.56	3.62	3.70	3.77	6.67	6.73	6.82	6.88
14		22.7	47.4	30.5	23.9	192	594	2.51	4.42	1.94	3.60	3.65	3.73	3.80	6.72	6.78	6.87	6.92
L 160×100×10*	13	22.8	52.4	25.3	19.9	205	669	2.85	5.14	2.19	3.84	3.90	3.97	4.04	7.54	7.62	7.69	7.77
12*		23.6	53.2	30.1	23.6	239	785	2.82	5.11	2.17	3.88	3.94	4.02	4.09	7.60	7.67	7.74	7.82
14		24.3	54.0	34.7	27.3	271	896	2.80	5.08	2.16	3.91	3.98	4.05	4.13	7.64	7.71	7.79	7.86
16		25.1	54.8	39.3	30.8	302	1003	2.77	5.05	2.16	3.95	4.01	4.09	4.16	7.68	7.76	7.84	7.90
L 180×110×10	14	24.4	58.9	28.4	22.3	278	956	3.13	5.80	2.42	4.15	4.22	4.29	4.36	8.48	8.55	8.62	8.70
12		25.2	59.8	33.7	26.5	325	1125	3.10	5.78	2.40	4.19	4.26	4.33	4.40	8.52	8.60	8.67	8.75
14		25.9	60.6	39.0	30.6	370	1287	3.08	5.75	2.39	4.23	4.31	4.37	4.40	8.56	8.64	8.71	8.80
16		26.7	61.4	44.1	34.7	412	1443	3.06	5.72	2.38	4.27	4.36	4.42	4.49	8.60	8.68	8.75	8.84
L 200×125×12	14	28.3	65.4	37.9	29.8	483	1571	3.57	6.44	2.74	4.75	4.81	4.88	4.95	9.39	9.46	9.54	9.61
14		29.1	66.2	43.9	34.4	551	1801	3.54	6.41	2.73	4.78	4.85	4.92	4.99	9.43	9.50	9.58	9.65
16		29.9	67.0	49.7	39.1	615	2023	3.52	6.38	2.71	4.82	4.89	4.96	5.03	9.48	9.55	9.63	9.70
18		30.6	67.8	55.5	43.6	677	2238	3.49	6.35	2.70	4.86	4.92	5.00	5.07	9.50	9.58	9.66	9.78

注　1. 角钢长度：2.5/1.6~5.6/3.6号，长3~9m；6.3/4~9/5.6号，长4~12m；10/6.3~14/9号，长4~19m；16/10~20/12.5号，长6~19m。

2. 制造钢号：有*符号者为Q235，Q235-F，Q345，Q345-Cu，Q345-F，其余为Q235，Q235-Cu，Q235-F。

热轧普通工字钢截面特性表

表3

h—高度；b—肢宽；t_w—腰厚；t—平均肢厚；I—惯性矩；i—回转半径；W—截面模量；S—半截面的面积矩；

型号	尺寸/mm						截面面积 /cm²	重量 /(kg/m)	表面积 /(m²/m)	x—x				y—y		
	h	b	t_w	t	r	r_1				I_x /cm⁴	W_x /cm³	S_x /cm³	i_x /cm	I_y /cm⁴	W_y /cm³	i_y /cm
10	100	68	4.5	7.6	6.5	3.3	14.33	11.25	0.432	245	49.0	28.2	4.14	32.8	9.6	1.51
12.6	126	74	5.0	8.4	7.0	3.5	18.10	14.21	0.505	488	77.4	44.4	5.19	46.9	12.7	1.61
14	140	80	5.5	9.1	7.5	3.8	21.50	16.88	0.553	712	101.7	58.4	5.75	64.3	16.1	1.73
16	160	88	6.0	9.9	8.0	4.0	26.11	20.50	0.621	1127	140.9	80.8	6.57	93.1	21.1	1.89
18	180	94	6.5	10.7	8.5	4.3	30.74	24.13	0.681	1669	185.4	106.5	7.37	122.9	26.2	2.00
20a	200	100	7.0	11.4	9.0	4.5	35.55	27.91	0.742	2369	236.9	136.1	8.16	157.9	31.6	2.11
20b	200	102	9.0	11.4	9.0	4.5	39.55	31.05	0.746	2502	250.2	146.1	7.95	169.0	33.1	2.07
22a	220	110	7.5	12.3	9.5	4.8	42.10	33.05	0.817	3406	309.6	177.7	8.99	225.9	41.1	2.32
22b	220	112	9.5	12.3	9.5	4.8	46.50	36.50	0.821	3583	325.8	189.8	8.78	240.2	42.9	2.27
25a	250	116	8.0	13.0	10.0	5.0	48.51	38.08	0.898	5017	401.4	230.7	10.17	280.4	48.4	2.40
25b	250	118	10.0	13.0	10.0	5.0	53.51	42.01	0.902	5278	422.2	246.3	9.93	297.3	50.4	2.36
28a	280	122	8.5	13.7	10.5	5.3	55.37	43.47	0.978	7115	508.2	292.7	11.34	344.1	56.4	2.49
28b	280	124	10.5	13.7	10.5	5.3	60.97	47.86	0.982	7481	534.4	312.3	11.08	363.8	58.7	2.44

续表

型号	尺寸/mm h	b	t_w	t	r	r_1	截面面积/cm²	重量/(kg/m)	表面积/(m²/m)	$x-x$ I_x/cm⁴	W_x/cm³	S_x/cm³	i_x/cm	$y-y$ I_y/cm⁴	W_y/cm³	i_y/cm
32a	320	130	9.5	15.0	11.5	5.8	67.12	52.69	1.084	11080	692.5	400.5	12.85	459.0	70.6	2.62
32b	320	132	11.5	15.0	11.5	5.8	73.52	57.71	1.088	11626	726.7	426.1	12.58	483.8	73.3	2.57
32c	320	134	13.5	15.0	11.5	5.8	79.92	62.74	1.092	12173	760.8	451.7	12.34	510.1	76.1	2.53
36a	360	136	10.0	15.8	12.0	6.0	76.44	60.00	1.185	15796	877.6	508.8	14.38	554.9	81.6	2.69
36b	360	138	12.0	15.8	12.0	6.0	83.64	65.66	1.189	16574	920.8	541.2	14.08	583.6	84.6	2.64
36c	360	140	14.0	15.8	12.0	6.0	90.84	71.31	1.193	17350	964.0	573.6	13.82	614.0	87.7	2.60
40a	400	142	10.5	16.5	12.5	6.3	86.07	67.56	1.285	21714	1085.7	631.2	15.88	659.9	92.9	2.77
40b	400	144	12.5	16.5	12.5	6.3	94.07	73.84	1.289	22780	1139.0	671.1	15.56	692.8	96.2	2.71
40c	400	146	14.5	16.5	12.5	6.3	102.07	80.12	1.293	23847	1192.4	711.2	15.29	727.5	99.7	2.67
45a	450	150	11.5	18.0	13.5	6.8	102.40	80.38	1.411	32241	1432.9	836.4	17.74	855.0	114.0	2.89
45b	450	152	13.5	18.0	13.5	6.8	111.40	87.45	1.415	33759	1500.4	887.1	17.41	895.4	117.8	2.84
45c	450	154	15.5	18.0	13.5	6.8	120.40	94.51	1.419	35278	1567.9	937.7	17.12	938.0	121.8	2.79
50a	500	158	12.0	20.0	14.0	7.0	119.25	93.61	1.539	46472	1858.9	1084.1	19.74	1121.5	142.0	3.07
50b	500	160	14.0	20.0	14.0	7.0	129.25	101.46	1.543	48556	1942.2	1146.6	19.38	1171.4	146.4	3.01
50c	500	162	16.0	20.0	14.0	7.0	139.25	109.31	1.547	50639	2005.6	1209.1	19.07	1223.9	151.1	2.96
56a	560	166	12.5	21.0	14.5	7.3	135.38	106.27	1.687	65576	2342.0	1368.8	22.01	1365.8	164.6	3.18
56b	560	168	14.5	21.0	14.5	7.3	146.58	115.06	1.691	68503	2446.5	1447.2	21.62	1423.8	169.5	3.12
56c	560	170	16.5	21.0	14.5	7.3	157.78	123.85	1.695	71430	2551.1	1525.6	21.28	1484.8	174.7	3.07
63a	630	176	13.0	22.0	15.0	7.5	154.59	121.36	1.862	94004	2984.3	1747.4	24.66	1702.4	193.5	3.32
63b	630	178	15.0	22.0	15.0	7.5	167.19	131.25	1.866	98171	3116.6	1846.5	24.23	1770.7	199.0	3.25
63c	630	180	17.0	22.0	15.0	7.5	179.79	141.14	1.870	102339	3248.9	1945.9	23.86	1842.4	204.7	3.20

注　1. 工字钢长度：10～18号，长5～19m；20～63号，长6～19m。
　　2. 一般采用材料：Q235，Q235-F。

表 4 热 轧 普 通 槽 钢

坡度 1∶10

h—高度；b—肢宽；t_w—腰厚；t—平均肢厚；I—惯性矩；
W—截面模量；i—回转半径；Z_0—y—y 与 y_1—y_1 轴线间距

型号	尺寸/mm h	b	t_w	t	截面面积 /cm²	理论重量 /(kg/m)	x—x W_x /cm³	I_x /cm⁴	i_x /cm	W_y /cm³	y—y I_y /cm⁴	i_y /cm	y_1—y_1 I_{y1} /cm⁴	Z_0 /cm
5	50	37	4.5	7	6.93	5.44	10.4	26	1.94	3.55	8.3	1.1	20.9	1.35
6.3	63	40	4.8	7.5	8.444	6.63	16.123	50.786	2.453		11.872	1.185	28.38	1.36
8	80	43	5	8	10.24	8.04	25.3	101.3	3.15	5.79	16.6	1.27	37.4	1.43
10	100	48	5.3	8.5	12.74	10	39.7	198.3	3.95	7.8	25.6	1.41	54.9	1.52
12.6	126	53	5.5	9	15.69	12.37	62.137	391.466	4.953	10.242	37.99	1.567	77.09	1.59
14a	140	58	6	9.5	18.51	14.53	80.5	563.7	5.52	13.01	53.2	1.7	107.1	1.71
14b	140	60	8	9.5	21.31	16.73	87.1	609.4	5.35	14.12	61.1	1.69	120.6	1.67
16a	160	63	6.5	10	21.95	17.23	108.3	866.2	6.28	16.3	73.3	1.83	144.1	1.8
16b	160	65	8.5	10	25.15	19.74	116.8	934.5	6.1	17.55	83.4	1.82	160.8	1.75
18a	180	68	7	10.5	25.69	20.17	141.4	1272.7	7.04	20.03	98.6	1.96	189.7	1.88
18b	180	70	9	10.5	29.29	22.99	152.2	1369.9	6.84	21.52	111	1.95	210.1	1.84

续表

型号	尺寸/mm				截面面积/cm²	理论重量/(kg/m)	x-x			y-y			y1-y1	Z₀/cm
	h	b	t_w	t			W_x/cm³	I_x/cm⁴	i_x/cm	W_y/cm³	I_y/cm⁴	i_y/cm	I_{y1}/cm⁴	Z_0/cm
20a	200	73	7	11	28.83	22.63	178	1780.4	7.86	24.2	128	2.11	244	2.01
20b	200	75	9	11	32.83	25.77	191.4	1913.7	7.64	25.88	143.6	2.09	268.4	1.95
22a	220	77	7	11.5	31.84	24.99	217.6	2393.9	8.67	28.17	157.8	2.23	298.2	21
22b	220	79	9	11.5	36.24	28.45	233.8	2571.4	8.42	30.05	176.4	2.21	326.3	2.03
a	250	78	7	12	34.91	27.47	269.597	3369.62	9.823	30.607	175.529	2.243	322.256	2.065
25b	250	80	9	12	39.91	31.39	282.402	3530.04	9.405	32.657	196.421	2.218	353.187	1.982
c	250	82	11	12	44.91	35.32	295.236	3690.45	9.065	35.926	218.415	2.206	384.133	1.921
a	280	82	7.5	12.5	40.02	31.42	340.328	4764.59	10.91	35.718	217.989	2.333	387.566	2.097
28b	280	84	9.5	12.5	45.62	35.81	366.46	5130.45	10.6	37.929	242.144	2.304	427.589	2.016
c	280	86	11.5	12.5	51.22	40.21	392.594	5496.32	10.35	40.301	267.602	2.286	426.597	1.951
a	320	88	8	14	48.7	38.22	474.879	7598.06	12.49	49.473	304.787	2.502	552.31	2.242
32b	320	90	10	14	55.1	43.25	509.012	8144.2	12.15	49.157	336.332	2.471	592.933	2.158
c	320	92	12	14	61.5	48.28	543.145	8690.33	11.83	52.642	374.175	2.467	643.299	2.092
a	360	96	9	16	60.89	47.8	659.7	11874.2	13.97	63.54	455	2.73	818.4	2.44
36b	360	98	11	16	68.09	53.45	702.9	12651.8	13.63	66.85	496.7	2.7	880.4	2.37
c	360	100	13	16	75.29	60.1	746.1	13429.4	13.35	70.02	536.4	2.67	947.9	2.34
a	400	100	10.5	18	75.05	58.91	878.9	17577.9	15.30	78.83	592	2.81	1067.7	2.49
40b	400	102	12.5	18	83.05	65.19	932.2	18644.5	14.93	82.52	640	2.78	1135.6	2.44
c	400	104	14.5	18	91.05	71.47	985.6	19711.2	14.71	86.19	687.8	2.75	1220.7	2.42

注：1. 槽钢长度：5～8号，长5～12m；10～18号，长5～19m；20～40号，长6～19m。
2. 制造钢号：Q235，Q235-F。

表 5 　　　　　　　　　　　　　　压型钢板（摘自 GB/T 12755—91）

型　　号	截面基本尺寸/mm	板厚 /mm	有效截面特性	
			I /(cm⁴/m)	W /(cm³/m)
YX130 – 300 – 600		0.8	275.99	41.50
		1.0	358.09	52.71
		1.2	441.34	63.95
YX130 – 275 – 550		0.8	273.14	39.77
		1.0	349.44	50.22
		1.2	421.12	60.30
YX70 – 200 – 600		0.8	76.57	20.31
		1.0	100.64	27.37
		1.2	128.19	35.96
YX35 – 115 – 690		0.6	13.55	7.29
		0.8	18.13	9.69
		1.0	22.67	12.05

附录四 型钢的螺栓（铆钉）准线表

表 1 角 钢 上 的 准 线 表

单 行 排 列			双行错列				双行并列			
角钢肢宽	e	最大孔径	角钢肢宽	e_1	e_2	最大孔径	角钢肢宽	e_1	e_2	最大孔径
40	25	12	125	55	85	23				
45	28	12	140	55	90	23				
50	30	14	160	65	110	23	150	55	115	20
56	30	17	180	70	130	26	180	70	140	23
63	35	20	200	90	150	29	200	70	150	26
70	40	20	220	100	160	29	220	75	160	26
75	40	20	250	110	170	29	250	80	170	29
80	45	23								
90	50	23								
100	55	26								
110	60	26								
125	65	26								

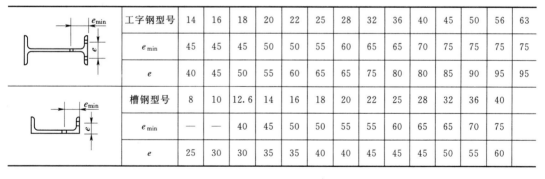

表 2 工字钢和槽钢腹板及翼缘上的准线表

工字钢型号	14	16	18	20	22	25	28	32	36	40	45	50	56	63
e_{min}	45	45	45	50	50	55	60	65	65	70	75	75	75	75
e	40	45	50	55	60	65	65	75	80	80	85	90	95	95
槽钢型号	8	10	12.6	14	16	18	20	22	25	28	32	36	40	
e_{min}	—	—	40	45	50	50	55	55	60	65	65	70	75	
e	25	30	30	35	35	40	40	45	45	45	50	55	60	

附录五　普通螺栓的标准直径及螺纹处的有效截面积

螺栓外径 d/mm	16	18	20	22	24	27	30	33	36	42	48
螺纹内径 d_e/mm	14.12	15.65	17.65	19.65	21.19	24.19	26.72	29.72	32.25	37.78	43.31
螺纹处有效截面积 A_e/mm^2	156.7	192.5	244.8	303.4	352.5	459.4	560.6	693.6	816.7	1121.0	1473.0

附录六 梁的整体稳定系数

一、焊接工字形等截面简支梁

等截面焊接工字形和轧制 H 型钢（附图 6-1）简支梁的整体稳定系数 φ_b 应按下式计算：

$$\varphi_b = \beta_b \frac{4320}{\lambda_y^2} \frac{Ah}{W_x} \left[\sqrt{1 + \left(\frac{\lambda_y t_1}{4.4h}\right)^2} + \eta_b \right] \frac{235}{f_y} \tag{附 6-1}$$

式中　　β_b——等效弯矩系数，按本附录表 1 采用；

　　$\lambda_y = l_1/i_y$——梁在侧向支承点间对截面弱轴 $y-y$ 的长细比，其中 l_1 为梁的受压翼缘侧向支承点间的距离，i_y 为梁截面对 y 轴的回转半径；

　　A——梁的毛截面面积；

　　h、t_1——梁截面的全高和受压翼缘厚度；

　　η_b——截面的不对称影响系数；对双轴对称工字形截面［附图 6-1（a）］$\eta_b = 0$，对单轴对称工字形截面［附图 6-1（b）、（c）］：

　　　　加强受压翼缘　$\eta_b = 0.8(2\alpha_b - 1)$；

　　　　加强受拉翼缘　$\eta_b = 2\alpha_b - 1$；

　　$\alpha_b = \dfrac{I_1}{I_1 + I_2}$——系数，其中 I_1 和 I_2 分别为受压翼缘和受拉翼缘对 y 轴的惯性矩。

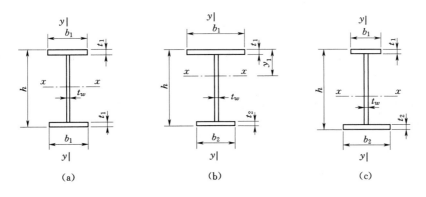

附图 6-1　焊接工字形截面

（a）双轴对称工字形截面；（b）加强受压翼缘的单轴对称工字形截面；
（c）加强受拉翼缘的单轴对称工字形截面

当按式（附 6-1）算出的 $\varphi_b > 0.60$ 时，应按下式计算的 φ'_b 代替 φ_b 值：

$$\varphi'_b = 1.07 - \frac{0.282}{\varphi_b} \leqslant 1.0 \tag{附 6-2}$$

二、轧制普通工字钢简支梁

轧制普通工字钢简支梁的整体稳定系数 φ_b 应按本附录表 2 采用，当所得 φ_b 值 > 0.60 时，应按式（附 6-2）算出相应的 φ'_b 代替 φ_b 值。

表 1 工字形截面简支梁的等效弯矩系数 β_b

项次	侧向支承	荷载		$\xi = \dfrac{l_1 t_1}{b_1 h}$		适用范围
				$\xi \leqslant 2.0$	$\xi > 2.0$	
1	跨中无侧向支承	均布荷载作用在	上翼缘	$0.69 + 0.13\xi$	0.95	附图 6−1 (a)、(b) 截面
2			下翼缘	$1.73 - 0.2\xi$	1.33	
3		集中荷载作用在	上翼缘	$0.73 + 0.18\xi$	1.09	
4			下翼缘	$2.23 - 0.28\xi$	1.67	
5	跨度中点有一个侧向支承点	均布荷载作用在	上翼缘	1.15		附图 6−1 中的所有截面
6			下翼缘	1.40		
7		集中荷载作用在截面高度上任意位置		1.75		
8	跨中有不少于两个等距离侧向支承点	任意荷载作用在	上翼缘	1.20		
9			下翼缘	1.40		
10	梁端有弯矩，但跨中无荷载作用			$1.75 - 1.05\left(\dfrac{M_2}{M_1}\right) + 0.3\left(\dfrac{M_2}{M_1}\right)^2$ 但 $\leqslant 2.3$		

注 1. ξ 为参数，$\xi = \dfrac{l_1 t_1}{b_1 h}$，其中 b_1 为受压翼缘宽度。

2. M_1，M_2 为侧向支承点间梁段的端弯矩，使梁发生同向曲率时 M_1 和 M_2 取同号，产生反向曲率时取异号，$|M_1| \geqslant |M_2|$。

3. 表中项次 3、4 和 7 的集中荷载是指一个或少数几个集中荷载位于跨度中央附近的情况，对其他情况的集中荷载，应按表中项次 1、2、5 和 6 内的数值采用。

4. 表中项次 8、9 的 β_b，当集中荷载作用在侧向支承点处时，取 $\beta_b = 1.20$。

5. 荷载作用在上翼缘系指荷载作用点在翼缘表面，方向指向截面形心，荷载作用在下翼缘系指荷载作用点在翼缘表面，方向背向截面形心。

6. 对 $\alpha_b > 0.8$ 时的加强受压翼缘工字形截面，下列情况的 β_b 值应乘以下系数：

项次 1：当 $\xi \leqslant 1.0$ 时，取 0.95，

项次 3：当 $\xi \leqslant 0.5$ 时，取 0.90，

当 $0.5 < \xi \leqslant 1.0$ 时，取 0.95。

三、轧制槽钢简支梁

轧制槽钢简支梁的整体稳定系数，不论荷载形式和荷载作用点在截面高度上的位置，均可按下式计算

$$\varphi_b = \frac{570bt}{l_1 h} \times \frac{235}{f_y} \qquad (\text{附 } 6\text{−}3)$$

式中 h、b、t——槽钢截面高度、翼缘宽度和平均厚度。

按式（附 6−3）算得的 $\varphi_b > 0.6$ 时，应按式（附 6−2）算出相应的 φ'_b 代替 φ_b 值。

表 2   轧制普通工字钢简支梁的 φ_b 值

项次	荷 载 情 况			工字钢型号	自 由 长 度 l_1/m								
					2	3	4	5	6	7	8	9	10
1	跨中无侧向支承点的梁	集中荷载作用于	上翼缘	10~20	2.0	1.30	0.99	0.80	0.68	0.58	0.53	0.48	0.43
				22~32	2.4	1.48	1.09	0.86	0.72	0.62	0.54	0.49	0.45
				36~63	2.8	1.60	1.07	0.83	0.68	0.56	0.50	0.45	0.40
2			下翼缘	10~20	3.1	1.95	1.34	1.01	0.82	0.69	0.63	0.57	0.52
				22~40	5.5	2.80	1.84	1.37	1.07	0.86	0.73	0.64	0.56
				45~63	7.3	3.60	2.30	1.62	1.20	0.96	0.80	0.69	0.60
3		均布荷载作用于	上翼缘	10~20	1.7	1.12	0.84	0.68	0.57	0.50	0.45	0.41	0.37
				22~40	2.1	1.30	0.93	0.73	0.60	0.51	0.45	0.40	0.36
				45~63	2.6	1.45	0.97	0.73	0.59	0.50	0.44	0.38	0.35
4			下翼缘	10~20	2.5	1.55	1.08	0.83	0.68	0.56	0.52	0.47	0.42
				22~40	4.0	2.20	1.45	1.10	9.85	0.70	0.60	0.52	0.46
				45~63	5.6	2.80	1.80	1.25	0.95	0.78	0.65	0.55	0.49
5	跨中有侧向支承点的梁（不论荷载作用的截面高度上的位置）			10~20	2.2	1.39	1.01	0.79	0.66	0.57	0.52	0.47	0.42
				22~40	3.0	1.80	1.24	0.96	0.76	0.65	0.56	0.49	0.43
				45~63	4.0	2.20	1.38	1.01	0.80	0.66	0.56	0.49	0.43

注   1. 项次 1、2 中的集中荷载含义见表 1 的注 3、5。

     2. 表中的 φ_b 适用于 Q235 钢，对其他钢号，表中数值应乘以 $235/f_y$。

四、双轴对称工字形等截面（含 H 型钢）悬臂梁

双轴对称工字形等截面（含 H 型钢）悬臂梁的整体稳定系数，仍按式（附 6-1）计算，但式中系数 β_b 应按本附录表 3 查得，$\lambda_y = l_1/i_y$ 中的 l_1 为悬臂梁的悬伸长度。当求得的 $\varphi_b > 0.6$ 时，应按式（附 6-2）算得相应的 φ'_b 值代替 φ_b 值。

表 3   双轴对称工字形等截面（含 H 型钢）悬臂梁的系数 β_b

项 次	荷 载 形 式		$\xi = \dfrac{l_1 t}{bh}$		
			$0.60 \leqslant \xi \leqslant 1.24$	$1.24 \leqslant \xi \leqslant 1.96$	$1.96 \leqslant \xi \leqslant 3.10$
1	自由端一个集中荷载作用在	上翼缘	$0.21 + 0.67\xi$	$0.72 + 0.26\xi$	$1.17 + 0.03\xi$
2		下翼缘	$2.94 - 0.65\xi$	$2.64 - 0.40\xi$	$2.15 - 0.16\xi$
3	均布荷载作用在上翼缘		$0.62 + 0.82\xi$	$1.25 + 0.31\xi$	$1.66 + 0.10\xi$

注   1. 本表是按支承端为固定的情况确定的，当用于由邻跨延伸出来的伸臂梁时，应在构造上采取措施以加强支承处的抗扭能力。

     2. 表中 ξ 见本附录表 1 的注 1。

五、受弯构件整体稳定系数的近似计算

受均布弯矩作用的受弯构件，当 $\lambda_y \leqslant 120\sqrt{235/f_y}$ 时，其整体稳定系数 φ_b 可按下列近似公式计算。

1. 工字形截面（含 H 型钢）

双轴对称时

$$\varphi_b = 1.07 - \frac{\lambda_y^2}{44000} \times \frac{f_y}{235} \tag{附 6-4}$$

单轴对称时

$$\varphi_b = 1.07 - \frac{W_x}{(2\alpha_b + 0.1)Ah} \times \frac{\lambda_y^2}{14000} \times \frac{f_y}{235} \qquad (\text{附}6-5)$$

2. T 形截面（弯矩作用在对称轴平面，绕 x 轴）

（1）弯矩使翼缘受压时：

双角钢 T 形截面

$$\varphi_b = 1 - 0.0017\lambda_y \sqrt{f_y/235} \qquad (\text{附}6-6)$$

两板组合 T 形截面

$$\varphi_b = 1 - 0.0022\lambda_y \sqrt{f_y/235} \qquad (\text{附}6-7)$$

（2）弯矩使翼缘受拉且腹板宽厚比不大于 $18\sqrt{235/f_y}$ 时：

$$\varphi_b = 1 - 0.0005\lambda_y \sqrt{f_y/235} \qquad (\text{附}6-8)$$

按式（附6-4）～式（附6-8）算得的 $\varphi_b > 0.60$ 时，不需按式（附6-2）换算成 φ'_b 值。当按式（附6-4）和式（附6-5）算得的 $\varphi_b > 1.0$ 时，取 $\varphi_b = 1.0$。

附录七 轴心受压构件的稳定系数

表 1   a 类截面轴心受压构件的稳定系数 φ

$\lambda\sqrt{\dfrac{f_y}{235}}$	0	1	2	3	4	5	6	7	8	9
0	1.000	1.000	1.000	1.000	0.999	0.999	0.998	0.998	0.997	0.996
10	0.995	0.994	0.993	0.992	0.991	0.989	0.988	0.986	0.985	0.983
20	0.981	0.979	0.977	0.976	0.974	0.972	0.970	0.968	0.966	0.964
30	0.963	0.961	0.959	0.957	0.955	0.952	0.950	0.948	0.946	0.944
40	0.941	0.939	0.937	0.934	0.932	0.929	0.927	0.924	0.921	0.919
50	0.916	0.913	0.910	0.907	0.904	0.900	0.897	0.894	0.890	0.886
60	0.883	0.879	0.875	0.871	0.867	0.863	0.858	0.854	0.849	0.844
70	0.839	0.834	0.829	0.824	0.818	0.813	0.807	0.801	0.795	0.789
80	0.783	0.776	0.770	0.763	0.757	0.750	0.743	0.736	0.728	0.721
90	0.714	0.706	0.699	0.691	0.684	0.676	0.668	0.661	0.653	0.645
100	0.638	0.630	0.622	0.615	0.607	0.600	0.592	0.585	0.577	0.570
110	0.563	0.555	0.548	0.541	0.534	0.527	0.520	0.514	0.507	0.500
120	0.494	0.488	0.481	0.475	0.469	0.463	0.457	0.451	0.445	0.440
130	0.434	0.429	0.423	0.418	0.412	0.407	0.402	0.397	0.392	0.387
140	0.383	0.378	0.373	0.369	0.364	0.360	0.356	0.351	0.347	0.343
150	0.339	0.335	0.331	0.327	0.323	0.320	0.316	0.312	0.309	0.305
160	0.302	0.298	0.295	0.292	0.289	0.285	0.282	0.279	0.276	0.273
170	0.270	0.267	0.264	0.262	0.259	0.256	0.253	0.251	0.248	0.246
180	0.243	0.241	0.238	0.236	0.233	0.231	0.229	0.226	0.224	0.222
190	0.220	0.218	0.215	0.213	0.211	0.209	0.207	0.205	0.203	0.201
200	0.199	0.198	0.196	0.194	0.192	0.190	0.189	0.187	0.185	0.183
210	0.182	0.180	0.179	0.177	0.175	0.174	0.172	0.171	0.169	0.168
220	0.166	0.165	0.164	0.162	0.161	0.159	0.158	0.157	0.155	0.154
230	0.153	0.152	0.150	0.149	0.148	0.147	0.146	0.144	0.143	0.142
240	0.141	0.140	0.139	0.138	0.136	0.135	0.134	0.133	0.132	0.131
250	0.130									

表 2 　　　　　　　　　　　b 类截面轴心受压构件的稳定系数 φ

$\lambda\sqrt{\dfrac{f_y}{235}}$	0	1	2	3	4	5	6	7	8	9
0	1.000	1.000	1.000	0.999	0.999	0.998	0.997	0.996	0.995	0.994
10	0.992	0.991	0.989	0.987	0.985	0.983	0.981	0.978	0.976	0.973
20	0.970	0.967	0.963	0.960	0.957	0.953	0.950	0.946	0.943	0.939
30	0.936	0.932	0.929	0.925	0.922	0.918	0.914	0.910	0.906	0.903
40	0.899	0.895	0.891	0.887	0.882	0.878	0.874	0.870	0.865	0.861
50	0.856	0.852	0.847	0.842	0.838	0.833	0.828	0.823	0.818	0.813
60	0.807	0.802	0.797	0.791	0.786	0.780	0.774	0.769	0.763	0.757
70	0.751	0.745	0.739	0.732	0.726	0.720	0.714	0.707	0.701	0.694
80	0.688	0.681	0.675	0.668	0.661	0.655	0.648	0.641	0.635	0.628
90	0.621	0.614	0.608	0.601	0.594	0.588	0.581	0.575	0.568	0.561
100	0.555	0.549	0.542	0.536	0.529	0.523	0.517	0.511	0.505	0.499
110	0.493	0.487	0.481	0.475	0.470	0.464	0.458	0.453	0.447	0.442
120	0.437	0.432	0.426	0.421	0.416	0.411	0.406	0.402	0.397	0.392
130	0.387	0.383	0.378	0.374	0.370	0.365	0.361	0.357	0.353	0.349
140	0.345	0.341	0.337	0.333	0.329	0.326	0.322	0.318	0.315	0.311
150	0.308	0.304	0.301	0.298	0.295	0.291	0.288	0.285	0.282	0.279
160	0.276	0.273	0.270	0.267	0.265	0.262	0.259	0.256	0.254	0.251
170	0.249	0.246	0.244	0.241	0.239	0.236	0.234	0.232	0.229	0.227
180	0.225	0.223	0.220	0.218	0.216	0.214	0.212	0.210	0.208	0.206
190	0.204	0.202	0.200	0.198	0.197	0.195	0.193	0.191	0.190	0.188
200	0.186	0.184	0.183	0.181	0.180	0.178	0.176	0.175	0.173	0.172
210	0.170	0.169	0.167	0.166	0.165	0.163	0.162	0.160	0.159	0.158
220	0.156	0.155	0.154	0.153	0.151	0.150	0.149	0.148	0.146	0.145
230	0.144	0.143	0.142	0.141	0.140	0.138	0.137	0.136	0.135	0.134
240	0.133	0.132	0.131	0.130	0.129	0.128	0.127	0.126	0.125	0.124
250	0.123									

表 3　　　　　　　　　　　**c 类截面轴心受压构件的稳定系数 φ**

$\lambda\sqrt{\dfrac{f_y}{235}}$	0	1	2	3	4	5	6	7	8	9
0	1.000	1.000	1.000	0.999	0.999	0.998	0.997	0.996	0.995	0.993
10	0.992	0.990	0.988	0.986	0.983	0.981	0.978	0.976	0.973	0.970
20	0.966	0.959	0.953	0.947	0.940	0.934	0.928	0.921	0.915	0.909
30	0.902	0.896	0.890	0.884	0.877	0.871	0.865	0.858	0.852	0.846
40	0.839	0.833	0.826	0.820	0.814	0.807	0.801	0.794	0.788	0.781
50	0.775	0.768	0.762	0.755	0.748	0.742	0.735	0.729	0.722	0.715
60	0.709	0.702	0.695	0.689	0.682	0.676	0.669	0.662	0.656	0.649
70	0.643	0.636	0.629	0.623	0.616	0.610	0.604	0.597	0.591	0.584
80	0.578	0.572	0.566	0.559	0.553	0.547	0.541	0.535	0.529	0.523
90	0.517	0.511	0.505	0.500	0.494	0.488	0.483	0.477	0.472	0.467
100	0.463	0.458	0.454	0.449	0.445	0.441	0.436	0.432	0.428	0.423
110	0.419	0.415	0.411	0.407	0.403	0.399	0.395	0.391	0.387	0.383
120	0.379	0.375	0.371	0.367	0.364	0.360	0.356	0.353	0.349	0.346
130	0.342	0.339	0.335	0.332	0.328	0.325	0.322	0.319	0.315	0.312
140	0.309	0.306	0.303	0.300	0.297	0.294	0.291	0.288	0.285	0.282
150	0.280	0.277	0.274	0.271	0.269	0.266	0.264	0.261	0.258	0.256
160	0.254	0.251	0.249	0.246	0.244	0.242	0.239	0.237	0.235	0.233
170	0.230	0.228	0.226	0.224	0.222	0.220	0.218	0.216	0.214	0.212
180	0.210	0.208	0.206	0.205	0.203	0.201	0.199	0.197	0.196	0.194
190	0.192	0.190	0.189	0.187	0.186	0.184	0.182	0.181	0.179	0.178
200	0.176	0.175	0.173	0.172	0.170	0.169	0.168	0.166	0.165	0.163
210	0.162	0.161	0.159	0.158	0.157	0.156	0.154	0.153	0.152	0.151
220	0.150	0.148	0.147	0.146	0.145	0.144	0.143	0.142	0.140	0.139
230	0.138	0.137	0.136	0.135	0.134	0.133	0.132	0.131	0.130	0.129
240	0.128	0.127	0.126	0.125	0.124	0.124	0.123	0.122	0.121	0.120
250	0.119									

表 4   **d 类截面轴心受压构件的稳定系数 φ**

$\lambda\sqrt{\dfrac{f_y}{235}}$	0	1	2	3	4	5	6	7	8	9
0	1.000	1.000	0.999	0.999	0.998	0.996	0.994	0.992	0.990	0.987
10	0.984	0.981	0.978	0.974	0.969	0.965	0.960	0.955	0.949	0.944
20	0.937	0.927	0.918	0.909	0.900	0.891	0.883	0.874	0.865	0.857
30	0.848	0.840	0.831	0.823	0.815	0.807	0.799	0.790	0.782	0.774
40	0.766	0.759	0.751	0.743	0.735	0.728	0.720	0.712	0.705	0.697
50	0.690	0.683	0.675	0.668	0.661	0.654	0.646	0.639	0.632	0.625
60	0.618	0.612	0.605	0.598	0.591	0.585	0.578	0.572	0.565	0.559
70	0.552	0.546	0.540	0.534	0.528	0.522	0.516	0.510	0.504	0.498
80	0.493	0.487	0.481	0.476	0.470	0.465	0.460	0.454	0.449	0.444
90	0.439	0.434	0.429	0.424	0.419	0.414	0.410	0.405	0.401	0.397
100	0.394	0.390	0.387	0.383	0.380	0.376	0.373	0.370	0.366	0.363
110	0.359	0.356	0.353	0.350	0.346	0.343	0.340	0.337	0.334	0.331
120	0.328	0.325	0.322	0.319	0.316	0.313	0.310	0.307	0.304	0.301
130	0.299	0.296	0.293	0.290	0.288	0.285	0.282	0.280	0.277	0.275
140	0.272	0.270	0.267	0.265	0.262	0.260	0.258	0.255	0.253	0.251
150	0.248	0.246	0.244	0.242	0.240	0.237	0.235	0.233	0.231	0.229
160	0.227	0.225	0.223	0.221	0.219	0.217	0.215	0.213	0.212	0.210
170	0.208	0.206	0.204	0.203	0.201	0.199	0.197	0.196	0.194	0.192
180	0.191	0.189	0.188	0.186	0.184	0.183	0.181	0.180	0.178	0.177
190	0.176	0.174	0.173	0.171	0.170	0.168	0.167	0.166	0.164	0.163
200	0.162									

注 表 1～表 4 中的 φ 值系按下列公式算得：

当 $\bar{\lambda}=\dfrac{\lambda}{\pi}\sqrt{\dfrac{f_y}{E}}\leqslant 0.215$ 时 $\varphi=1-\alpha_1\bar{\lambda}^2$

当 $\bar{\lambda}>0.215$ 时 $\varphi=\dfrac{1}{2\bar{\lambda}^2}\left[(\alpha_2+\alpha_3\bar{\lambda}+\bar{\lambda}^2)-\sqrt{(\alpha_2+\alpha_3\bar{\lambda}+\bar{\lambda}^2)^2-4\bar{\lambda}^2}\right]$

式中 α_1、α_2、α_3——系数，根据表 5-1 的截面分类，按本附录表 5 采用。

表 5   **系数 α_1、α_2、α_3 值**

截面类别		α_1	α_2	α_3
a 类		0.41	0.986	0.152
b 类		0.65	0.965	0.300
c 类	$\bar{\lambda}\leqslant 1.05$	0.73	0.906	0.595
	$\bar{\lambda}>1.05$		1.216	0.302
d 类	$\bar{\lambda}\leqslant 1.05$	1.35	0.868	0.915
	$\bar{\lambda}>1.05$		1.375	0.432

附录八　组合截面回转半径近似值

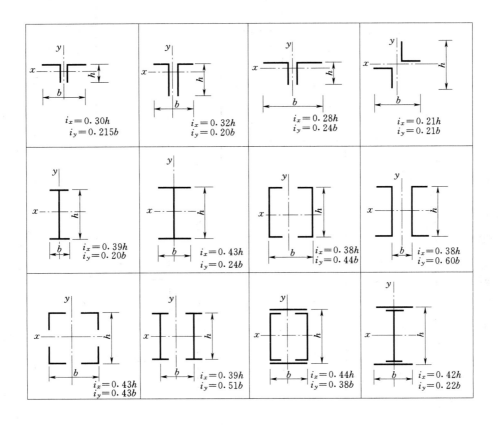

附录九 矩形弹性薄板弯矩系数

表 1

四边简支矩形薄板受均布荷载时的挠度与弯矩系数 ($\mu=0.3$)

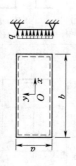

b/a	1.0	1.1	1.2	1.3	1.4	1.5	1.6	1.7	1.8	1.9	2.0	3.0	∞
薄板中心 $\alpha=\dfrac{wD}{qa^4}$	0.00406	0.00485	0.00564	0.00638	0.00705	0.00772	0.00830	0.00883	0.00931	0.00974	0.01013	0.01223	0.01302
$\beta=\dfrac{M_x}{qa^2}$	0.0479	0.0554	0.0627	0.0694	0.0755	0.0812	0.0862	0.0908	0.0948	0.0985	0.1017	0.1189	0.1250
$\beta_1=\dfrac{M_y}{qa^2}$	0.0479	0.0493	0.0501	0.0503	0.0502	0.0498	0.0492	0.0486	0.0479	0.0471	0.0464	0.0406	0.0375

表 2

四边固定矩形薄板受均布荷载时的弯矩与弯应力系数 ($\mu=0.3$)

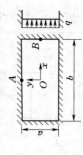

b/a	1.0	1.1	1.2	1.3	1.4	1.5	1.6	1.7	1.8	1.9	2.0	2.5	∞
支承长边中点 A $\dfrac{M_y}{qa^2}$	-0.0513	-0.0581	-0.0639	-0.0687	-0.0726	-0.0757	-0.0780	-0.0799	-0.0812	-0.0822	-0.0829	-0.0833	-0.0833
k_y	0.308	0.349	0.383	0.412	0.436	0.454	0.468	0.479	0.487	0.493	0.497	0.500	0.500

续表

b/a	1.0	1.1	1.2	1.3	1.4	1.5	1.6	1.7	1.8	1.9	2.0	2.5	∞
支承短边中点 B　M_x/qa^2	-0.0513	-0.0538	-0.0554	-0.0563	-0.0568	-0.0570	-0.0571	-0.0571	-0.0571	-0.0571	-0.0571	-0.0571	-0.0571
k_x	0.308	0.323	0.332	0.338	0.341	0.342	0.343	0.343	0.343	0.343	0.343	0.343	0.343
薄板中心　M_y/qa^2	0.0231	0.0264	0.0299	0.0327	0.0349	0.0368	0.0381	0.0392	0.0401	0.0407	0.0412	0.0416	0.0417
M_x/qa^2	0.0231	0.0231	0.0228	0.0222	0.0212	0.0203	0.0193	0.0182	0.0174	0.0165	0.0158	0.0134	0.0125
wD/qa^4	0.00126	0.00150	0.00172	0.00191	0.00207	0.00220	0.00230	0.00238	0.00245	0.00249	0.00254	0.00259	0.00260

注　板的弯应力为：$\sigma_x = k_x qa^2/\delta^2$，$\sigma_y = k_y qa^2/\delta^2$。

表3　三边固定、一边简支的矩形薄板受均布荷载时的弯矩与弯应力系数　（$\mu=0.3$）

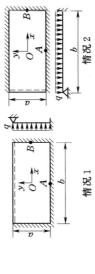

情况1　　　情况2

	b/a	1.0	1.25	1.5	1.75	2.0	2.5	3.0	∞
情况1	固支长边中点 A　M_y/qa^2	-0.0547	-0.0787	-0.0942	-0.1053	-0.1139	-0.1220	-0.1233	-0.1250
	k_y	0.328	0.472	0.565	0.632	0.683	0.732	0.740	0.750
	固支短边中点 B　M_x/qa^2	-0.6000	-0.0709	-0.0758	-0.0775	-0.0783	-0.0784	-0.0785	-0.0786
	k_x	0.360	0.425	0.455	0.465	0.470	0.471	0.471	0.472
	板中心 O　M_x/qa^2	0.0277	0.0306	0.0301	0.0275	0.0259	0.0222	0.0200	0.0188
	M_y/qa^2	0.0236	0.0357	0.0452	0.0514	0.0564	0.0610	0.0623	0.0625

续表

b/a		1.0	1.1	1.25	1.5	1.75	2.0	2.5	3.0	∞
情况 2	固支长边中点 A　M_y/qa^2	−0.0600	−0.0766	−0.0747	−0.0788	−0.0815	−0.0833	−0.0833	−0.0833	−0.0833
	k_y	0.360	0.459	0.448	0.473	0.489	0.500	0.500	0.500	0.500
	固支短边中点 B　M_x/qa^2	−0.0547	−0.0709	−0.0569	−0.0569	−0.0569	−0.0570	−0.0570	−0.0570	−0.0570
	k_x	0.328	0.425	0.341	0.341	0.341	0.342	0.342	0.342	0.342
	板中心 O　M_x/qa^2	0.0236		0.0215	0.0190	0.0168	0.0150	0.0133	0.0125	0.0125
	M_y/qa^2	0.0277		0.0347	0.0387	0.0410	0.0416	0.0417	0.0417	0.0417

表 4　二邻边固定另二边简支的矩形薄板受均布荷载时的弯矩与弯应力系数 （μ=0.3）

b/a		1.0	1.1	1.2	1.3	1.4	1.5	1.6	1.7	1.8	1.9	2.0
固支长边中点 A	M_y/qa^2	−0.0678	−0.0766	−0.0845	−0.0915	−0.0975	−0.1028	−0.1068	−0.1104	−0.1134	−0.1159	−0.1180
	k_y	0.407	0.459	0.507	0.549	0.585	0.616	0.640	0.662	0.680	0.695	0.708
固支短边中点 B	M_x/qa^2	−0.0678	−0.0709	−0.0736	−0.0754	−0.0765	−0.0772	−0.0778	−0.0782	−0.0785	−0.0786	−0.0767
	k_x	0.407	0.425	0.441	0.452	0.459	0.463	0.467	0.468	0.470	0.471	0.472

表 5　三边简支另一边自由的矩形薄板受均布荷载时的弯矩系数 （μ=0.3）

b_1/a		0.5	0.6	0.7	0.8	0.9	1.0	1.1	1.2	1.3	1.4	1.5	1.9	2.0	∞
自由边中点 A	$β=M_x/qa^2$	0.060	0.074	0.088	0.097	0.107	0.112	0.117	0.121	0.124	0.126	0.128	0.132	0.132	0.133
板中心	$β_1=M_x/qa^2$	0.039	0.049	0.058	0.066	0.074	0.080	0.085	0.090	0.094	0.098	0.101		0.113	0.125
	$β_2=M_y/qa^2$	0.022	0.027	0.031	0.035	0.037	0.039	0.040	0.041	0.042	0.042	0.042		0.041	0.037

附录十 钢闸门自重（G）估算公式

一、露顶式平面闸门

当 $5\mathrm{m} \leqslant H \leqslant 8\mathrm{m}$ 时　　　$G = K_z K_c K_g H^{1.43} B^{0.88} \times 9.8\mathrm{kN}$ 　　　　（附 10 - 1）

式中　H、B——孔口高度及宽度，m；

$\quad\quad K_z$——闸门行走支承系数，对于滑动式支承 $K_z = 0.81$，对于滚轮式支承 $K_z = 1.0$，对于台车式支承 $K_z = 1.3$；

$\quad\quad K_c$——材料系数，闸门用普通碳素钢时 $K_c = 1.0$，用低合金钢时 $K_c = 0.8$；

$\quad\quad K_g$——孔口高度系数，当 $H < 5\mathrm{m}$ 时，$K_g = 0.156$；当 $5\mathrm{m} < H < 8\mathrm{m}$ 时，$K_g = 0.13$。

当 $H > 8\mathrm{m}$ 时　　　　$G = 0.012 K_z K_c H^{1.65} B^{1.85} \times 9.8\mathrm{kN}$ 　　　　（附 10 - 2）

式中符号意义、数值同前。

二、露顶式弧形闸门

当 $B \leqslant 10\mathrm{m}$ 时　　　$G = K_c K_b H^{0.42} B^{0.33} H_s \times 9.8\mathrm{kN}$ 　　　　（附 10 - 3）

当 $B > 10\mathrm{m}$ 时　　　$G = K_c K_b H^{0.63} B^{1.1} H_s \times 9.8\mathrm{kN}$ 　　　　（附 10 - 4）

式中　H_s——设计水头，m；

$\quad\quad K_b$——孔口宽度系数，当 $B \leqslant 5\mathrm{m}$ 时，$K_b = 0.29$；当 $5\mathrm{m} < B \leqslant 10\mathrm{m}$ 时，$K_b = 0.472$；当 $10\mathrm{m} < B < 20\mathrm{m}$ 时，$K_b = 0.075$；当 $B > 20\mathrm{m}$ 时，$K_b = 0.105$；

$\quad\quad$ 其他符号意义、数值同前。

三、潜孔式平面滚轮闸门

$$G = 0.073 K_1 K_2 K_3 A^{0.93} H_s^{0.79} \times 9.8\mathrm{kN}$$ 　　　　（附 10 - 5）

式中　A——孔口面积，m^2；

$\quad\quad K_1$——闸门工作性质系数，对于工作门与事故门 $K_1 = 1.0$，对于检修门与导流门 $K_1 = 0.9$；

$\quad\quad K_2$——孔口高宽比修正系数，当 $H/B \geqslant 2$ 时，$K_2 = 0.93$，当 $H/B < 1$ 时，$K_2 = 1.1$，其他情况 $K_2 = 1.0$；

$\quad\quad K_3$——水头修正系数，当 $H_s < 60\mathrm{m}$ 时，$K_3 = 1.0$，当 $H_s \geqslant 60\mathrm{m}$ 时，$K_3 = \left(\dfrac{H_s}{A}\right)^{1/4}$；

$\quad\quad$ 其他符号意义同前。

四、潜孔式平面滑动闸门

$$G = 0.022 K_1 K_2 K_3 A^{1.34} H_s^{0.63} \times 9.8\mathrm{kN}$$ 　　　　（附 10 - 6）

式中　K_1——意义同前，对工作门与事故门 $K_1 = 1.1$，对检修门 $K_1 = 1.0$；

$\quad\quad K_3$——意义同前，当 $H_s < 70\mathrm{m}$ 时，$K_3 = 1.0$，当 $H_s \geqslant 70\mathrm{m}$ 时，$K_3 = \left(\dfrac{H_s}{A}\right)^{1/4}$；

其他符号意义、数值同前。

五、潜孔式弧形闸门

$$G = 0.012K_2A^{1.27}H_s^{1.06} \times 9.8\text{kN} \qquad (\text{附}10-7)$$

式中　K_2——意义同前，当 $B/H \geqslant 3$ 时，$K_2 = 1.2$，其他情况 $K_2 = 1.0$；

　　　其他符号意义同前。

附录十一 材料的摩擦系数

种类	材料 及 工作 条件	系 数 值	
		最大	最小
滑动摩擦	（1）钢对钢（干摩擦）	0.5～0.6	0.15
	（2）钢对铸铁（干摩擦）	0.35	0.16
	（3）钢对木材（有水时）	0.65	0.3
	（4）胶木滑道，胶木对不锈钢在清水中（见注1、2）		
	压强 $q>2.5$kN/mm	0.10～0.11	
	压强 $q=2.5～2.0$kN/mm	0.11～0.13	0.065
	压强 $q=2.0～1.5$kN/mm	0.13～0.15	0.075
	压强 $q<1.5$kN/mm	0.17	0.085
	（5）钢基铜塑三层复合材料滑道及增强聚四氟乙烯板滑道对不锈钢，在清水中（见注1）		
	压强 $q>2.5$kN/mm	0.09	0.04
	压强 $q=2.5～2.0$kN/mm	0.09～0.11	0.05
	压强 $q=2.0～1.5$kN/mm	0.11～0.13	0.05
	压强 $q=1.5～1.0$kN/mm	0.13～0.15	0.06
	压强 $q<1.5$kN/mm	0.15	0.06
滑动轴承摩擦因数	（1）钢对青铜（干摩擦）	0.30	0.16
	（2）钢对青铜（有润滑）	0.25	0.12
	（3）钢基铜塑复合材料对镀铬钢（不锈钢）	0.12～0.14	0.05
止水摩擦因数	（1）橡胶对钢	0.70	0.35
	（2）橡胶对不锈钢	0.50	0.20
	（3）橡塑复合止水对不锈钢	0.20	0.05
滚动摩擦因数	（1）钢对钢	1mm	
	（2）钢对铸钢	1mm	

注 1. 工件表面粗糙度、轨道工作面应达到 $Ra=1.6\mu m$；胶木（增强聚四氟乙烯）工作面应达到 $Ra=3.2\mu m$；

2. 表中胶木滑道所列数值适用于事故闸门和快速闸门，当用于工作门时，尚应根据工作条件专门研究。

参 考 文 献

［1］ H. C. 斯特列律斯基. 金属结构（上册）［M］. 清华大学工程结构教研组和哈尔滨建筑工程学院工程结构教研组，译. 北京：中国工业出版社，1964.

［2］ A. N. 奥特列什科. 建筑结构：第一部分　金属结构［M］. 彭声汉，等，译. 北京：高等教育出版社，1955.

［3］ 西安冶金建筑学院，重庆建筑工程学院，哈尔滨建筑工程学院，等. 钢结构［M］. 北京：中国建筑工业出版社，1980.

［4］ 钢结构设计标准：GB 50017—2017［S］. 北京：中国建筑工业出版社，2017.

［5］ 水利水电工程钢闸门设计规范：SL 74—2013［S］. 北京：中国水利水电出版社，2013.

［6］ C. G. Salmon, et al. Steel Structures Design and Behavior［M］. 2nd. 1980.

［7］ E. H. Gaylord, et al. Design of Steel Structures［M］. 2nd. 1972.

［8］ S. P. 铁摩辛柯，J. M. 盖莱. 弹性稳定理论［M］. 张福范，译. 北京：科学出版社，1965.

［9］ F. 柏拉希. 金属结构的屈曲强度［M］. 同济大学钢木结构教研室，译. 北京：科学出版社，1965.

［10］ Б. M. 伯罗乌杰. 钢梁的极限状态［M］. 袁文伯，译. 北京：中国建筑工业出版社，1957.

［11］ A. N. 奥特列什科. 水工建筑物平面钢闸门［M］. 陈继祖，等，译. 北京：水利电力出版社，1960.

［12］ 安徽省水利局勘测设计院. 水工钢闸门设计［M］. 北京：水利出版社，1980.

［13］ A. 查杰斯. 结构稳定性理论原理［M］. 唐家祥，译. 兰州：甘肃人民出版社，1982.

［14］ 钱冬生. 钢压杆的承载力［M］. 北京：人民铁道出版社，1980.

［15］ 瞿履谦，李少甫. 钢结构［M］. 北京：地震出版社，1991.

［16］ 陈绍蕃. 钢结构［M］. 北京：中国建筑工业出版社，1990.

［17］ 刘声扬. 钢结构疑难释义［M］. 武汉：武汉工业大学出版社，1990.

［18］ 王国周，瞿履谦. 钢结构：原理与设计［M］. 北京：清华大学出版社，1993.

［19］ 张耀春，周绪红. 钢结构设计原理［M］. 北京：高等教育出版社，2004.

［20］ 曹平周，朱召泉. 钢结构［M］. 2版. 北京：科学技术文献出版社，2002.

［21］ 夏志斌，姚谏. 钢结构［M］. 杭州：浙江大学出版社，1996.

［22］ 钟善桐. 预应力钢结构［M］. 北京：中国建筑工业出版社，1956.

［23］ 陆赐麟，尹思明，刘锡良. 现代预应力钢结构［M］. 2版. 北京：人民交通出版社，2007.